高等学校计算机科学与技术专业系列教材

虚拟化技术应用项目教程

白江 刘晗 项立明 主编

清华大学出版社
北京

内容简介

本书从虚拟化技术初学者的角度出发,以服务器的虚拟化相关技术为主线,经过精心设计,最后提炼出 6 个模块,每个模块由若干子任务组成。

全书共 7 章,详细讲解了 VMware Workstation、VMware ESXi、Oracle VirtualBox、Xen、KVM 虚拟化技术、Docker 容器,以及 Kubernetes 容器编排技术。从虚拟化技术的发展和分类到目前主流的虚拟化技术,包括容器的基本安装、配置和使用,由浅入深地介绍服务器虚拟化技术的原理和实际运用。本书采用任务式教学,每章均精心设计了典型案例,初学者在真正理解这些知识点的基础上,可以掌握如何在实际工作中应用知识点去解决问题。本书不只满足于职业能力培养,同时注重学生职业道德素质的培养——在每章都加入了案例教学单元,培养学生爱国、爱岗、爱己的道德素养。

本书可以作为高职院校计算机网络、云计算、大数据等专业相关课程的教学用书,也可作为从事云计算运维管理的初级专业人员的参考用书,同时也是一本适合虚拟化技术爱好者阅读的优秀读物。

图书在版编目(CIP)数据

虚拟化技术应用项目教程 / 白江,刘晗,项立明主编. -- 北京:清华大学出版社,2025.7.
(高等学校计算机科学与技术专业系列教材). -- ISBN 978-7-302-69670-4

Ⅰ. TP3

中国国家版本馆 CIP 数据核字第 2025UV9330 号

策划编辑:盛东亮
责任编辑:李　晔
封面设计:傅瑞学
责任校对:韩天竹
责任印制:刘海龙

出版发行:清华大学出版社
　　　　网　　　址:https://www.tup.com.cn,https://www.wqxuetang.com
　　　　地　　　址:北京清华大学学研大厦 A 座　　　　邮　　编:100084
　　　　社 总 机:010-83470000　　　　　　　　　　　邮　　购:010-62786544
　　　　投稿与读者服务:010-62776969,c-service@tup.tsinghua.edu.cn
　　　　质量反馈:010-62772015,zhiliang@tup.tsinghua.edu.cn
　　　　课件下载:https://www.tup.com.cn,010-83470236
印 装 者:三河市铭诚印务有限公司
经　　销:全国新华书店
开　　本:185mm×260mm　　　印　　张:19.5　　　　　字　　数:478 千字
版　　次:2025 年 9 月第 1 版　　　　　　　　　　　印　　次:2025 年 9 月第 1 次印刷
印　　数:1～1200
定　　价:59.00 元

产品编号:098437-01

编 委 会

谭　印　　桂林电子科技大学
王　东　　长春职业技术学院
王国鑫　　山东电子职业技术学院
王丽亚　　浙江工贸职业技术学院
王敏杰　　黑龙江林业职业技术学院
王月春　　石家庄邮电职业技术学院
魏　军　　克拉玛依职业技术学院
乌日更　　内蒙古农业大学
吴广裕　　广州商学院
夏俊鹄　　江西信息应用职业技术学院
颜远海　　广州华商学院
杨　阳　　天津电子信息职业技术学院
余站秋　　安徽工业经济职业技术学院
张永宏　　四川华新现代职业学院
郑美容　　福建船政交通职业学院
朱佳梅　　哈尔滨石油学院
朱晓彦　　安徽工业经济职业技术学院
鲍酝姣　　上海工商信息学校
康傲宇　　上海工商信息学校
贺　瑞　　新疆农业职业技术大学
彭晶鑫　　新疆农业职业技术大学

前言

PREFACE

随着经济发展,社会进入数字化时代,云计算、人工智能、大数据等新一代信息技术在发展中占据重要地位,阿里云、腾讯云、华为云等国内云服务提供商的迅速崛起,使得实现云计算的重要支撑技术——虚拟化不再是虚无缥缈的概念。虚拟化技术在商业应用上的优势日益明显并越来越受到厂商的重视。虚拟化技术是一种可以降低互联网企业运营成本、提升资源利用率、加速应用部署的有效方式,广泛地应用于云计算、大数据、人工智能等领域,是当前信息技术的一个重要发展方向。

目前,我国大多数高等院校的计算机相关专业将虚拟化技术作为一门重要的专业课程。为了使学生能够全面理解并熟练掌握服务器虚拟化相关技术的部署和运维,编者结合多所院校相关专业的人才培养方案要求和学生就业发展的实际需要编写了本书。

本书的主要目标是介绍当下服务器领域常见的虚拟化技术及使用方法。第 1 章简要介绍虚拟化技术的优势、发展历史和分类,带领读者对虚拟化技术有一个大致的了解。从第 2 章开始为项目实施部分,介绍各大厂商对虚拟化技术的使用方法。其中,任务 1 为目前使用广泛且容易上手的图形化界面虚拟化技术 VMware Workstation 和 ESXi;任务 2 为 Oracle 公司的 VirtualBox 虚拟化技术的基本使用;任务 3 和任务 4 为目前云计算领域中使用广泛的 Xen 和 KVM 虚拟化技术的安装和使用;任务 5 和任务 6 为目前提高生产中应用部署效率以及在云计算 PaaS 模式中广泛采用的 Docker 容器技术和 Kubernetes 容器管理平台。

本书内容丰富、结构清晰。从实战出发,采用任务式模块化教学,各任务模块可以独立阅读。每个任务都通过学习情境引出教学内容,明确教学任务目标,每个任务从提出目标到讲授相关知识点,再到任务的具体实施,最后通过拓展任务加深巩固,环环相扣带领读者了解服务器虚拟化技术的相关知识。本书中采用的软件均为开源项目或者试用期软件产品。

本书第 1 章和第 2 章由项立明编写,第 3 章和第 4 章由白江编写,第 5～7 章由刘晗编写。由于编者水平有限,书中难免会出现一些不足之处,恳请读者批评指正。

本书部分内容参考了网络论坛、博客和官方文档资料,有些因时间久远无法了解确切出处,在此对热爱分享知识的网友表示深深的谢意,同时感谢清华大学出版社编辑的支持和帮助。

编 者

2025 年 6 月

目 录

CONTENTS

视频目录

VIDEO CONTENTS

任务拓展

TASK EXPANSION CONTENTS

视 频 名 称	时长/min	位 置
任务拓展 1	5	2.1.4 节
任务拓展 2	7	2.2.4 节
任务拓展 3	5	2.3.4 节
任务拓展 4	3	2.4.4 节
任务拓展 5	1	2.6.4 节
任务拓展 6	1	2.7.4 节
任务拓展 7	2	2.8.4 节
任务拓展 8	1	3.1.4 节
任务拓展 9	5	3.2.4 节
任务拓展 10	1	3.3.4 节
任务拓展 11	2	3.4.4 节
任务拓展 12	5	4.2.4 节
任务拓展 13	1	4.3.4 节
任务拓展 14	1	4.4.4 节
任务拓展 15	2	4.5.4 节
任务拓展 16	2	5.1.4 节
任务拓展 17	4	5.2.4 节
任务拓展 18	3	5.3.4 节
任务拓展 19	5	5.4.4 节
任务拓展 20	1	6.1.4 节
任务拓展 21	5	6.2.4 节
任务拓展 22	2	6.3.4 节
任务拓展 23	4	6.4.4 节
任务拓展 24	3	6.5.4 节
任务拓展 25	5	7.1.4 节
任务拓展 26	5	7.2.4 节

## 第1章

虚拟化介绍

【任务目标】

◇ 理解服务器虚拟化的概念和作用；

◇ 理解云计算和虚拟机技术的关系；

◇ 掌握虚拟化技术的分类。

【任务讲授】

虚拟化技术是一个很广泛的概念，在很多领域都会有专门的虚拟化技术，比如民航用来进行飞行员训练的飞行模拟器；学校里面的虚拟仿真实训室；我们平时喜欢玩的 VR 游戏，这些虚拟化技术的目的无一例外都是通过最低的成本提供最接近于真实的仿真环境，更准确地说是一种模拟现实或者叫虚拟现实的技术，和本书所讲的虚拟化技术还是有着很大不同。在企业的服务器领域也有着虚拟化的相关技术，它就是将计算机的各种物理硬件设施，比如 CPU、内存、网络和存储等 I/O 设备进行抽象后再重新分割成逻辑上独立的资源，这样用户便能在一个物理主机资源上创建多个相互隔离的虚拟化主机资源的技术。所以这种虚拟化技术本质上应该算是一种对现有资源进行管理的技术，从而能更加高效、合理地利用已有资源。

1.1 为什么要虚拟化

企业的业务都是基于应用运行的，而应用是运行于服务器之上的。在虚拟化技术诞生之前，企业普遍是将单一的应用部署在一台或多台服务器上，因为无论是 Windows 还是 Linux 操作系统都没有相应的技术手段来保证在一台或多台服务器上能够安全、稳定、高效地同时运行多个应用。随着公司业务的增加，就需要采购新的服务器，随之而来的是工程师们需要运维的服务器和业务的数量成倍增加。新购买的服务器究竟应该达到什么样的性能需求也只能凭借经验估计，无论是运维部门还是业务部门，都不想看到服务器的性能不足的状况发生，因此，公司的采购部门一般会购买性能大幅优于实际业务需求的服务器，而实际情况却是这些性能优良、崭新的服务器长期运行在其额定负载的 5%～10% 范围内，这就造成了公司资源的极大浪费。

解决这一问题的最好方式就是虚拟化技术。虚拟化就是通过技术手段使得能在一台物理服务器上同时独立运行多个逻辑主机的方法。它的最大特点是每个逻辑主机都可以运行不同的操作系统而互不影响,这样企业就拥有了一种允许多个应用稳定、安全地同时运行在一台服务器上的技术。这样,每当业务部门需要增加应用时,企业无须再购买新的服务器,只需要在现有的具有空闲性能的服务器上通过虚拟化的技术部署多个应用即可。这种技术能够让企业的现有资源发挥出最大的价值,因而备受人们推崇。总之,企业采用虚拟化技术之后,会带来以下几点好处。

1. 提高硬件资源的利用率

根据本章开篇所述,企业为了保证应用的可靠性和可用性,避免应用之间的冲突和相互影响,每台物理机一般都不会运行多个重要应用,通常情况下只运行一个,服务器的利用率不会超过 10%,造成了物理资源的浪费,而虚拟化技术的隔离特性很好地解决了这一问题,使得一台物理服务器能同时运行多个应用,从而提高了硬件的利用率,甚至可以将服务器的利用率提高到 80%。通过合理地使用虚拟化技术,企业可以轻松地将 20 台服务器的工作量分配到单台或几台服务器上,从而大比例地降低业务对硬件的需求。

因此使用虚拟化技术大大削减了企业采购新服务器的数量。更少的硬件意味着更少的持续支持、后期硬件更新成本和后期人员维护成本。

2. 降低服务器运行能耗

使用更多的服务器、存储设备等硬件设施意味着需要在电力成本上花费更多,而且,这些硬件设备也需要通过大量的冷却设备进行降温来保证持续可靠地运行,这同样会大幅增加企业的能源消耗。而采用虚拟化技术减少了硬件数量,也就减少了为了部署大量服务器而占用的空间和维持服务器运行的电力消耗。有相关资料显示,早在十多年前,IBM 公司就通过虚拟化技术,实现服务器资源的整合,实现了能耗减少 80%,从而每年为公司节省 200 多万美元;Intel 公司的 IT 部门在采用虚拟化技术后,更是实现了 2 亿美元的净值回报。

3. 提升应用的安全性和可靠性

对于企业来说,业务的数据安全性和稳定性一定是最重要的。如果将多个应用部署到一台服务器上,那么它们之间势必会产生难以预料的影响,而且不同应用对于操作系统的需求也不尽相同,比如应用 A 需要的是 Apache 服务器,应用 B 需要的是 Nginx 服务器,它们对外提供服务的端口号默认都是 80,从而产生端口的冲突,这样在同一时刻就只能运行一个应用;或者应用 A 需要的是 CentOS 操作系统版本 7,应用 B 需要的是 CentOS 操作系统版本 6,这都会影响企业业务的正常运转,就算解决了以上的问题,运维工程师也需要无时无刻地紧绷着神经,因为一旦某个应用崩溃,就可能导致整台服务器的瘫痪甚至造成更严重的后果,这对于运维人员来说是一场"灾难"。

对于在一个操作系统上运行多个应用程序所出现的种种问题而言,虚拟化技术能够提供深层次的隔离,每个应用都有属于自己的独立的操作系统和资源环境,这样就避免了相互之间的干扰。

4. 提高应用部署的灵活性

通过虚拟化的动态迁移技术,可以达到负载均衡的作用。当一台物理服务器超负荷运转时,可以在服务不中断的情况下,将正在运行的虚拟机从这台物理服务器上迁移到另外一台;通过虚拟机的克隆技术,能够根据业务的增长需求,快速批量部署更多的虚拟机。

5. 更快的灾难恢复

灾难恢复是所有企业都必须考虑的问题,比如电力的突然中断、服务器的硬件损坏,甚至是自然灾害带来的服务器宕机,都可能导致系统的崩溃或异常,从而造成巨大损失,通过虚拟机的快照技术,可以将虚拟机的某个健康状态保存下来,当系统出现崩溃或异常时,迅速恢复到该状态;或者当我们尝试着给系统升级之后,如果影响了应用的稳定性,那么同样可以通过快照进行快速恢复。

开发人员也经常会用到虚拟化技术,依赖虚拟机的高隔离特性和快照等技术,开发人员可以在其中做一些不安全的测试而不会对物理主机产生影响。

1.2 虚拟化技术发展历史

对于虚拟化没有确切的、标准的定义,比如 IBM 公司的定义是:"虚拟化是资源的逻辑表示,它不受物理限制的约束。"百度百科上的定义是:"计算元件在虚拟的基础上而不是真实的基础上运行。虚拟化技术可以扩大硬件的容量,简化软件的重新配置过程。CPU 的虚拟化技术可以单 CPU 模拟多 CPU 并行,允许一个平台同时运行多个操作系统,并且应用程序都可以在相互独立的空间内运行而互不影响,从而显著提高计算机的工作效率。"

1959 年 6 月,牛津大学的计算机教授——克里斯托弗·斯特雷奇(Christopher Strachey)在联合国教科文组织国际信息处理大会(International Conference on Information Processing)上宣读了一篇名为 *Time Sharing in Large Fast Computer* 的学术报告,在该报告中首次提出了"虚拟化"的概念。同时也描述了他所提出的多道程序(Multi-Processing)的理念,通过这一理念可实现一次读入多条程序,当一条程序等待 I/O 资源时,CPU 可以切换到下一个程序,解决了应用程序因为等待 I/O 设备而导致的处理器空转问题,提升了 CPU 资源的利用率,这些都为虚拟化技术的提出奠定了基础。

1961 年,麻省理工学院的费尔南多·科尔巴托(Fernando Corbato,1990 年图灵奖获得者,见图 1-1)教授带领他的研究小组开发了 CTSS(兼容分时系统)项目,它是对计算机资源的一种共享方式,使多个用户可以同时使用一台计算机并且相互之间隔离。

为了满足物理学家们对高性能计算能力的需求,美国启动了 Atlas 项目,并于 1962 年在英国曼彻斯特诞生了第一台超级计算机 Atlas 1,这是第一台使用虚拟内存(一级存储)概念的计算机,它还率先包含称为

图 1-1 费尔南多·科尔巴托

supervisor 的资源管理组件,该组件应该算是最早期的操作系统的雏形了。

20 世纪 60 年代中期,IBM 也开启了称为 M44/M44X 的研究项目,该项目基于 IBM 7044(M44),实现了多个具有突破性的虚拟化概念,包括部分硬件共享(partial hardware sharing)、时间共享(time sharing)、内存分页(memory paging),并实现了虚拟内存管理的 VMM,可以在同一台主机模拟多个 7044 系统。M44/M44X 项目也被认为是第一个使用

"虚拟机"这一术语的项目。

随后,IBM 还研发了 CP-40 等项目。CP-40 是第一个实现了完全虚拟化的计算机软件控制系统,被应用于当时闻名于世的 IBM System/360 主机(见图 1-2)上。CP-40 提供了虚拟内存和全硬件虚拟化,真正实现了虚拟机,它采用了 TSS 分时系统,最多支持 14 个虚拟机,每个虚拟机有 256KB 虚拟内存。此后,IBM 虚拟化项目日趋成熟,相继推出了 CP-40/CMS、CP-67/CMS、CP-370/CMS 等产品。

图 1-2　IBM System/360

20 世纪 80 年代,随着 x86 架构的兴起,也对企业 IT 基础架构带来了挑战,而虚拟化技术无疑是最好的解决方案。下面列举了基于 x86 架构的著名的虚拟化产品。

1987 年,Insignia Solutions 公司推出了软件模拟器 SoftPC,允许用户在安装了 UNIX 的工作站上运行 DOS 应用程序。

1998 年,x86 硬件平台开源模拟器 Bochs 发布,它可以模拟整个 PC 平台,包括 I/O 设备、内存、BIOS。

1999 年,VMware 公司推出 x86 平台商业虚拟化软件 VMware Workstation,随后在 2001 年推出了服务器虚拟化产品 ESX。

2001 年法布里斯·贝拉德(Fabrice Bellard)编写了在 GNU/Linux 平台上广泛使用的模拟器软件 QEMU。

2003 年,剑桥大学研究开发的开源虚拟机 Xen 首次发布,它不需要特殊硬件的支持就能达到高性能的虚拟化。

2005 年和 2006 年,Intel 和 AMD 分别推出了针对 x86 架构的 CPU 硬件辅助虚拟化技术 Intel-VT 和 AMD-V,从而大大提升了纯软件虚拟化技术的效率。

2006 年 10 月,以色列一个叫 Qumranet 的组织,开发并开源了一种全新的虚拟机方案,这是大名鼎鼎的 KVM 前身。2007 年 2 月,Linux Keinel-2.6.20 中融入了 KVM。

2007 年,Sun 公司发布了开源虚拟化软件 VirtualBox,同年 Xen 被 Citrix(思杰)公司收购。

2008 年第一季度,微软发布了虚拟化产品 Hyper-V。

2010 年 10 月,由美国国家航空航天局(NASA)和 Rackspace 合作研发并发起,由 Apache 许可证授权的开源代码项目 OpenStack 发布了第一个版本 Austin,推动了 IaaS 云计算的全面增长。

1.3　虚拟化技术分类

在没有进行虚拟化之前,只能在主机上安装一个操作系统。有了虚拟化技术,一台物理主机[称之为宿主机(Host)]便被抽象分割成了多个逻辑意义上的主机[我们称这样的主机为虚拟机(Guest)],每个 Guest 都可以安装一个操作系统和应用程序,从而实现 Host 的资源利用率最大化。为了实现这一目的,基于 x86 架构的虚拟化技术都会在 Guest 和 Host 之间引入一个软件层,称为虚拟机监视器(Virtual Machine Monitor,VMM),有时也被叫作 Hypervisor 层,Guest 通过 VMM 提供的接口来访问真实的 Host 资源。

对于 x86 架构的 CPU,为了确保计算、内存、I/O 等资源被合理使用,同时也避免一些危险的命令被滥用,设置了 4 个特权等级权限(见图 1-3),分别是 Ring0、Ring1、Ring2 和 Ring3。Ring0 权限级别最高,可以运行特权命令(指系统中的一些操作和管理关键系统资源的命令),操作系统内核运行在该级别上,我们称之为内核态。普通的应用程序运行在最低的 Ring3 级别上,只能运行非特权命令,我们称之为用户态。当应用程序想使用公共资源,比如访问磁盘或执行高权限级别的命令时就要向内核申请,将 CPU 级别切换到 Ring0,完成之后再切换回 Ring3 级别。那么对于宿主机操作系统(Host OS)来说,虚拟机操作系统(Guest OS)就和运行在宿主机上的普通应用软件没什

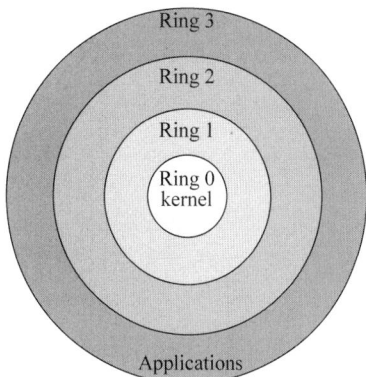

图 1-3　CPU 的 4 个特权级

么区别,应该运行在用户态上,而从 Guest OS 的角度来说,它又是一个真实的操作系统,应该运行在内核态上,具有操作一切资源的权限,但宿主机操作系统是不会赋予它这个权限的,这就产生了矛盾。此时就需要 VMM 来解决这一问题,根据解决的方法不同可以将虚拟化技术分为完全虚拟化和半虚拟化。

1.3.1　完全虚拟化

完全虚拟化(Full-Virtualization,FV)允许 Guest OS 不做任何改变,同时 Guest OS 完全不知道自己其实是运行于虚拟机中,而认为自己是运行在真实的物理主机中。在完全虚拟化的环境中,任何可以运行在裸机上的软件(通常是操作系统)都可以未经修改地运行在虚拟机中。

完全虚拟化架构下的 Guest OS 运行在 CPU 的用户态(Ring 3)上,我们叫特权级压缩。当要运行非特权命令时直接在物理 CPU 上执行并将结果返回给 Guest OS。当需要运行敏感命令时(因为 Guest OS 已经不运行在 Ring 0 级别,所以存在一部分原本应该运行在该级别的特权命令现在因为层级权限不够而必须转交 VMM 进行处理的命令,这部分命令叫作敏感命令),会触发异常被 VMM 捕获,这称为陷入。然后由 VMM 代理虚拟机完成系统资源的访问,即所谓的模拟执行,最后返回到 Guest OS 内,Guest OS 认为自己的特权命令工作正常,继续运行。对于 RISC 精简命令集架构 CPU 来说,所有敏感命令都是特权命令,可以都被 VMM 捕获。但是对于采用 CISC 复杂命令集的 x86 架构 CPU 来说并不是所有的敏感命令都是特权命令,所以有一部分敏感命令会被当作非特权命令而被 VMM 忽视,直接在 CPU 中执行,这势必会带来很严重的问题。为此 VMware 提出了二进制翻译(BT)解决方案,就是将 Guest OS 中要执行的敏感命令“翻译”成恰当的命令在宿主物理机上执行,以此来模拟执行虚拟机中的程序。

完全虚拟化 VMM 需要完整地模拟底层的硬件设备,包括处理器、内存、时钟、I/O 设备、中断等等,换句话说,VMM 用纯软件的形式“模拟”出一台计算机供虚拟机中的操作系统使用。也正因如此,Guest OS 才感知不到自己是在虚拟机中。完全虚拟化的代表产品是 VMware Workstation、VMware ESXi 和 KVM。

1.3.2　半虚拟化

前面说了，由于敏感命令的关系，全虚拟化的 VMM 需要捕获到这些命令并完整模拟执行这个过程，从而既满足虚拟机操作系统的需要，又不至于影响到物理计算机。但说来简单，这个模拟过程实际上相当的复杂，会涉及大量的底层技术，整个过程费时费力。为此，人们提出了半虚拟化（Para-Virtualization，PV）的解决方案，就是把操作系统中所有执行敏感命令的地方都改成一个接口调用（HyperCall），让操作系统可以直接使用硬件中的 CPU、内存等，省去了捕获和模拟硬件流程等一系列工作，因此性能将获得大幅度提升。要实现半虚拟化就需要修改操作系统内核，做相应的适配工作，使得 Guets OS 知道自己是运行在虚拟化环境中。这对于像 Linux 这样的开源软件可以实现，但对于 Windows 这样闭源的商业操作系统，修改它的代码是不可能的，所以半虚拟化的 Guest OS 不能是 Windows。半虚拟化的代表产品是 Xen 虚拟化技术。

1.3.3　硬件辅助虚拟化

二进制翻译、HyperCall 处理敏感命令的方式都是依靠软件来实现的（所以叫作软件虚拟化），各有局限性，并且都会增加额外开销同时也给 VMM 的实现增加了复杂度。于是，各处理器厂商尝试从硬件层面解决这个问题。Intel 在 2005 年推出了硬件辅助虚拟化（Hardware-Assisted Virtualization，HAV）技术。

Intel 于 2005 年开始提供硬件辅助虚拟化 Intel VT（Intel Virtualization Technology，IVT）技术解决敏感命令虚拟化这一难题，为 CPU 增加了 VMX（Virtual-Machine Extensions）技术。一旦启动了 CPU 的 VMX 支持，CPU 就将提供两种运行模式：根模式（VMX Root Mode）和非根模式（VMX non-Root Mode）。根模式与非根模式都有相应的 Ring 0～Ring 3。VMM 运行在根模式的 Ring 0，Guest OS 的内核运行在非根模式的 Ring 0，Guest OS 的应用程序运行在非根模式的 Ring 3。运行环境之间相互转换。当需要进入 Guest OS 中时，运行在根模式下的 VMM 可以通过 CPU 提供的 VMLaunch 命令从根模式切换到非根模式，再进入 Guest OS 中，这个过程称为 VM Entry；当在 Guest OS 中执行敏感命令时，则从非根模式切换到根模式，这个过程称为 VM Exit，相当于退出 Guest OS，然后就可以由 VMM 对触发 VM Exit 的敏感命令做进一步处理或模拟，如图 1-4 所示。与 Intel 相对应，AMD 也有 CPU 虚拟化技术 AMD-V（AMD Virtualization）。

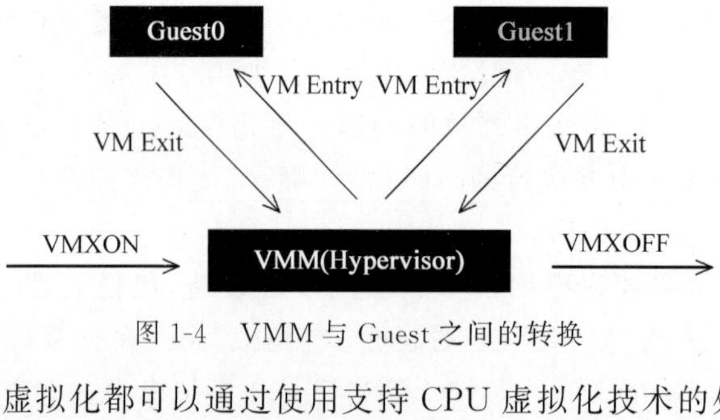

图 1-4　VMM 与 Guest 之间的转换

完全虚拟化和半虚拟化都可以通过使用支持 CPU 虚拟化技术的处理器实现硬件辅助的全虚拟化和硬件辅助的半虚拟化。

小提示：当宿主机操作系统是 64 位时，虚拟机可以是 32 位的也可以是 64 位的操作系统；但是当宿主机的操作系统是 32 位时，若虚拟机是 64 位的操作系统，则 CPU 必须支持硬件虚拟化。

1.3.4　操作系统层虚拟化

操作系统层虚拟化（Operating system-level virtualization）亦称容器化（Containerization），也是一种虚拟化技术。这种技术将操作系统内核虚拟化，允许用户空间软件实例被分割成几个独立的单元，在内核中运行，而不是只有一个单一实例运行。

相对于传统的虚拟化，容器化的优势在于占用服务器空间少，通常在几秒内即可启动。同时容器所具有的弹性可以在资源需求增加时瞬时复制增容，在资源需求减小时释放空间以供其他用户使用。由于在同一台服务器上的容器实例共享同一个系统内核，因此在运行上不会存在实例与主机操作系统争夺 RAM 的问题发生，从而能够保证实例的性能。操作系统层虚拟化最典型的应用就是目前火热的 Docker 容器技术。

1.3.5　寄居架构虚拟化

寄居架构虚拟化也称为宿主虚拟化或 Type2 虚拟化，就是将 VMM 像一个普通的应用软件那样安装在宿主机操作系统中，然后再在 VMM 中安装虚拟机操作系统，如图 1-5 所示。VMware Workstation、Oracle VistualBox 都是这种虚拟化的代表。

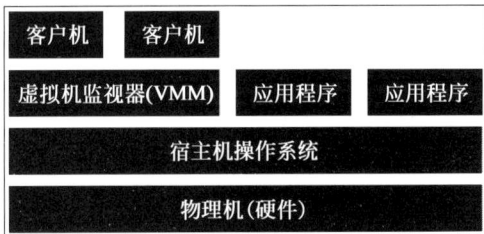

图 1-5　寄居架构虚拟化

1.3.6　裸金属架构虚拟化

裸金属架构虚拟化也称为原生架构虚拟化或 Type1 虚拟化。这种虚拟化的 VMM 本身就是一个操作系统，直接安装在物理硬件之上，然后在 VMM 上安装各虚拟机，如图 1-6 所示。VMware ESXi 是典型的裸金属架构虚拟化产品。

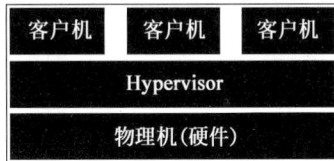

图 1-6　裸金属架构虚拟化

1.4　虚拟化技术与云计算

1.4.1　什么是云计算

从商业角度来说，云计算就是指通过互联网，以按需服务的形式提供计算资源。这样企业就无须自行采购、配置或管理资源，而只需要为实际使用的资源付费。通过这种方式，共享的软硬件资源和信息可以按需求提供给各种终端和其他设备,是一种计算模式的商业实现。

比如在没有云计算的情况下,一个企业要做某项物联网业务,需要自己搭建机房、购买服务器、进行电力和网络规划、开发系统、后期运维等。这样做有着一次性投资成本高、后期扩展业务麻烦、软硬件资源利用率低等缺点。现在有了云计算,只需要向云计算提供商支付费用即可使用分布于世界各地的云服务器来发展业务。类似于现实生活中人们使用电力资源、水资源等基础设施只需要交付相应费用,而不需要自己搭建发电设施和水净化设施。云计算提供商将硬件或软件计算资源当作基础设施,根据使用量的多少提供给企业、政府机构或个人来收取费用。

一般来说,云计算具有以下几个特征:

(1) 按需自助服务。用户不需要或者很少需要云提供商的协助,就可以按照自己的需求获取相应的云资源。

(2) 广泛的网络访问。用户只要拥有网络环境就可以通过终端设备接入,访问自己的云资源。

(3) 资源池化。云端的计算资源需要被池化,资源池化是指将物理资源的重新整合再分配。比如有 3 台主机,通过某种技术在逻辑层面上把它们整合为一个资源池,再划分为更多的虚拟独立的资源。通过池化可以实现多租户动态申请资源。

(4) 快速的弹性资源分配。用户能够快速、方便地按需求扩充和释放计算资源。因为用户并不能确定今后的业务量有多少,所以需要云计算提供商能够在用户业务量增加时扩充计算资源,业务量减少时释放计算资源。

(5) 可度量的资源使用情况。用户使用云计算资源是需要付费的,所以云计算提供商要能根据用户使用资源的情况度量计费。度量的依据可以是硬件资源使用的多少、网络带宽的高低、使用的时长等。

1.4.2　云计算与虚拟化

云计算模式是通过分布式计算、效用计算、网格计算、负载均衡、网络存储、冗余技术和虚拟化技术等计算机和通信技术经过无数次的演化和改进才形成的。虚拟化只是实现云计算各种技术中的一种,它们之间没有必然的联系。如果没有虚拟化技术,从理论上来说也可以实现云计算。但是就目前情况来说,要想实现资源池化管理和弹性分配,要想提高资源的利用率都必须使用虚拟化技术,可以说虚拟化技术是目前云计算的基石。

1.5　案例教学——我国信息技术发展现状

1.5.1　教学目标

培养学生锐意进取、报效祖国的爱国主义精神。

1.5.2　任务讲授

新中国成立 70 多年来,我国科技事业取得了一系列辉煌成就,为推动现代化建设、改善人民生活和维护国家安全做出了重要的贡献。当前,我国改革开放和现代化建设站在了一个新的历史起点上,国家明确提出要把科技放在优先发展的战略地位,强调提高自主创新能力、建设创新型国家是国家发展战略的核心,是提高综合国力的关键。推动科技进步、坚持创新驱动已成为新时期我国经济社会发展的客观要求,成为中国走向现代化强国的必由之路,成为实现中华民族伟大复兴的战略抉择。

虽然我国在很多科技领域处于世界领先地位,比如在量子通信、国产大飞机、北斗导航卫星、5G 通信技术、超级计算机等领域,但在很多工业科技领域和西方发达国家有着较大差距,比如在 CPU、操作系统、工业设计软件等领域。

1. 我国 CPU 发展现状

中央高度重视核心科技自主可控的发展,国家领导在重大会议及演讲中多次强调"核心技术受制于人是我们最大的隐患""核心技术是国之重器,市场换不来,有钱也买不来,必须靠自己研发、自己发展"。众所周知,CPU(即中央处理器)是信息产业的"心脏",也是支撑 IT 系统运作的"发动机",其重要性不言而喻。

说起 CPU,我们第一时间想到的一定是 Intel、AMD,毕竟这两家公司设计生产的 CPU 占据了市场份额的 95% 以上。对于国产 CPU 来说,主要有六大品牌:龙芯、兆芯、申威、飞腾、鲲鹏和海光。其中,龙芯采用 RISC 的 MIPS 架构和自研的 LoongArch 架构,申威采用购买后自行改良的 Alpha 架构,这两款 CPU 可以说做到了完全自主可控。飞腾和鲲鹏 CPU 采用了 ARM 架构,海光和兆芯则分别同 AMD 和威盛合作获得了 x86 架构的授权,严格来说还是有可能受制于人。

目前国产 CPU 与全球领先水平的差距主要分为性能差距和生态差距。性能上,国产 CPU 存在明显劣势。国产 CPU 的微架构在乱序执行、高速缓存、多核互联等技术上,由于起步较晚,都与先进水平有一定差距,加之整体晶圆工艺水平相差较多,设计能力存在差距,导致了整体性能的差距。生态差距主要体现在软、硬件两方面,由于国产 CPU 积累不够,即使产品性能已基本满足使用需求,但整体用户体验和稳定性仍有差距。比如国产 CPU 中大部分都采用 RISC(精简命令集),无法安装 Windows 操作系统,这势必会增加进入普通消费市场的难度。

2. 我国操作系统发展现状

随着网络技术的不断发展,信息安全越来越重要。作为各种应用软件的基础平台,操作系统是最重要的。在 PC 操作系统中,将近 90% 的市场都是微软 Windows 掌握的,还有将近 10% 为苹果的 macOS,剩下一点份额为 Linux。我们使用的操作系统严重依赖 Windows,安全性没有保障。

在操作系统领域,国内也诞生了很多优秀的品牌,想要去替代 Windows,比如麒麟、统信 UOS、普华、深度 Deepin、中科红旗、中科方德、中兴新支点等,它们大多是基于 Linux 进行的二次开发版本。与 Windows 相比,这些操作系统最大的问题在于生态。一个是硬件生态,就是兼容的硬件数量,比如 Windows 兼容适配的硬件数量高达 1600 万。第二个是软件生态,比如 Windows 下的软件高达 3500 万个,可以满足从工作到学习的各个领域的应用需求,特别一些独有的工具软件,更是让人离不开。国产系统要发展,要挑战 Windows,必然需要在软、硬件兼容上下功夫,否则很难让消费者抛弃 Windows 而转用国产系统。所以我们看到,这几年国产系统发力的重点就是软、硬件的适配,通过转译、重新开发、合作开发等方式,想方设法地去兼容适配更多的软、硬件,从而吸引消费者使用。7 月 26 日,统信软件宣布,统信 UOS 的软硬件生态适配数量突破 50 万,成为国内首个突破 50 万的操作系统,同时 UOS 也支持龙芯、兆芯、鲲鹏、飞腾、申威、海光等所有的国产 CPU。国产操作系统想要进入全球市场,进而超越 Windows 操作系统任重道远。

3. 我国工业软件发展现状

随着中国改革开放 40 多年来的快速发展,目前我国已成为全球制造业的中心,是名副其实的"世界工厂"。然而,我国制造业发展到现在还是处于"大而不强"的局面,很大程度上是由于工业软件的弱小与受制于人所致。从《中国工业软件产业白皮书》中可以看到,国内研发设计类的工业软件大约 95% 是依赖进口的,这也让我国在该领域严重被欧美国家"卡脖子"。我国工业软件领域的发展现状被称作"比芯片还难突破"。

工业软件是在工业领域中主要用来提高企业研发能力和设备功能的软件。比如计算机辅助设计(CAD)、计算机辅助工程(CAE)、电子设计自动化(EDA)、可编程逻辑控制器(PLC)、分布式数控(DNC)等。根据运用领域不同,分为生产制造类、研发设计类、经营管理类、运维服务类和新型架构类。对于高科技领域来说,工业软件就是产品生产的灵魂,也是产品是否可以成为高精尖产品的关键。

如今国家意识到了发展工业软件的重要性,从政策、经济扶持等方面对相关企业提供帮扶。比如 2021 年 1 月工业和信息化部出台《工业互联网创新发展行动计划(2021—2023年)》简称"三年行动计划",提出工业互联网基础创新能力要显著提升,网络、标识、平台、安全等领域一批关键技术实现产业化突破,工业芯片、工业软件、工业控制系统等供给能力明显增强;2021 年 12 月,工业和信息化部等八部门印发《"十四五"智能制造发展规划》,提出要聚力研发工业软件产品,推动工业知识软件化和架构开源化,加快推进工业软件云化部署。依托重大项目和骨干企业,开展安全可控工业软件应用示范等一系列政策。

总之,我国虽然在高科技领域取得了举世瞩目的成就,但在很多技术领域仍然受制于人,对实现中华民族伟大复兴的中国梦带来了一定的阻碍。比方说,从 2020 年开始,欧美国家对我国一些企业展开制裁,其中最主要的一方面,就是限制对我国的芯片出口,这也让我国以华为为首的企业受到了很大的影响。要想完全打破这一僵局,关键还是看人才,看青年一代。借用习近平总书记的话说就是中国青年是有远大理想抱负的青年! 中国青年是有深厚家国情怀的青年! 中国青年是有伟大创造力的青年! 无论过去、现在还是未来,中国青年始终是实现中华民族伟大复兴的先锋力量! 所以我们青年一代要努力掌握科学文化知识和专业技能,努力提高人文素养,在学习中增长知识、锤炼品格,在工作中增长才干、练就本领,以真才实学服务人民,以创新创造贡献国家!

本章小结

本章主要简单介绍了目前在服务器领域中普遍采用的虚拟化技术的概念,了解了为什么都要采用虚拟化技术以及虚拟化技术的发展历程。接着主要讲述了虚拟化的分类——完全虚拟化、半虚拟化、硬件辅助虚拟化和操作系统层虚拟化以及按照架构划分为寄居架构和裸金属架构虚拟化。之后简述了云计算的概念和虚拟化之间的区别。最后通过介绍我国的CPU、操作系统和工业软件的发展现状,说明我国核心高科技领域的发展还有很长的路要走,需要同学们怀着爱国的情怀,刻苦学习、锐意创新,为实现中国梦贡献自己的力量。

本章习题

1. 什么是服务器虚拟化技术? 为什么要进行虚拟化?
2. 什么是完全虚拟化技术? 什么是半虚拟化技术?
3. 在虚拟化技术发展初期,x86架构为什么无法虚拟化?

第2章

VMware虚拟化技术

【项目情境】

大三学生小赵想要自己搭建一个个人博客系统,一方面是想学习一下服务器搭建的相关知识,另一方面也想为今后的工作积累些经验。经过调研后决定使用目前比较流行的WordPress。同时在服务器的选择上不想将所有的应用都放到一台服务器上,但是又没有足够的资金购买服务器,只能在个人计算机上完成;而且想要在部署博客系统过程中能够对已完成的工作进行备份。经过一番思索后,小赵决定采用VMware的虚拟化技术来实现。

任务 2.1 安装 VMware Workstation

2.1.1 任务目标

◇ 了解 VMware Workstation 的功能和使用场景;
◇ 掌握 Vmware Workstation 在 Windows 10 操作系统中的安装方法。

2.1.2 任务知识点

1. VMware

VMware Workstation 由 VMware 公司开发。1998 年 2 月 10 日,在美国加利福尼亚州帕洛阿尔托(Palo Alto),5 位技术专家联合创立了 VMware 公司,这是一家提供云计算和硬件虚拟化的软件和服务的公司,为全世界提供服务器和桌面虚拟化解决方案,2004 年 1 月 9 日,EMC 公司以 6.35 亿美元收购了 VMware 公司,2022 年 5 月 26 日,美国芯片制造商博通宣布以 610 亿美元收购 VMware(截至目前,此收购还在进行中)。经过二十多年的发展,VMware 公司成为全球桌面到数据中心虚拟化解决方案的领导厂商、全球虚拟化和云基础架构领导厂商、全球第一大虚拟机软件厂商,也是全世界第四大系统软件公司。

2. VMware Workstation

Workstation 的意思是工作站,所以 VMware Workstation 中文名称叫作 MWare 工作站。利用它可以在单一桌面上同时运行多个不同的操作系统,如 Windows、DOS、Linux、 macOS系统。VMware在1999年向世界演示了第一代虚拟化产品VMware Workstation 1.0,这款产品支持用户在一台PC上以虚拟机的形式运行多个操作系统而名噪一时。目前最新的版本是VMware Workstation 16。VMware Workstation属于硬件辅助下的全虚拟化产品,同时也属于寄居架构的虚拟化产品。

2.1.3 任务实施

1. 获取VMware Workstation安装程序

VMware Workstation 16从商业化角度来说分为免费版的VMware Workstation 16 Player(可供非商业,以及个人、家庭或学校学习使用)和付费版的VMware Workstation 16 Pro,不过VMware的付费版本任何人都可以到其官方网站下载并享受30天免费的软件试用,所以这里以使用率相对比较多的VMware Workstation 16 Pro的试用版为例进行相关操作的讲解。

（1）登录VMware官方网站。

（2）单击搜索按钮,搜索workstation,找到Download VMware Workstation Pro,如图2-1所示。

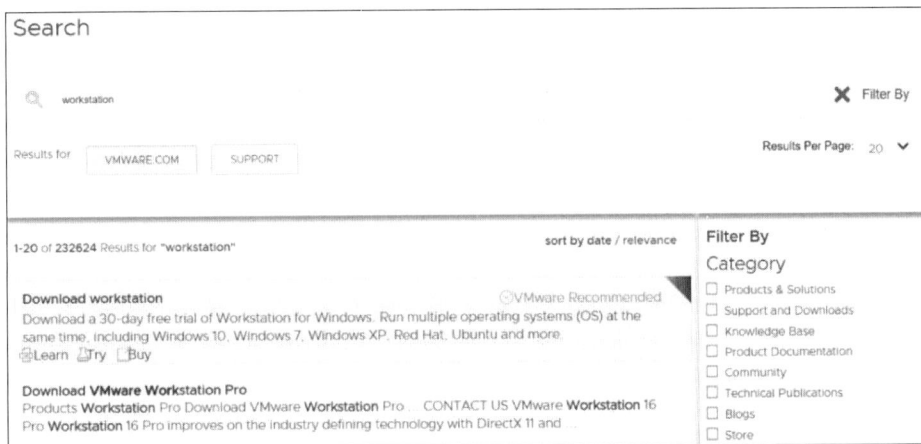

第1集
微课视频

图2-1 搜索Download VMware Workstation 16 Pro

（3）单击后选择对应平台版本(Windows或Linux)进行下载,如图2-2所示。

图2-2 VMware Workstation 16 Pro下载页面

2. 安装 VMware Workstation 16 Pro

（1）双击刚刚下载的 VMware-workstation-full-16.1.0-17198959.exe（具体版本可能不同）安装程序，打开安装界面，如图 2-3 所示。

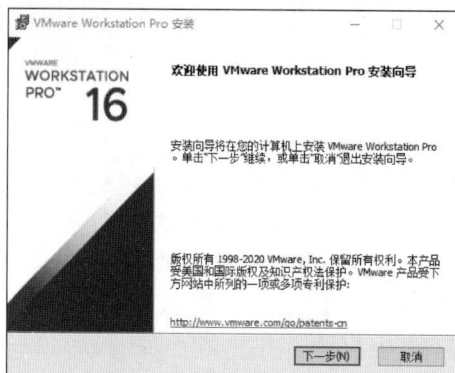

图 2-3　VMware Workstation Pro 安装界面

（2）单击"下一步"按钮，在弹出的界面中选中"我接受许可协议中的条款"复选框，如图 2-4 所示。

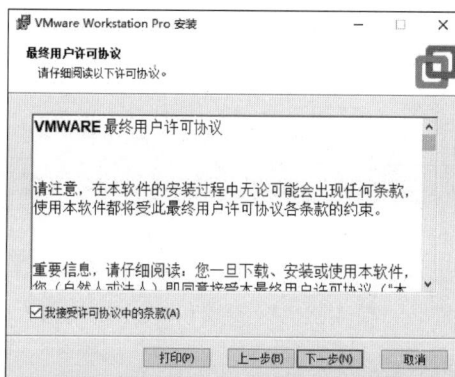

图 2-4　选中"我接受许可协议中的条款"复选框

（3）单击"下一步"按钮，进入"自定义安装"界面，根据需要选择 VMware Workstation 的安装位置，选中"将 VMware Workstation 控制台工具添加到系统 PATH"复选框（增强型键盘驱动程序不需要安装），如图 2-5 所示。

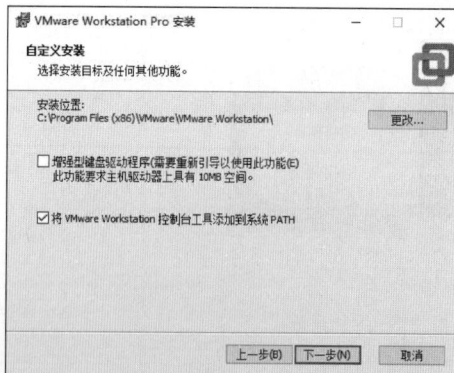

图 2-5　自定义安装 VMware Workstation

（4）单击"下一步"按钮，进入"用户体验设置"界面，根据自己的实际需要决定是否选中"启动时检查产品更新""加入 VMware 客户体验提升计划"复选框，也可以什么都不选择，如图 2-6 所示。

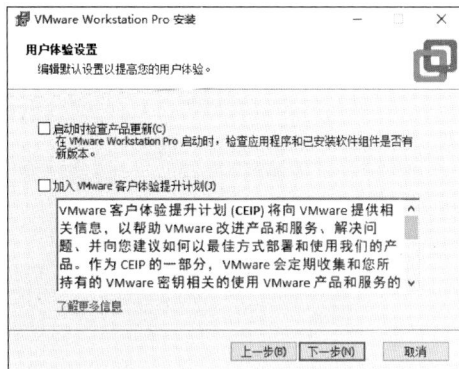

图 2-6 用户体验设置界面

（5）单击"下一步"按钮，进入"快捷方式"界面，用户可以选择是否创建桌面快捷方式和添加到开始菜单，为了能快速找到并启动 VMware Workstation，这里建议选择创建桌面快捷方式，也可以根据需要进行选择，如图 2-7 所示。

图 2-7 快捷方式界面

（6）单击"下一步"按钮，进入准备安装界面，如图 2-8 所示。用户可以单击"安装"按钮开始安装，如果想更改前面的设置，可以依次单击"上一步"按钮，返回相关界面进行重新设置。

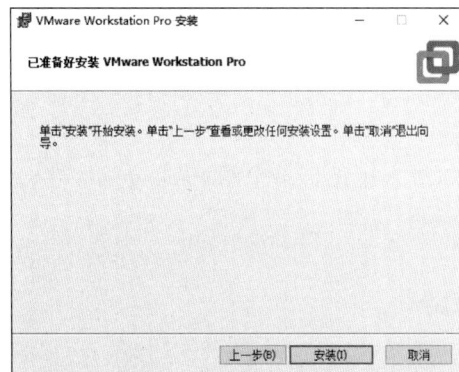

图 2-8 开始安装界面

（7）安装完成后，双击桌面上的 VMware Workstation 快捷方式启动程序。如果购买了产品密钥，输入产品密钥，然后单击"继续"按钮，否则选择"我想使用 VMware Workstation 16 Pro 30 天"，然后单击"继续"按钮。我们可以在试用期结束前，输入购买的产品密钥来激活获得永久使用权。打开后的 VMware Workstation 16 Pro 界面如图 2-9 所示。

图 2-9 VMware Workstation 16 Pro 界面

小提示：下面介绍 VMware Workstation 16 对主机系统的要求。

主机处理器要求：最好是使用 2011 年或以后发布的处理器的系统；

要想在虚拟机上运行 64 位操作系统，必须使用具有 AMD-V 支持的 AMD CPU 或具有 VT-x 支持的 Intel CPU 并在 BIOS 中开启该功能。

主机内存要求：主机系统最少需要具有 2GB 内存。建议具有 4GB 或更大内存。

2.1.4 任务拓展

【任务内容】 在 CentOS 7 中安装 VMware Workstation 16 Pro。

【任务目标】 了解在 CentOS 7 中安装 VMware Workstation 的方法。

【任务步骤】

1. 安装 gcc

```
$ sudo yum install -y gcc
```

2. 安装 kernel-devel 包

（1）挂载操作系统镜像，进入镜像目录中的 Packages 文件夹。

```
$ cd /run/media/lh/CentOS\ 7\ x86_64/Packages/
```

（2）通 rpm 命令进行安装。

```
$ sudo rpm - ivh kernel - devel - 3.10.0 - 862.el7.x86_64.rpm
```

任务拓展 1

3. 安装 VMware Workstation 16 Pro

（1）进入 VMware Workstation 安装包所在目录。

```
$ cd /home/lh/下载
```

（2）通过 sh 命令运行安装程序。

```
$ sudo sh VMware-Workstation-Full-16.2.3-19376536.x86_64.bundle
```

（3）当出现如图 2-10 所示的提示信息时，说明安装成功

```
Installing VMware VProbes component for Linux 16.2.3
Copying files...
Configuring...
Installing VMware Workstation 16.2.3
Copying files...
Configuring...
Installation was successful.
```

图 2-10　安装成功的提示信息

4. 启动 VMware Workstation

（1）通过 vmware 命令启动 VMware Workstation。

```
$ vmware
```

命令执行后，出现如图 2-11 所示的 Welcome to VMware Workstation 窗口。

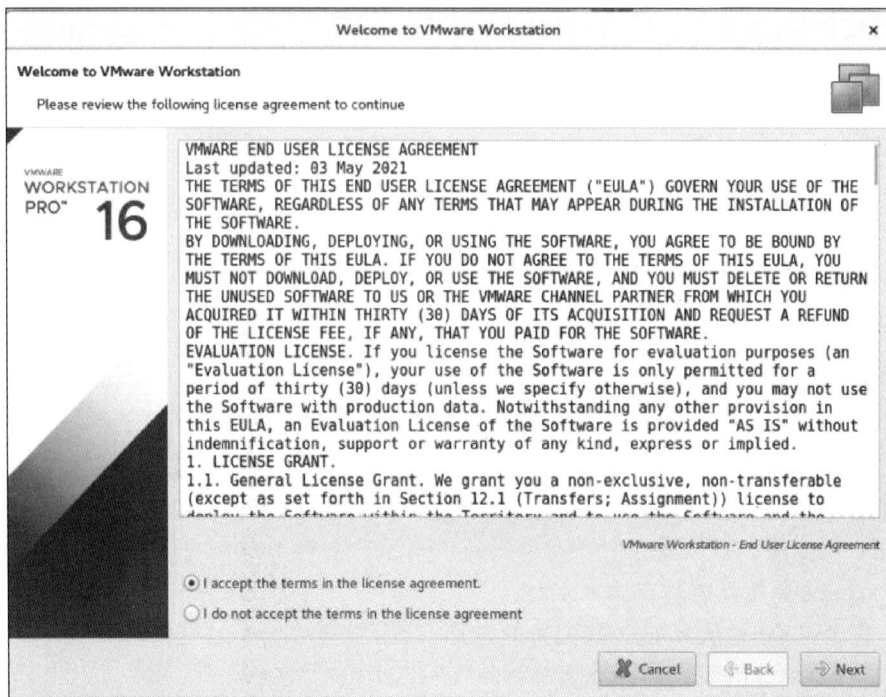

图 2-11　VMware Workstation 启动界面

（2）选中 I accept the terms in the license agreement 单选按钮，单击 Next 按钮进入 VMware Workstation 主界面，如图 2-12 所示。

图 2-12　VMware Workstation 主界面

任务 2.2　在 VMware Workstation 中安装 CentOS 7 虚拟机

2.2.1　任务目标

◇ 掌握在 VMware Workstation 中创建虚拟机的方法。

◇ 掌握 CentOS 7 的安装方法。

2.2.2　任务知识点

1. Linux 操作系统

Linux 全称为 GNU/Linux,是一款开源、免费使用和自由传播的类 UNIX 操作系统。Linux 内核最初只是由芬兰人林纳斯·托瓦兹(Linus Torvalds)在赫尔辛基大学上学时出于个人爱好而编写的。其稳定性、安全性、处理多并发能力已经得到业界的认可,目前更多的是应用在企业服务器领域。

Linux 的主要特点体现在如下方面。

(1) 完全免费。Linux 是一款免费的操作系统,用户可以通过网络或其他途径免费获得,并可以任意修改其源代码。

(2) 安全性。Linux 采取了许多安全技术措施,其中有对读/写进行权限控制、审计跟踪、核心授权等技术,这些都为安全提供了保障。

(3) 多用户。操作系统资源可以被不同用户使用,每个用户对自己的资源有特定的权限,互不影响。

(4) 多任务。计算机可同时执行多个程序,并且各个程序的运行互相独立。

（5）独立性。Linux 是具有设备独立性的操作系统,内核具有高度适应能力。

（6）可移植性。Linux 是一种可移植的操作系统,能够在从微型计算机到大型计算机的任何环境和任何平台上运行。

Linux 由两部分组成:内核(Kernel)和工具软件(Software＋Tools)。Linux 内核是负责内存管理、进程管理、设备驱动程序、文件系统和网络管理等的核心程序。Linux 的发行版简单说就是将 Linux 内核与应用软件和工具做一个打包。较知名的发行版有 Ubuntu、RedHat、CentOS、Debian、Fedora、SuSE、OpenSuSE、Arch Linux、SolusOS 等。Linux 主要发行版的关系如图 2-13 所示。

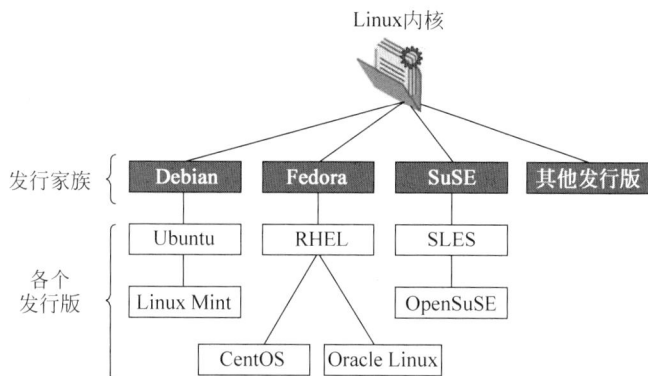

图 2-13　Linux 主要发行版关系图

2. CentOS 操作系统

CentOS(Community Enterprise Operating System,中文意思是社区企业操作系统)是 Linux 发行版之一。它是红帽子(Red Hat)公司发行的企业 Linux 发行版领头羊 Red Hat Enterprise Linux(以下称为 RHEL)的再编译版本。它是免费、开源的,所以可以像使用 RHEL 那样利用它去搭建企业服务器环境,而不需要支付任何费用。但 2020 年红帽子公司突然宣布将终止维护 CentOS,目前最新版本的 CentOS 8 已于 2021 年底停止维护更新,而 CentOS 7 预计将于 2024 年 6 月底停止维护。

第 2 集
微课视频

2.2.3　任务实施

1. 在 VMware Workstation 中创建虚拟机

（1）双击桌面上的 VMware Workstation 快捷方式图标,启动程序,在主页上单击创建新的虚拟机,如图 2-14 所示。

（2）在"新建虚拟机向导"界面,选择"典型(推荐)"选项,如图 2-15 所示。

（3）在"安装虚拟机操作系统"界面选中"稍后安装操作系统"单选按钮,然后单击"下一步"按钮,如图 2-16 所示。

（4）在"选择虚拟机操作系统"界面,选中 Linux 单选按钮,在"版本"下拉列表框中选择"CentOS 7 64 位"选项,如图 2-17 所示。

（5）在"命名虚拟机"界面,自定义输入虚拟机的名称,比如 CentOS 7.5-demo,在下面的"位置"文本框中选择虚拟机文件的存放位置,如图 2-18 所示。

图 2-14　选择创建新的虚拟机

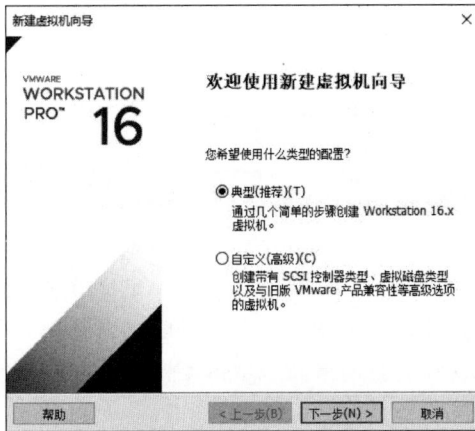

图 2-15　选择典型安装

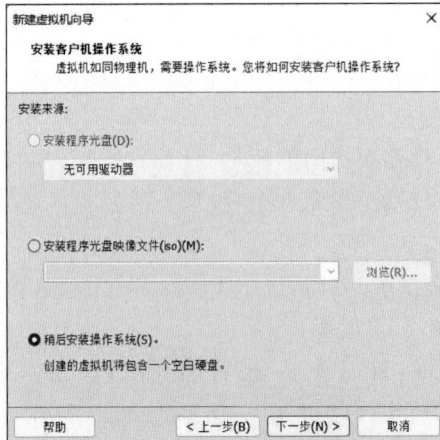

图 2-16　选择稍后安装操作系统

图 2-17　虚拟机操作系统选择 Linux

图 2-18　给虚拟机命名

（6）在"指定磁盘容量"界面,根据物理主机情况和需要来设置虚拟机的磁盘容量大小,建议最小 20GB。但并不是创建完虚拟机之后一次性在宿主机磁盘中划分 20GB 给虚拟机,而是随着虚拟机中应用和数据的增加而逐渐递增,最大占用 20GB。这里设置磁盘空间为 40GB,同时在下方选中"将虚拟磁盘存储为单个文件"单选按钮。使用单个文件还是多个文件对于初学者来说没有明显差异,可以自行选择,如图 2-19 所示。

小提示：存储为单个文件占用的是磁盘上的某一块连续区域,读取速度快、占用空间大,但如果单个文件受损将会影响整个虚拟机的磁盘数据。多个文件是将虚拟磁盘保存为多个更小的文件,这样更有利于虚拟机迁移,特别是当目标主机文件系统为 FAT32 不支持 4GB 以上大文件时,单个文件将无法迁移,但多个文件的读写性能不如单个文件形式。

（7）在"已准备好创建虚拟机"界面中单击"完成"按钮,就成功地创建了一台虚拟的裸机。如果此时在返回的 VMware Workstation 主界面中单击"开启此虚拟机"选项,如图 2-20 所示,那么虚拟机开机后会显示"找不到操作系统",因为现在虚拟磁盘是空的,还没有安装操

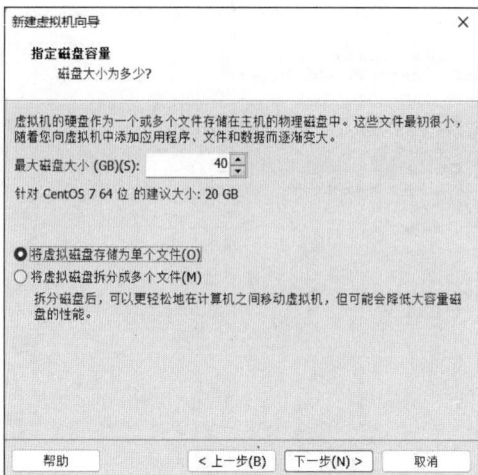

图 2-19　设置虚拟机磁盘容量大小

作系统。这时可在 VMware Workstation 界面上方的工具栏中找到电源管理按钮，在下拉菜单中选择关机选项来关闭虚拟机电源，如图 2-21 所示。

图 2-20　开启虚拟机

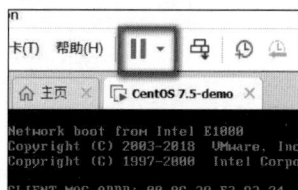

图 2-21　关闭虚拟机

2. 在虚拟机上安装操作系统

（1）在虚拟机关机状态下，单击主界面的"编辑虚拟机设置"选项进行虚拟机硬件的配置。在"硬件"选项卡中选择"CD/DVD（IDE）"选项，在右侧"设备状态"框中选中"启动时连接"复选框，在"连接"框中选中"使用 ISO 映像文件"单选按钮，单击"浏览"按钮添加本地的CentOS 7 映像 ISO 文件，然后单击"确定"按钮，如图 2-22 所示。

其他硬件配置主要包括以下几个选项设置。内存默认为 1GB，也是建议最低要求，如果宿主机内存较大可以调整为 2GB 内存，这里调整为 2GB。如果用来模拟服务器多 CPU 环境可以选择更多的 CPU 数量；CPU 的内核总数＝CPU 数量×每个 CPU 内核数量。这里设置为 1 颗 CPU，每颗 CPU 有 2 个内核。

（2）返回虚拟机主界面后单击"开启此虚拟机"选项。在 CentOS 7 安装界面通过键盘上的↑方向键选择第一个选项 Install CentOS 7 后按 Enter 键，如图 2-23 所示。

小提示：如果想将焦点定位到虚拟机，则可以在虚拟机窗口中单击或者按 Ctrl＋G 键，

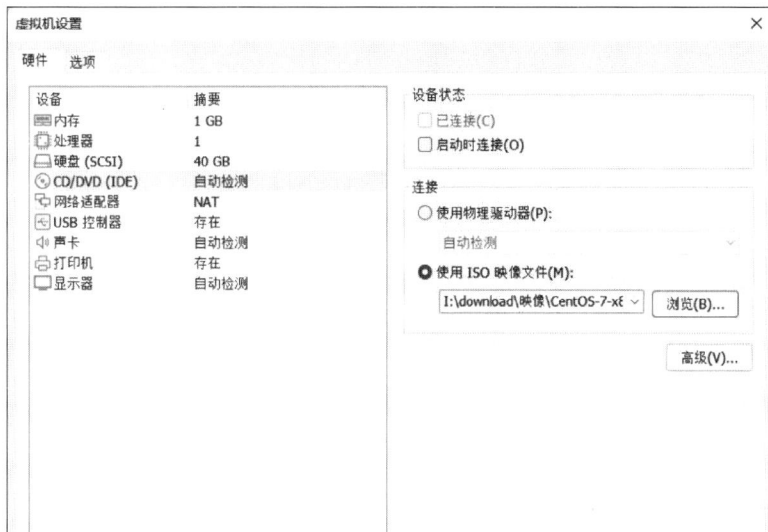

图 2-22　在虚拟机光驱中添加映像

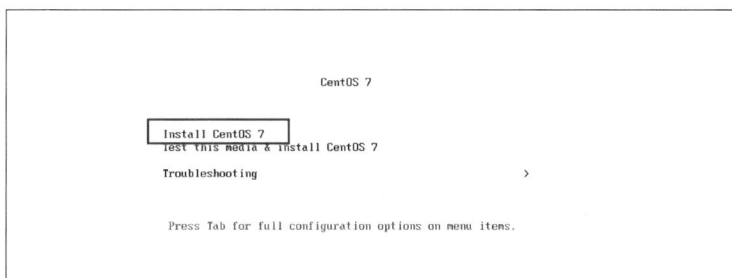

图 2-23　选择 Install CentOS 7

如果想从虚拟机切换到宿主机，可以按 Ctrl＋Alt 组合键。

（3）在语言选择界面进行操作系统时语言的选择，选择"中文"后单击"继续"按钮，进入"安装信息摘要"界面，如图 2-24 所示。

图 2-24　"安装信息摘要"界面

（4）在"安装信息摘要"界面单击"日期和时间"，在弹出的界面中将"地区"选择为"亚洲"，"城市"选择为"上海"，在下方进行日期和时间的设置，然后单击"完成"按钮返回。

（5）在"安装信息摘要"界面的"系统"选项区域，单击"安装源"，在弹出的界面中直接单击"完成"按钮即可，如图 2-25 所示。

图 2-25　选择自动配置分区

（6）在"安装信息摘要"界面单击"网络和主机名"选项，在弹出的界面将"以太网（ens33）"开关打开，在"主机名"文本框中修改主机名称（如 webserver），如图 2-26 所示，然后单击"完成"按钮。

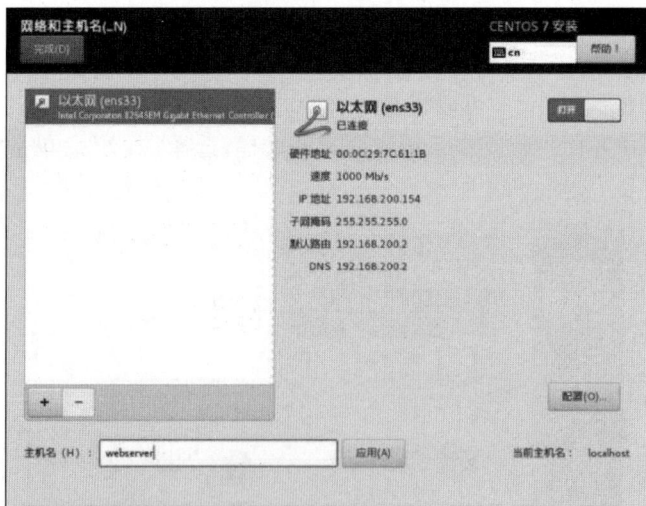

图 2-26　开启网络服务设置主机名称

小提示：如果网络中存在 DHCP 服务器，则会显示出相应的网络配置参数。如果没有 DHCP，则需要单击"配置"按钮，在弹出的界面中选择"IPv4 设置"，在"方法"下拉菜单中选择"手动"，然后单击 Add 按钮添加 IP 地址等网络配置参数，再单击"保存"按钮，如图 2-27 所示。当然也可以在安装完操作系统之后再进行网络的配置。

图 2-27 手动设置 IP 地址

（7）这里采用默认的 DHCP 分配方式。在如图 2-26 所示的界面单击"应用"按钮。返回"安装信息摘要"界面后，单击右下角的"开始安装"按钮。

小提示：这里采用的是最小安装方式进行安装，也就是只安装最基本的软件包，如果想安装图形化界面或者安装更多的软件包，可以在"安装信息摘要"界面单击"软件选择"按钮，在弹出的界面中进行选取安装，如图 2-28 所示。

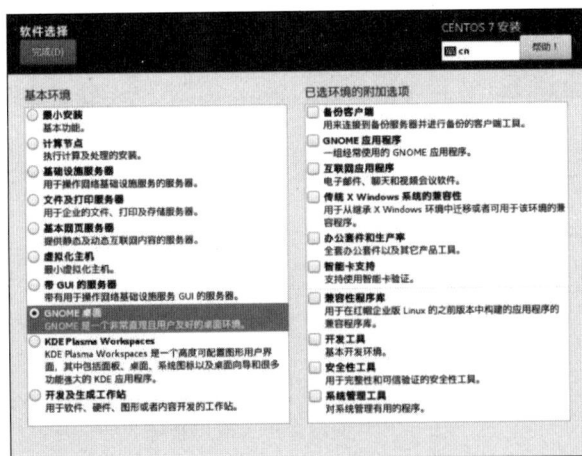

图 2-28 选择更多的安装选项

（8）开始安装后，在配置界面单击"ROOT 密码"，在弹出的界面中设置 root 用户的密码后单击"完成"按钮，如图 2-29 所示。

（9）安装完成后，在右下角单击"重启"按钮，如图 2-30 所示。

（10）重启后即进入 CentOS 7 操作系统界面，如图 2-31 所示。

图 2-29　设置 root 用户密码

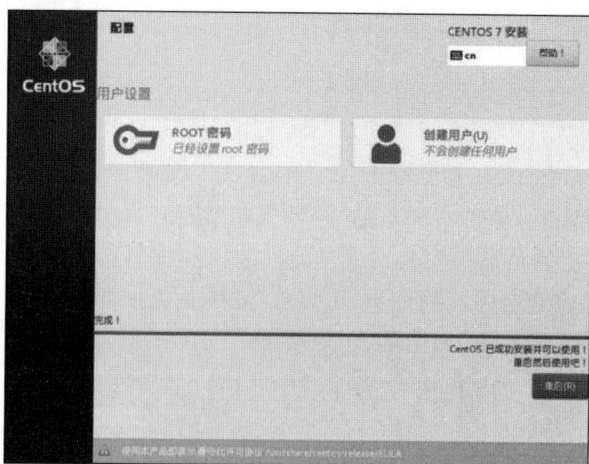

图 2-30　安装完成单击"重启"按钮

任务拓展 2

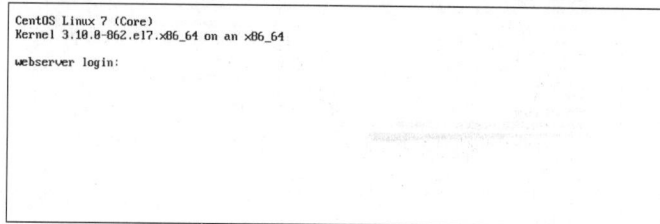

图 2-31　重启后进入操作系统

2.2.4　任务拓展

【任务内容】　安装带有 GUI 图形化界面的 Ubuntu 操作系统。

【任务目标】　掌握在 VMware Workstation 中创建虚拟机并安装 Ubuntu 的方法。

【任务步骤】

（1）参照 2.2.3 节中的步骤，在选择虚拟机操作系统界面中选择 Linux 和"Ubuntu 64 位"，创建一台虚拟机。

（2）在"虚拟机设置"界面的"硬件"选项卡中，调整虚拟机内存大小为4GB，在使用 ISO 映像文件中添加"ubuntu-22.04-desktop-amd64.iso"映像文件。

（3）单击"开启此虚拟机"选项后选择 Try or Install Ubuntu 选项进行安装，如图 2-32 所示。

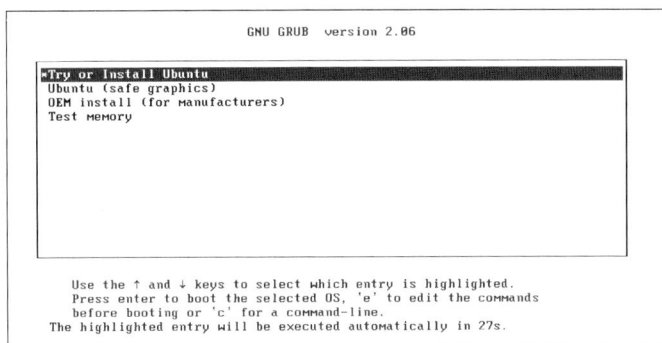

图 2-32　选择 Try or Install Ubuntu

（4）在安装界面中选择语言后，单击"安装 Ubuntu"开始安装。

任务 2.3　配置和管理虚拟机

2.3.1　任务目标

◇ 掌握在 VMware Workstation 中添加硬件的方法；

◇ 掌握 VMware Workstation 快照的创建和使用；

◇ 掌握 VMware Workstation 增强工具的安装；

◇ 掌握在 VMware Workstation 中克隆虚拟机的方法。

2.3.2　任务知识点

1. SSH 协议

安全外壳（Secure Shell，SSH）是一种网络安全协议，通过加密和认证机制实现了设备之间数据传输的安全保障。传统远程登录或文件传输方式，例如 Telnet、FTP，使用明文传输数据，存在很多的安全隐患。随着人们对网络安全的重视，这种方式已慢慢被弃用。SSH 协议通过对网络数据进行加密和验证，在不安全的网络环境中提供了安全的登录和其他安全网络服务。作为 Telnet 和其他不安全远程 shell 协议的安全替代方案，目前 SSH 协议已经在全世界范围广泛使用，大多数设备都支持 SSH 功能。当 SSH 应用于 STelnet、SFTP 以及 SCP 时，使用的默认 SSH 端口都是 22。

支持 SSH 协议进行远程终端登录的工具软件比较多，比如 secureCRT、PuTTY、XShell、MobaXterm 等，secureCRT 和 XShell 是收费软件；PuTTY 小巧而且免费，但是功能稍弱；MobaXterm 有免费的 HOME 版和收费的专业版，对于个人学习来说使用免费版功能便已足够，可以到该软件官方网站下载安装。

2. VMware Tools

VMware Tools 是 VMware 虚拟机自带的一种增强工具，其主要作用是使用鼠标在虚拟机和宿主机之间流畅地切换,完成文件夹共享及文件的拖曳操作等。

3. VMware Workstation 虚拟机文件说明

创建好虚拟机之后,在相应的虚拟机文件夹中会创建以下几种扩展名的文件。

(1) vmx:该文件名称一般会以"虚拟机的名称+.vmx"形式命名,为虚拟机的配置文件。可以通过双击该文件来打开当前虚拟机,当需要手动修改配置文件进行虚拟机的设置时,通过右击该文件并以记事本的形式打开该文件进行相关配置。比如在配置文件中"memsize = "2048""可以设置虚拟机的内存大小为 2GB,配置文件的示例如图 2-33 所示。一般情况下不要随意修改该文件,如果要修改建议先行备份。

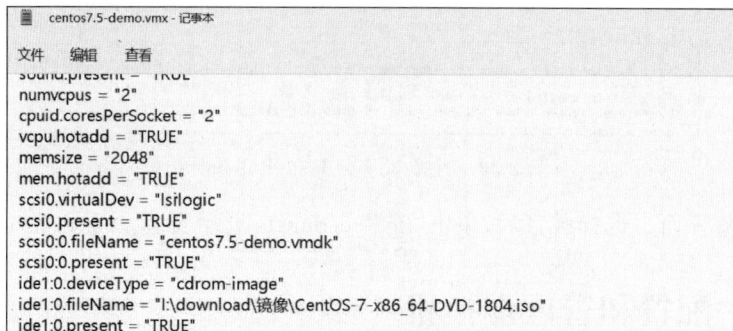

图 2-33　虚拟机配置文件

假如想在虚拟机开机后自动进入 BIOS 程序,可以在该配置文件中添加如下内容:

```
bios.forceSetupOnce = "TRUE"
```

开启虚拟机后将进入 BIOS 程序中,如图 2-34 所示。

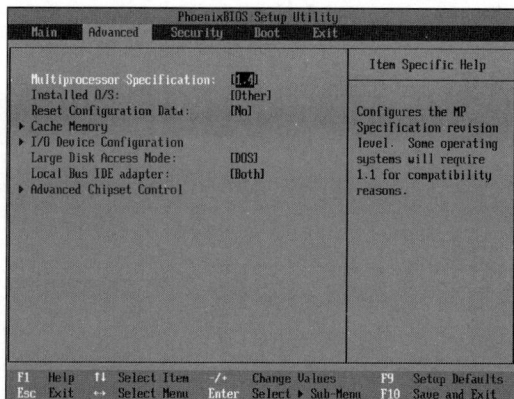

图 2-34　虚拟机的 BIOS 程序

(2) vmdk:该文件是虚拟机的磁盘文件,虚拟机中所有的磁盘数据都保存在该文件中,相当于物理主机的硬盘。如果创建虚拟机时选择的是以单个文件形式创建虚拟机磁盘,则只会有一个"虚拟机名称.vmdk"的文件,如果选择将虚拟磁盘拆分成多个文件,则会有一个"虚拟机名称.vmdk"文件保存磁盘分区信息,还会有多个名称类似"虚拟机名称-s###.vmdk"的文件,文件数量取决于磁盘大小,每个文件的大小最高为 2GB。这些文件共同组成虚拟机的磁盘,.vmdk 文件会随着虚拟机中数据的增多而增大。

（3）log：该文件为虚拟机的日志文件，一般名称为"虚拟机名称.log"或 vmware.log，也有可能会生成多个上述名称附加数字编号的文件。如果虚拟机出现问题，那么可以参考该日志文件进行解决。

（4）nvram：虚拟机的 BIOS 文件，用来存储虚拟机的 BIOS 状态。

（5）vmsd：用于集中存储快照相关信息和元数据的文件。

（6）vmsn：当虚拟机建立快照时，就会自动创建该文件。有几个快照就会有几个此类文件。这是虚拟机快照的状态信息文件，它记录了在建立快照时虚拟机的状态信息。

（7）lck：虚拟磁盘锁文件。虚拟磁盘文件有一个保护机制，当运行虚拟机时，为防止虚拟机被另外一个 VMware 程序打开，导致数据被修改或损坏，开启虚拟机后，VMware 会自动在该"虚拟系统"所在的文件夹下，生成 3 个锁定文件，分别以".vmx.lck"".vmdk.lck"".vmem.lck"结尾，对应的是虚拟机锁定、虚拟磁盘锁定和虚拟内存锁定。当出现断电或其他意外情况时，可能导致某个虚拟系统文件无法正常打开，原因很可能是该虚拟系统文件没有解锁，这时只要把 3 个 lck 文件删去即可。

（8）vmem：虚拟机启动后，会在虚拟机文件夹中生成一个和设置的虚拟机内存容量大小相同的以.vmem（一般是"虚拟机 UUID＋.vmem"）为扩展名的文件。该文件为虚拟机内存映像文件，主要作用是将虚拟机内存的内容映射到磁盘，从而实现快速启动、虚拟机暂停等功能，如果不需要该功能，那么可以在关机状态下，在.vmx 配置文件中添加如下内容：

```
mainMem.useNameFile = FALSE
```

4. 虚拟机快照

虚拟机快照功能类似于 Windows 的系统还原功能。利用快照可以将虚拟机的某一特定时刻的状态和数据保存下来，包括虚拟机内存、虚拟机设置以及所有虚拟磁盘的状态。快照是一个十分方便的工具，我们可以为虚拟机的当前状态建立快照，在进行系统补丁更新，或者准备进行一些危险的测试时，难免会产生无法挽回的后果，此时通过快照功能可以快速恢复到创建快照时的状态。

第 3 集
微课视频

2.3.3 任务实施

1. 给虚拟机创建快照

（1）单击 Vmware Workstation 界面上方的"管理此虚拟机快照"按钮打开"快照管理器"，在管理器中可以查看到当前虚拟机的所有快照，如图 2-35 所示。

（2）在如图 2-35 所示的界面中单击"拍摄快照"按钮，在弹出的窗口中输入快照名称，比如 init，在"描述"文本框中可以给当前快照添加相关的描述信息，比如"centos7.5 系统初始化"，然后单击"拍摄快照"按钮便创建了一个虚拟机快照，如图 2-36 所示。

在"快照管理器"中可以看到新增加了名称为 init 的快照。同时在虚拟机文件夹中会创建"虚拟机名称-Snapshot♯.vmsn"的用来保存创建快照时的虚拟机状态文件和"虚拟机名称-♯♯♯♯♯-磁盘名称.vmdk"的存储虚拟磁盘变更的文件，其中，"♯"为避免文件名重复添加的编号，如图 2-37 所示。

小提示：每执行一次创建快照操作，就会建立新的"虚拟机名称-Snapshot♯.vmsn"文件和"虚拟机名称-♯♯♯♯♯-磁盘名称.vmdk"的文件。在此之后对虚拟机的操作变更都会保存在新创建的.vmdk文件中,原始的.vmdk文件变为只读状态。

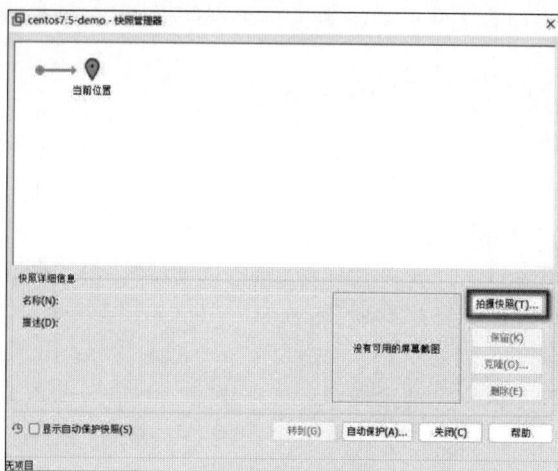

图 2-35 快照管理器

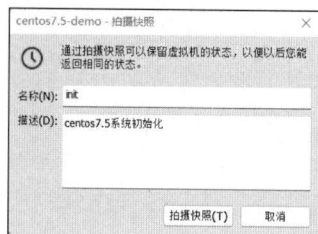

图 2-36 设置快照名称和描述信息

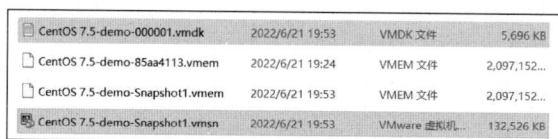

图 2-37 拍摄快照后生成的快照文件

(3)在"快照管理器"中单击"自动保护"按钮,可以选择开启"启用自动保护"功能,如图 2-38 所示。

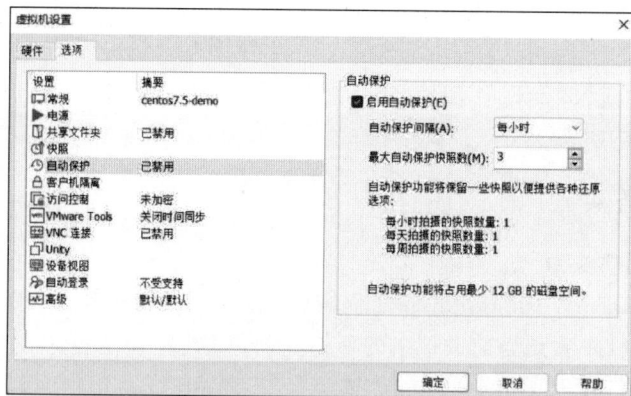

图 2-38 "自动保护"设置

该功能通过按照指定的时间间隔定期拍摄快照来保存虚拟机的状态,如表 2-1 所示。

表 2-1 指定时间间隔定期拍摄快照来保存虚拟机状态

选　项	说　明
每半小时	每半小时创建一次快照
每小时	每小时创建一次快照
每天	每天创建一次快照

此时间间隔只在虚拟机处于开启状态时计算。例如，如果设置自动保护功能每小时拍摄快照，并在 10 分钟后将虚拟机关机，那么下次自动保护快照将在虚拟机重新开机 50 分钟后进行，而不考虑虚拟机关机的时间长度。

2. 在虚拟机中查看网络

（1）在虚拟机界面中，单击"开启此虚拟机"选项，在右侧界面中会出现虚拟机的启动画面，待出现登录界面后，输入用户名 root 和设置的密码 123456 后，进入 CentOS 7 操作系统，如图 2-39 所示。

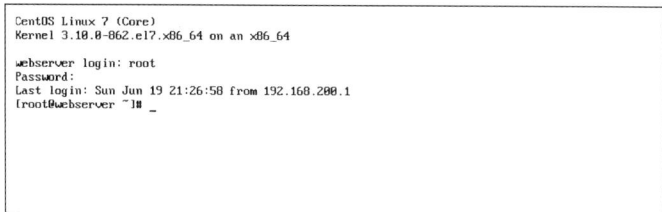

```
CentOS Linux 7 (Core)
Kernel 3.10.0-862.el7.x86_64 on an x86_64

webserver login: root
Password:
Last login: Sun Jun 19 21:26:58 from 192.168.200.1
[root@webserver ~]# _
```

图 2-39 进入 CentOS 7 操作系统后的界面

（2）在命令行界面，输入"ip addr"命令查看 IP 地址信息。

```
[root@webserver ~]# ip addr
1: lo: <LOOPBACK,UP,LOWER_UP> mtu 65536 qdisc noqueue state UNKNOWN group default qlen 1000
    link/loopback 00:00:00:00:00:00 brd 00:00:00:00:00:00
    inet 127.0.0.1/8 scope host lo
       valid_lft forever preferred_lft forever
    inet6 ::1/128 scope hostr
       valid_lft forever preferred_lft forever
2: ens33: <BROADCAST,MULTICAST,UP,LOWER_UP> mtu 1500 qdisc pfifo_fast state UP group default qlen 1000
    link/ether 00:0c:29:7c:61:1b brd ff:ff:ff:ff:ff:ff
    inet 192.168.200.154/24 brd 192.168.200.255 scope global noprefixroute dynamic ens33
       valid_lft 1367sec preferred_lft 1367sec
    inet6 fe80::f7a9:d39:b23f:5799/64 scope link noprefixroute
       valid_lft forever preferred_lft forever
```

如上所示，可以看到虚拟机 IP 地址为 192.168.200.154。

3. 通过 SSH 协议登录虚拟机

（1）如果在宿主机中没有 MobaXterm 或者其他 SSH 远程登录工具，那么可以通过 Vmware Workstation 自带的 SSH 远程工具进行登录。依次在菜单栏中单击"虚拟机"→SSH→"连接到 SSH"，在打开的窗口中输入虚拟机操作系统的用户名 root，端口号保留默认的 22，然后单击"连接"按钮，如图 2-40 所示。在弹出的命令行窗口中输入虚拟机操作系统的登录密码进行登录。

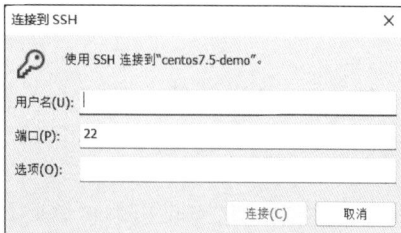

（2）在宿主机上安装好 MobaXterm 远程登录软件后，打开该软件，单击工具栏上的 Session 按钮，打开 Session settings 界面，单击 SSH 选项，在 Remote host 文本框中输入虚拟机 IP 地址"192.168.200.154"，

图 2-40 Workstation 自带的 SSH 工具

选中 Specify username 复选框后,在后面的文本框中输入虚拟机用户名 root,然后单击 OK 按钮,如图 2-41 所示。

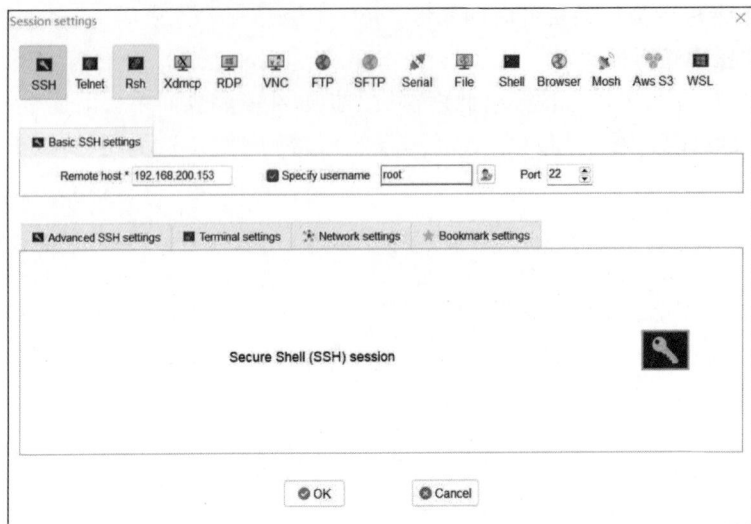

图 2-41　Session settings 界面

（3）在提示输入 Password 的界面中输入虚拟机密码 123456,按 Enter 键后,在提示是否保存登录密码提示框中,单击 Yes 按钮,以后再进行登录将不会出现提示输入密码操作；如果不想保存密码,则单击 No 按钮。

4. 在虚拟机中添加文件,查看虚拟磁盘变化

（1）在虚拟机操作系统中,通过 dd 命令创建一个大小为 2GB 的文件。

```
[root@webserver ~]# dd if = /dev/zero of = test bs = 1M count = 2048
记录了 2048 + 0 的读入
记录了 2048 + 0 的写出
2147483648 字节(2.1 GB)已复制,1.11742 秒,1.9 GB/秒
[root@webserver ~]# du - m test
2048    test
```

（2）创建文件造成的磁盘空间占用不会立刻在 .vmdk 虚拟磁盘文件上表现出来,需要关机后才能更新。在 VMware Workstation 菜单栏中依次单击"虚拟机"→"电源"→"关闭虚拟机",可以看到在虚拟机文件夹中,名称为"CentOS 7.5-demo-000001.vmdk"的快照虚拟磁盘文件的大小增加了,如图 2-42 所示。

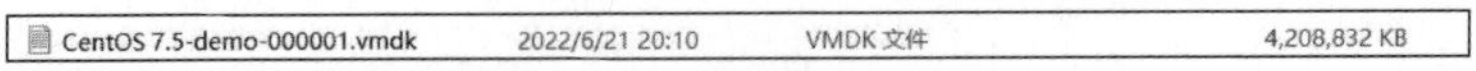

图 2-42　查看虚拟磁盘文件

小提示：在"虚拟机"菜单中有"关闭虚拟机"[*]和"关机"两个关机的选项,"关闭虚拟机"是 VMware Workstation 向虚拟机发出关机命令,虚拟机操作系统收到命令后进行正常关机,并非所有虚拟机操作系统都会对 VMware Workstation 的关机信号做出响应,如果虚拟机操作系统未对信号做出响应,则需要像操作物理机那样在虚拟机操作系统中执行关闭；

---

[*] 软件界面中的客户机实指虚拟机,为保持表述一致性,正文叙述部分仍使用"虚拟机"的说法。

"关机"是 VMware Workstation 强行关闭虚拟机的命令,而不考虑正在进行的工作,类似于物理机的直接断开电源,所以容易造成数据丢失。

5. 恢复虚拟机到快照时刻

打开"快照管理器",在管理器的快照树中选择要恢复的快照,单击"转到"按钮,如图 2-43 所示。再次开启虚拟机后,可以看到上一步中创建的文件已经不存在,虚拟机恢复到了创建快照时的状态。

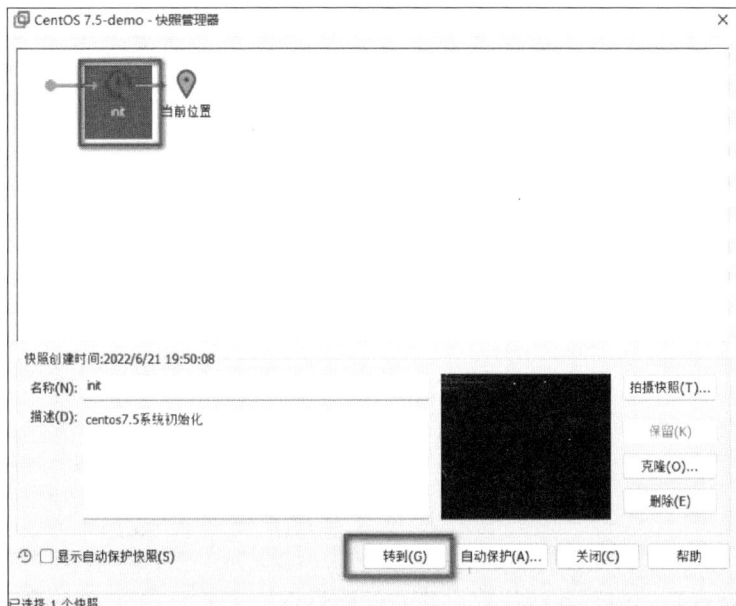

图 2-43 恢复虚拟机到某一时刻快照

虽然通过快照可以在虚拟机出现问题时方便地进行恢复,但是虚拟机中的数据也会随之丢失,那么有没有一种方法既能进行还原,又能保存磁盘中的数据呢?这就需要使用 VMware Workstation 提供的独立磁盘功能。

6. 虚拟机磁盘独立模式

虚拟机的独立磁盘模式,需要先删除掉已经存在的快照。

(1)打开"快照管理器",在快照树中选择要删除的虚拟机快照 init,然后单击右下角"删除"按钮,如图 2-44 所示。

(2)关闭虚拟机。

(3)在"虚拟机设置"窗口中,选择"硬盘"选项卡,单击右下角"高级"选项,在"硬盘高级设置"对话框中依次选取"独立"模式→"永久"选项,再单击两次"确定"按钮。

(4)为虚拟机重新创建一个名称为 init 的快照,然后开启虚拟机,通过 MobaXterm 登录虚拟机。

(5)通过步骤(4)的方法再次创建一个大小为 2GB 的文件,然后恢复到 init 快照,在 MobaXterm 上按 R 键重新登录后,输入 ls 命令可以看到创建的 test 文件依然存在。

```
[root@webserver ~]# ls
anaconda-ks.cfg  test
```

图 2-44　删除虚拟机快照

　　注意：虚拟机设置独立磁盘后将不能为内存创建快照，所以创建快照只能在关机状态下进行。

　　小提示：在学校的机房上课的时候，不论对计算机做什么，重启计算机之后都会还原到初始状态，那是因为计算机一开始就安装了保护卡，把需要保护的磁盘盘符保护了起来，重启之后除了这些保护的内容外都会被还原。在虚拟机中也能实现这个功能。将"硬盘高级设置"对话框的"模式"选项设置为"非永久"即可实现类似保护卡的功能。

　　7. 向虚拟机中添加磁盘

　　在工作或学习中有时需要用到两块或者多块硬盘，这就需要在 VMware Workstation中添加硬盘。

　　（1）选取虚拟机后，在 VMware Workstation 菜单中依次单击"虚拟机"→"设置"，在"虚拟机设置"的"硬件"选项卡中单击下方的"添加"按钮，选择"硬盘"选项，在"虚拟磁盘类型"选项区域选中 SCSI(S)单选按钮，如图 2-45 所示。

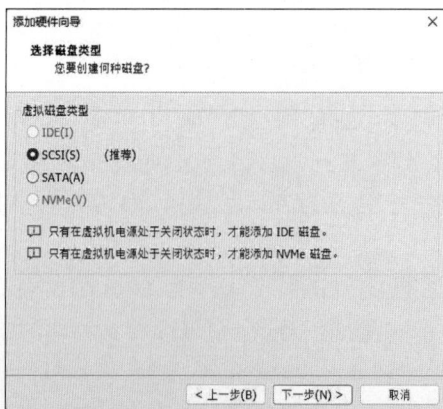

图 2-45　选择磁盘类型为 SCSI

（2）单击"下一步"按钮，选中"创建新虚拟磁盘"单选按钮，如图 2-46 所示。

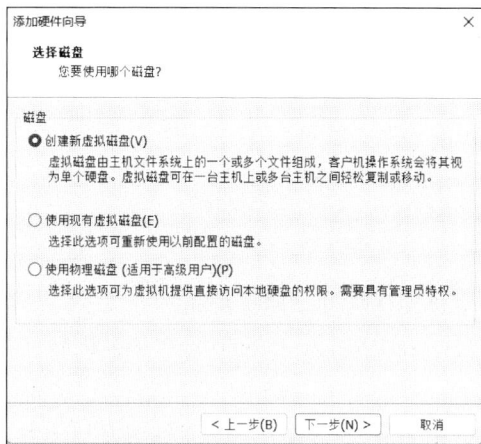

图 2-46 选择创建新虚拟磁盘

（3）单击"下一步"按钮，在指定磁盘容量大小的界面中，设置新添加的磁盘容量。比如输入 20。同样可以选择虚拟磁盘是单个文件还是拆分成多个文件，这里选择"将虚拟磁盘存储为单个文件"，单击"下一步"按钮，然后单击"完成"按钮。可以看到在返回的"虚拟机设置"界面中新增加了一块磁盘，如图 2-47 所示，同样在虚拟机文件夹中也增加了相应的 .vmdk 虚拟磁盘文件。

图 2-47 虚拟机中新增加了硬盘 2

（4）在虚拟机中执行 reboot 命令重新启动，然后输入 lsblk 命令，即可看到新增加了一块虚拟磁盘 sdb。

```
[root@webserver ~]# lsblk
NAME        MAJ:MIN RM  SIZE RO TYPE MOUNTPOINT
sda           8:0    0   40G  0 disk
├─sda1        8:1    0    1G  0 part /boot
└─sda2        8:2    0   39G  0 part
```

```
   ├──centos - root 253:0    0    37G   0 lvm   /
   └──centos - swap 253:1    0     2G   0 lvm   [SWAP]
sdb                8:16     0    20G   0 disk
sr0               11:0      1   4.2G   0 rom
```

小提示：如果想设置新添加硬盘类型为 IDE 或者 NVMe 类型,则需要在虚拟机关机状态下进行。

2.3.4 任务拓展

【任务内容】 实现宿主机文件夹共享到虚拟机。

【任务目标】 掌握 VMware Workstation 中共享宿主机文件夹的方法。

【任务步骤】

有些情况下需要虚拟机能够使用宿主机的资源,这时可以通过 VMware Workstation 的文件夹共享功能。设置共享后,宿主机的文件夹将会显示在虚拟机操作系统中。要实现该功能,需要在虚拟机中安装 VMware Tools,在 CentOS 7.5 中安装 VMware Tools 需要有 perl 环境。

1. 安装 perl

(1) 通过 yum 安装 wget 工具。

```
[root@webserver ~]# yum install - y wget
```

任务拓展3

(2) 通过 yum 安装 gcc。

```
[root@webserver ~]# yum install - y gcc
```

(3) 下载 perl 并解压缩。

```
[root@webserver ~]#  wget http://search. cpan. org/CPAN/authors/id/S/SH/SHAY/perl - 5.26.
1.tar.gz
[root@webserver ~]# ls
anaconda - ks.cfg   perl - 5.26.1.tar.gz
[root@webserver ~]# tar - zxvf perl - 5.26.1.tar.gz - C /usr/local/
```

(4) 进入 perl 所在目录,执行 Configure 配置。

```
[root@webserver ~]# cd /usr/local/perl - 5.26.1/
[root@webserver perl - 5.26.1]# ./Configure - des - Dprefix = /usr/local/perl
```

(5) 编译并检测,这个过程时间较长。

```
[root@webserver perl - 5.26.1]# make && make test
```

(6) 没有问题就可以安装了。

```
[root@webserver perl - 5.26.1]# make install
[root@webserver perl - 5.26.1]# perl - v
This is perl 5, version 26, subversion 1 (v5.26.1) built for x86_64 - linux
```

```
Copyright 1987 - 2017, Larry Wall
Perl may be copied only under the terms of either the Artistic License or the
GNU General Public License, which may be found in the Perl 5 source kit.
Complete documentation for Perl, including FAQ lists, should be found on
this system using "man perl" or "perldoc perl".  If you have access to the
Internet, point your browser at http://www.perl.org/, the Perl Home Page.
```

2. 安装 VMware Tools 共享文件夹

（1）安装好 perl 后，开始安装 VMware Tools。选取虚拟机后，单击菜单栏“虚拟机”，选择“重新安装 VMware Tools”（有的情况可能是“安装 VMware Tools”），这时在“虚拟机设置”窗口中可以看到“CD/DVD（IDE）”选项中“使用 ISO 映像文件”的路径变成了 Workstation 所在目录下的 linux.iso 映像文件，如图 2-48 所示。

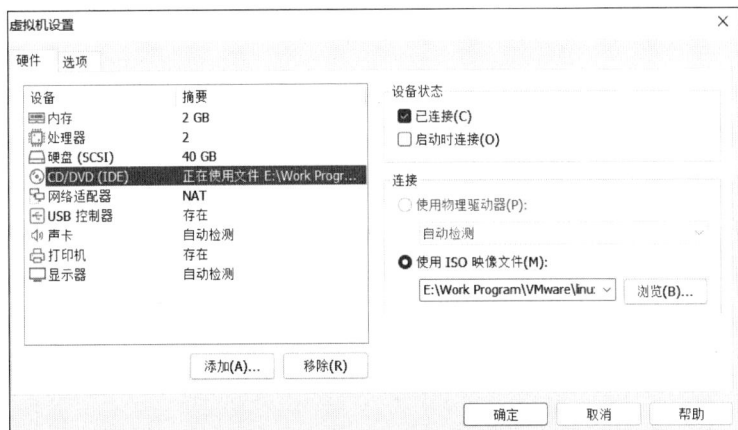

图 2-48 linux.iso 加载到了光驱中

（2）在虚拟机中创建一个文件夹用来挂载上面的映像文件，然后复制其中的“VMwareTools-x.x.x-yyyy.tar.gz”文件并解包。

```
[root@webserver ~]# mkdir /mnt/vmtools
[root@webserver ~]# mount - t iso9660 /dev/cdrom /mnt/vmtools/
mount: /dev/sr0 写保护,将以只读方式挂载
[root@webserver ~]# cd /mnt/vmtools/
[root@webserver vmtools]# cp VMwareTools - 10.3.22 - 15902021.tar.gz /opt
[root@webserver vmtools]# cd /opt
[root@webserver opt]# ls
perl  VMwareTools - 10.3.22 - 15902021.tar.gz
[root@webserver opt]# tar - xzvf VMwareTools - 10.3.22 - 15902021.tar.gz
```

（3）安装 VMware Tools。执行 vmware-install.pl 程序，在后续安装过程中都输入 y(yes) 即可。

```
[root@webserver opt]# cd vmware - tools - distrib/
[root@webserver vmware - tools - distrib]# ls
bin  caf  doc  etc  FILES  INSTALL  installer  lib  vgauth  vmware - install.pl
[root@webserver vmware - tools - distrib]# ./vmware - install.pl
```

（4）在宿主机中创建一个文件夹作为虚拟机的共享文件夹。然后依次单击“虚拟机设

置"→"选项"→"共享文件夹"→"总是启用"。单击下方的"添加"按钮,在弹出窗口中单击"下一步"按钮,主机路径选择宿主机中创建的共享文件夹,如图 2-49 所示。再依次单击"下一步"按钮和"完成"按钮即可。在虚拟机中的"/mnt"目录中会自动创建 hgfs 文件夹,该文件夹即为宿主机的共享文件夹。

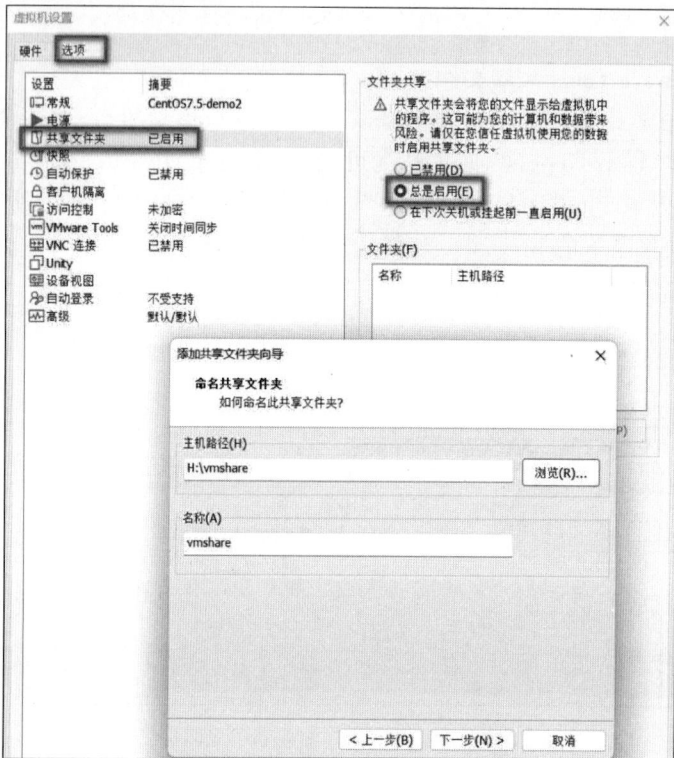

图 2-49　设置共享文件夹

本例中宿主机共享文件夹为"H:\vmshare",在其中创建测试文件 share.txt,然后在虚拟机的"/mnt/hgfs/vmshare"文件夹中可以看到该文件,操作如下:

```
[root@webserver vmware-tools-distrib]# cd /mnt
[root@webserver mnt]# ls
hgfs   vmtools
[root@webserver mnt]# cd hgfs/
[root@webserver hgfs]# ls
vmshare
[root@webserver hgfs]# cd vmshare/
[root@webserver vmshare]# ls
share.txt
```

任务 2.4　VMware Workstation 网络配置

2.4.1　任务目标

◇ 掌握 VMware Workstation 网络模式的工作原理。

◇ 掌握 VMware Workstation 三种网络模式的配置方法。

2.4.2　任务知识点

1. VMware Workstation 桥接网络模式

所谓桥接,顾名思义就是通过类似于网桥的方式将虚拟机和宿主机连接到一起。网桥可以看成二层交换机,桥接模式也就可以看成是将宿主机和虚拟机直接连接到一台虚拟的二层交换机上。这种网络模式相当于在物理网络上直接增加了一台主机,只不过这台主机是虚拟的。桥接模式的虚拟机 IP 地址要和宿主机的 IP 地址网络地址相同,也就是要处于同一网段,网关也要和宿主机相同,所有桥接网络模式的虚拟机、宿主机和同一网段的其他主机之间都是可以直接互相访问到的。

桥接网络模式原理如图 2-50 所示。

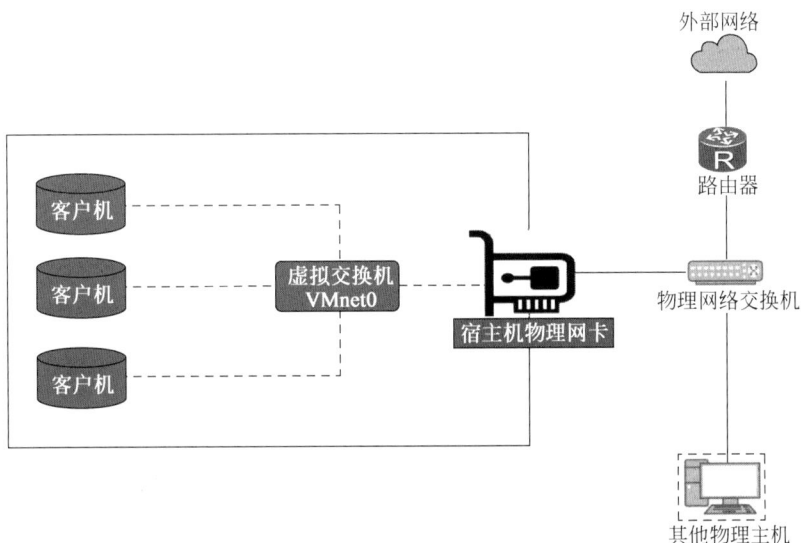

图 2-50　桥接网络模型

安装好 VMware Workstation 后,会创建名称为 VMnet0 的虚拟交换机,各虚拟机通过自己的虚拟网卡连接到 VMnet0,VMnet0 通过桥接方式直接连接到主机的物理网卡上。具体通信方式是:各虚拟机之间通过 VMnet0 虚拟交换机进行通信;虚拟机和宿主机之间要通过 VMnet0→"宿主机物理网卡"进行通信;虚拟机和其他主机要通过 VMnet0→"宿主机物理网卡"→"物理网络交换机"进行通信。

2. VMware Workstation NAT 网络模式

NAT(Network Address Transform)是网络地址转换的缩写。在现实的内部网络中,比如家庭中、校园中或者企业组织的内部网络基本都是私有 IPv4 网络地址(即以"192.168"开头,或者"172.16"~"172.31"开头或者 10 开头的 IP 地址)。私有地址是不能直接访问像 Internet 这样的公共网络的,如果想访问公网,必须在内部网络出口处安装 NAT 转换设备,将私有地址转换为公有 IP 地址。类似地,虚拟机如果采用了 NAT 网络模式,那么在访问外部网络时会通过虚拟 NAT 设备将虚拟机的 IP 地址转换为宿主机物理网卡的 IP 地址后进行通信。和真正意义上的 NAT 将私有地址转换为公有地址不同的是,这里的 NAT 是将虚拟机的私有地址转换为宿主机的物理地址。在物理网络 IP 地址数量有限的情况下,可以采取 NAT 网络模式。

在采用 NAT 网络模式时,虚拟机和宿主机之间可以互相访问;虚拟机可以访问到宿主机所在物理网络上的其他主机,但是其他主机不能直接访问到虚拟机;宿主机如果能访问到外部网络,那么虚拟机就能访问到外部网络。NAT 网络模式原理如图 2-51 所示。

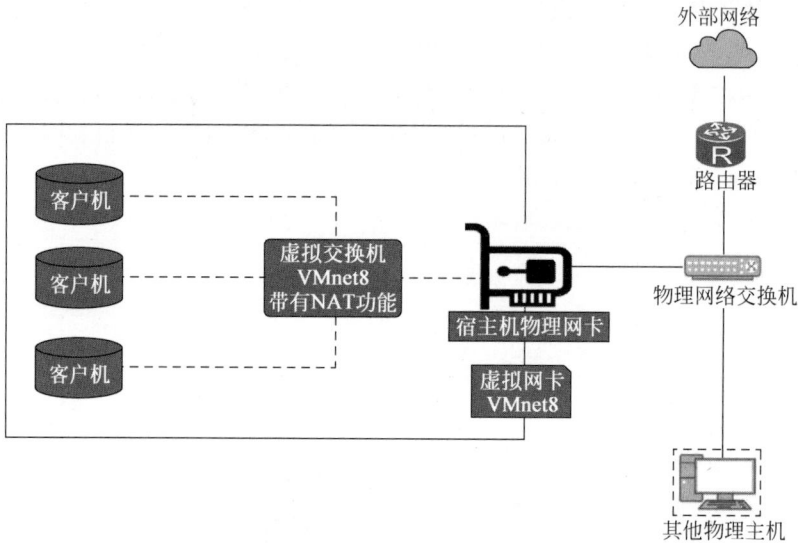

图 2-51 NAT 网络模式原理

VMware Workstation 安装后,会创建名为 VMnet8 的虚拟交换机,同时在宿主机上创建名称为 VMware Network Adapter VMnet8 的虚拟网卡,虽然都是 VMnet8,但它们只是重名,并不是同一个虚拟设备。虚拟交换机就是带有 NAT 转换功能的三层交换机,同时还提供 DHCP、网关等功能,虚拟网卡的作用只是用来实现虚拟机和宿主机之间的通信。

具体的通信方式是:各虚拟机之间通过 VMnet8 虚拟交换机进行通信;当虚拟机访问其他主机或外部网络时,需要通过 VMnet8 虚拟交换机将 IP 地址转为宿主机物理网卡的 IP 地址;虚拟机和宿主机之间的通信通过虚拟网卡 VMnet8 进行。所以当禁用宿主机物理网卡时,虚拟机和宿主机依然可以通信,但是不能访问到物理网络和外部网络;如果禁用 VMnet8 虚拟网卡,那么虚拟机和物理机之间不能互通,但是虚拟机可以访问到物理网络和外部网络。当虚拟机和宿主机之间不能互通时,应查看一下 VMnet8 虚拟网卡是否工作正常。

3. VMware Workstation 仅主机模式

仅主机模式可以看成去掉了 NAT 功能的 NAT 网络模式。当虚拟机不希望连接到物理网络或者外部网络环境时可以采用仅主机模式。同时要进行一些复杂的测试网络实验,需要两个或者多个独立的网络时也适合采用仅主机模式,因为 VMware Workstation 只支持创建一个 NAT 模式的虚拟交换机和虚拟网卡,但仅主机模式却可以创建多个。

采用仅主机模式,默认情况下虚拟机只能和宿主机之间进行通信。它的网络模式原理如图 2-52 所示。

安装 VMware Workstation 后,默认会创建名称为 VMnet1 的虚拟交换机,VMnet1 也提供 DHCP 功能,但是没有了 NAT 功能。同时在宿主机上创建名称为 VMware Network

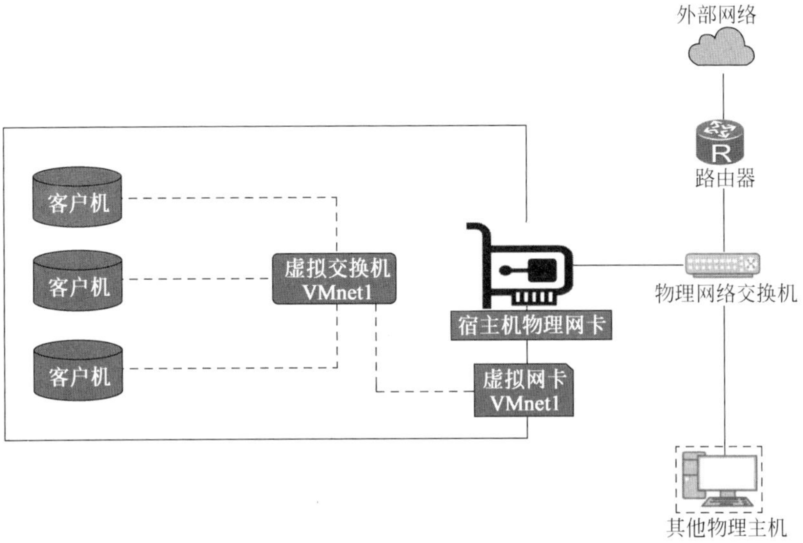

图 2-52　仅主机网络模式原理

Adapter VMnet1 的虚拟网卡。

具体通信方式是：各虚拟机之间通过 VMnet1 虚拟交换机进行通信，虚拟机和宿主机之间通过 VMnet1 虚拟网卡进行通信。默认情况下虚拟机不能和物理网络和外部网络通信。

2.4.3　任务实施

1. 配置虚拟机为桥接模式

（1）在 VMware Workstation 上选取 CentOS 7.5-demo 虚拟机，在菜单栏上依次选择"虚拟机"→"设置"打开"虚拟机设置"界面。选择"网络适配器"选项，在右侧"设备状态"区域选中"已连接"和"启动时连接"复选框。在下方的"网络连接"区域选中"桥接模式"单选按钮，然后单击"确定"按钮，如图 2-53 所示。

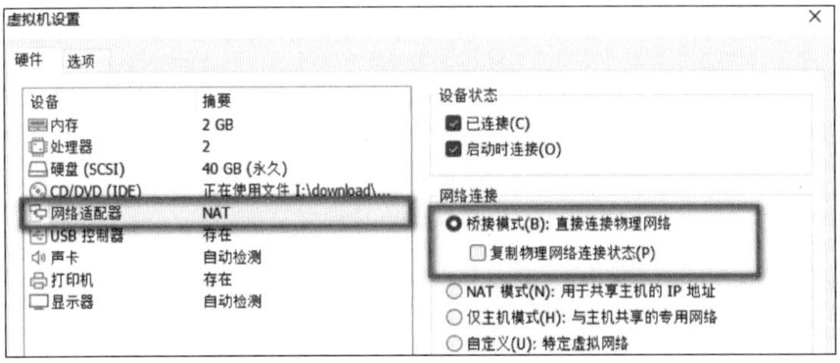

第 4 集
微课视频

图 2-53　设置虚拟机网络为桥接模式

小提示：在"桥接模式"单选按钮下方有"复制物理网络连接状态"复选框，如果在笔记本电脑或其他移动设备上使用虚拟机，可以选中该复选框。它的作用是当这些移动设备通过 DHCP 获得 IP 地址时，如果在有线或无线网络之间进行切换，则不会造成 IP 地址的变化。

（2）在 VMware Workstation 的"编辑"菜单中选择"虚拟网络编辑器"选项，在"虚拟网络编辑器"界面单击右下角的"更改设置"按钮，如图 2-54 所示。

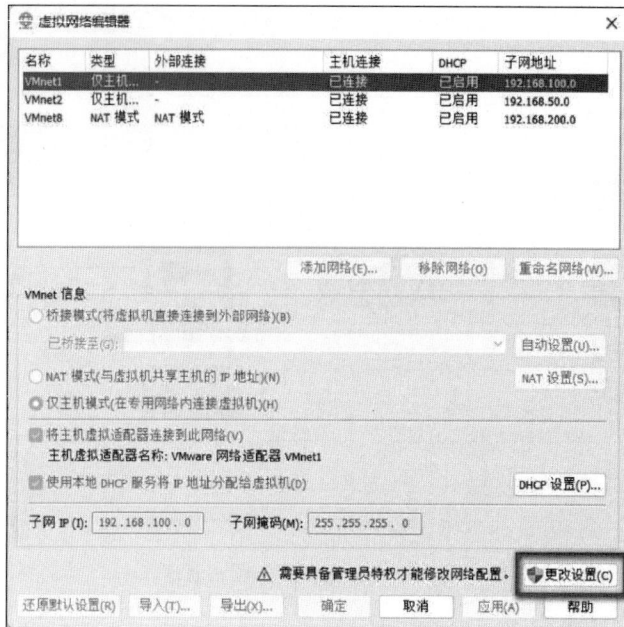

图 2-54 虚拟网络编辑器

（3）在"虚拟网络编辑器"中选择 VMnet0，它就是为桥接模式服务的虚拟交换机。在"桥接模式"单选按钮下方的"已桥接至"下拉列表框中选择想要桥接到的物理网卡，一般情况下都是选择宿主机当前访问网络时所使用的物理网卡，如图 2-55 所示，这里采用默认设置即可。

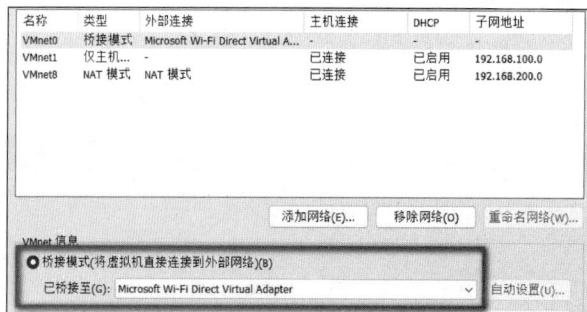

图 2-55 桥接模式选择网络适配器

（4）这时虚拟机操作系统便可以通过网络上的 DHCP 服务器分配到 IP 地址进行网络访问了。因为 IP 地址变化，所以此时 MobaXterm 会断开连接，需要在虚拟机上查看 IP 地址后重新登录。如果虚拟机没有更新 IP 地址，则可以通过 systemctl 命令重新启动网络服务。

```
[root@webserver ~]# systemctl restart network
[root@webserver ~]# ip addr
…loopback…网卡信息略
2: ens33: <BROADCAST,MULTICAST,UP,LOWER_UP> mtu 1500 qdisc pfifo_fast state UP group default
qlen 1000
```

```
link/ether 00:0c:29:7c:61:1b brd ff:ff:ff:ff:ff:ff
inet 192.168.50.114/24 brd 192.168.50.255 scope global noprefixroute dynamic ens33
    valid_lft 7197sec preferred_lft 7197sec
inet6 fd85:addf:4873::cf9/128 scope global noprefixroute
    valid_lft forever preferred_lft forever
inet6 fd85:addf:4873:0:96cb:f93:c472:f263/64 scope global noprefixroute
    valid_lft forever preferred_lft forever
inet6 fe80::f7a9:d39:b23f:5799/64 scope link noprefixroute
    valid_lft forever preferred_lft forever
```

再次查看,可以看到虚拟机的 IP 地址被分配为"192.168.50.114",和宿主机所在网络属于同一网段。

2. 配置虚拟机为 NAT 网络模式

(1)选取当前虚拟机,打开"虚拟机设置"界面,选取"网络适配器"选项,在右侧"网络连接"区域选中"NAT 模式"单选按钮,然后单击"确定"按钮,如图 2-56 所示。

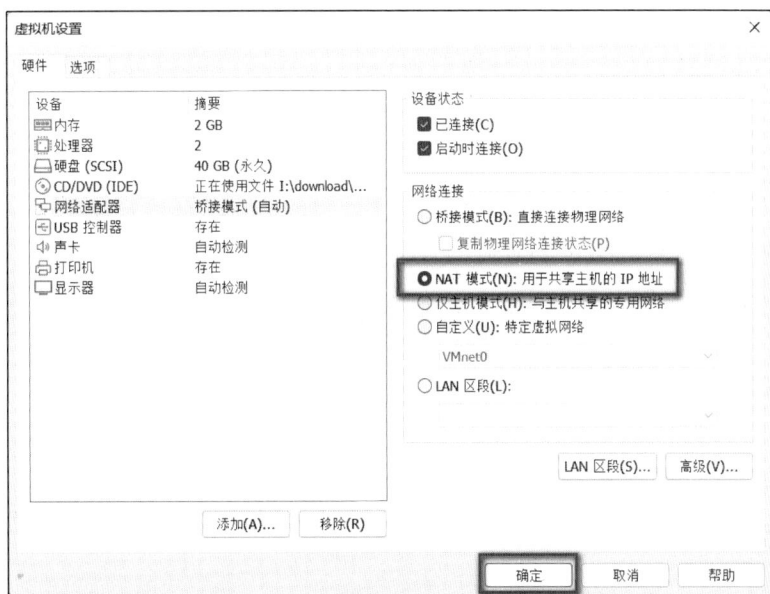

图 2-56 设置虚拟机网络为"NAT 模式"

(2)通过 VMware Workstation 的菜单栏命令再次打开"虚拟网络编辑器"界面。单击右下角的"更改设置"按钮,然后选取 VMnet8,可以看到该虚拟交换机为连接到外部网络提供 NAT 服务。

(3)在下方的子网 IP 文本框中设置 NAT 网络模式虚拟机的网络地址和子网掩码,比如将 IP 网络地址设置为"192.168.10.0",子网掩码为"255.255.255.0"。选中上方的"将主机虚拟适配器连接到此网络"复选框,否则会出现宿主机无法 ping 通虚拟机、虚拟机能 ping 通宿主机的情况。如果需要虚拟交换机提供 DHCP 服务,则选中"使用本地 DHCP 服务将 IP 地址分配给虚拟机"复选框,否则需要手动设置虚拟机 IP 地址,手动设置要保证 IP 地址属于刚刚设置的子网 IP 网络地址范围,如图 2-57 所示,然后单击"应用"按钮。

(4)待 NAT 网络初始化后,单击"NAT 设置"按钮,在弹出的窗口中可以看到 NAT 网络的网关为"192.168.10.2"。VMware Workstation 会默认将 NAT 网络模式的网关设置

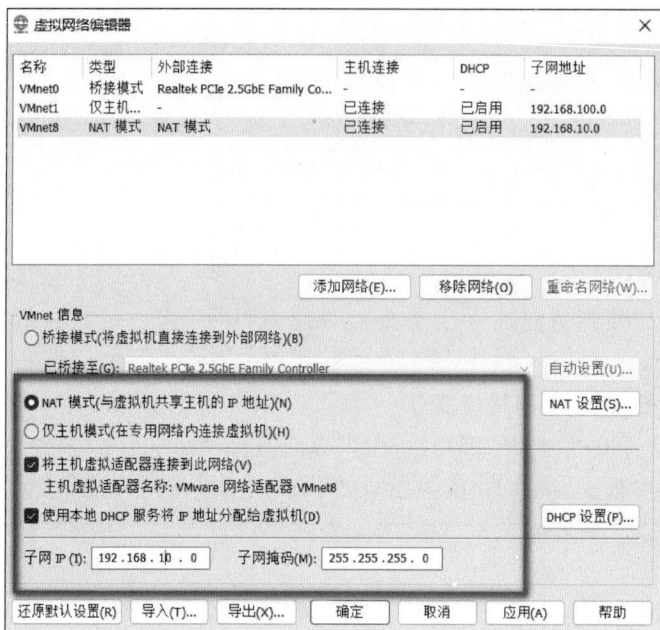

图 2-57　NAT 网络模式配置

为"net.2"(net 为网络地址),将 VMnet8 虚拟网卡的 IP 地址设置为"net.1",如图 2-58 所示。所以手动为虚拟机设置 IP 地址时,不要使用这两个 IP 地址。

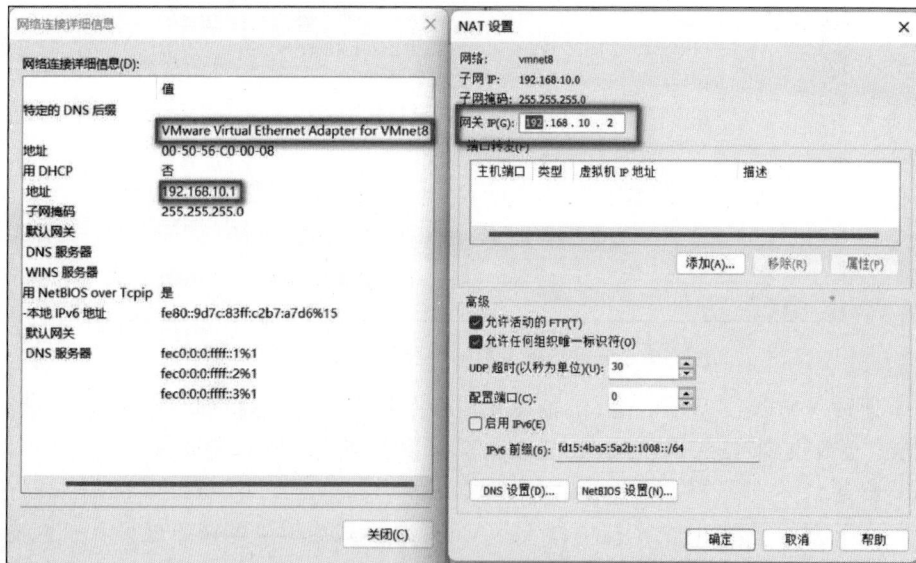

图 2-58　NAT 网络模式网关和虚拟网卡 IP 地址

(5)返回"虚拟网络编辑器"界面,单击"DHCP 设置"按钮,在弹出的窗口中进行 DHCP 的相关配置,默认情况下 VMware Workstation 设置的 DHCP 地址范围为"net.128~net.254",可以自行更改。在下方还可以设置 DHCP 的租约时间,这里采用默认设置即可,如图 2-59 所示。

(6)返回"虚拟网络编辑器"界面后,单击"确定"按钮。在虚拟机操作系统中查看 IP 地

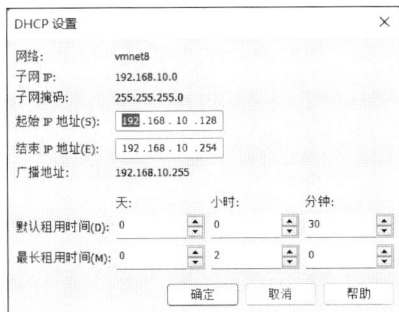

图 2-59 NAT 网络 DHCP 设置

址的变化:

```
[root@webserver ~]# systemctl restart network
[root@webserver ~]# ip addr
1: lo: <LOOPBACK,UP,LOWER_UP> mtu 65536 qdisc noqueue state UNKNOWN group default qlen 1000
    link/loopback 00:00:00:00:00:00 brd 00:00:00:00:00:00
    inet 127.0.0.1/8 scope host lo
       valid_lft forever preferred_lft forever
    inet6 ::1/128 scope host
       valid_lft forever preferred_lft forever
2: ens33: <BROADCAST,MULTICAST,UP,LOWER_UP> mtu 1500 qdisc pfifo_fast state UP group default
qlen 1000
    link/ether 00:0c:29:7c:61:1b brd ff:ff:ff:ff:ff:ff
    inet 192.168.10.129/24 brd 192.168.10.255 scope global noprefixroute dynamic ens33
       valid_lft 1798sec preferred_lft 1798sec
    inet6 fe80::f7a9:d39:b23f:5799/64 scope link noprefixroute
       valid_lft forever preferred_lft forever
```

如上所示,IP 地址被重新分配为"192.168.10.129"。

3. 配置虚拟机为仅主机网络模式

(1) 选取当前虚拟机,打开"虚拟机设置"界面,选择"网络适配器"选项,在右侧"网络连接"区域选中"仅主机模式"单选按钮,然后单击"确定"按钮,如图 2-60 所示。

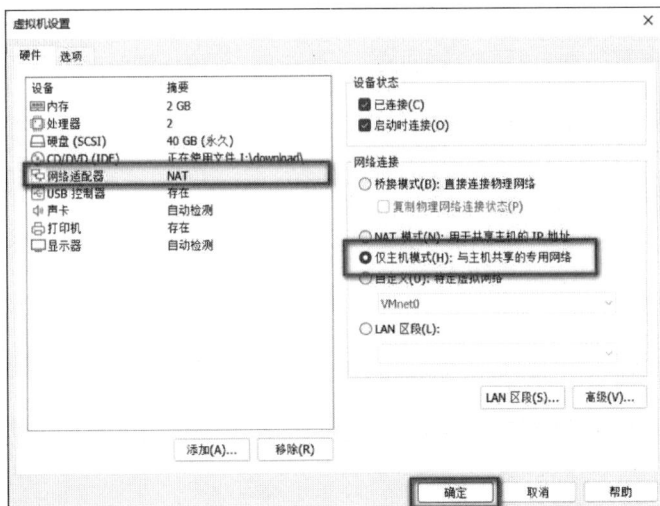

图 2-60 设置虚拟机网络为"仅主机模式"

（2）打开"虚拟网络编辑器"窗口，单击"更改设置"按钮（见图 2-55），选择 VMnet1，可以看到该选项的外部连接字段为空，说明不能访问到外部网络。

（3）在下方的"子网 IP"文本框中设置 IP 地址网络地址为"172.16.0.0"，子网掩码为"255.255.255.0"。同 NAT 模式配置，此处要选中"将主机虚拟适配器连接到此网络"复选框以实现虚拟机和宿主机之间的互通，"使用本地 DHCP 服务将 IP 地址分配给虚拟机"选项根据是否需要 DHCP 进行选择。单击"应用"按钮后进行虚拟网络初始化。"DHCP 设置"界面用来设置分配的 IP 地址范围和地址租约时间。设置完成后单击"确定"按钮，如图 2-61 所示。

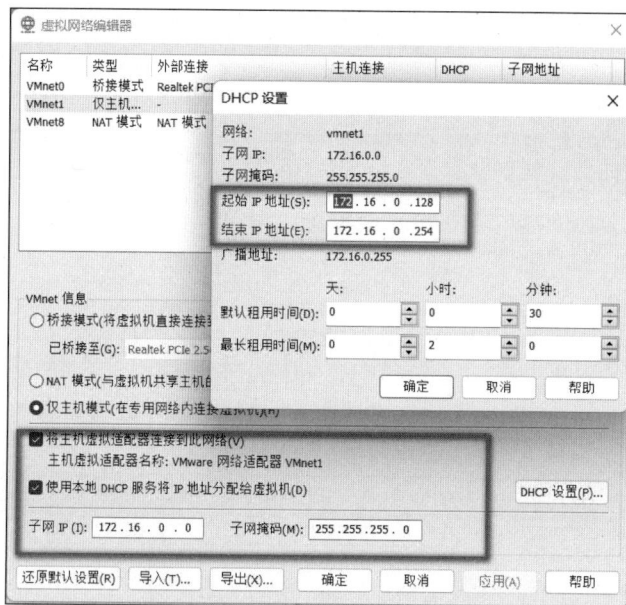

图 2-61　DHCP 设置

（4）在虚拟机操作系统中查看 IP 地址的变化：

```
[root@webserver ~]# systemctl restart network
[root@webserver ~]# ip addr
1: lo: <LOOPBACK,UP,LOWER_UP> mtu 65536 qdisc noqueue state UNKNOWN group default qlen 1000
    link/loopback 00:00:00:00:00:00 brd 00:00:00:00:00:00
    inet 127.0.0.1/8 scope host lo
       valid_lft forever preferred_lft forever
    inet6 ::1/128 scope host
       valid_lft forever preferred_lft forever
2: ens33: <BROADCAST,MULTICAST,UP,LOWER_UP> mtu 1500 qdisc pfifo_fast state UP group default qlen 1000
    link/ether 00:0c:29:7c:61:1b brd ff:ff:ff:ff:ff:ff
    inet 172.16.0.128/24 brd 172.16.0.255 scope global noprefixroute dynamic ens33
       valid_lft 1798sec preferred_lft 1798sec
    inet6 fe80::f7a9:d39:b23f:5799/64 scope link noprefixroute
       valid_lft forever preferred_lft forever
```

如上所示，IP 地址被重新分配为"172.16.0.128"。

4. 给虚拟机添加网络适配器

（1）打开虚拟机的"虚拟机设置"界面，依次选择"添加"→"网络适配器"→"完成"，给虚拟机添加一块网卡，如图 2-62 所示。

（2）选取新创建的网卡"□□□□□□□□□□□□□"□□□□□域选中"自定义（U）：特定虚拟网络"单选按钮，在下□□□□□□□□□□□□□□□□□按钮，如图 2-63 所示。这样就将在虚拟机上创建的虚□□□□□□□□□□□□□□□□上，但目前还没有创建这个虚拟交换机，接下来在"虚□□

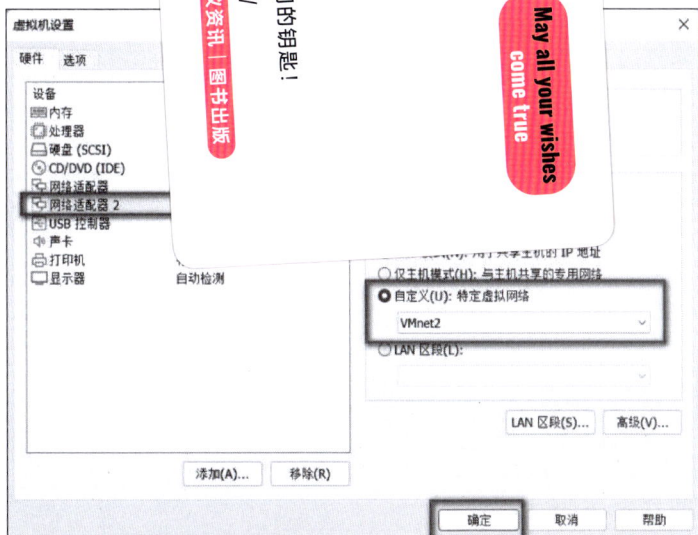

图 2-63　设置新网卡网络模式为自定义

（3）打开"虚拟网络适配器"界面，单击"添加网络"按钮，在"选择要添加的网络"下拉列表框中选择 VMnet2 后单击"确定"按钮。这样就创建了一个新的虚拟交换机，默认网络模式为"仅主机模式"，如图 2-64 所示。

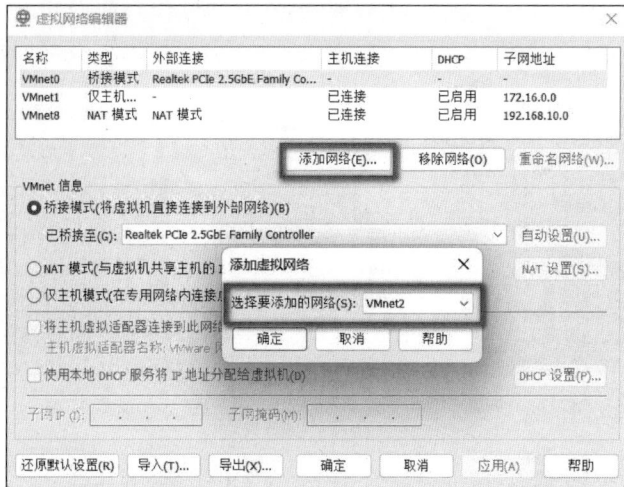

图 2-64　添加一个网络

如果要设置为"桥接模式"则需要宿主机有两块物理网卡，将"已桥接至"选择到第二块物理网卡上；如果要设置为 NAT 网络模式，则必须将 VMnet8 网络模式改为其他网络模式，要保证只能有一个 NAT 网络模式存在。这里采用默认的"仅主机模式"。然后采用步骤（3）的方法，设置子网的地址和子网掩码为"172.17.0.0"和"255.255.255.0"，最后单击"确定"按钮。

（4）在虚拟机终端窗口中重启网络服务并查看网络配置：

```
[root@webserver ~]# systemctl restart network
[root@webserver ~]# ip addr
1: lo: <LOOPBACK,UP,LOWER_UP> mtu 65536 qdisc noqueue state UNKNOWN group default qlen 1000
    link/loopback 00:00:00:00:00:00 brd 00:00:00:00:00:00
    inet 127.0.0.1/8 scope host lo
       valid_lft forever preferred_lft forever
    inet6 ::1/128 scope host
       valid_lft forever preferred_lft forever
2: ens33: <BROADCAST,MULTICAST,UP,LOWER_UP> mtu 1500 qdisc pfifo_fast state UP group default
qlen 1000
    link/ether 00:0c:29:7c:61:1b brd ff:ff:ff:ff:ff:ff
    inet 172.16.0.128/24 brd 172.16.0.255 scope global noprefixroute dynamic ens33
       valid_lft 1798sec preferred_lft 1798sec
    inet6 fe80::f7a9:d39:b23f:5799/64 scope link noprefixroute
       valid_lft forever preferred_lft forever
3: ens37: <BROADCAST,MULTICAST,UP,LOWER_UP> mtu 1500 qdisc pfifo_fast state UP group default
qlen 1000
    link/ether 00:0c:29:7c:61:25 brd ff:ff:ff:ff:ff:ff
    inet 172.17.0.128/24 brd 172.17.0.255 scope global noprefixroute dynamic ens37
       valid_lft 1781sec preferred_lft 1781sec
    inet6 fe80::7b33:b668:e153:e37b/64 scope link noprefixroute
       valid_lft forever preferred_lft forever
```

如上所示,虚拟机新增加了一块网卡并分配了 VMnet2 所在网络的 IP 地址"172.17.0.128"。

(5) 要删除添加设备,只需在"虚拟机设置"界面,选择新添加的网络适配器,然后单击下方的"移除网络"按钮即可删除添加的设备。

2.4.4　任务拓展

【任务内容】　通过 NAT 映射访问虚拟机。

【任务目标】　掌握 VMware Workstation 设置 NAT 映射访问虚拟机的方法。

【任务步骤】

如果将虚拟机作为服务器则需要网络中其他主机能够访问到它,但是由于物理网络资源紧张,不能为虚拟机分配 IP 地址,也就无法采用桥接模式。如果虚拟机采用 NAT 网络模式,那么网络中其他主机又无法访问它,在这种情况下,就可以通过设置 NAT 映射实现其他主机对 NAT 网络模式虚拟机的访问。

(1) 之前已在虚拟机上又添加了一块网卡,所以这里只需将虚拟机的某一块网卡切换为 NAT 模式,然后查看 IP 地址。

```
[root@webserver ~]# ip a
1: lo: < LOOPBACK, UP, LOWER_UP > mtu 65536 qdisc noqueue state UNKNOWN group default qlen 1000
    link/loopback 00:00:00:00:00:00 brd 00:00:00:00:00:00
    inet 127.0.0.1/8 scope host lo
       valid_lft forever preferred_lft forever
    inet6 ::1/128 scope host
       valid_lft forever preferred_lft forever
2: ens33: < BROADCAST, MULTICAST, UP, LOWER_UP > mtu 1500 qdisc pfifo_fast state UP group default
qlen 1000
    link/ether 00:0c:29:7c:61:1b brd ff:ff:ff:ff:ff:ff
    inet 192.168.10.129/24 brd 192.168.10.255 scope global noprefixroute dynamic ens33
       valid_lft 1637sec preferred_lft 1637sec
    inet6 fe80::f7a9:d39:b23f:5799/64 scope link noprefixroute
       valid_lft forever preferred_lft forever
3: ens37: < BROADCAST, MULTICAST, UP, LOWER_UP > mtu 1500 qdisc pfifo_fast state UP group default
qlen 1000
    link/ether 00:0c:29:7c:61:25 brd ff:ff:ff:ff:ff:ff
    inet 172.17.0.128/24 brd 172.17.0.255 scope global noprefixroute dynamic ens37
       valid_lft 1269sec preferred_lft 1269sec
    inet6 fe80::7b33:b668:e153:e37b/64 scope link noprefixroute
       valid_lft forever preferred_lft forever
```

任务拓展 4

如上所示,将第一块网卡设置为了 NAT 模式,IP 地址为"192.168.10.129"。

(2) 在虚拟机上安装 Apache Web 服务器后启动服务,查看端口。

```
[root@webserver ~]# yum install - y httpd
[root@webserver ~]# systemctl start httpd
[root@webserver ~]# netstat - ntpl
Active Internet connections (only servers)
Proto Recv - Q Send - Q Local Address          Foreign Address        State        PID/Program name
tcp       0         0 0.0.0.0:22               0.0.0.0: *             LISTEN       1192/sshd
tcp       0         0 127.0.0.1:25             0.0.0.0: *             LISTEN       1429/master
tcp6      0         0 :::80                    ::: *                  LISTEN       1725/httpd
tcp6      0         0 :::22                    ::: *                  LISTEN       1192/sshd
tcp6      0         0 ::1:25                   ::: *                  LISTEN       1429/master
```

（3）虚拟机防火墙放行 80 端口。

```
[root@webserver ~]# firewall - cmd -- zone = public -- add - port = 80/tcp -- permanent
success
[root@webserver ~]# firewall - cmd -- reload
success
```

（4）在宿主机上访问虚拟机 Web 服务，如图 2-65 所示。

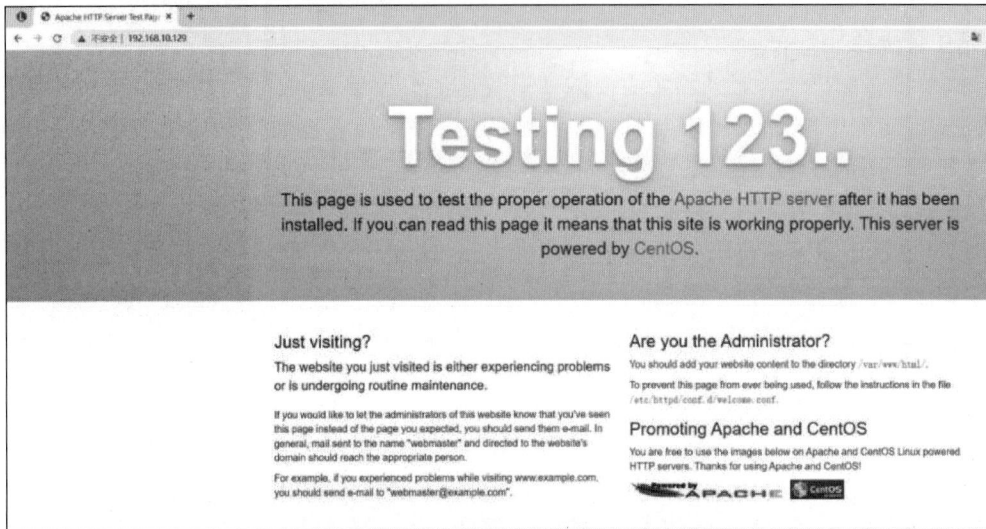

图 2-65　Apache 服务器主界面

（5）此时网络中的其他主机不能访问虚拟机 Web 服务，如图 2-66 所示。

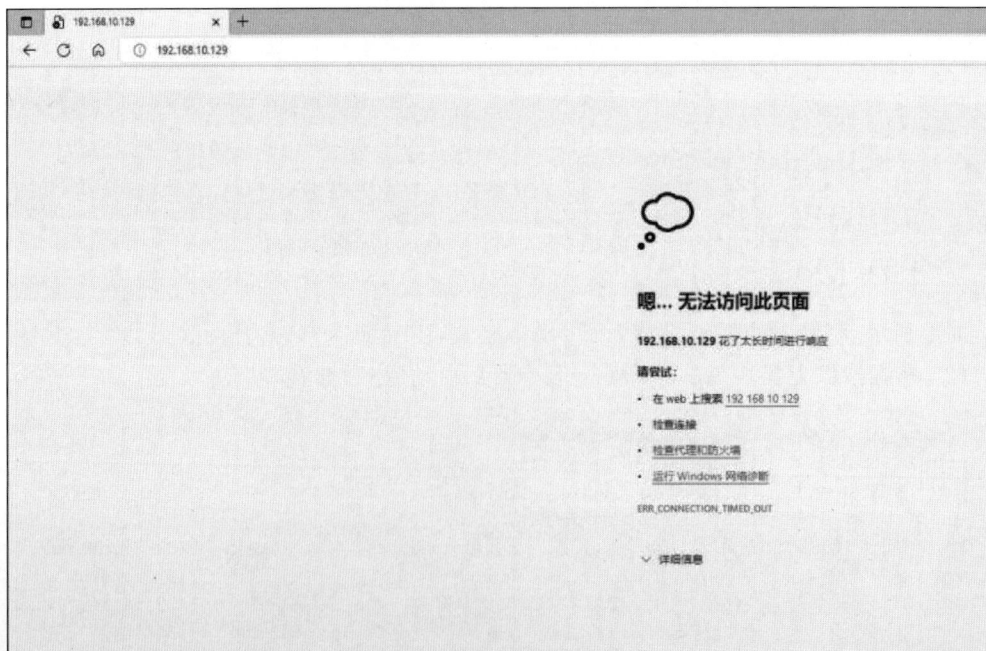

图 2-66　其他主机无法访问

（6）在"虚拟网络编辑器"界面选择 VMnet8，选择"更改设置"→"NAT 设置"，在"NAT 设置"窗口单击"添加"按钮，在弹出的"映射传入端口"窗口中设置"主机端口"为 8000，"虚拟机 IP 地址"填写虚拟机 IP 地址"192.168.10.129"，"虚拟机端口"填写 80，下方填写描述信息，如图 2-67 所示，然后依次单击"确定"按钮。

图 2-67　添加虚拟机端口映射

（7）在宿主机中按 Windows＋R 组合键打开运行窗口，输入 wf.msc 后单击"确定"按钮，打开防火墙规则设置，选择"入站规则"，如图 2-68 所示。

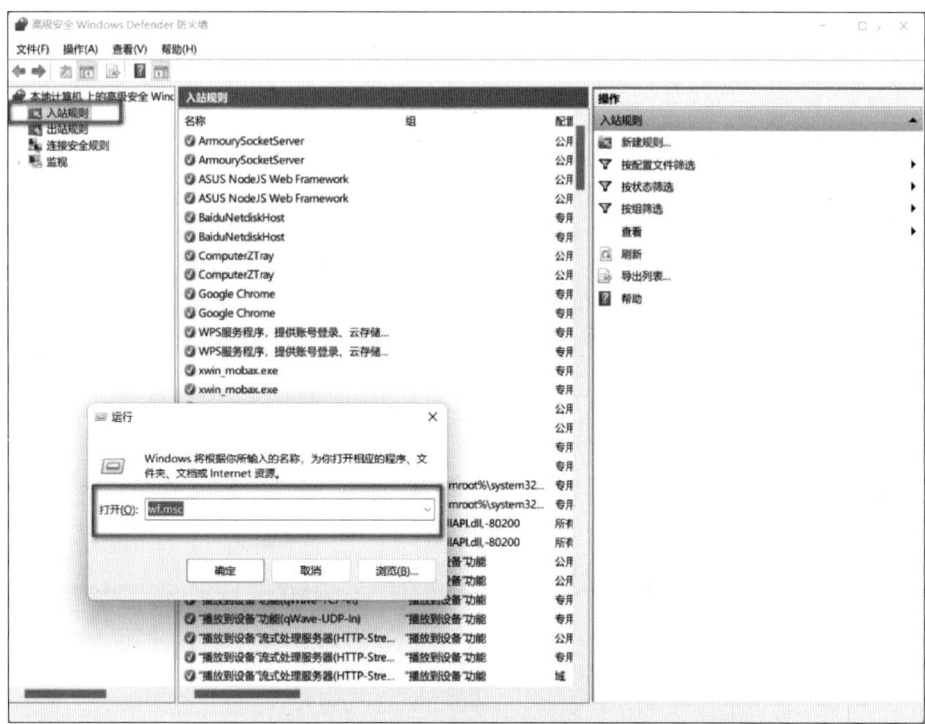

图 2-68　设置 Windows 防火墙规则

（8）单击右侧的"新建规则"选项，在"新建入站规则向导"对话框的"规则类型"中选择"端口"，再单击"下一页"按钮。在"协议和端口"中选中 TCP 和"特定本地端口"，输入端口号 8000，如图 2-69 所示。在操作中选择"允许连接"，单击"下一页"按钮后输入规则名称和描述信息，单击"完成"按钮。

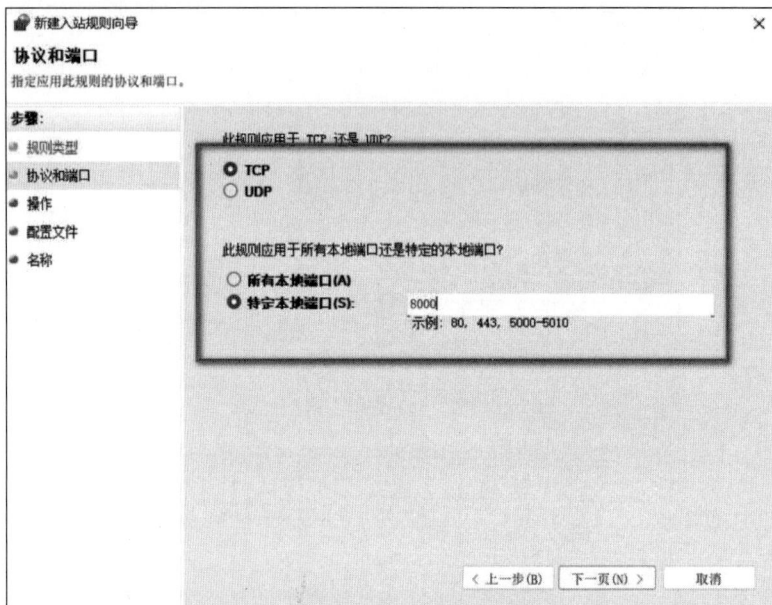

图 2-69　设置入站规则允许访问 8000 端口

（9）网络中的其他主机通过宿主机"IP：端口号"映射方式访问虚拟机。在浏览器中输入"192.168.50.131:8000"进行访问，如图 2-70 所示。

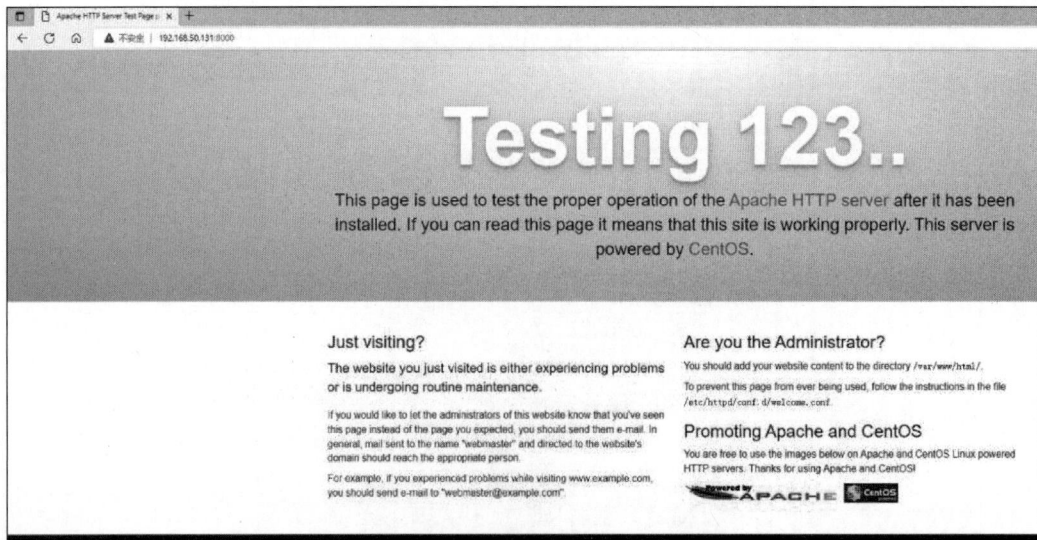

图 2-70　通过端口映射访问虚拟服务器

任务 2.5　VMware EXSi 安装与配置

2.5.1　任务目标

◇ 了解 VMware ESXi 的工作方式；

◇ 掌握 VMware ESXi 的安装和配置；

◇ 掌握 VMware ESXi 的网络模式；

◇ 掌握 VMware ESXi 创建和管理虚拟机方式。

2.5.2　任务知识点

1. VMware vSphere

VMware vSphere 是 VMware 的服务器虚拟化平台，提供了虚拟化基础架构、高可用性、集中管理、监控等一整套解决方案。VMware vSphere 不是一个特定的软件，而是一个包含多个子组件的软件包，就如同办公套件 Office 包括 Word、Excel、PowerPoint 等组件一样。其中包含许多软件组件，例如 vCenter、ESXi、vSphere 客户端等。vSphere 在 21 世纪初期作为一套虚拟化产品上市时最初被称为 VMware Infrastructure，其中的虚拟化平台叫作 ESX。从那时起，它经历了几次迭代和更名，最终推出了最新版本 vSphere 7.0。vSphere 7.0 的新功能是支持使用开源 Kubernetes 系统的容器化应用程序。vSphere 通过 VMware Tanzu 启用此功能，允许开发人员构建现代应用程序而不受基础架构限制。此外，借助 vSphere，IT 管理员可以直接在 ESXi 主机上部署来自 vCenter Server 的 Kubernetes 工作负载。

vSphere 有两个核心组件：ESXi 和 vCenter Server。ESXi 是用于创建并运行虚拟机和虚拟设备的虚拟化平台；vCenter Server 是一项服务，用于管理网络中连接的多个主机，并将主机资源池化。vSphere 的总体物理结构如图 2-71 所示。

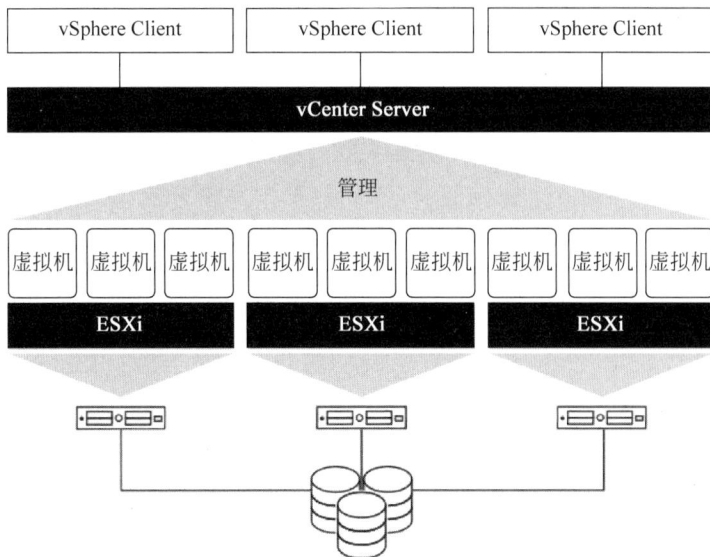

图 2-71　vSphere 的总体物理结构

2. VMware ESX

ESX 采用的是 Bare-metal(裸金属或裸机)的虚拟化产品,直接将 Hypervisor 安装于实体机器上,并不需要宿主机先安装操作系统,性能很高,可以达到服务器硬件性能的 95%。ESX 虚拟化平台使用了衍生自斯坦福大学开发的 SimOS 的模拟器内核,该内核在硬件初始化后替换原引导的 Linux 内核。ESX Server 2.x 的服务控制平台(亦称为 COS 或 vmnix)是基于 Red Hat Linux 7.2 的。ESX Server 3.0 的服务控制平台源自 Red Hat Linux 7.2 的一个修改版本,它由虚拟机管理器 VMM 和虚拟机内核 VMkernel 构成,并提供了各种管理界面(如命令行界面 CLI、浏览器界面 MUI、远程控制台)。该虚拟化系统管理平台具有更少的管理开销、更好的控制能力,并且为虚拟机分配资源时能达到更高的精细度,这也增加了安全性,从而使 VMware ESX 成为一种企业级产品。

3. VMware ESXi

VMware ESXi 是 VMware vSphere 4.1 版本开始提供的服务器系统。与 VMware ESX 相比,ESXi 剔除了基于 Red Hat Linux 的服务控制平台,使 VMware 代理可以直接在 VMkernel 上运行。由于脱离了对基于 Linux 的控制台操作系统的依赖,整个软件平台的尺寸由 ESX 的约 2GB 缩减至不到 150MB,并消除了底层 Linux 系统可能带来的安全性和稳定性隐患,而获得授权的第三方模块也可在 VMkernel 上运行。ESXi 同时使用了新的管理控制台 PowerCLI。从 VMware vSphere 5.0 版本开始,VMware 不再提供 ESX 服务器产品,ESXi 成为 VMware 产品线中唯一一款服务器虚拟化平台产品。VMware ESXi 同样是直接安装在物理服务器上的强大的裸机管理系统,不需要安装其他操作系统。

4. VMware vCenter Server

VMware vCenter 是帮助我们集中管理整个 VMware 虚拟化基础架构的软件。vCenter 可以将数千个 ESXi 主机添加到清单中,从而管理多个 ESXi 主机以及 ESXi 主机上运行的虚拟机。vCenter Server 提供了许多 vSphere 功能,如 VMware DRS(VMware 分布式资源调度)、VMware HA(高可用性)、VMware vMotion、VMware 容错、虚拟机模板及 VM 克隆等。

2.5.3 任务实施

1. VMware ESXi 的下载

登录 VMware 官方网站可以免费下载 ESXi。在官方网站搜索 ESXI,单击"下载管理程序"按钮,在新打开的界面中创建或登录 VMware 账户后单击"许可和下载"按钮,在注册产品的同时可以获取 ESXI 的许可证,在下方找到 ESXI ISO 映像进行下载,如图 2-72 所示。

2. 在 VMware Workstation 中安装 VMware ESXi

在生产环境中,ESXi 是应该直接安装在物理服务器裸机上的,但在学习或者实验过程中,由于条件有限,只能以 VMware Workstation 虚拟机形式安装模拟 ESXi 物理服务器环境。

(1)在 VMware Workstation 中创建一个虚拟机,在"选择虚拟机操作系统"界面选中 VMware ESX(X)单选按钮,"版本"选择"VMware ESXi7 和更高版本",如图 2-73 所示。

(2)在下面的各交互式界面中,依次设置虚拟机名称、保存位置、虚拟磁盘大小(默认为 142GB,这里设置为 200GB),将虚拟磁盘保存为单个文件后单击"完成"按钮,创建一个虚拟物理裸机。

(3)单击"编辑虚拟机设置",内存最小为 4GB,这里建议设置为 8GB 或更大。在"虚拟

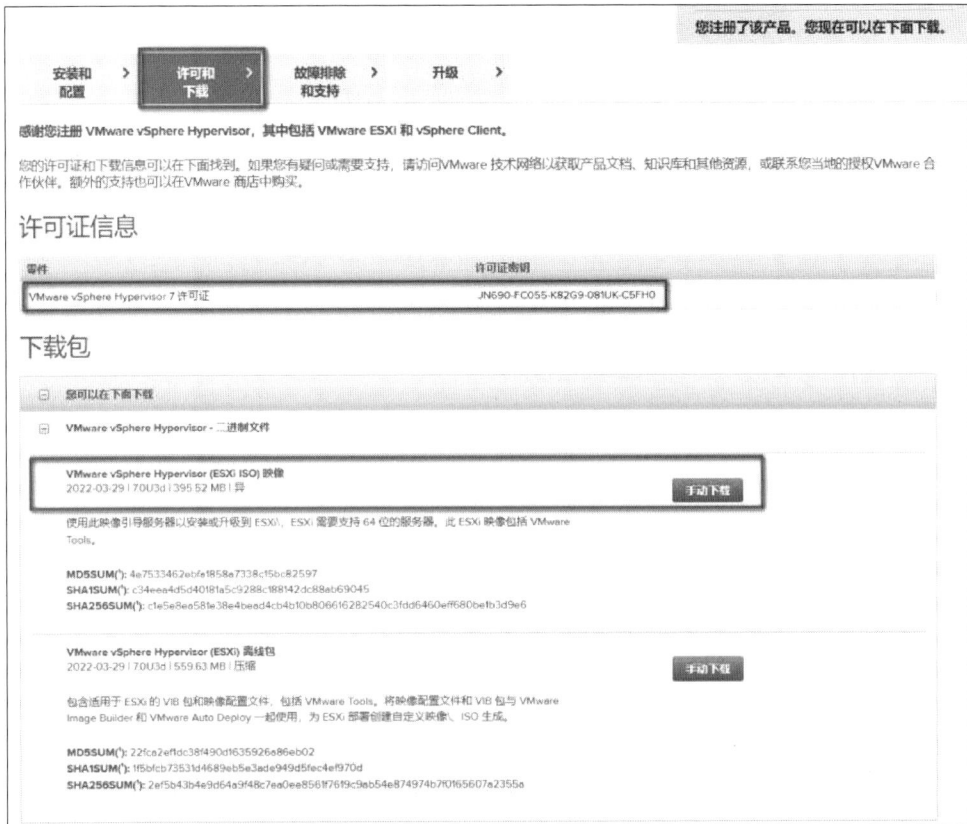

图 2-72　VMware ESXi 的下载

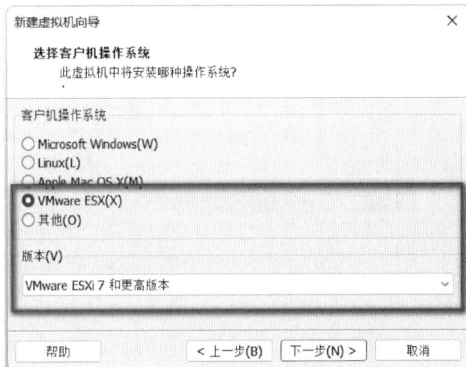

图 2-73　选择虚拟机操作系统界面

化引擎"选项区域选中"虚拟化 Intel VT-x/EPT 或 AMD-V/RVI"复选框,"网络适配器"设置为 NAT 模式,如图 2-74 所示。在 CD/DVD 中加载下载的 ESXi 映像文件。

(4) 在 ESXi 7 中增加了 VMFS-L 文件系统,主要作用是为 VMware SAN 准备一个文件系统,它默认会创建 120GB 空间。对于生产环境中的大容量磁盘设备来说 120GB 无足轻重,但是如果 ESXi 主机磁盘容量有限,就需要减小 VMFS-L 所占用的磁盘空间。开启虚拟机,在出现如图 2-75 所示界面后,按 Shift＋O 组合键,在出现的 runweasel cdromBoot 后输入 autoPartitionOSDataSize＝8192,将默认 VMFS-L 空间大小设置为 8GB。

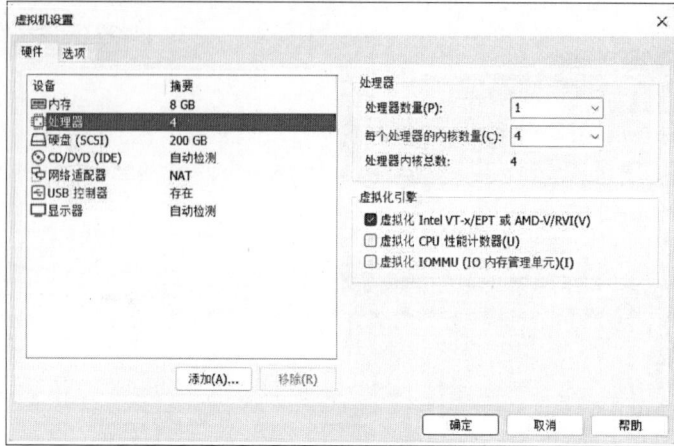

图 2-74　"虚拟机设置"窗口

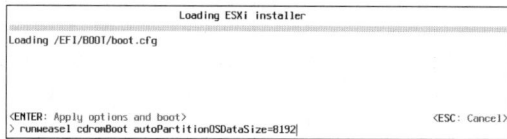

图 2-75　设置默认 VMFS-L 空间

（5）按 Enter 键后等待载入，完成后出现如图 2-76 所示的界面，然后再按 Enter 键，出现如图 2-77 所示的界面。

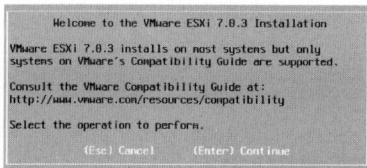

图 2-76　VMware ESXi 安装欢迎界面

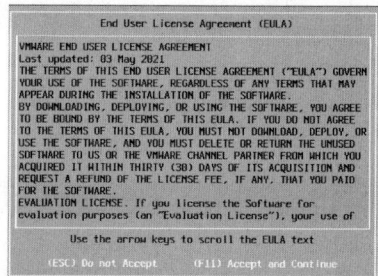

图 2-77　VMware ESXi 用户许可协议界面

（6）按 F11 键，出现安装位置选择界面，ESXi 会自动检测到本地磁盘，如图 2-78 所示。这里只有一块本地磁盘，所以直接按 Enter 键采用默认设置。在如图 2-79 所示界面选择键盘布局，这里选择默认的 US Default 选项，按 Enter 键。

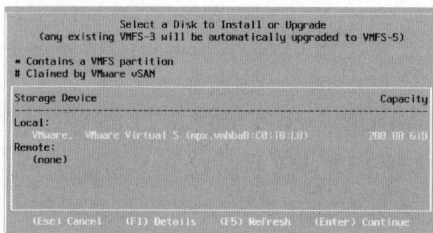

图 2-78　安装位置选择界面

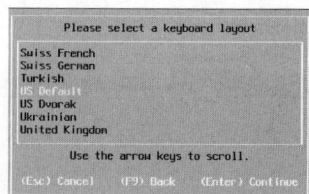

图 2-79　键盘布局选择界面

（7）在出现的设置用户密码界面中，设置 ESXi 的 root 用户密码，密码要由大写英文字母、小写英文字母和数字组成，长度最少 7 位，如图 2-80 所示。按 Enter 键后会出现确认安装界面，如果想更改设置，则按 F9 键返回；若没有问题则按 F11 键开始安装。

（8）出现如图 2-81 所示效果，说明安装完成。

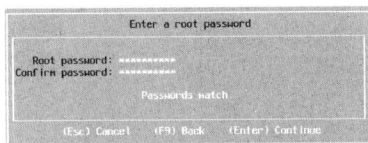

图 2-80　设置用户密码界面

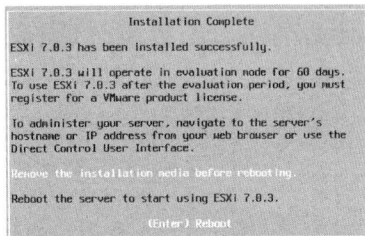

图 2-81　安装完成界面

（9）按 Enter 键重新启动虚拟机。重新启动后，显示登录控制台的管理 IP 地址，如图 2-82 所示。

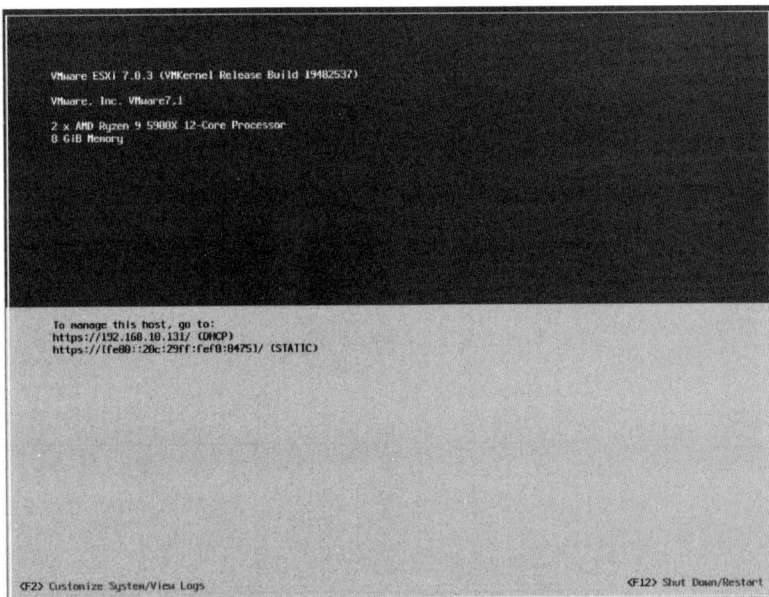

图 2-82　控制台的管理 IP 地址

3. VMware ESXi 的网络配置

ESXi 的管理 IP 地址是通过 DHCP 动态分配的，管理 IP 用于通过其他主机对 ESXi 服务器进行登录管理。作为服务器应该将 IP 地址固定不变，所以安装后应首先通过控制台对 IP 地址等选项进行配置。按 F2 键输入密码后进入系统定制界面，如图 2-83 所示。该界面左侧显示系统定制选项菜单，通过键盘上的"↑"和"↓"键进行选择，右侧显示相应的选项说明。

（1）选择 Configure Management Network 选项，在右侧可以看到 IP 地址和主机名等信息。按 Enter 键进入网络配置界面，如图 2-84 所示。在网络配置中可以进行网络适配器的选择和 VLAN 的设置等。

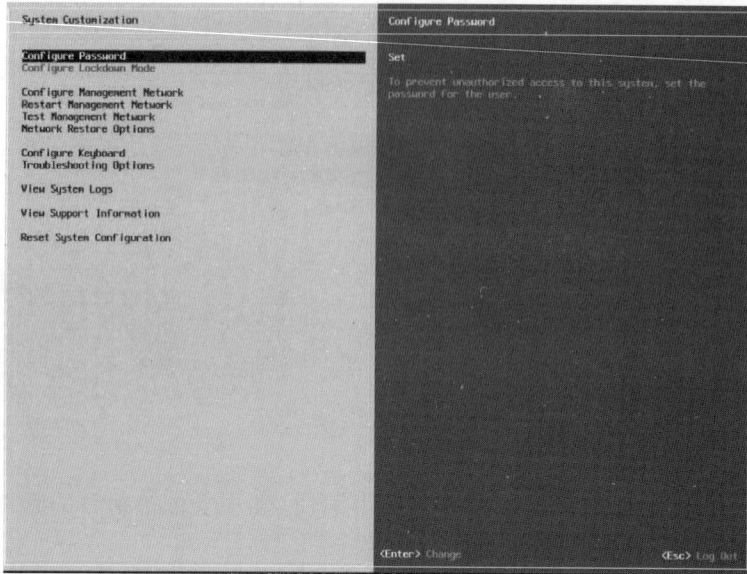

图 2-83　VMware ESXi 的系统配置界面

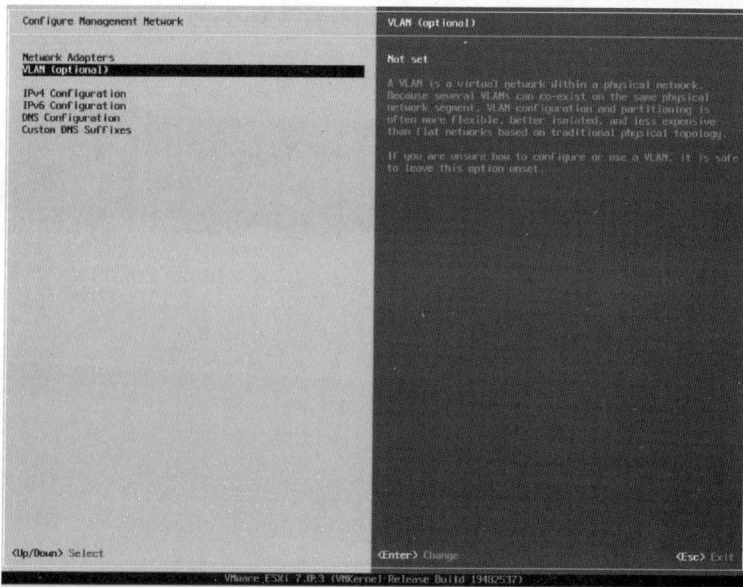

图 2-84　VMware ESXi 网络配置界面

（2）选择 IPv4 Configuration 选项，打开 IPv4 设置界面，通过键盘方向键选择 Set static IPv4 address and network configuration 选项，按空格键选取。如果想修改 IPv4 地址，则将选项定位到 IPv4 Address 处输入 IP 地址。用同样方式可以对子网掩码和默认网关进行设置（网关为 VMware Workstation 的 NAT 模式网关，不能轻易改动）。如果想保留原来的 IP 地址，则直接按 Enter 键确认，如图 2-85 所示，这里依然采用 DHCP 分配的 IP 地址。

（3）选择 DNS Configuration，在 DNS 配置界面中选择 Use the following DNS server address and hostname，然后根据需要设置主机名称，这里设置为 esxi7，如图 2-86 所示。按 Esc 键，在确认界面按 Y 键确认保存修改，退出并重启管理网络。

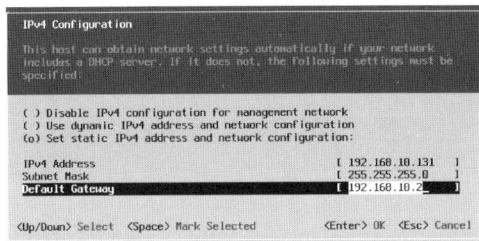

图 2-85　IPv4 Configuration 界面

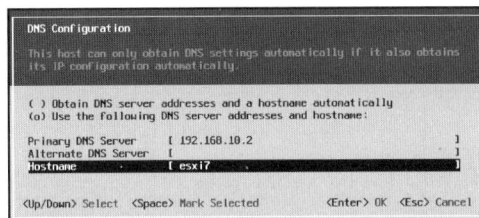

图 2-86　DNS Configuration 界面

（4）在系统配置界面，选择 Test Management Network 测试管理网络是否正常。在如图 2-87 所示的界面按 Enter 键确认。若出现如图 2-88 所示的界面则说明网络正常。

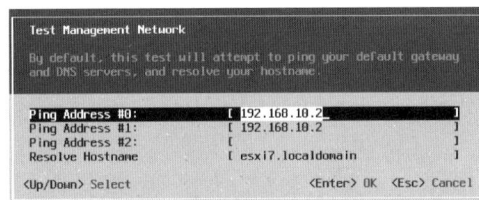

图 2-87　Test Management Network 界面

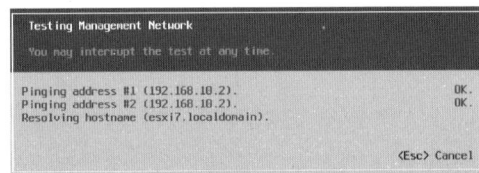

图 2-88　Test Management Network 测试正常提示界面

（5）ESXi 是一个定制的 Linux 系统，所以也可以通过 SSH 来进行登录。但默认情况下 ESXi 的 shell 功能和 SSH 是关闭状态，可以通过系统配置界面进行 Troubleshooting Mode Options 选项设置。分别选择 Enable ESXi Shell 和 Enable SSH 后按 Enter 键开启两个功能，如图 2-89 所示。

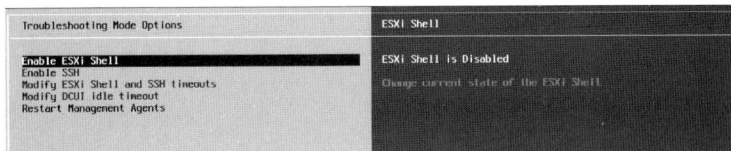

图 2-89　Troubleshooting Mode Options 选项设置界面

（6）开启后，按 Alt＋F1 组合键进入 ESXi Shell，输入用户名 root 和密码后登录，如图 2-90 所示。

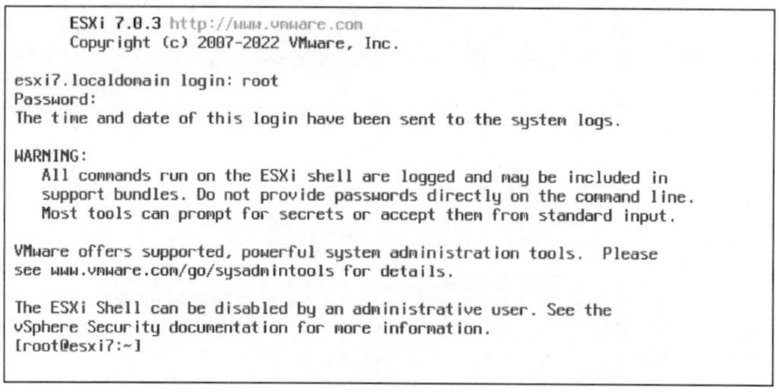

图 2-90　使用 ESXi Shell 的登录窗口

（7）默认情况下是不允许 root 用户通过 SSH 进行密码登录的，所以需要在本地 ESXi Shell 中修改 SSH 服务配置。

```
[root@esxi7:～] vi /etc/ssh/sshd_config
PasswordAuthentication yes                          ♯此处将 no 改为 yes
```

按上面的方法修改配置文件后即可通过 MobaXterm 登录，如图 2-91 所示。

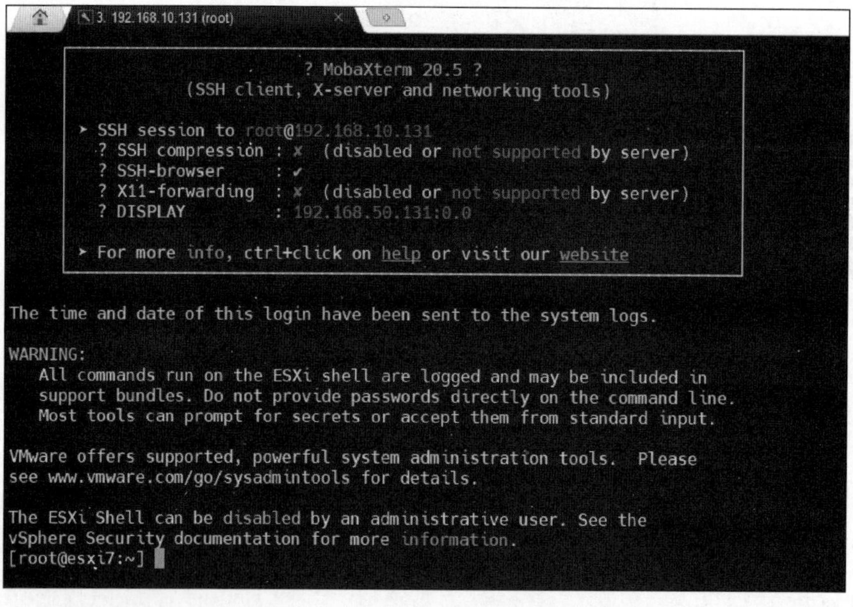

图 2-91　MobaXterm 登录

小提示：在 ESXi Shell 中可以按 Alt＋F2 组合键返回到 ESXi 控制台界面。

（8）系统配置修改后可能会有意想不到的状况发生，此时可以通过重置系统配置来解决这些问题。返回到控制台界面后，选择 Reset System Configuration 可进行系统重置。

任务2.6　在ESXi中创建和管理虚拟机

2.6.1　任务目标

◇ 掌握在 ESXi 中创建虚拟机方法。

◇ 掌握在 ESXi 中管理虚拟机方法。

◇ 掌握 ESXi 网络的基本原理。

2.6.2　任务知识点

1. vSphere Client

vSphere Client 是用来连接 vCenter Server 并管理虚拟基础架构的客户端软件,分为运行在 Windows 桌面上的客户端软件 vSphere Client 和基于浏览器的 vSphere Web Client。在 vSphere5.0 以后,VMware 在逐渐弱化 vSphere Client 的作用,现在很多高级功能(如增强型 vMotion)只能在 vSphere Web Client 中实现。VMware 的设计趋势是用 vSphere Web Client 取代 vSphere Client,vSphere 6.5 以后将不再提供 vSphere Client。

2. VMFS

虚拟机文件系统(Virtual Machine File System,VMFS)是一种针对存储虚拟机优化的特殊高性能文件格式。目前共有 3 个版本: VMFS3、VMFS5 和 VMFS6。ESXi 可以将基于 SCSI 的存储设备格式化为 VMFS 文件系统格式。VMFS 允许多个 ESXi 主机同时访问同一个 VMFS 数据存储区。另外,为了保证多个主机不会同时访问同一个虚拟机,VMFS 提供了磁盘锁定机制。

第 6 集
微课视频

3. OVF/OVA

开源虚拟化格式(Open Virtualization Format,OVF)是一种开源的文件规范,它描述了一个开源、安全、有效、可拓展的便携式虚拟打包以及软件发布格式。它一般由几个部分组成,分别是 ovf 文件、mf 文件、cert 文件、vmdk 文件和 iso 文件。以.ovf 为扩展名的文件包含了虚拟机的硬件配置等信息,vmdk 文件则是虚拟机的磁盘映像文件。与 OVF 的多个文件相比,OVA 是一个单一的文件包,所有必要的信息都封装在里面。

2.6.3　任务实施

1. ESXi 输入许可证

(1) 通过浏览器访问 ESXi 管理 IP 地址"https://192.168.10.131/",由于没有安装该网站的安全证书,所以会显示"您的连接不是私密连接"等提示,然后单击"继续前往 192.168.10.131(不安全)"即可,如图 2-92 所示。

(2) 在弹出的 ESXi 登录界面输入用户名 root 和安装时创建的密码登录,如图 2-93 所示。

(3) 登录后可以看到 ESXi 的 CPU、内存、存储、网络等信息,如图 2-94 所示。

图 2-92 "您的连接不是私密连接"提示窗口

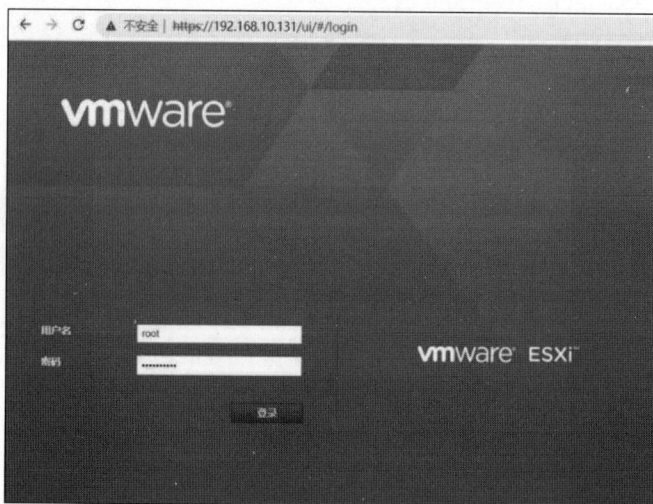

图 2-93 ESXi 登录界面

（4）在左侧导航窗格单击"管理"选项，在右侧窗口依次单击"许可"→"分配许可证"选项，在如图 2-95 所示的窗口输入在 VMware 官方下载 ESXi 时获取的许可证密钥后单击"检查许可证"按钮，出现如图 2-96 所示的检测成功提示后单击"分配许可证"按钮。

（5）单击"分配许可证"按钮后可以在"许可"选项卡中看到相应的许可证信息，如图 2-97 所示。

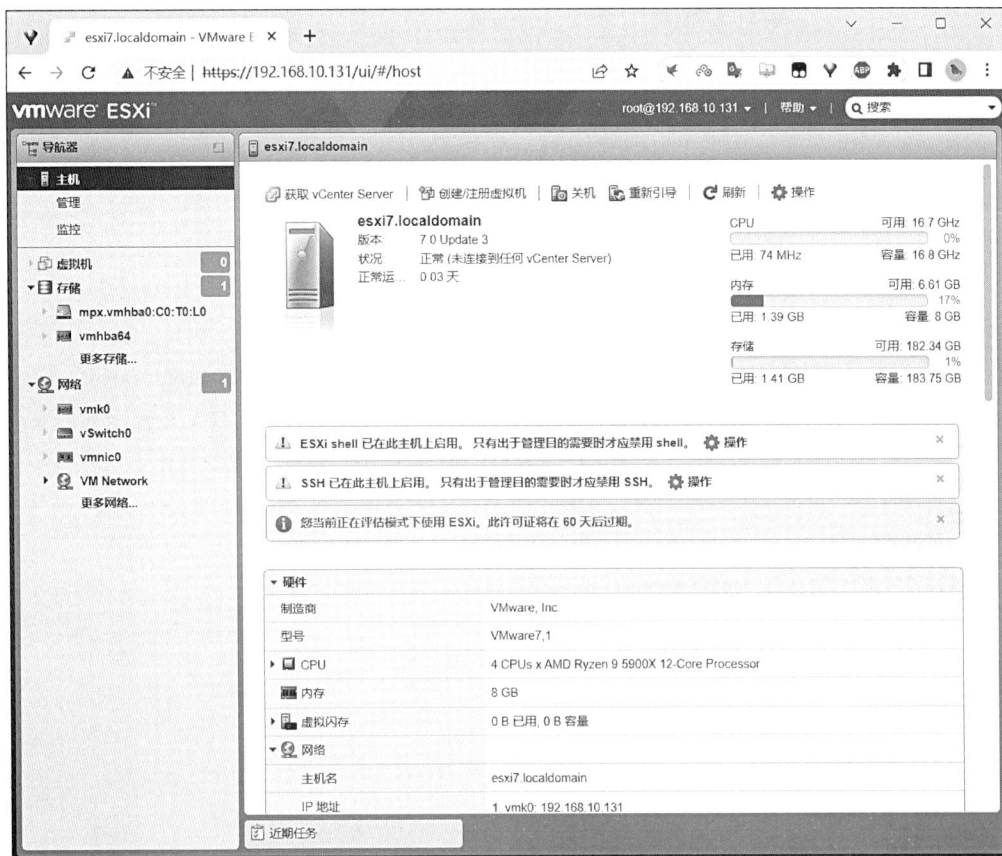

图 2-94　ESXi 的主界面信息

图 2-95　"分配许可证"窗口

图 2-96　许可证检测成功提示窗口

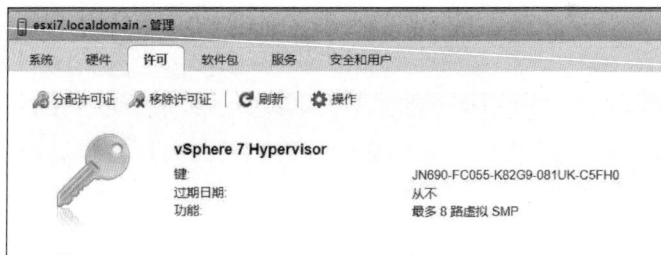

图 2-97　在"许可"选项卡中查看许可证信息

2. 创建虚拟机

（1）在左侧导航窗格单击"虚拟机"选项，在右侧窗口单击"创建/注册虚拟机"。在出现的"新建虚拟机"界面通过交互式方式创建虚拟机。首先在"选择创建类型"界面选择"创建新虚拟机"，如图 2-98 所示，然后单击"下一页"按钮。

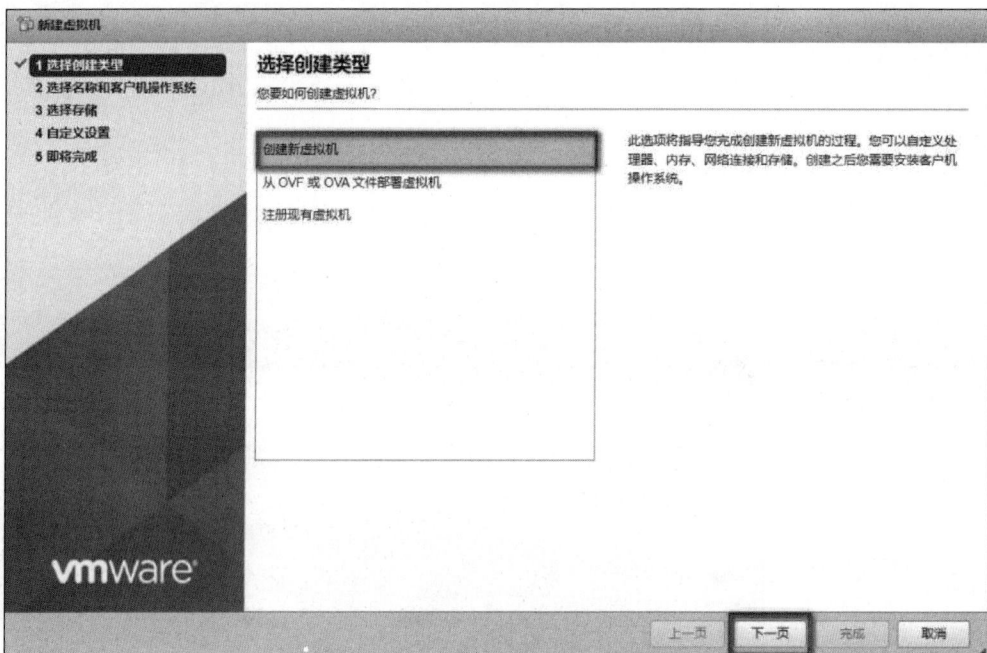

图 2-98　"选择创建类型"界面

（2）在"选择名称和虚拟机操作系统"界面输入创建的虚拟机名称，这里设置为 vm1-centos7，注意，不要和其他虚拟机重名。再依次选择虚拟机操作系统和版本，如图 2-99 所示，然后单击"下一页"按钮。

（3）在"选择存储"界面选择默认的 datastore1 存储区，用于存储虚拟机的配置文件和所有虚拟磁盘，如图 2-100 所示，然后单击"下一页"按钮。

（4）在"自定义设置"界面首先设置"虚拟硬件"选项，设置虚拟 CPU 数量、虚拟内存容量、硬盘容量等。在硬盘设置中虚拟磁盘的位置保持默认设置即可，"磁盘置备"设置为"精简置备"，如图 2-101 所示。

小提示："磁盘置备"有 3 个选项，分别是"精简置备""厚置备，延迟置零""厚置备，置零"。

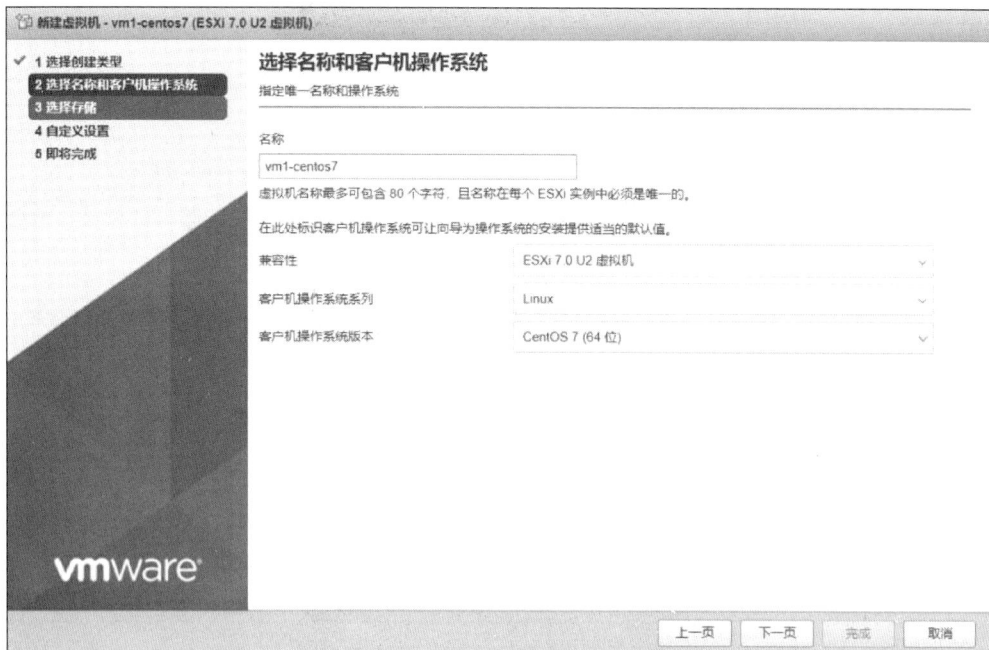

图 2-99　"选择名称和虚拟机操作系统"界面

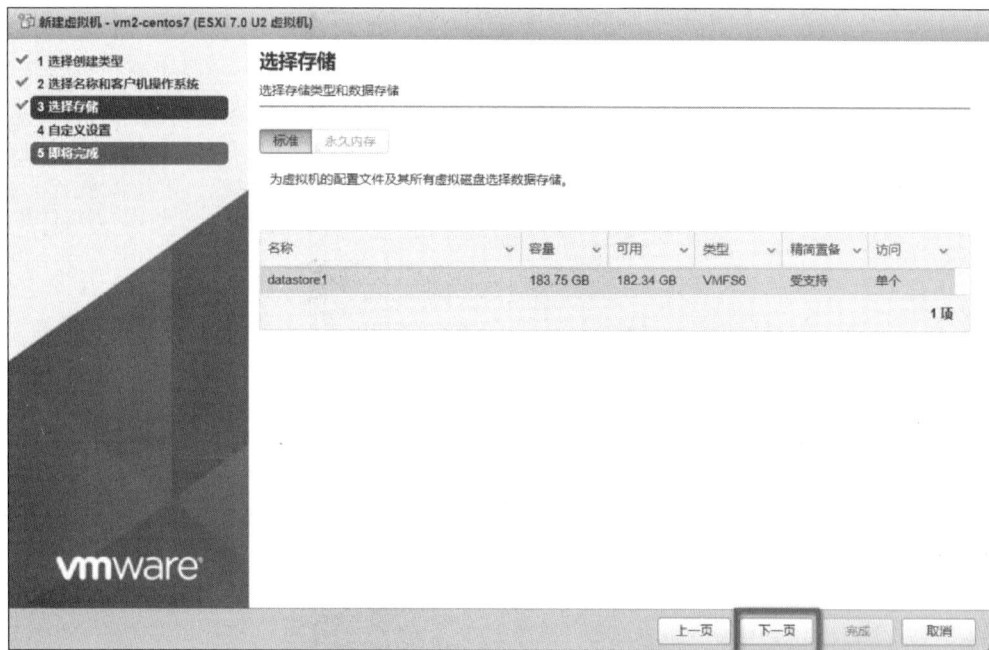

图 2-100　"选择存储"界面

　　① 精简置备。磁盘创建时不会立刻分配出指定大小的空间,而是随着使用量的多少而增加,但不会超过最大限额。类似于 VMware Workstation 创建虚拟机时默认磁盘分配方式。优点是节省磁盘空间,所需创建时间短;缺点是当虚拟机 I/O 操作比较频繁时,磁盘性能会有所下降。

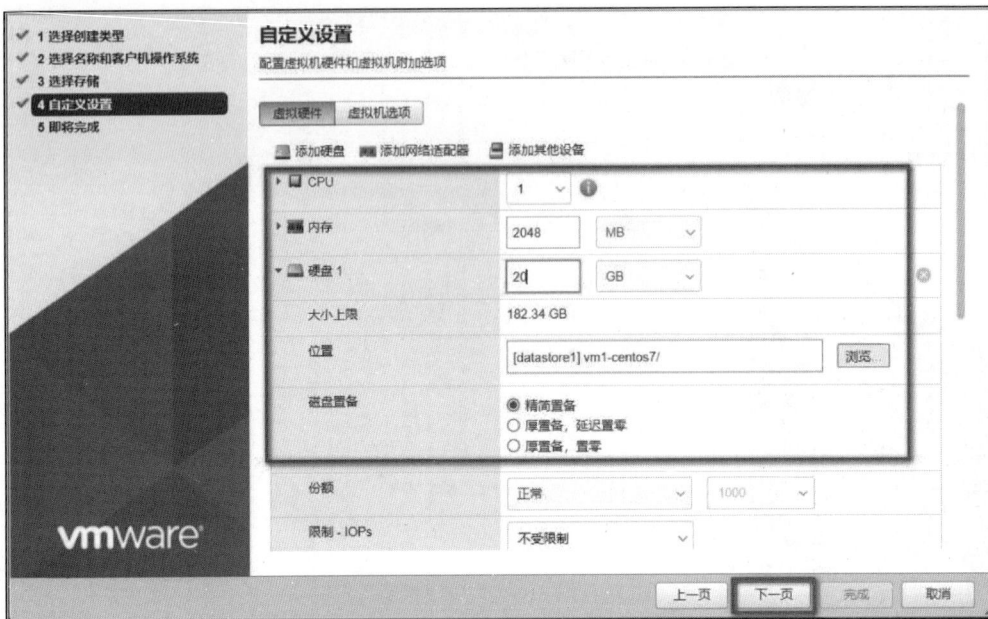

图 2-101　"自定义设置"的"虚拟硬件"选项卡

② 厚置备,延迟置零。厚置备指的是虚拟创建磁盘后立刻分配指定大小的空间,也就是创建的 vmdk 虚拟磁盘文件大小为设定的磁盘大小。延迟置零指的是分配后会将需要使用到的空间进行初始化置零操作,而剩余的空间等到需要使用时再进行初始化置零操作。例如,创建了 100GB 的虚拟磁盘,但一开始只使用了 30GB,所以只会先初始化置零 30GB,剩余的 70GB 待需要写入数据时再初始化置零,但虚拟磁盘大小始终是 100GB。这种磁盘创建时间和磁盘 I/O 性能都较为适中。

③ 厚置备置零。该方式在虚拟磁盘创建后立刻分配指定大小的空间,也就是创建的 vmdk 虚拟磁盘文件大小为设定的磁盘大小,同时将磁盘中所有数据初始化置零。比如创建了一块 100GB 虚拟磁盘,一开始就会把 100GB 全部初始化,等到使用时直接进行写入操作即可。优点是磁盘 I/O 性能最好;缺点是创建磁盘时间较长。

(5)"SCSI 控制器 0"选项选择 LSI Logic SAS,如果磁盘的每秒读写次数(Input/Output Operations Per Second,IOPS)较大,比如大于 2000MB 时可以选择 VMware Paravirtual 以提高性能。"网络适配器 1"选项选择 VM Network。"适配器类型"选择 VMXNET 3(需要 VMware Tools 支持),可以提升网络性能。"CD/DVD 驱动器 1"选项选择"主机设备",也就是采用宿主机(这里的宿主机是我们在 VMware Workstation 上创建的虚拟机)的 CD/DVD 驱动器,如果选择"数据存储 ISO 文件",则需要将 ISO 映像文件上传到 ESXi 的存储区中。具体配置如图 2-102 所示。

小提示:向 ESXi 存储中上传文件,可以在导航窗口选择"存储",在右侧窗口选择"数据存储浏览器",在出现的界面中选择"上载",然后添加要上传的文件即可。

(6)单击"下一步"按钮确认虚拟机配置信息,如果没有问题则单击"完成"按钮,如图 2-103 所示。

(7)在 VMware Workstation 中选取 ESXi 虚拟机,然后打开"虚拟机设置"窗口,在

图 2-102　"自定义设置"的"虚拟硬件"选项界面

图 2-103　"即将完成"界面

"CD/DVD"选项选择使用 ISO 映像文件,然后添加"CentOS-7-x86_64-DVD-1804.iso"的光盘映像文件,如图 2-104 所示。

(8) 返回到 ESXi 页面,在"导航器"窗口选择"虚拟机",在右侧窗口单击刚刚创建的虚拟机,在出现的界面中可以查看虚拟机信息,"编辑"选项可用于对虚拟机配置进行重新选择,单击"打开电源"进行虚拟机操作系统的安装,如图 2-105 所示。

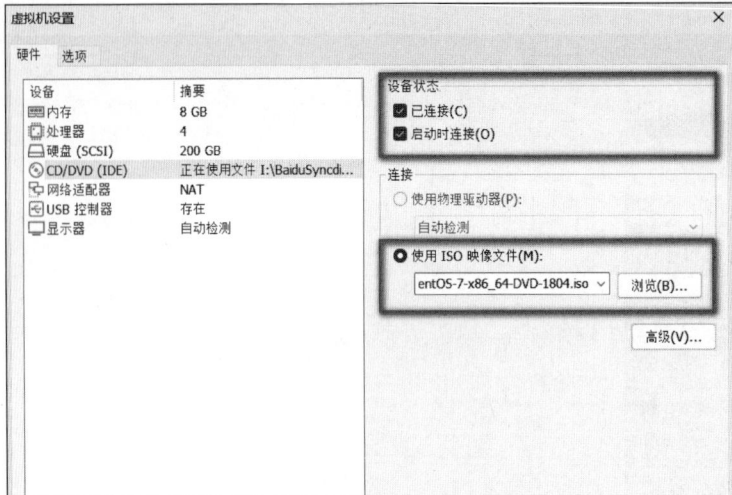

图 2-104　"虚拟机设置"界面

图 2-105　"虚拟机信息"窗口

3. 管理虚拟机

（1）查看磁盘分配。在"导航器"窗口单击"存储"→"更多存储"，在右侧窗口单击
"Local VMware，Disk"选项。可以看到，"导航器"窗口增加了本地磁盘（mpx. vmhba0：C0：
T0：L0）选项，单击后在右侧窗口可以看到磁盘的划分情况，VMFSL 已经被设置为了 8GB，
如果在任务 2.5 中不执行步骤（4），则默认情况是 120GB，如图 2-106 所示，图中 VMFS 为
虚拟机文件系统，在 ESXi 中创建的所有虚拟机都存储在这里。

（2）VMware Tools 安装。在 ESXi 中同样需要安装 VMware Tools 来提高虚拟机性
能并对虚拟机进行管理。首先将 VMware Tools 映像挂载到虚拟机中。在虚拟机界面选择
"编辑"，在"CD/DVD 驱动器 1"下拉列表框中选择"数据存储 ISO 文件"，在"数据存储浏览

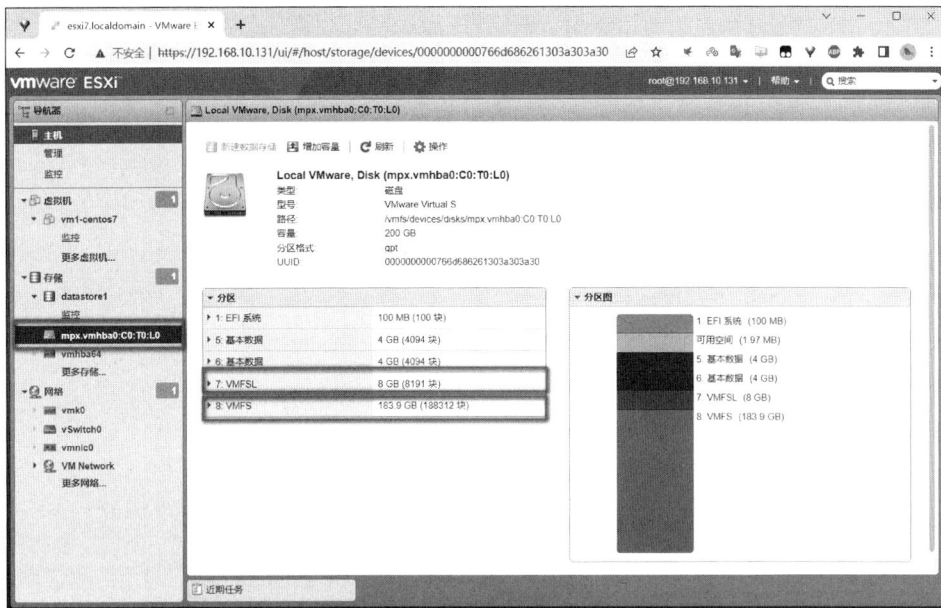

图 2-106 查看磁盘分配

器"界面选择 vmimages,在右侧窗口选择 tools-isoimages,然后在右侧文件列表中选择
linux.iso,再单击"选择"按钮,如图 2-107 所示。返回上一级界面,单击"保存"按钮。剩余
的安装步骤参见 2.3.4 节。

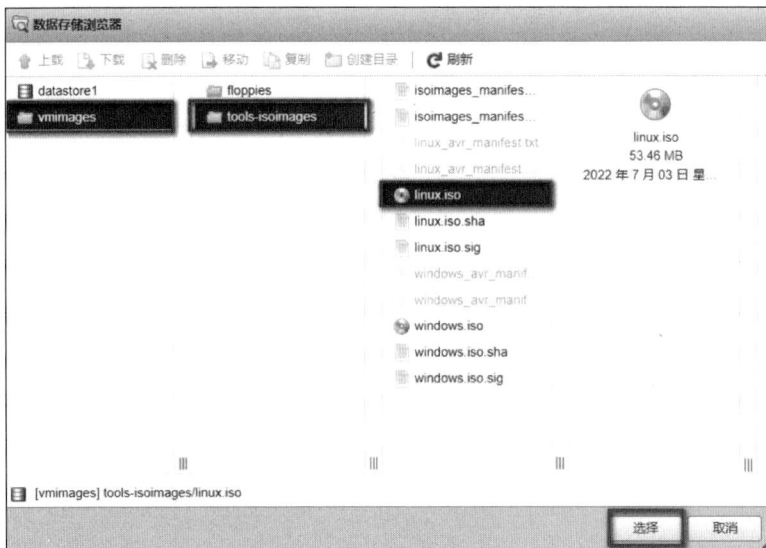

图 2-107 VMware Tools 安装

(3)给虚拟机生成快照。VMware ESXi 提供了"快照"功能,可以保存虚拟机的状态,
并且在需要时将其恢复到"快照"时的状态。VMware ESXi 可以提供无限的快照(受限于
VMware ESXi 存储空间)。在导航窗口选择"虚拟机"选项中的虚拟机,在右侧窗口选择"操
作"→"快照"→"生成快照",打开生成快照界面,输入名称和描述信息后创建快照。如果对
正在运行的虚拟机创建快照,那么可以选择"生成虚拟机内存的快照",这样会将虚拟机的内

存状态保存到快照中,但需要的时间会长一些。如果没有选择生成内存快照,则可以选择"使虚拟机文件系统处于静默状态"。但需要安装 VMware Tools 选项。该选项的作用是在创建快照过程中确保虚拟机不会做任何改变,以保证快照和当前虚拟机状态的一致性。选择完毕后,单击"生成快照"按钮,如图 2-108 所示。在虚拟机界面选择"操作"→"快照"→"管理快照"可以进行快照的还原、删除等操作,也可以生成快照。

图 2-108　生成快照窗口

（4）虚拟机监控。在虚拟机界面单击"监控"按钮,可以监控虚拟机的各种性能,查看虚拟机操作日志、虚拟机事件、任务等,如图 2-109 所示。

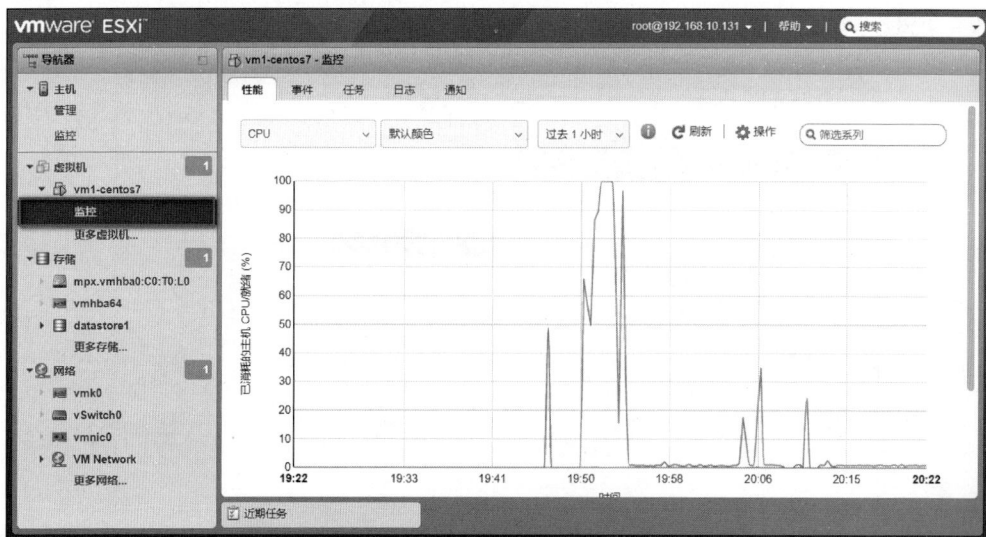

图 2-109　虚拟机的"监控"界面

（5）设置虚拟机自动启动。通过 ESXi 的自动启动功能,可以将虚拟机设置为随着 ESXi 主机的启动而启动。在"导航器"窗口单击"管理",在右侧窗口选择"自动启动",然后再选择"编辑设置",在弹出的窗口中将"已启用"选项选择为"是",单击"保存"按钮,如图 2-110 所示。在导航器窗口选择"虚拟机",在右侧将自动启动选项勾选,再选择"操作"→"自动启动"→"启用"开启虚拟机的自动启动。如果有多台虚拟机,那么可以在"自动启动顺序"列设置虚拟机的自动启动顺序,如图 2-111 所示。

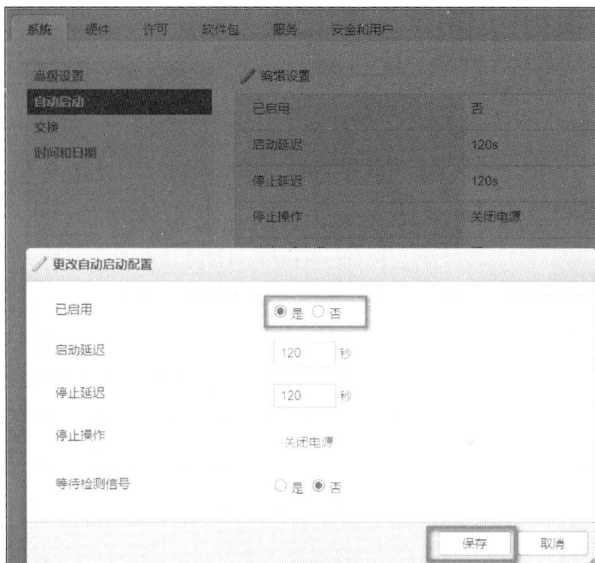

图 2-110　设置虚拟机自动启动

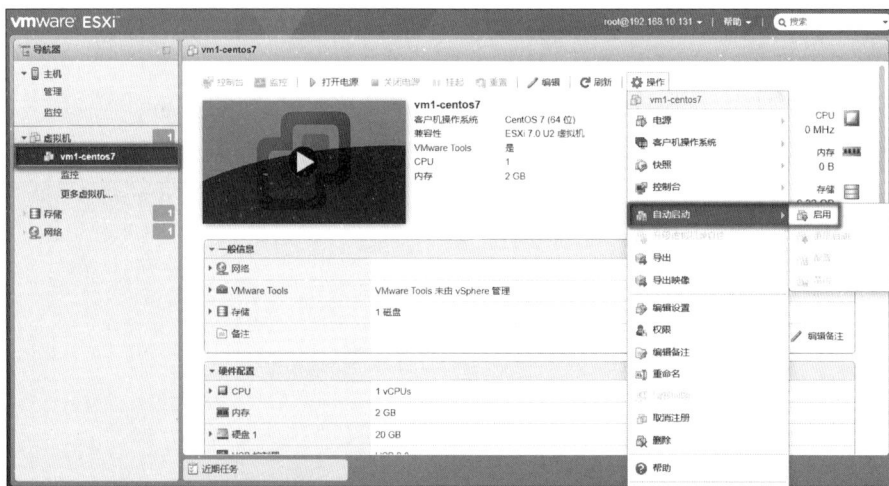

图 2-111　虚拟机自动启动设置

（6）导出虚拟机。在 ESXi 中可以对虚拟机进行导入和导出以实现迁移。在导航窗口右击虚拟机名称，在弹出的快捷菜单中选择"导出"命令，在"下载文件"窗口，如果想同时导出虚拟机的 BIOS 相关信息，则选择.nvram文件，单击"导出"按钮后文件会保存在浏览器的下载文件夹中，如图 2-112 所示。

（7）导入虚拟机。在"导航器"窗口选择"虚拟机"，再选择"创建/注册虚拟机"选项，在"选择创建类型"窗口选择"从 OVF 或 OVA 文件部署虚拟机"，如图 2-113 所示。

图 2-112　导出虚拟机

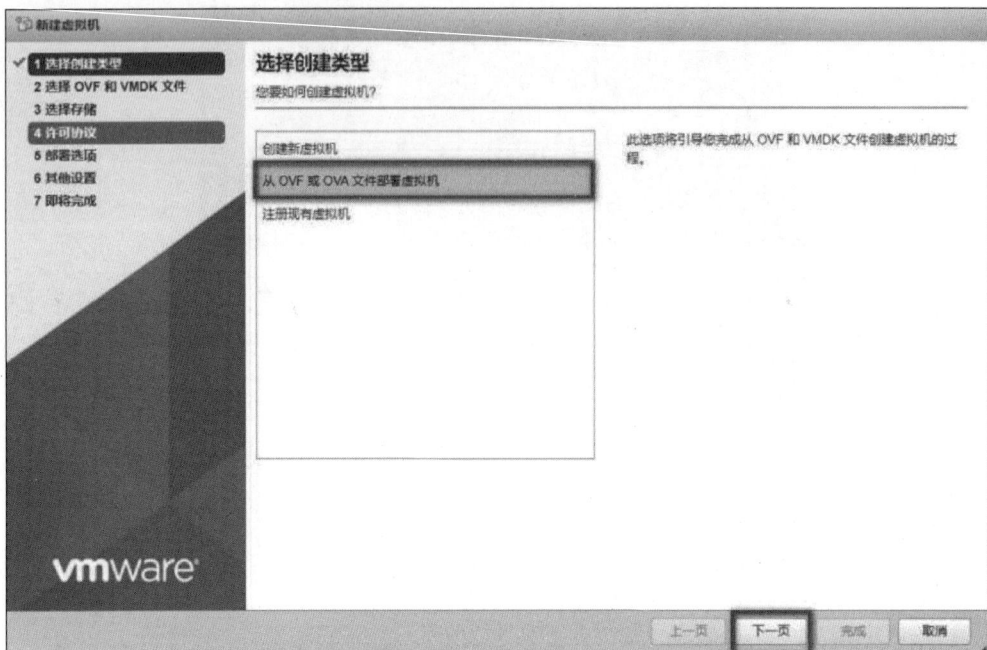

图 2-113　导入虚拟机

（8）单击"下一页"按钮后输入虚拟机名称 vm2-centos7，然后单击选择文件并拖放，将上一步导出的文件添加进来，如图 2-114 所示。

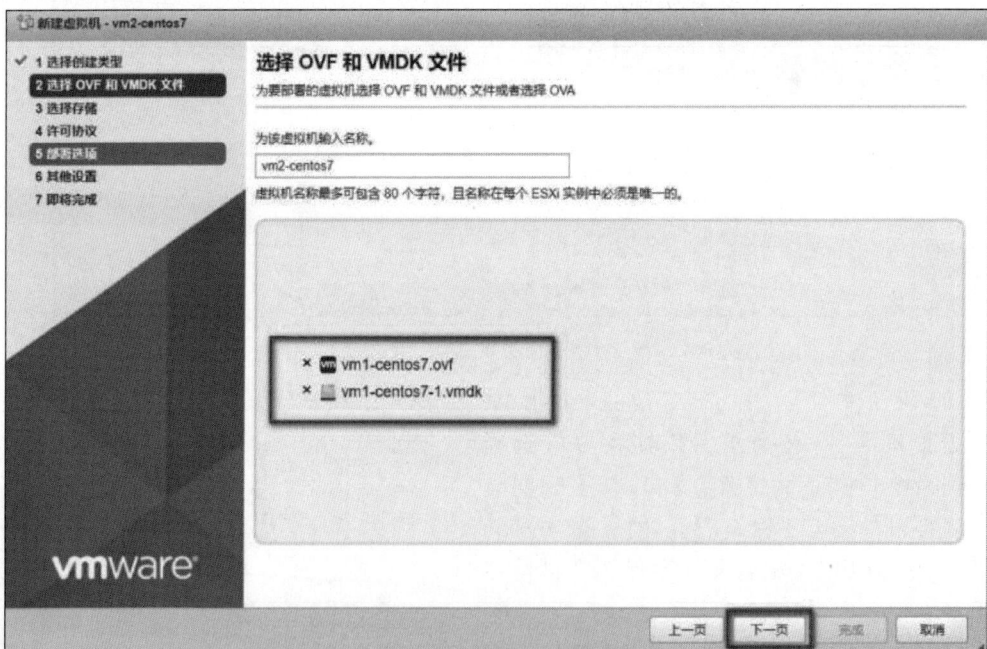

图 2-114　选择 OVF 和 VMDK 文件

（9）单击"下一页"按钮选择数据存储，保持默认设置即可。单击"下一页"按钮后设置"磁盘置备"为"精简"，如图 2-115 所示。

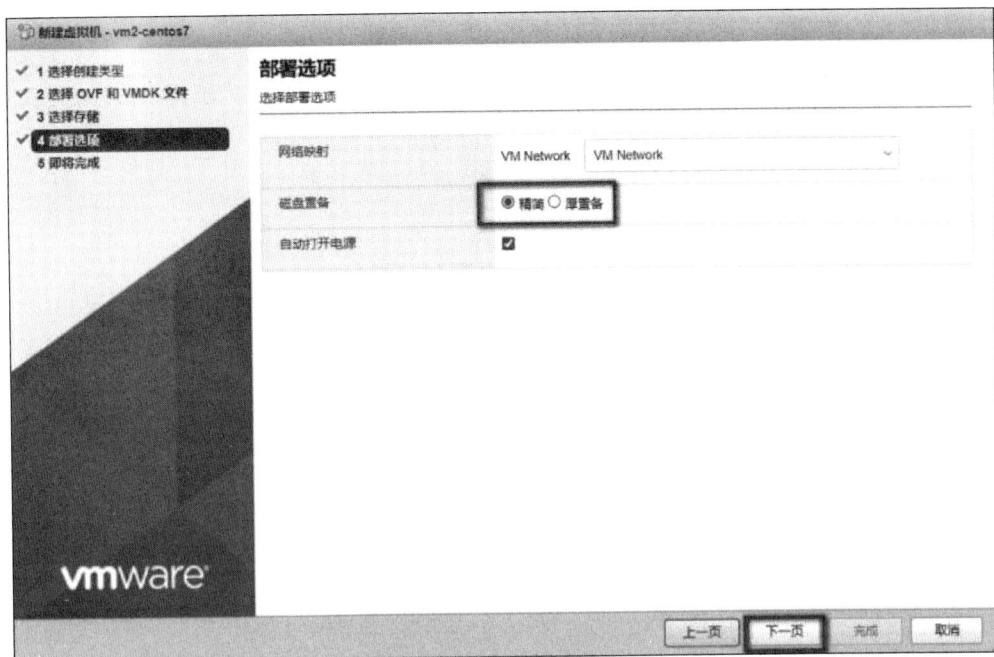

图 2-115 "部署选项"界面

（10）单击"下一页"按钮后再单击"完成"按钮。等待下方任务窗口中"结果"字段显示"成功完成"后导入虚拟机完成，如图 2-116 所示。

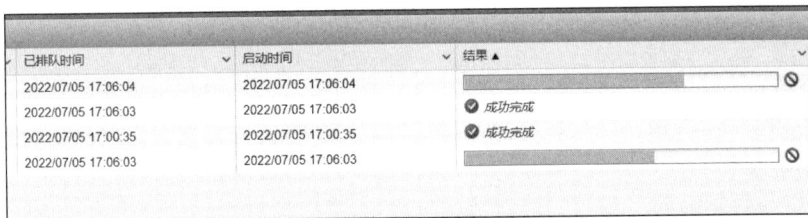

任务拓展 5

图 2-116 客户导入完成提示窗口

2.6.4 任务拓展

【任务内容】 在 ESXi 中添加存储。

【任务目标】 掌握 ESXi 添加本地存储的方法。

【任务步骤】

（1）在 ESXi 主机（这里指 VMware Workstation 创建的虚拟机）中添加一块硬盘，如图 2-117 所示。

（2）通过浏览器登录 ESXi 控制台，在"导航器"窗口选择"存储"，在右侧窗口选择"数据存储"，单击"新建数据存储"。在"选择创建类型"界面选择"创建新的 VMFS 数据存储"，在弹出的界面中输入存储名称 datastore2，选择第（1）步中添加的硬盘，如图 2-118 所示。

（3）单击"下一页"按钮后选择"使用全部磁盘"和"VMFS 6"，单击"下一页"按钮后再单击"完成"按钮，在出现的警告窗口单击"是"按钮，则在"数据存储"选项卡中可以看到新添加的存储 datastore2，如图 2-119 所示。

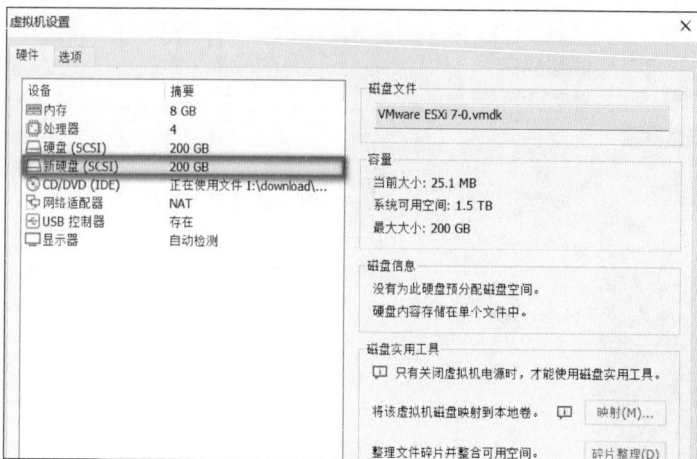

图 2-117　在 ESXi 主机中添加一块硬盘

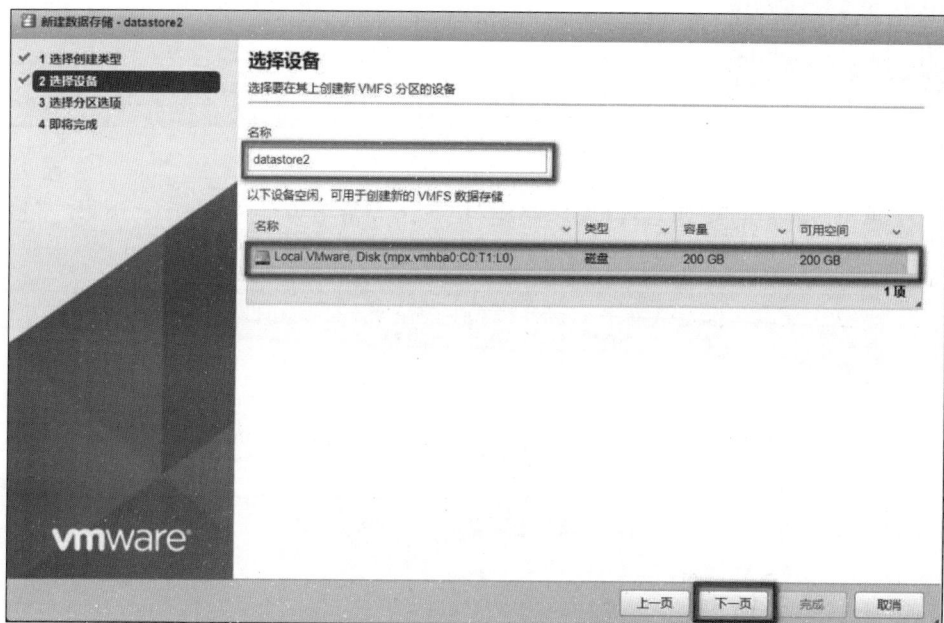

图 2-118　"新建数据存储"窗口

图 2-119　"数据存储"选项卡

任务 2.7　ESXi 虚拟机网络配置

2.7.1　任务目标

◇ 掌握 ESXi 中标准虚拟交换机的概念；
◇ 掌握 ESXi 中 VMkernel 网卡的作用；
◇ 掌握 ESXi 中端口组的概念；
◇ 掌握 ESXi 中基本的网络原理和配置方法。

2.7.2　任务知识点

1. vSphere 标准虚拟交换机

和 VMware Workstation 一样,ESXi 主机也会虚拟出交换机 vSwitch 用来连接虚拟网络和外部物理网络,这个交换机称为 vSphere 标准虚拟交换机。vSphere 标准虚拟交换机功能由 ESXi 内核提供,但只支持最基本的二层桥接功能,可以创建 VLAN,没有物理交换机的高级功能。安装好 ESXi 后会创建一个默认的标准虚拟交换机,名称为 vSwitch0,同时通过虚拟上行链路端口连接到 ESXi 主机的物理网卡以实现和物理网络通信。一个虚拟交换机可以绑定多个物理网卡组成网卡组(NIC Team),从而实现冗余和负载均衡,vSwitch 拓扑结构如图 2-120 所示。

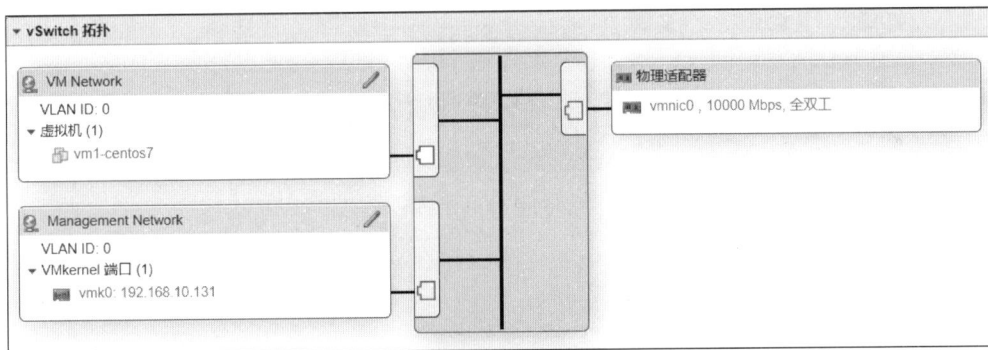

图 2-120　vSwitch 拓扑结构

2. 物理网卡

在 ESXi 中物理网卡的名称为 vmnic♯,♯代表数字编号。虚拟交换机通过虚拟上行链路端口连接到物理网卡上。ESXi 主机中的流量都是通过该物理网卡到达外部网络。

3. VMkernel 网卡

VMkernel 网卡也叫 VMkernel 端口,是一种特定的端口类型,用于为 ESXi 主机提供通信服务,支持 ESXi 主机管理访问、vMotion 虚拟机迁移、网络存储、vSAN 等高级特性。该端口工作在网络的第三层,需要设置 IP 地址,在浏览器中就是通过该端口登录到 ESXi。一个虚拟交换机可以创建多个 VMkernel 端口,名称为 vmk♯。

4. 端口组(Port Group)

无论是物理交换机还是虚拟交换机都会有很多端口,用来连接各虚拟机。虚拟机端口组就是虚拟交换机上具有相同特性的端口集合。一个虚拟机端口组可以连接若干虚拟机,这些虚拟机之间可以相互访问。默认情况下 ESXi 会创建两个端口组:VM Network 和 Manager Network。VM Network 端口组用来实现各虚拟机之间的通信;Manager Network 是 VMkernel 类型端口,用来实现对 ESXi 主机的管理。vSphere 标准交换机网络结构如图 2-121 所示。

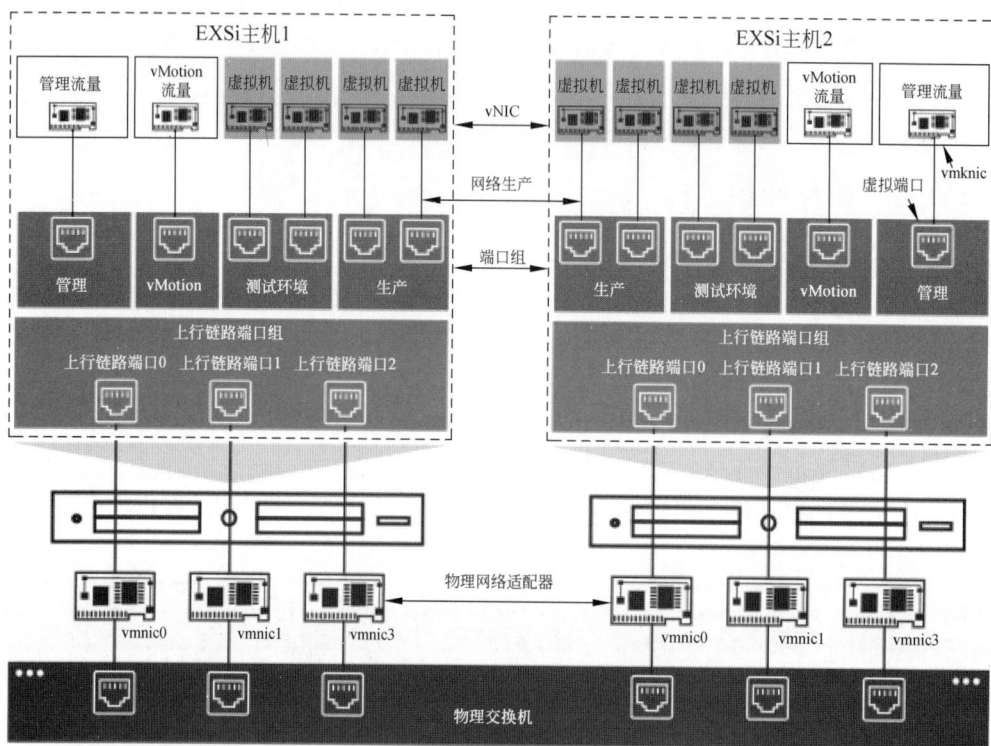

图 2-121　vSphere 标准交换机网络结构

第 7 集
微课视频

2.7.3　任务实施

1. 添加标准虚拟交换机

由于各虚拟机通信的流量与 ESXi 管理流量都通过默认标准交换机 vSwitch0 从一个物理网络适配器发送到外部网络,当虚拟机通信流量过大时,可能会影响对 ESXi 主机的管理,所以可以再添加一块物理网络适配器和一个标准交换机,实现两种数据流量的隔离。

(1)首先为 ESXi 主机添加一块物理网卡。在 VMware Workstation 创建的名称为 VMware ESXi7 的虚拟机上再添加一块桥接模式的网卡,如图 2-122 所示。

(2)确保 ESXi 中各虚拟机没有正在运行的任务后,关闭各虚拟机,然后重新启动 ESXi 主机。通过浏览器登录控制台后,选择导航器窗格中的"网络"选项,在右侧选择"物理网卡"选项卡,可以看到在主机上增加了 vmnic1 网卡,如图 2-123 所示。

(3)在"网络"界面选择"虚拟交换机",单击"添加标准虚拟交换机",在新窗口输入交换机名称,比如 vSwitch1,上行链路选择刚刚添加的物理网卡 vmnic1,单击"添加"按钮,如图 2-124 所示。

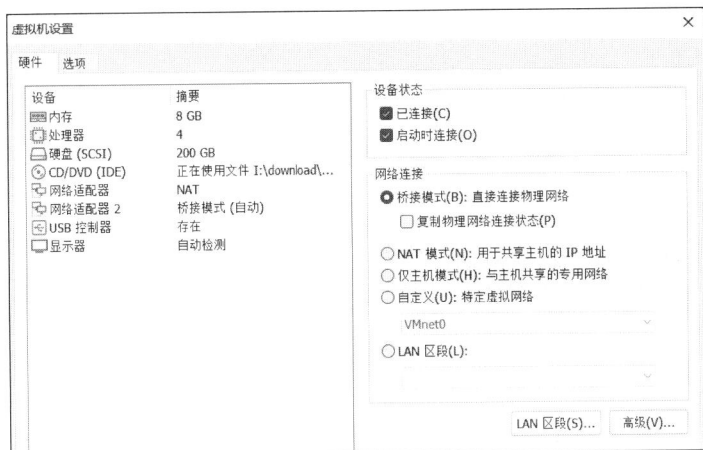

图 2-122   为 ESXi 主机添加一块物理网卡

图 2-123   查看增加的"物理网卡"

图 2-124   "添加标准虚拟交换机"窗口

2. 添加端口组并加入虚拟机

（1）在"网络"界面选择"端口组"，选择"添加端口组"，在"添加端口组"窗口输入端口组名称，比如 Guest Network，虚拟交换机选择刚刚创建的 vSwitch1，单击"添加"按钮，如图 2-125 所示。

（2）在"导航器"窗口选择"虚拟机"选项，在右侧窗口选择 vm1-centos7 虚拟机，然后选择"编辑"。弹出窗口中，"网络适配器 1"选择 Guest Network，单击"保存"按钮，如图 2-126 所示。

（3）进入 vm1-centos7 虚拟机中，重新启动网络服务，查看 IP 地址。

图 2-125　"添加端口组"窗口

图 2-126　虚拟机"编辑设置"窗口

```
[root@localhost ~]# systemctl restart network
[root@localhost ~]# ip a
1: lo: <LOOPBACK,UP,LOWER_UP> mtu 65536 qdisc noqueue state UNKNOWN group default qlen 1000
    link/loopback 00:00:00:00:00:00 brd 00:00:00:00:00:00
    inet 127.0.0.1/8 scope host lo
       valid_lft forever preferred_lft forever
    inet6 ::1/128 scope host
       valid_lft forever preferred_lft forever
2: ens192: <BROADCAST,MULTICAST,UP,LOWER_UP> mtu 1500 qdisc pfifo_fast state UP group default
qlen 1000
    link/ether 00:0c:29:d9:7b:a0 brd ff:ff:ff:ff:ff:ff
    inet 192.168.50.114/24 brd 192.168.50.255 scope global noprefixroute dynamic ens192
       valid_lft 7199sec preferred_lft 7199sec
    inet6 fe80::dc8f:fbf4:a9b2:6a3a/64 scope link tentative
       valid_lft forever preferred_lft forever
```

　　此时可以看到虚拟机 IP 的网络地址已经变为和 VMware Workstation 桥接网络相同的地址。这样,所有加入 Guest Network 端口组的虚拟机,都会经过 vSwitch1 交换机连接到 vmnic1 物理网卡,然后连接到外部网络。管理 ESXi 的流量是通过默认的 vSwitch0 交换机连接到 vmnic0 网卡,然后连接到外部网络。此时 ESXi 中有两个虚拟机 vm1-centos7 和 vm2-centos7,因为 vm1-centos7 是 VMware Workstation 桥接网络模式,而 vm2-centos7 是 VMware Workstation NAT 网络模式,对于 vm2-centos7 来说,vm1-centos7 相当于外部网络,所以 vm2-centos7 能访问 vm1-centos7,而 vm1-centos7 不能访问 vm2-centos7。

（4）按照步骤（1）添加一个端口组 Guest Network2,"虚拟交换机"选择 vSwitch1,如图 2-127 所示。

图 2-127 "添加端口组"窗口

（5）将 vm2-centos7 虚拟机网络适配器改为 Guest Network2,查看 vm2-centos7 虚拟机的 IP 地址并 ping vm1-centos7 虚拟机：

```
[root@localhost ~]# ip addr
1: lo: <LOOPBACK,UP,LOWER_UP> mtu 65536 qdisc noqueue state UNKNOWN group default qlen 1000
    link/loopback 00:00:00:00:00:00 brd 00:00:00:00:00:00
    inet 127.0.0.1/8 scope host lo
       valid_lft forever preferred_lft forever
    inet6 ::1/128 scope host
       valid_lft forever preferred_lft forever
2: ens192: <BROADCAST,MULTICAST,UP,LOWER_UP> mtu 1500 qdisc pfifo_fast state UP group default
qlen 1000
    link/ether 00:0c:29:21:51:d7 brd ff:ff:ff:ff:ff:ff
    inet 192.168.50.134/24 brd 192.168.50.255 scope global noprefixroute dynamic ens192
       valid_lft 7172sec preferred_lft 7172sec     inet6 fd85:addf:4873:0:56c:8b67:2911:
4b43/64 scope global noprefixroute
       valid_lft forever preferred_lft forever
    inet6 fd85:addf:4873::e8c/128 scope global noprefixroute
       valid_lft forever preferred_lft forever
    inet6 fe80::1f8f:c5ff:fab:99a/64 scope link noprefixroute
       valid_lft forever preferred_lft forever
    inet6 fe80::dc8f:fbf4:a9b2:6a3a/64 scope link tentative noprefixroute dadfailed
       valid_lft forever preferred_lft forever
[root@localhost ~]# ping 192.168.50.114
PING 192.168.50.114 (192.168.50.114) 56(84) bytes of data.
64 bytes from 192.168.50.114: icmp_seq=1 ttl=64 time=0.509 ms
64 bytes from 192.168.50.114: icmp_seq=2 ttl=64 time=0.233 ms
64 bytes from 192.168.50.114: icmp_seq=3 ttl=64 time=0.325 ms
64 bytes from 192.168.50.114: icmp_seq=4 ttl=64 time=0.314 ms
```

此时两台虚拟机是可以相互通信的,说明不同虚拟机端口组之间的网络是可以互通的。

3. 在端口组上划分 VLAN

通过虚拟交换机可以进行 VLAN 的划分以实现网络管理。在"导航器"窗口,选择"网络"→"端口组"→Guest Network2,选择"编辑设置",在弹出的窗口中将 VLAN ID 设置为 10,如图 2-128 所示。此时两台虚拟机虽然连接同一虚拟交换机,但处于不同 VLAN 下,所以不能连通。

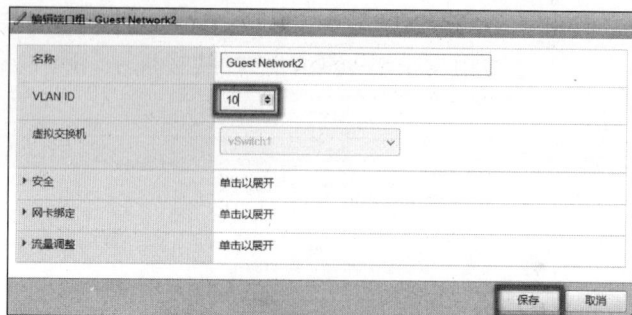

图 2-128 "编辑端口组"窗口

小提示：VLAN ID 设置为 0 或为空，则端口组只能通过非 VLAN，也就是不带 VLAN tag 的数据流量；若设置为 4095，则允许带有任何 VLAN tag 的数据流量通过，相当于交换机 Trunk 模式。

2.7.4 任务拓展

【任务内容】 创建用于 iSCSI 存储的专用网络。

【任务目标】 掌握 ESXi 创建 VMkernel 端口方法。

【任务步骤】

VMkernel 是特殊端口，可以用来为管理 ESXi 主机提供通信服务，支持 vSphere 的高级功能。这里创建一个专门用来进行 iSCSI 存储的专用 VMkernel 端口。

（1）在导航器窗格选择"网络"选项，在右侧选择"VMkernel 网卡"，添加"VMkernel 网卡"。在新窗口中选择"新建端口组"，输入端口组名称 iSCSI，"虚拟交换机"为 vSwitch0，"IPv4 设置"选择"静态"，然后设置 IP 地址为"192.168.10.134"，子网掩码为"255.255.255.0"，完成后单击"创建"按钮，如图 2-129 所示。

任务拓展 6

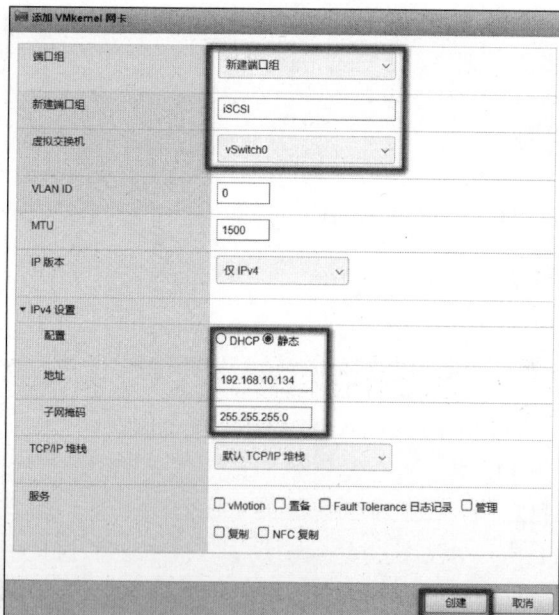

图 2-129 "添加 VMkernel 网卡"窗口

（2）在"导航器"窗口选择"网络"选项，在右侧选择"虚拟交换机"，在下方交换机列表中选择 vSwitch0，可以看到拓扑中增加了 iSCSI 的 VMkernel 端口，IP 地址是"192.168.10.134"，如图 2-130 所示。

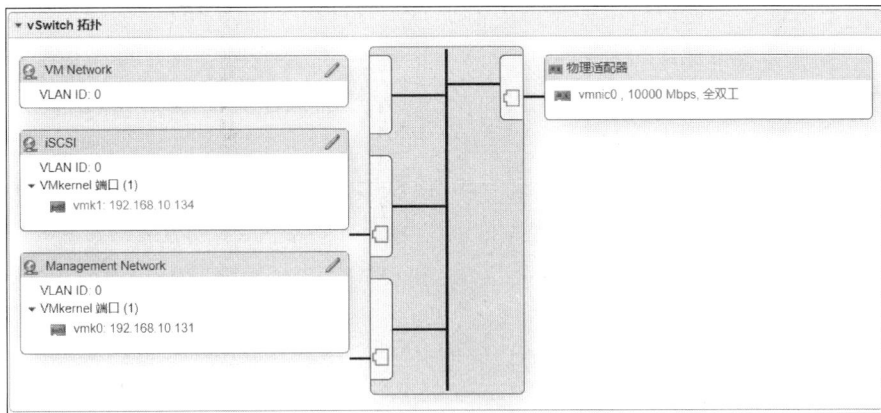

图 2-130　ESXi 的网络拓扑

任务 2.8　综合实训——VMware Workstation 部署 WordPress

2.8.1　任务目标

◇　掌握 VMware Workstation 虚拟机克隆的方法；
◇　掌握通过 VMware Workstation 创建虚拟机并搭建 LNMP 的方法；
◇　掌握 WordPress 的部署方法。

2.8.2　任务知识点

1. LNMP

LNMP 是指一组通常一起使用以运行动态网站或者服务器的 4 个自由软件的名称首字母缩写。L 指 Linux，N 指 Nginx，M 一般指 MySQL（也可以指 MariaDB），P 一般指 PHP（也可以指 Perl 或 Python）。Linux 是目前最流行的免费操作系统；Nginx 性能稳定、功能丰富、处理静态文件速度快且消耗的系统资源极少；MySQL 性能卓越、服务稳定、成本低、支持多种操作系统，对流行的 PHP 语言无缝支持。这 4 种免费开源软件组合到一起，具有免费、高效、扩展性强而且资源消耗低等优良特性。

2. VMware Workstation 虚拟机克隆

一个虚拟机的克隆就是对原虚拟机的一个完全的拷贝，或者说是映像。克隆的过程并不影响原虚拟机，克隆的虚拟机是完全脱离原虚拟机的独立存在。克隆的虚拟机会生成和原虚拟机不同的 MAC 地址和 UUID，如果处于同一网络中则需要修改克隆后虚拟机的 IP 地址和主机名称。克隆有链接克隆和完整克隆两种方式。

（1）链接克隆后的虚拟机依赖于原虚拟机。链接克隆是通过原虚拟机的快照创建而成，因此节省了磁盘空间，而且克隆速度非常快，但是克隆后的虚拟机性能会有所下降。对原虚拟机的虚拟磁盘进行的更改不会影响链接克隆的虚拟机，对链接克隆的虚拟机磁盘所做的更改也不会影响原虚拟机。但是如果原虚拟机损坏或快照点被删除,那么链接克隆的虚拟机也不能使用;如果原虚拟机移动位置,则需要重新指定原虚拟机的位置,再启动链接克隆虚拟机。

(2)完整克隆后的虚拟机不依赖原虚拟机,是完全独立的虚拟机,它的性能与被克隆虚拟机相同。由于完整克隆不与原虚拟机共享虚拟磁盘,所以创建完整克隆所需的时间比链接克隆更长。完整克隆只复制克隆操作时的虚拟机状态,因此无法访问原虚拟机的快照。

3. WordPress

WordPress 是一个以 PHP 和 MySQL 为平台的自由开源的博客软件和内容管理系统。用户可以在支持 PHP 和 MySQL 数据库的服务器上架设属于自己的网站。WordPress 具有插件架构和模板系统。截至 2018 年 4 月,排名前 1000 万的网站中超过 30.6% 使用 WordPress。全球有大约 40% 的网站(7 亿 5000 个)都是使用 WordPress 架设网站的。WordPress 是目前 Internet 上最流行的博客系统。

2.8.3 任务实施

1. 克隆虚拟机

(1)由于在之前的操作中设置了"独立"磁盘模式,在该模式下不能创建链接克隆,所以需要先取消"独立"磁盘模式。在 VMware Workstation 中选取任务 2.2 中创建的虚拟机 CentOS7.5-demo,并确保是处于关机状态。通过快照管理器删除 init 快照。

(2)打开该虚拟机的"虚拟机设置"窗口,选择"硬盘"→"高级",取消"独立"模式后单击"确定"按钮。

(3)在上方菜单栏中依次选择"虚拟机"→"管理"→"克隆",如图 2-131 所示,打开克隆虚拟机向导窗口。

第 8 集
微课视频

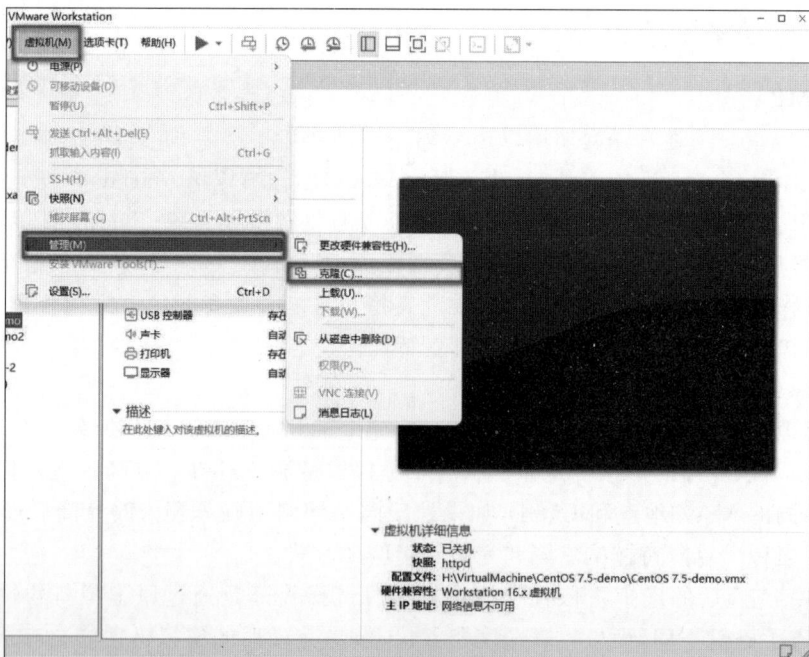

图 2-131 克隆虚拟机

（4）在向导窗口单击"下一页"按钮，在出现的界面中选择"虚拟机中的当前状态"后单击"下一页"按钮，如图 2-132 所示。

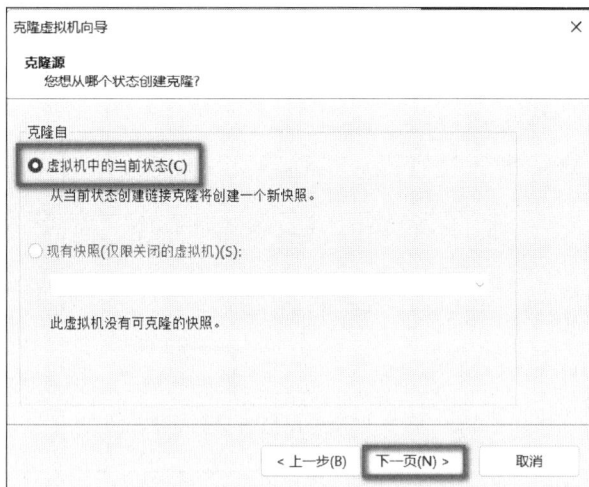

图 2-132 克隆虚拟机向导窗口

（5）在"克隆类型"界面中，"克隆方法"选择"创建链接克隆"，如图 2-133 所示。单击"下一页"按钮，在出现的界面中输入虚拟机名称 nginx 和保存位置，单击"完成"按钮，如图 2-134 所示。

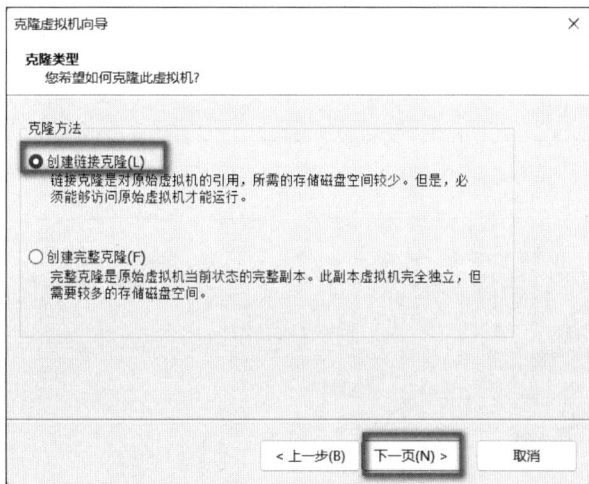

图 2-133 选择克隆方法

小提示：如果此处"创建链接克隆"为灰色不可选择，则可以关闭 VMware Workstation 再重新打开即可。

（6）若出现如图 2-135 所示的界面，则说明创建链接克隆成功。单击"关闭"按钮返回 VMware Workstation 界面后，在"库"窗格会看到刚刚创建的虚拟机 nginx。

（7）按照上述方法再通过链接克隆方式创建两个虚拟机，分别为 mysql 和 php，这样就创建了 3 台虚拟机，分别作为 Nginx、MySQL 和 PHP 服务器，如图 2-136 所示。

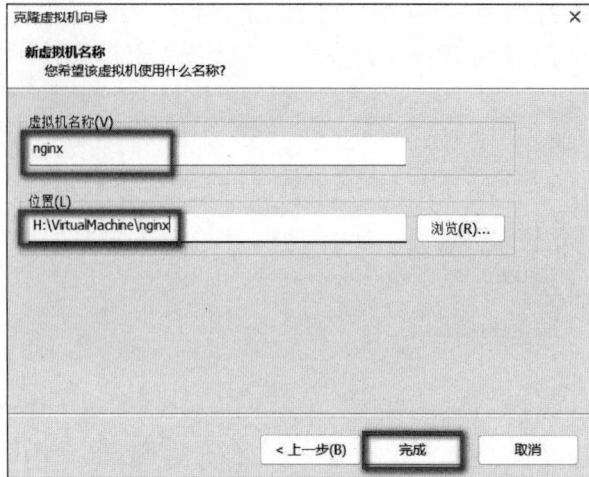

图 2-134　设置克隆的虚拟机名称和存储位置

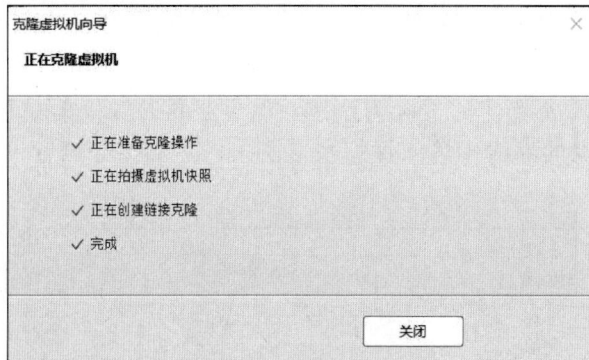

图 2-135　克隆成功界面

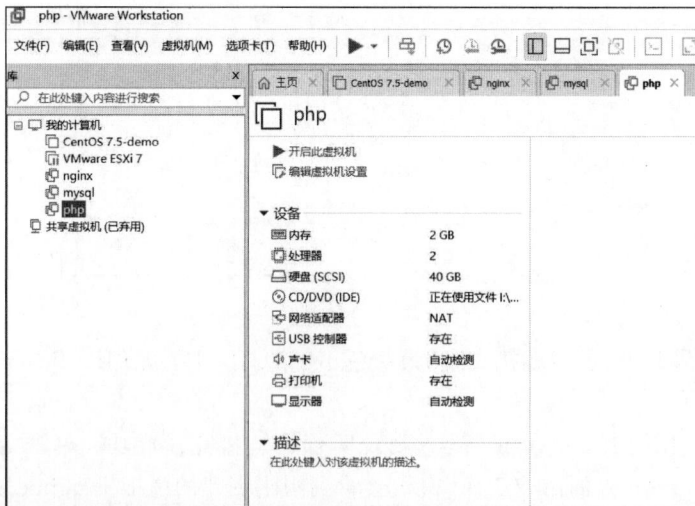

图 2-136　克隆 3 台虚拟机

2. 设置服务器 IP 地址

（1）开启 3 台服务器，查看 3 台服务器的 IP 地址后通过 MobaXterm 登录。由于都开启了 DHCP，网络模式为 NAT，通过 VMnet8 虚拟交换机都分配到了 IP 地址。为了避免由于不是固定 IP 地址而产生的问题，我们将 3 台服务器的 IP 地址设置为静态。在 Nginx 终端执行如下操作：

```
[root@webserver ~]# ip addr
1: lo: <LOOPBACK,UP,LOWER_UP> mtu 65536 qdisc noqueue state UNKNOWN group default qlen 1000
    link/loopback 00:00:00:00:00:00 brd 00:00:00:00:00:00
    inet 127.0.0.1/8 scope host lo
       valid_lft forever preferred_lft forever
    inet6 ::1/128 scope host
       valid_lft forever preferred_lft forever
2: ens33: <BROADCAST,MULTICAST,UP,LOWER_UP> mtu 1500 qdisc pfifo_fast state UP group default
qlen 1000
    link/ether 00:0c:29:d6:9b:6b brd ff:ff:ff:ff:ff:ff
    inet 192.168.10.140/24 brd 192.168.10.255 scope global noprefixroute ens33
       valid_lft forever preferred_lft forever
    inet6 fe80::f7a9:d39:b23f:5799/64 scope link noprefixroute
       valid_lft forever preferred_lft forever
```

可以看到网卡名称为 ens33。

```
#设置服务器主机名称为 nginx
[root@webserver ~]# hostnamectl set-hostname nginx
[root@webserver ~]# bash
#设置网卡 ens33 IP 地址为 192.168.10.10，网络前缀为 24
[root@nginx ~]# nmcli connection modify ens33 ipv4.address 192.168.10.10/24
#设置网卡 ens33 网关为 192.168.10.2
[root@nginx ~]# nmcli connection modify ens33 ipv4.gateway 192.168.10.2
#设置网卡 ens33 dns 为 192.168.10.2
[root@nginx ~]# nmcli connection modify ens33 ipv4.dns 192.168.10.2
#设置网卡 ens33 为静态 ip
[root@nginx ~]# nmcli connection modify ens33 ipv4.method manual
#保存更改重新加载网卡配置
[root@nginx ~]# nmcli connection up ens33
```

（2）用同样的方法在 MySQL 服务器上执行如下操作：

```
[root@webserver ~]# hostnamectl set-hostname mysql
[root@webserver ~]# bash
[root@mysql ~]# nmcli connection modify ens33 ipv4.address 192.168.10.11/24
[root@mysql ~]# nmcli connection modify ens33 ipv4.gateway 192.168.10.2
[root@mysql ~]# nmcli connection modify ens33 ipv4.dns 192.168.10.2
[root@mysql ~]# nmcli connection modify ens33 ipv4.method manual
[root@mysql ~]# nmcli connection up ens33
```

（3）在 PHP 服务器上执行如下操作：

```
[root@webserver ~]# hostnamectl set-hostname php
[root@webserver ~]# bash
[root@php ~]# nmcli connection modify ens33 ipv4.address 192.168.10.12/24
[root@php ~]# nmcli connection modify ens33 ipv4.gateway 192.168.10.2
```

```
[root@php ~]# nmcli connection modify ens33 ipv4.dns 192.168.10.2
[root@php ~]# nmcli connection modify ens33 ipv4.method manual
[root@php ~]# nmcli connection up ens33
```

设置完成后 3 台服务器的 IP 地址如表 2-2 所示。

表 2-2 设置完成后 3 台服务器的 IP 地址

主 机 名 称	IP 地址	服 务 器
nginx	192.168.10.10/24	Nginx
mysql	192.168.10.11/24	MySQL
php	192.168.10.12/24	PHP

3. 在 3 台服务器上分别安装 Nginx、MySQL、PHP 服务

（1）在 Nginx 服务器上执行如下操作：

```
# 配置 Nginx 安装源
[root@nginx ~]# rpm - Uvh http://nginx.org/packages/centos/7/noarch/RPMS/nginx - release -
centos - 7 - 0.el7.ngx.noarch.rpm
# 安装 Nginx 服务
[root@nginx ~]# yum install - y nginx
```

（2）在 MySQL 服务器上执行如下操作：

```
# 安装 MySQL 服务
[root@mysql ~]# yum install - y mariadb mariadb - server
```

（3）在 PHP 服务器执行如下操作：

```
# 安装 PHP 的 remi 安装源
[root@php ~]# yum - y install epel - release yum - utils
[root@php ~]# yum - y install https://rpms.remirepo.net/enterprise/remi - release - 7.rpm
# 启用 remi 源的 php8.0 模块
[root@php ~]# yum - config - manager -- enable remi - php80
# 安装 PHP 服务
[root@php ~]# yum install - y php  php - mysql  php - fpm
```

4. 配置 3 台服务器

（1）在 Nginx 服务器上执行如下操作：

```
# 修改 Nginx 配置文件
[root@nginx ~]# vi /etc/nginx/conf.d/default.conf
# 修改如下几个地方
    server_name  192.168.10.10;                 # 改为 Nginx 服务器 IP 地址
    location / {
        root  /usr/share/nginx/html;
        index  index.php index.html index.htm;     # 增减 index.php
    }

    location ~ \.php$ {                          # 从此处开始 7 行删除'#'取消注释
        root         /data/www;                  # PHP 服务器的根目录
```

```
        fastcgi_pass    192.168.10.12:9000;              ＃PHP 服务器 IP 地址和端口号
        fastcgi_index   index.php;
        fastcgi_param   SCRIPT_FILENAME   $ document_root $ fastcgi_script_name;
                                                         ＃脚本文件请求路径

        include         fastcgi_params;
    }
```

（2）在 MySQL 服务器上执行如下操作：

```
＃启动 mariadb 服务
[root@mysql ~]＃ systemctl start mariadb
＃数据库初始化
[root@mysql ~]＃ mysql_secure_installation
Enter current password for root (enter for none):       ＃此处没有密码直接按 Enter 键
OK, successfully used password, moving on...
Set root password? [Y/n] y                              ＃输入'y'设置 root 用户密码
New password:                                           ＃设置 root 密码
Re - enter new password:                                ＃再次输入密码确认
Password updated successfully!
Reloading privilege tables..
... Success!
Remove anonymous users? [Y/n] y                         ＃输入'y'移除匿名用户
... Success!
Disallow root login remotely? [Y/n] n                   ＃输入'n'不取消 root 远程登录
... skipping.
Remove test database and access to it? [Y/n] y          ＃输入'y'删除 test 数据库
 - Dropping test database...
... Success!
 - Removing privileges on test database...
... Success!
Reload privilege tables now? [Y/n] y                    ＃输入'y'重新加载
... Success!
Cleaning up...
All done!   If you've completed all of the above steps, your MariaDB
installation should now be secure.
Thanks for using MariaDB!
＃登录数据库
[root@mysql ~]＃ mysql - uroot - p000000
＃授权其他用户可以访问数据库
MariaDB [(none)]> grant all privileges on * . * to root @'%' identified by "000000";
Query OK, 0 rows affected (0.00 sec)
＃创建名称为 wordpress 的数据库
MariaDB [(none)]> create database wordpress;
Query OK, 1 row affected (0.00 sec)
MariaDB [(none)]> exit
Bye
```

（3）在 PHP 服务器上执行如下操作：

```
[root@php ~]＃ vi /etc/php - fpm. d/www. conf
＃修改如下几个地方
user = nginx
group = nginx
```

```
listen = 0.0.0.0:9000                              ♯设置监听端口
listen.allowed_clients = 192.168.10.10             ♯此处为 Nginx 服务器 IP 地址
pm.max_requests = 500
rlimit_files = 1024
♯创建 nginx 组和 nginx 用户
[root@php ~]♯ groupadd nginx
[root@php ~]♯ useradd - M - s /sbin/nologin - g nginx nginx
```

5. 上传 WordPress

(1) 将 WordPress 压缩包上传到 Nginx 服务器并解压缩,修改配置文件。

小提示:可以直接将 WordPress 压缩包拖曳到 MobaXterm 中的 Nginx 服务器导航窗格上传。

在 Nginx 服务器上执行如下操作:

```
♯查看压缩包已经上传
[root@nginx ~]♯ ls
anaconda-ks.cfg  perl-5.26.1  test  wordpress  wordpress-6.0-zh_CN.tar.gz
♯解压缩 wordpress 压缩包
[root@nginx ~]♯ tar - xvzf wordpress - 6.0 - zh_CN.tar.gz
♯解压后的 wordpress 目录放到 nginx 网站根目录
[root@nginx ~]♯ mv wordpress /usr/share/nginx/html/
[root@nginx ~]♯ cd /usr/share/nginx/html/wordpress
♯创建 wordpress 配置文件并修改内容
[root@nginx wordpress]♯ cp wp - config - sample.php wp - config.php
[root@nginx wordpress]♯ vi wp - config.php
define( 'DB_NAME', 'wordpress' );          ♯设置数据库名称为 mariadb 中创建的 WordPress
/ ** Database username */
define( 'DB_USER', 'root' );               ♯设置登录 mariadb 的用户名
/ ** Database password */
define( 'DB_PASSWORD', '000000' );         ♯设置登录密码
/ ** Database hostname */
define( 'DB_HOST', '192.168.10.11' );      ♯设置 mariadb 主机 IP 地址
♯设置目录所有者和所属组为 nginx
[root@nginx ~]♯ chown - R nginx:nginx /usr/share/nginx/
```

(2) 用同样的方法将 WordPress 上传到 PHP 服务器,在 PHP 服务器上执行如下步骤:

```
[root@php ~]♯ tar - xvzf wordpress - 6.0 - zh_CN.tar.gz
♯创建 PHP 服务器根目录,和 nginx 配置文件中 PHP 根目录要一致
[root@php ~]♯ mkdir - p /data/www
[root@php ~]♯ mv wordpress /data/www/
[root@php ~]♯ chown - R nginx:nginx /data/www/
```

6. 关闭防火墙,重新启动 3 台服务器

(1) 在 Nginx 服务器上执行如下操作:

```
[root@nginx ~]♯ sed - i 's/SELINUX = enforcing/SELINUX = disabled/' /etc/selinux/config
[root@nginx ~]♯ setenforce 0
[root@nginx ~]♯ systemctl stop firewalld
[root@nginx ~]♯ systemctl restart nginx
```

（2）在 MySQL 服务器上执行如下操作：

```
[root@mysql ~]# sed - i 's/SELINUX = enforcing/SELINUX = disabled/' /etc/selinux/config
[root@mysql ~]# systemctl restart mariadb
[root@mysql ~]# systemctl stop firewalld
[root@mysql ~]# setenforce 0
```

（3）在 PHP 服务器上执行如下操作：

```
[root@php ~]# sed - i 's/SELINUX = enforcing/SELINUX = disabled/' /etc/selinux/config
[root@php ~]# setenforce 0
[root@php ~]# systemctl restart php - fpm
[root@php ~]# systemctl stop firewalld
```

7. 通过浏览器安装 WordPress

（1）在浏览器访问 Nginx 服务器 WordPress 地址"192.168.10.10/wordpress"，登录后单击"现在就开始"按钮，如图 2-137 所示。

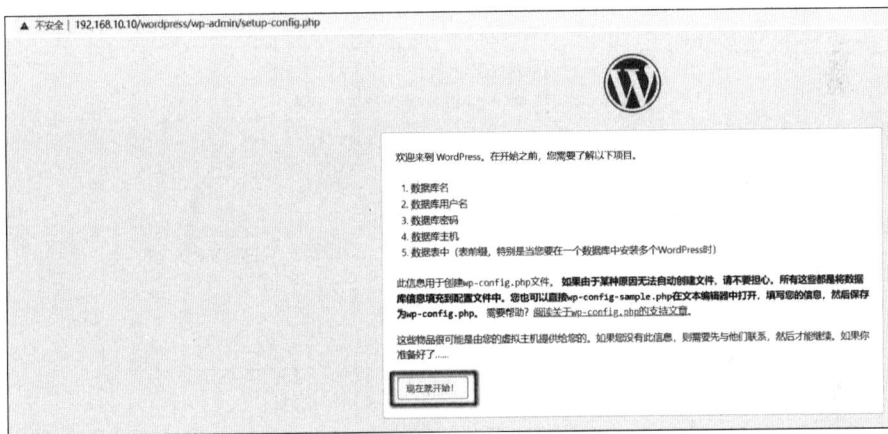

图 2-137　通过浏览器访问 WordPress 安装页面

（2）在出现的界面中输入数据库名称、用户名称、密码、数据库主机地址后提交，如图 2-138 所示。

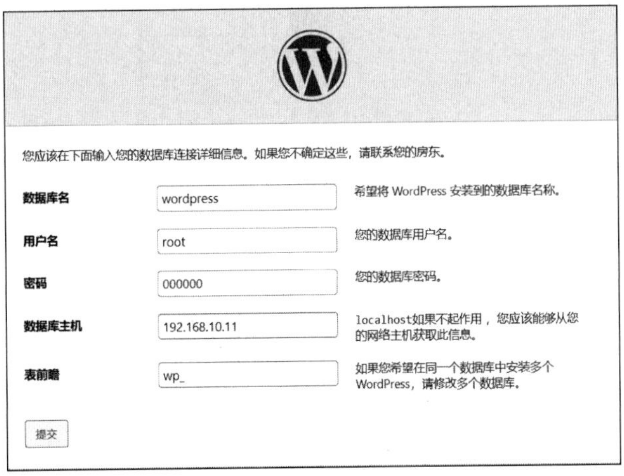

图 2-138　配置 WordPress 的数据库

（3）在出现的界面中单击"运行安装程序"后，在下一个界面中设置"站点标题""用户名""密码"和"您的电子邮箱地址"后，单击"安装 WordPress"按钮，如图 2-139 所示。

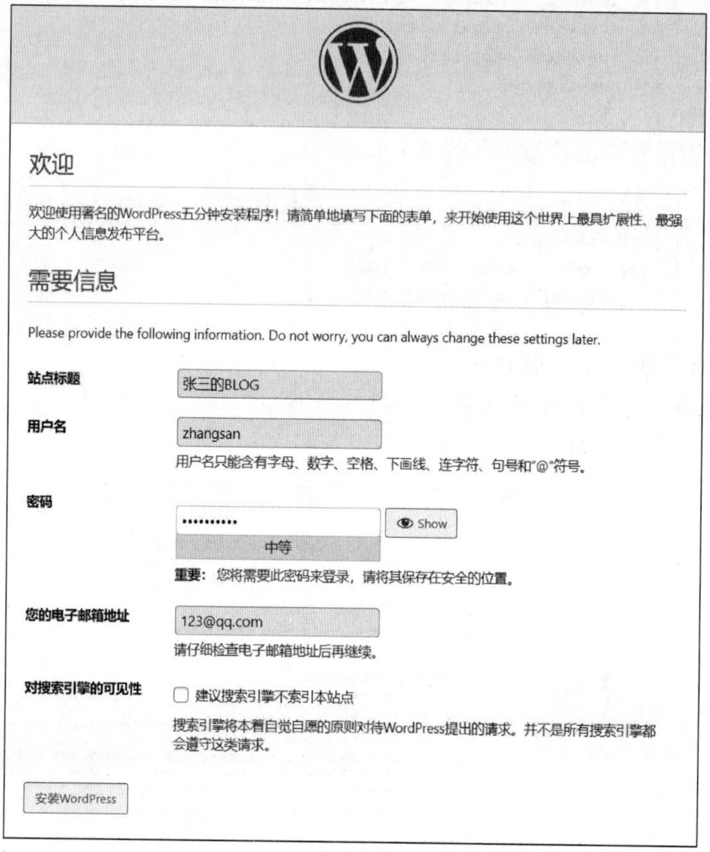

图 2-139　配置 WordPress 用户信息

（4）在 WordPress 登录界面输入用户名和密码后登录，如图 2-140 所示。登录后即可进入 WordPress"仪表盘"界面进行网站的创建。

图 2-140　WordPress 登录界面

2.8.4 任务拓展

【任务内容】 将 VMware Workstation 虚拟机迁移到 ESXi。

【任务目标】

◇ 掌握 VMware Workstation 虚拟机硬件兼容性的修改方法；

◇ 掌握 VMware Workstation 虚拟机导出为 OVF 的方法。

【任务步骤】

（1）选取 CentOS 7.5-demo 虚拟机，选择"虚拟机"→"管理"→"更改硬件兼容性"，如图 2-141
所示。

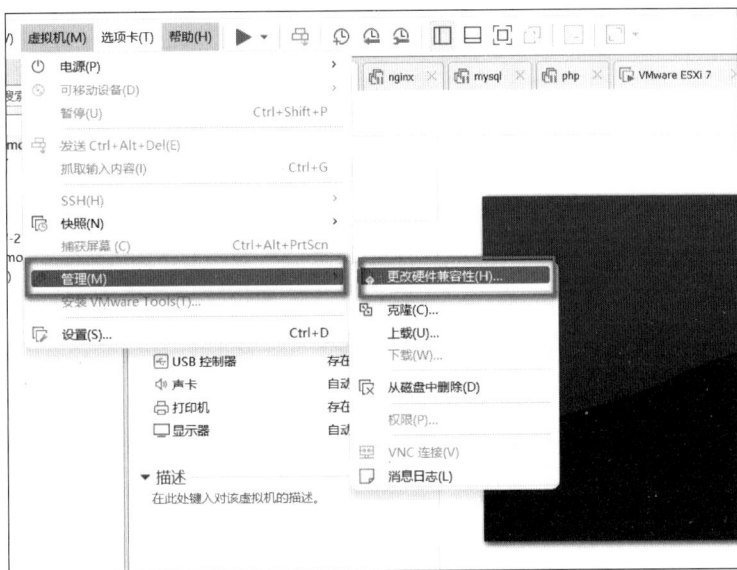

图 2-141 选择更改硬件兼容性

（2）在出现的界面中单击"下一步"按钮，"硬件兼容性"选择 ESXi 的版本，这里选择
ESXi 7.0，如图 2-142 所示，然后单击"下一步"。

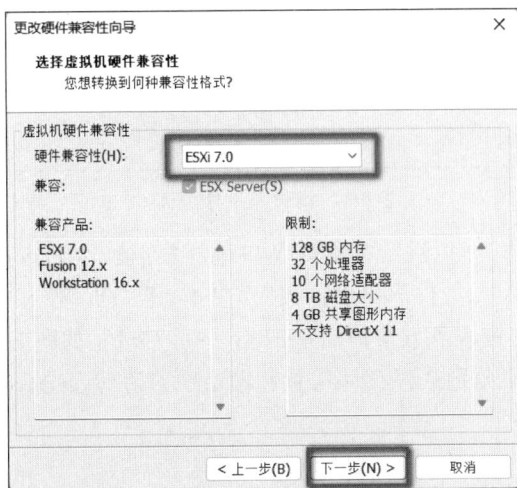

图 2-142 更改"硬件兼容性"为 ESXi 7.0

任务拓展 7

（3）"目标虚拟机"可选择是在当前虚拟机更改还是另存为新克隆机，建议选择"创建此虚拟机的新克隆"，这样不影响原虚拟机，如图 2-143 所示。

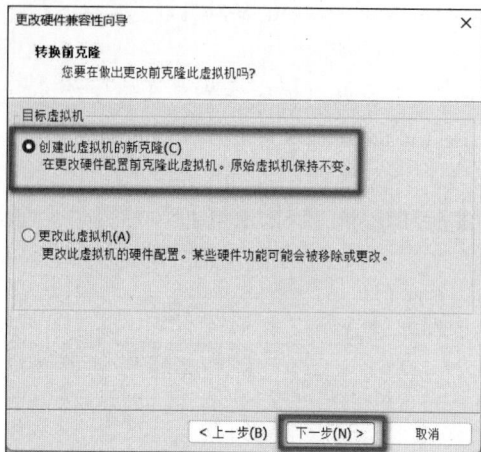

图 2-143　选择"创建此虚拟机的新克隆"

（4）在下一个界面输入虚拟机名称和保存位置后单击"下一步"，然后单击"完成"按钮。

（5）在左侧"库"中选取新克隆后的主机后，选择"文件"→"导出为 OVF"，如图 2-144 所示。选择保存位置后单击"保存"按钮，等待导出完成。完成后会生成 4 个文件（.mf、.ovf、.vmdk 和.iso 文件），如图 2-145 所示。

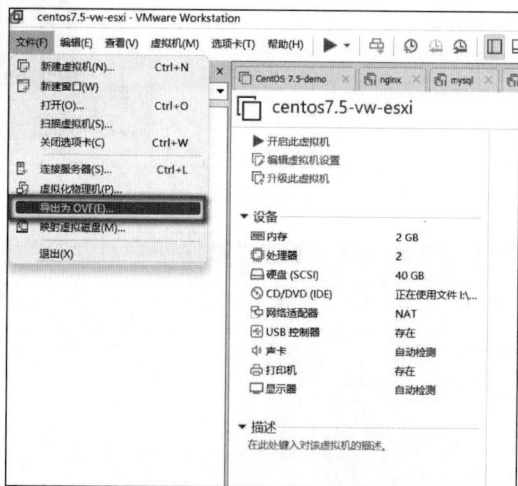

图 2-144　将虚拟机导出为 OVF

（6）登录 ESXi，选择"虚拟机"，在右侧窗口选择"创建/注册虚拟机"，在"新建虚拟机"窗口选择"从 OVF 或 OVA 文件部署虚拟机"。单击"下一页"按钮后，输入虚拟机名称，将步骤（5）生成的 4 个文件拖入下方窗口后单击"下一页"按钮，如图 2-146 所示。

（7）在接下来的界面分别选择存储位置和网络映射后单击"完成"按钮即可。导入步骤参考"任务 2.6"中的介绍。

图 2-145　导出后生成的 4 个文件

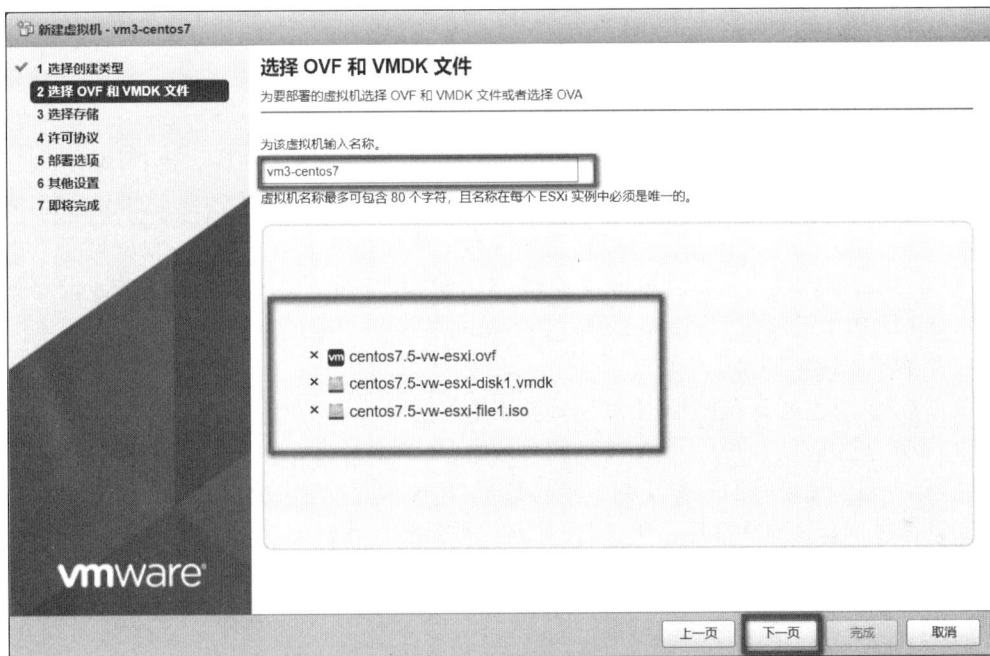

图 2-146　将 VMware 的导出文件导入 ESXi

2.9　案例教学——精益求精的工匠精神

2.9.1　教学目标

培养求真务实和精益求精的工匠精神。

2.9.2　案例讲授

在改革开放的历史征程中,中国社会涌现出了大批专业、专注的现代化工匠。是他们,开创了无数中国制造的奇迹。习近平总书记高度重视工匠精神的传承弘扬,他将工匠精神概括为 16 个字——"执着专注、精益求精、一丝不苟、追求卓越"。这 16 个字高度凝练了中国工匠的精神内核。

　　执着专注,是大国工匠的典型特质。在中国,早就有"艺痴者技必良"的说法。在新中国建设时期,工匠们的技艺,都是在几十年如一日的反复钻研中磨炼出来的,各行各业都涌现了大批卓越的工匠。比如在飞机制造上,中国大飞机 C919 的特殊零部件,对孔洞精确度的要求,接近人类头发丝的粗细,"商飞"的工匠们用一双手和传统的工床,一个小时之内打造了 36 个孔洞;还有,比如创造世界集装箱装卸纪录的青岛港码头工人;比如,一步步丈量地质水文资料的"一带一路"基础建设工程师们,他们都身体力行地向世界展示着中国工匠的执着和专注。

　　精益求精,是工匠精神的核心要义。对于任何一项工作,以负责任的态度做到会、熟、精、绝,是中国工匠们的职业境界。在中国工匠中,有着为一个项目创新 64 项技术、400 多项专利的工程师,也有着在重达几百吨的大型轴类产品上完成 0.01mm 以内的加工工作的加工员,还有着在 0.05mm 左右的空间里手工研磨高铁所需转向架的研磨师。他们,无一例外地用极致的态度对待自己的工作,用耐心、专注、坚持的态度精雕细琢,以专业和热爱不断提升专业和技能。

　　一丝不苟,注重细节,是工匠精神的具体体现。对所从事的工作认真负责,是中国工匠的常态。在新时代的超级工程——港珠澳大桥的建设中,为了保证大桥建设顺利进行,2 万多名来自全国的工程技术人员投身建设。被誉为中国深海钳工第一人的管延安就是其中一位,5 年间,他为港珠澳大桥沉管隧道拧了 60 多万颗螺丝,和他的团队一起建造了世界首条滴水不漏的外海沉管隧道,为超级工程提供了坚实的保障。他们生动地诠释了当代工匠精神中一丝不苟的精神内涵。

　　追求卓越,勇创新高,是中国工匠们孜孜不倦的追求。在实现中国制造由大变强的战略任务中,中国工匠们从不止步,从经验型到科技型,从手工型到数字型,实现从传统工匠向现代工匠的转变,中国工匠们一次次攻克技术难关,积极走在时代前列。运载 $-163℃$ 液化天然气船是世界上最难建造的船舶之一,国外对这类船的最新技术是封锁的,中国的工匠们克服了设计和技术上的种种难题,自力更生,完成了这种船舶的自主建造,在船舶的高端制造领域为中国争得了一席之地。

　　对于计算机相关专业的同学们来说,同样需要具有"工匠精神"。计算机专业的学习对学生的专注力、持续学习能力、动手实践能力、理解能力、认真细致的态度等要求很高。计算机行业的特点也决定了从业人员必须具备创新意识和创新能力,掌握新技术,善于创造新,并且工于专技、忠于岗位。

　　"工匠精神"代表着对工作精益求精,追求卓越;代表着内心的执着与坚持;代表着不断探索,不断创新。具有"工匠精神"的人,对工作一丝不苟,对卓越与完美有着孜孜不倦的追求。

　　在当下,中国由制造大国向制造强国转变大背景下,需要千千万万具有现代"工匠精神"的能工巧匠,也必须大力弘扬"工匠精神"为我国发展提供强大的精神动力,实现中国从全球制造大国到制造强国的跨越。

本章小结

　　本章主要介绍 VMware 公司的两个虚拟化技术——Workstation 和 ESXi,从产品的安装、创建和管理虚拟机、网络的原理和网络配置等方面阐述了 Workstation 和 ESXi 的基本使用方法，最后通过综合实训在 Workstation 中创建 3 台虚拟机完成 WordPress 项目的搭建。

本章习题

1. VMware Workstation 和 VMware ESXi 分别属于什么类型的虚拟化产品？

2. 简述虚拟机快照的功能。

3. VMware Workstation 虚拟网络有哪 3 种模式？它们的工作方式是什么？

4. 什么是 vSphere 标准交换机？什么是 VMkernel 端口？

5. ESXi 虚拟磁盘置备有哪几种方式？

6. VMware Workstation 虚拟机克隆有哪两种方式？它们的特点是什么？

7. 参照任务 2.2 自己动手在 VMware Workstation 中安装 Windows 虚拟机。

8. 参照任务 2.5 自己动手安装 ESXi 虚拟机。

第3章

Oracle VirtualBox虚拟化技术

【项目情境】

学会了通过 VMware 虚拟化技术在服务器上搭建个人博客系统后,小赵还想要尝试一下公司的网络环境的组建。因为公司网络采用的都是华为设备,听说 eNSP 是华为出品的模拟器,还可以和 VirtualBox 连接模拟真实的生产环境,所以小赵决定先学习一下 VirtualBox 的相关知识和使用方法,再通过结合 eNSP 模拟器来模拟搭建公司网络。

任务 3.1　Oracle VirtualBox 的下载与安装

3.1.1　任务目标

◇ 掌握在 Windows 10 中安装 Oracle VirtualBox 的方法;
◇ 掌握 Oracle VirtualBox 的全局设定步骤。

3.1.2　任务知识点

1. Oracle VirtualBox

Oracle VirtualBox 是一款功能强大的适用于 x86 架构的通用完全虚拟化产品,广泛应用于服务器、桌面和嵌入式产品。VirtualBox 最初由德国软件公司 Innotek GmbH 在 2007年 1 月以免费开源的形式发布,符合 GNU 通用公共许可证(General Public License,GPL)第二版要求,同时提供二进制版及开放源代码。Innotek GmbH 于 2008 年 2 月被 Sun 公司收购,而后者又于 2010 年 1 月被 Oracle 公司收购,因此 VirtualBox 也改名为 Oracle VM VirtualBox,现在由 Oracle 公司负责开发维护。

Oracle VirtualBox 可以安装在 Windows、macOS、Linux 等操作系统上,使其可以同时运行多个虚拟机,同时支持运行 Windows、Linux、OpenBSD 等系列的客户操作系统。其核心优势是完全免费,同时性能不输 Parallels Desktop、Virtual PC、VMware Workstation 等虚拟化产品。从 2019 年 12 月开始,Oracle VirtualBox 仅支持硬件辅助虚拟化,不再支持基于软件的虚拟化。

2. GPL

GPL 是 GNU General Public License 的缩写。GNU 项目是由理查德·马修·斯托曼(Richard Matthew Stallman，RMS)于 1984 年发起的项目，目的是创建一个完全自由、开放、可移植的类 UNIX 操作系统。该项目还包含一系列应用程序、系统函数库和开发工具构成的软件集合，比如 gcc(GNU C Compiler)编译程序、Bash Shell 都是其中之一。但 GNU 的操作系统内核 Hurd 一直处于开发中，所以在实际使用上大多以 Linux 内核作为系统内核的替代方案。Linux 各发行版实际上都是 Linux 内核加上 GNU 组件，所以也被称为 GNU/Linux。为了避免 GNU 所开发的自由软件被其他人所利用而成为专利软件，所以在 1985 年制定了 GPL。遵循 GPL 协议的软件可以免费使用、免费下载源码，也可以自由进行更改，但修改之后的软件也必须免费公开源码而不能有作者的任何限制。

3.1.3　任务实施

1. Oracle VirtualBox 的下载

（1）Oracle VirtualBox 是开源的完全免费的软件，可以登录到官方网站上进行软件、源代码和文档等下载。登录后选择左侧导航菜单的"下载"选项，如图 3-1 所示。

图 3-1　Oracle VirtualBox 官网首页

第 9 集
微课视频

（2）进入下载页面后，选择要下载的软件版本。因为在后续的任务中需要和华为模拟器 ENSP 配合使用，而 ENSP 不支持过高版本的 VirtualBox，所以这里选择 VirtualBox 5.2。目前官方已经停止支持 VirtualBox 6.1 以下的版本，但仍可以使用。

（3）进入 VirtualBox 5.2 版本选择界面后，选择版本 5.2.44，根据主机操作系统情况进行选择，这里选择"Windows 主机"，如图 3-2 所示。

2. Oracle VirtualBox 的安装

（1）双击下载的 VirtualBox 安装程序，在安装向导界面单击"下一步"按钮，如图 3-3 所示。

（2）在出现的界面中单击"浏览"按钮，在弹出的对话框中选择安装位置，然后单击"下一步"按钮，如图 3-4 所示。

（3）在出现的界面中选择是否创建桌面快捷方式以及注册文件关联，默认全选，然后单击"下一步"按钮，如图 3-5 所示。然后在新出现的界面中单击"是"和"安装"即可。

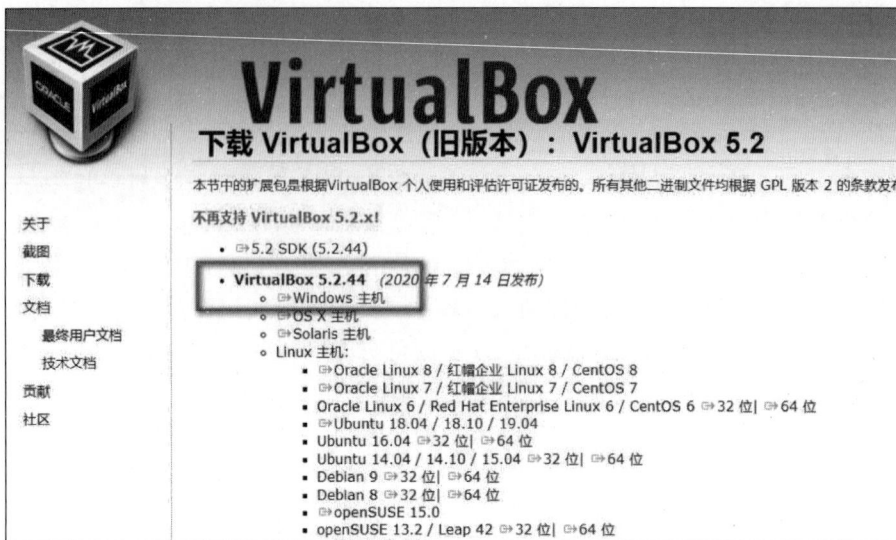

图 3-2　Oracle VirtualBox 下载页面

图 3-3　Oracle VirtualBox 安装向导

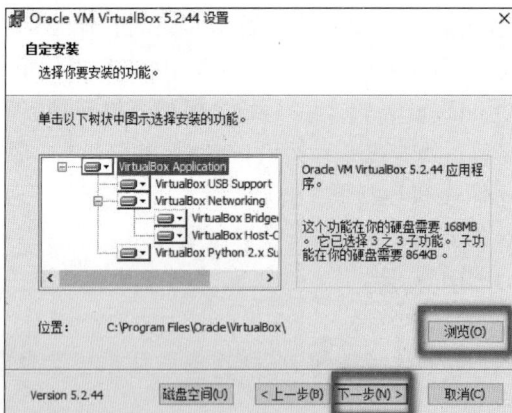

图 3-4　选择 Oracle VirtualBox 安装位置对话框

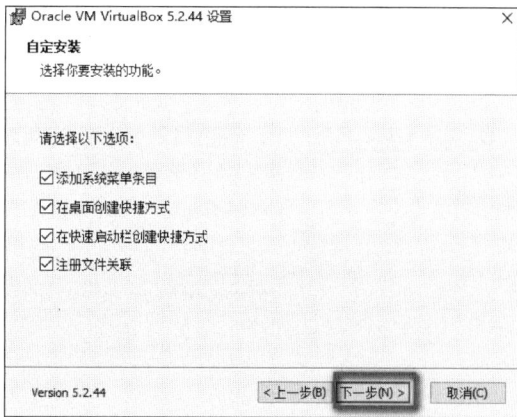

图 3-5　Oracle VirtualBox 安装选项界面

（4）安装完成后，双击桌面 Oracle VM VirtualBox 的快捷方式启动程序。启动后会有版本更新提示，注意不要单击"确定"按钮进行升级，直接单击关闭按钮即可，如图 3-6 所示。

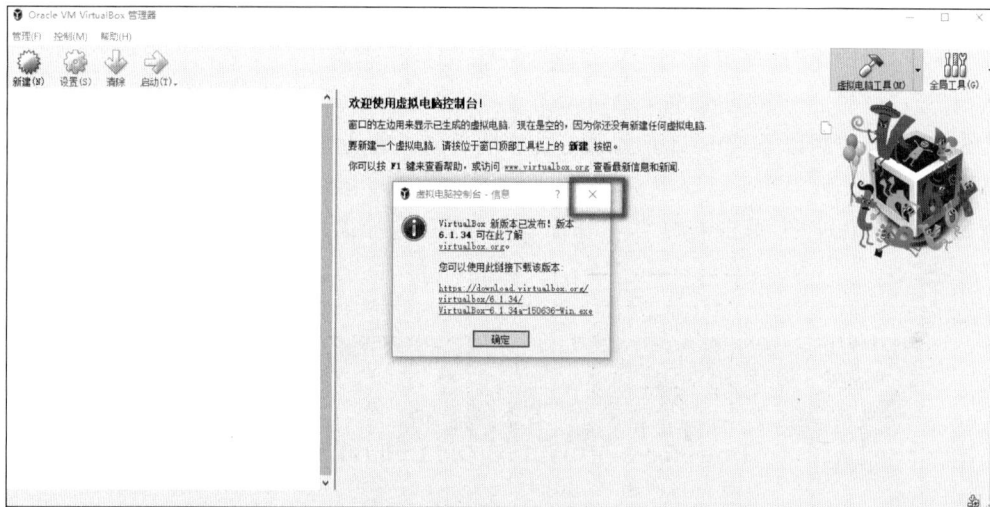

图 3-6　启动 Oracle VirtualBox 后的窗口

3. Oracle VirtualBox 的全局设定

（1）如图 3-7 所示，在 VirtualBox 菜单栏选择"管理"→"全局设定"，打开"全局设定"窗口。

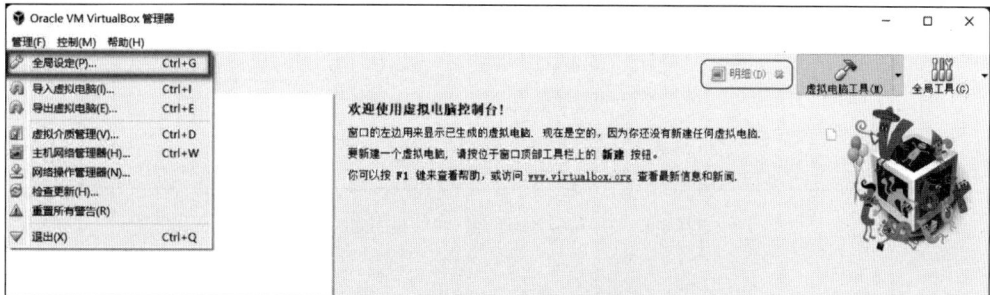

图 3-7　Oracle VirtualBox 全局设定窗口

（2）在"常规"选项区域设置虚拟机的默认存储位置。在"VRDP 认证库"下拉列表框中设置通过 VRDP 协议进行连接虚拟机的认证文件位置，这里暂时选择默认选项 VBoxAuth 即可，如图 3-8 所示。

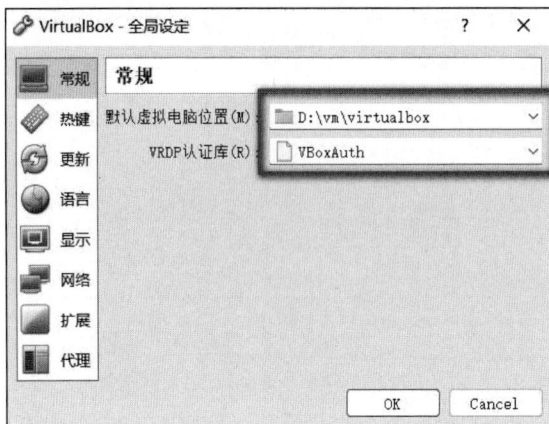

图 3-8　Oracle VirtualBox"常规"选项设置对话框

（3）通过"网络"选项可以创建和移除 NatNetwork 网络。

（4）通过"扩展"选项可以进行 VirtualBox 扩展功能插件包的安装，以实现对 USB 2.0 和 USB 3.0 的控制以及对 VRDP 登录等功能的支持。首先登录 Oracle VirtualBox 官网上当前 VirtualBox 版本的下载页面，单击 Extension Pack 链接下载扩展包，如图 3-9 所示。然后返回 VirtualBox 中，单击右侧"＋"添加新包按钮，选择刚刚下载的扩展包进行安装，如图 3-10 所示。

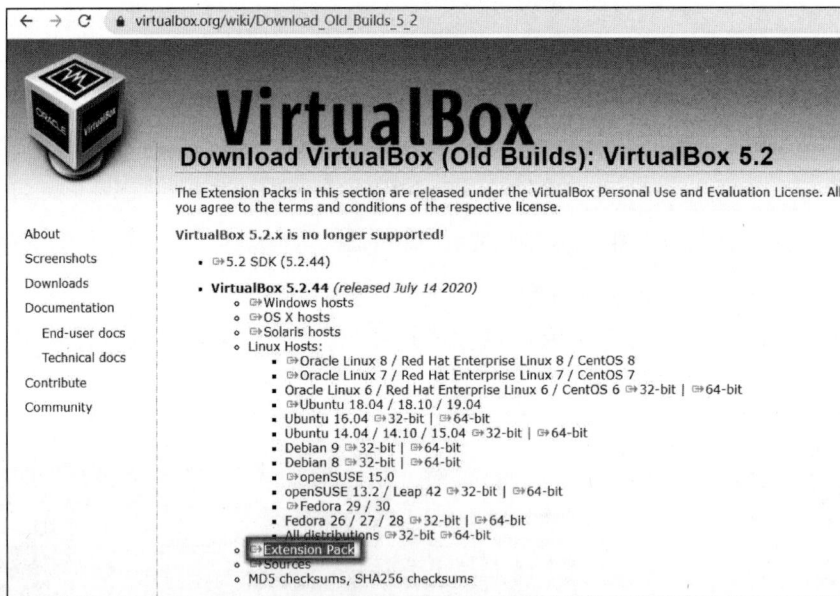

图 3-9　Oracle VirtualBox 的 Extension Pack 扩展包下载

图 3-10　安装 Extension Pack 扩展包

3.1.4　任务拓展

【任务内容】　将 VBoxManage 命令添加到环境变量中。

【任务目标】　掌握 Windows 中使用 VBoxManage 命令的配置方法。

【任务步骤】

（1）在宿主机中按 Windows＋R 组合键打开"运行"窗口，输入 sysdm.cpl 后单击"确定"按钮，打开"系统属性"对话框。在对话框中依次选择"高级"→"环境变量"，如图 3-11 和图 3-12 所示。

任务拓展 8

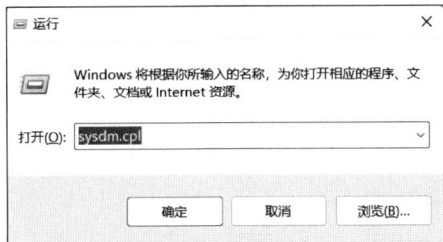

图 3-11　"运行"窗口

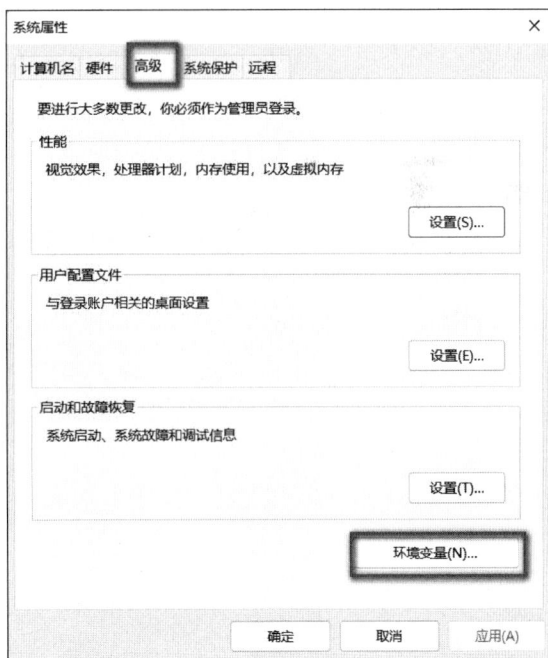

图 3-12　系统属性对话框

（2）在"环境变量"对话框的"系统变量"列表框中选择 Path 后单击"编辑"按钮，如图 3-13 所示。

（3）在"编辑环境变量"对话框单击"新建"按钮，在文本框中添加 Oracle VirtualBox 的

图 3-13 "环境变量"对话框

安装路径,如图 3-14 所示。

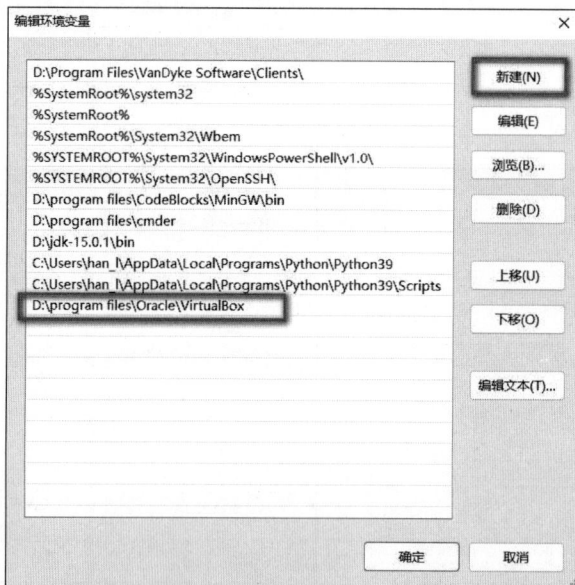

图 3-14 添加 VirtualBox 安装路径到环境变量

(4)再次按 Windows+R 组合键打开"运行"窗口,输入 cmd,打开命令行界面,输入 "vboxmanage -v"命令,如果显示 VirtualBox 版本信息,则表示环境变量添加成功,如图 3-15 所示。

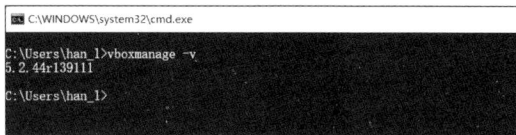

图 3-15　命令行界面

任务 3.2　Oracle VirtualBox 虚拟机的安装与管理

3.2.1　任务目标

◇ 掌握 VirtualBox 中虚拟机的创建方法。

◇ 掌握 VirtualBox 中虚拟机的管理方法。

3.2.2　任务知识点

1. VBoxManage

VirtualBox 除了图形界面外,还有功能强大的命令行管理工具 VBoxManage,它允许我们在命令行窗口以使用命令的方式创建和管理虚拟机。比如通过命令启动虚拟机可以省去在图形化界面中启动虚拟机所占用的图形显示资源。

2. VRDP

Oracle VM VirtualBox 通过名为 VirtualBox 远程桌面扩展(VirtualBox Remote Desktop Extension,VRDE)的通用扩展接口实现远程机器显示。基础开源 Oracle VM VirtualBox 包仅提供此接口,而第三方可以通过 Oracle VM VirtualBox 扩展包提供(在任务 3.1 中已经安装)。Oracle VM VirtualBox 扩展包中提供对 VirtualBox 远程显示协议(VirtualBox Remote Display Protocol,VRDP)的支持。这个功能允许用户远程监控并控制虚拟机。

第 10 集
微课视频

3. 虚拟磁盘文件类型

Oracle VM VirtualBox 可以创建 VDI、VHD 和 VMDK 的虚拟磁盘格式。其中,VDI 是 VirtualBox 自己的磁盘格式;VMDK 是 VMware 虚拟化厂商支持的虚拟磁盘格式;VHD 是 Microsoft 的 Hyper-V 支持的虚拟磁盘格式。后期可以通过 vboxmanage 命令进行格式的转换。

4. VirtualBox 文件类型

创建虚拟机后,VirtualBox 会生成 3 个文件,一个是以 .vbox 为扩展名的文件,用来保存虚拟机的状态和配置信息;vbox-prev 文件为 .vbox 文件的备份文件,当 .vbox 文件丢失或出现错误时,可以将该文件的扩展名改为 .vbox 来启动虚拟机;.vdi 文件为虚拟机的磁盘镜像二进制文件。Logs 文件夹用来保存虚拟机操作日志。

3.2.3　任务实施

1. 创建虚拟机

(1) 打开 VirtualBox 程序,在主界面中选择"虚拟电脑工具",单击"新建"按钮,如图 3-16 所示。

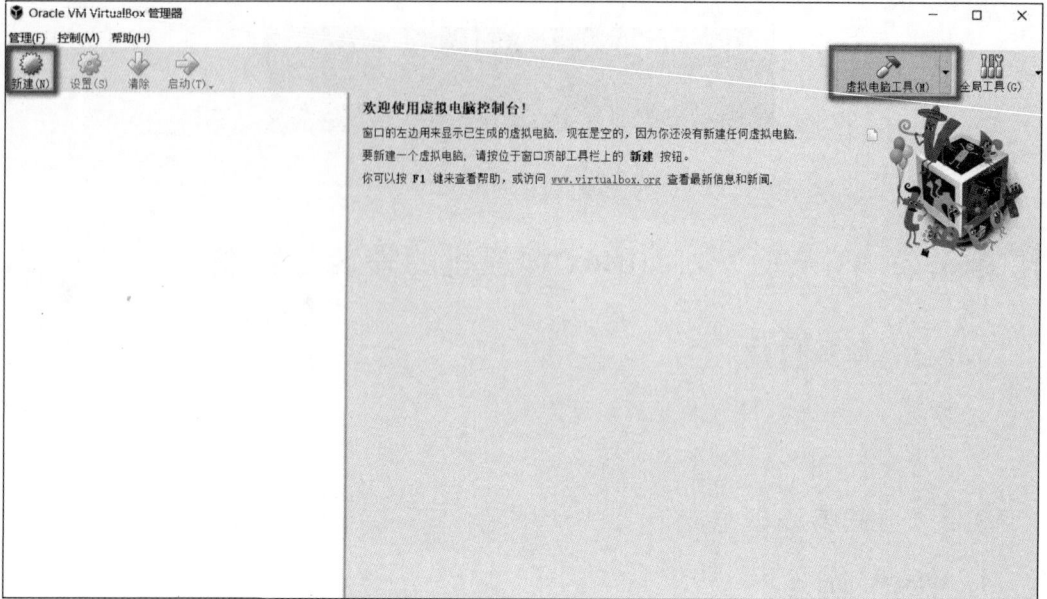

图 3-16　Oracle VM VirtualBox 主界面

（2）在"新建虚拟电脑"界面输入虚拟机名称，选择虚拟机操作系统类型和版本后单击
"下一步"按钮，如图 3-17 所示。

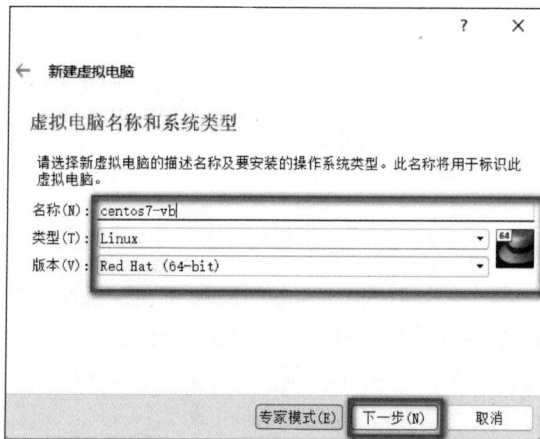

图 3-17　"新建虚拟电脑"界面

（3）在打开的内存大小设置界面中调整内存大小为 2GB，然后单击"下一步"按钮，如
图 3-18 所示。

（4）在打开的虚拟硬盘设置界面中，选中"现在创建虚拟磁盘"单选按钮后单击"创建"
按钮，如图 3-19 所示。

（5）在弹出的虚拟硬盘文件类型设置界面中，选择虚拟硬盘文件类型，这里选择默认的
VDI 即可，然后单击"下一步"按钮，如图 3-20 所示。

（6）在弹出的虚拟硬盘在物理硬盘上设置界面中，设置虚拟硬盘在物理硬盘上的分配
方式，这里选中"动态分配（D）"单选按钮，然后单击"下一步"按钮，如图 3-21 所示。

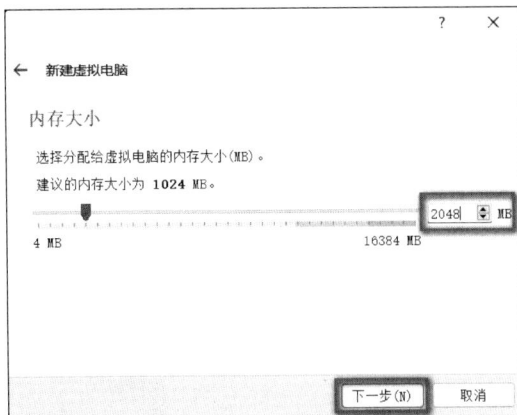

图 3-18　内存大小设置界面

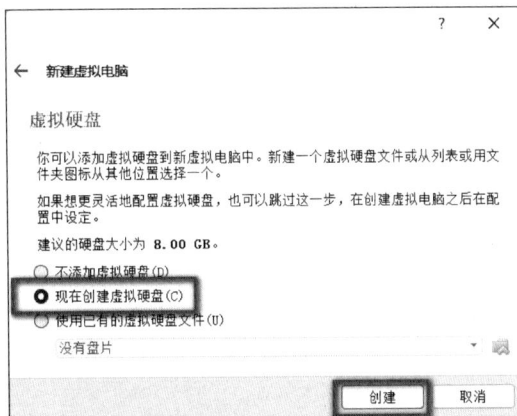

图 3-19　虚拟硬盘创建界面

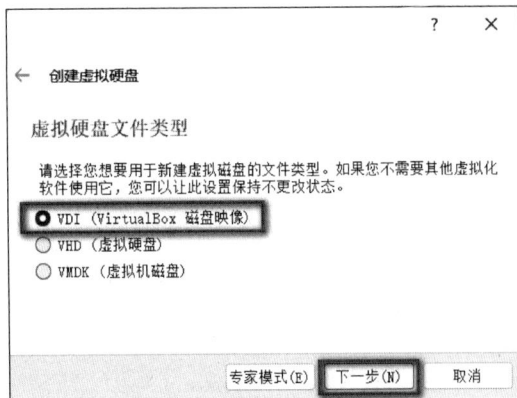

图 3-20　虚拟硬盘文件类型设置界面

（7）在弹出的虚拟硬盘文件位置和大小设置界面中，设置虚拟磁盘的容量大小为20GB，然后单击"创建"按钮，完成虚拟机的创建，如图 3-22 所示。

2. 在虚拟机中安装操作系统

（1）创建虚拟机后，在 VirtualBox 主界面左侧的任务栏中会显示虚拟机名称，在右侧选

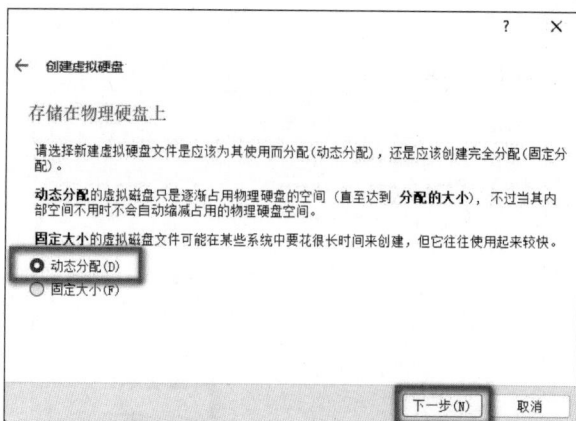

图 3-21　设置虚拟硬盘在物理硬盘上的分配方式

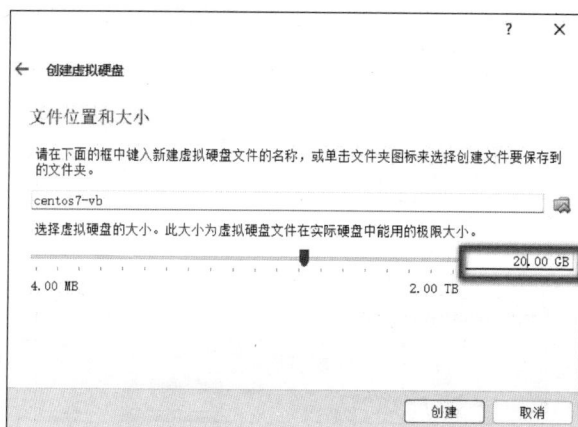

图 3-22　设置虚拟硬盘的文件位置和大小

择"虚拟电脑工具"→"明细",如图 3-23 所示,可以打开虚拟机明细界面查看到虚拟机配置。

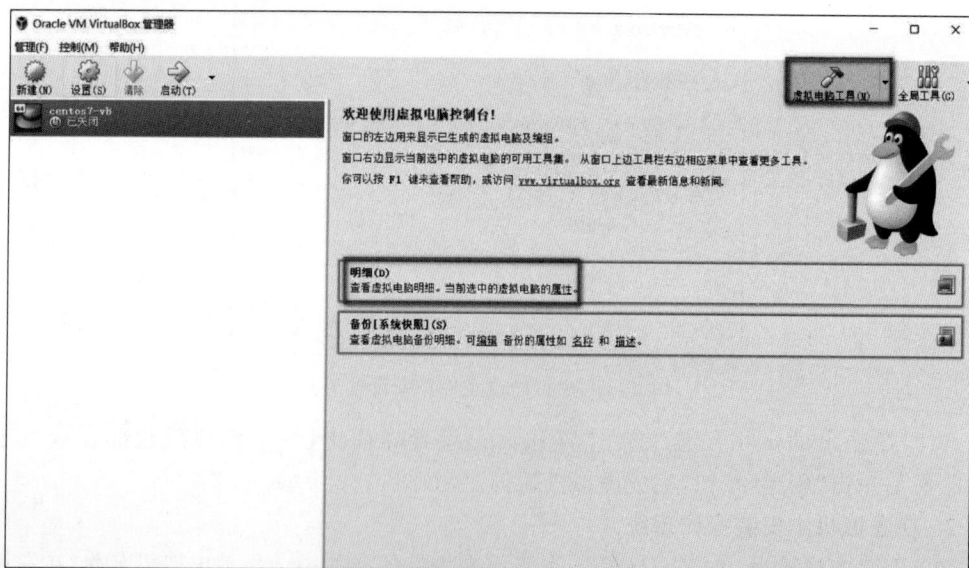

图 3-23　创建虚拟机后的 VirtualBox 主界面

（2）右击左侧任务栏中的虚拟机，在弹出的快捷菜单中选择"设置"命令，如图3-24所示。

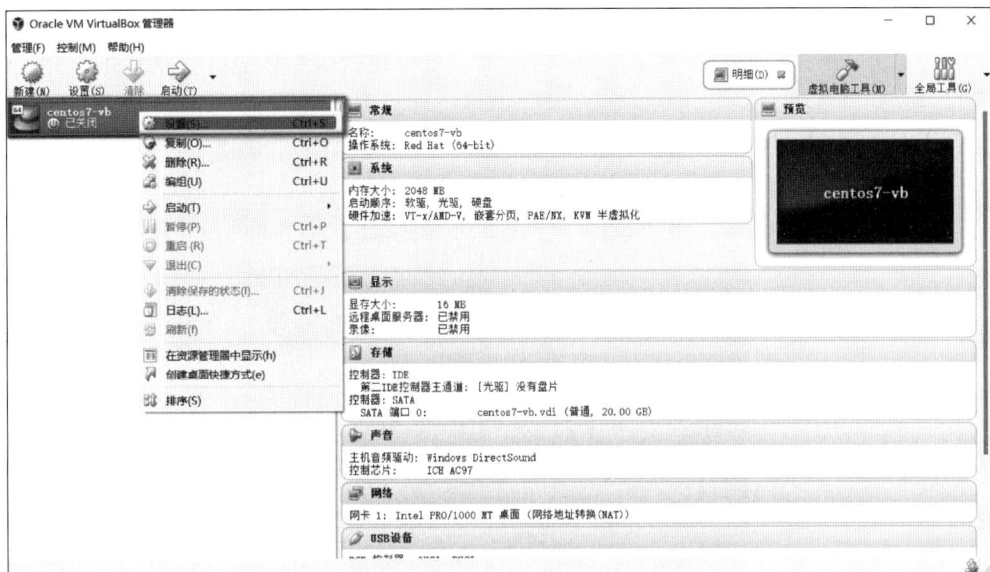

图 3-24　选择"设置"命令

（3）在打开的虚拟机设置界面中，如图3-25所示，单击设置界面的"存储"选项，在"存储介质"中单击光驱图标，在右侧"分配光驱"选项后单击光盘图标，添加"CentOS-7-x86_64-DVD-1804.iso"系统映像文件，然后单击OK按钮返回虚拟机界面。

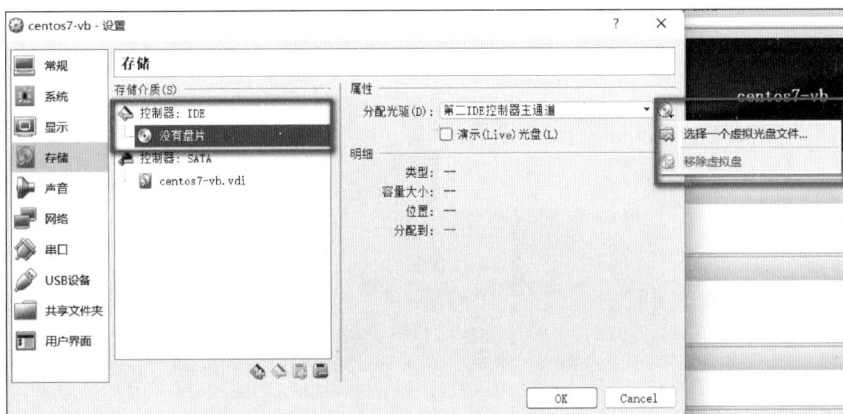

图 3-25　虚拟机设置界面

　　小提示：在设置界面的"常规"选项中"基本"菜单可以修改虚拟机名称和操作系统类型、版本，"高级"菜单可以设置虚拟机快照保存位置、虚拟机和宿主机之间实现拖拽功能和粘贴板的共享；"系统"选项的"主板"菜单可以设置内存的大小、虚拟机启动顺序等，"处理器"菜单设置CPU的数量，"硬件加速"菜单开启硬件虚拟化的支持等。

（4）返回虚拟机界面后，单击"启动"开启虚拟机。开启后物理键盘和鼠标都将被虚拟机独占，想要释放可以按右Ctrl键。操作系统的安装方式可以参照2.2节介绍的步骤完成。

小提示：VirtualBox 启动方式提供了无界面启动方式。当我们在虚拟机中安装好操作系统并配置好网络后，可以通过这种启动方式，此时只启动了虚拟机但不提供虚拟机窗口，可以通过 SSH 方式登录，以节省宿主机的显示资源。

（5）安装好虚拟机操作系统后，可以通过虚拟机窗口的菜单栏进行虚拟机的设置，比如通过"管理"菜单进行全局设定；通过"控制"菜单进行虚拟机的启停；通过"视图"菜单进行窗口大小调整，单击"视图"→"菜单栏"→"菜单栏设置"可以删除或增加菜单栏中的显示选项，如图 3-26 所示。

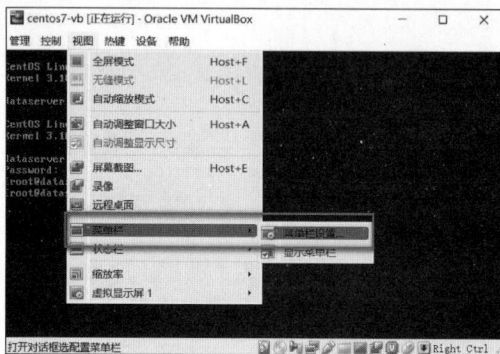

图 3-26　选择"菜单栏设置"命令

3. 虚拟机快照管理

（1）选择虚拟机窗口菜单栏的"控制"→"生成备份［系统快照］"，如图 3-27 所示，或者在 VirtualBox 主界面右侧单击"虚拟电脑工具"→"备份［系统快照］"，如图 3-28 所示。在打开的界面单击"生成"按钮打开"生成备份"窗口。

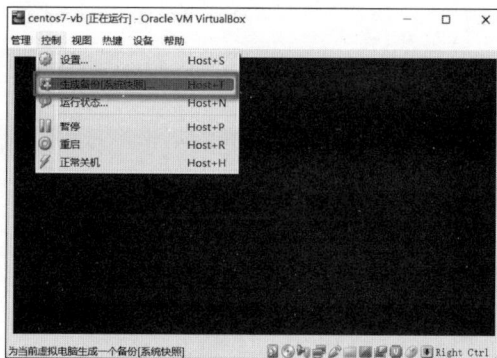

图 3-27　"控制"菜单中的"生成备份［系统快照］"命令

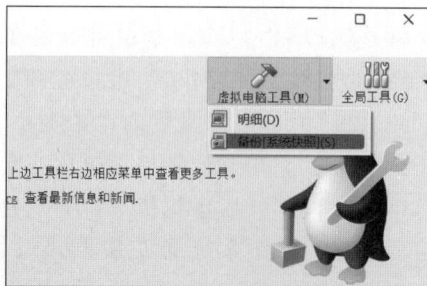

图 3-28　"虚拟电脑工具"中的"备份［系统快照］"命令

（2）在打开的"生成备份"窗口中输入快照的名称，例如 init，然后单击 OK 按钮。系统会在虚拟机所在目录下创建名为 Snapshots 的文件夹来保存虚拟机快照。

（3）要想恢复快照需要先关闭虚拟机，然后在主界面中单击右侧"虚拟电脑工具"→"备份［系统快照］"，打开"备份［系统快照］"管理界面，选中要恢复到的快照名称后，单击"恢复备份"按钮，如图 3-29 所示。

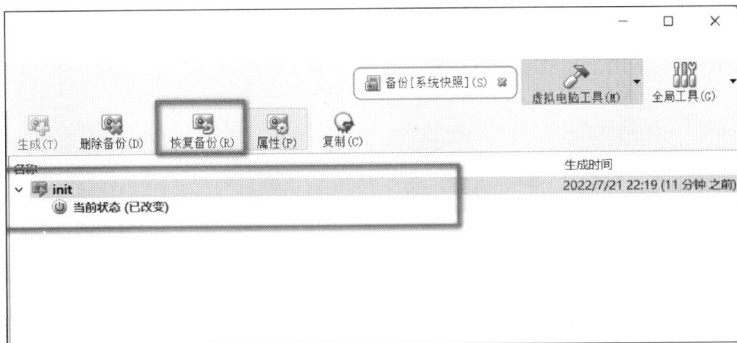

图 3-29　恢复备份

4. 虚拟机的克隆

（1）关闭虚拟机后，单击"虚拟电脑工具"→"备份［系统快照］"，打开"备份［系统快照］"界面，单击工具栏中的"复制"按钮。

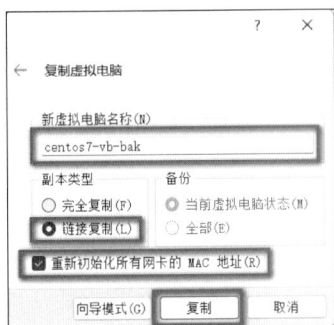

图 3-30　"复制虚拟电脑"对话框

（2）在出现的"复制虚拟电脑"对话框中，"副本类型"有两种："完全复制"和"链接复制"，类似于 VMware Workstation 的完整克隆和链接克隆。在"完全复制"中可以选择"当前虚拟电脑状态"或者"全部"，这样连同虚拟机中创建的所有快照也会进行复制。这里选择"链接复制"，输入"新虚拟电脑名称"，选中"重新初始化所有网卡的 MAC 地址"复选框，单击"复制"按钮，如图 3-30 所示。

5. SSH 连接虚拟机

在 VirtualBox 中创建的虚拟机默认情况下网络连接方式（网络连接方式在下个任务介绍）为 NAT 方式，而在 VirtualBox 中宿主机不能以这种连接方式直接访问虚拟机，需要进行端口转发的配置。

（1）打开虚拟机设置窗口，单击"网络"后可以在右侧窗口看到连接方式为 NAT，选择"高级"→"端口转发"选项，在弹出的"端口转发规则"窗口右侧单击"＋"按钮，如图 3-31 所示。

（2）添加转发名称，如 SSH，协议为 TCP，主机端口设置为一个宿主机未使用的端口（如 2222），子系统端口设置为 22，单击 OK 按钮，如图 3-32 所示。

（3）打开远程登录工具 MobaXterm，因为要通过宿主机的 2222 端口访问，所以输入 IP 地址"127.0.0.1"，用户名为 root，端口号为 2222，单击 OK 按钮进行登录连接，如图 3-33 所示。

6. VRDP 远程桌面连接虚拟机

（1）VRDP 允许通过远程连接到宿主机某一端口的方式访问虚拟机，默认端口是 3389，

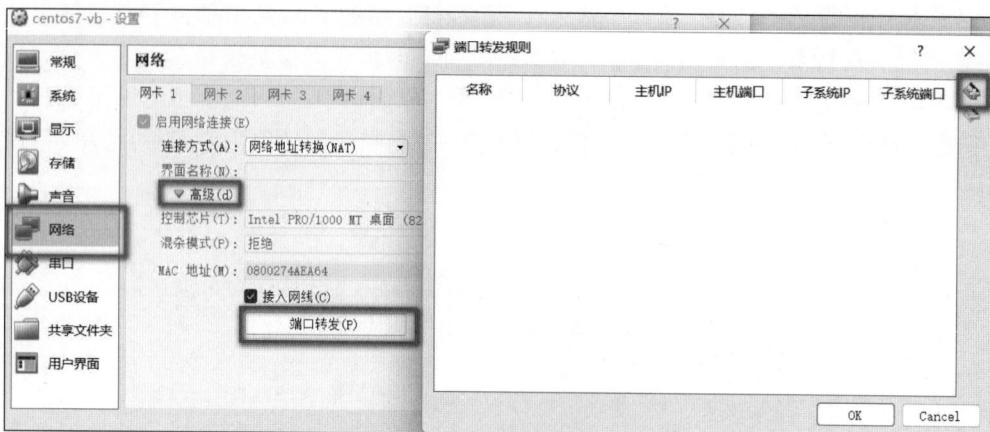

图 3-31 "端口转发规则"窗口

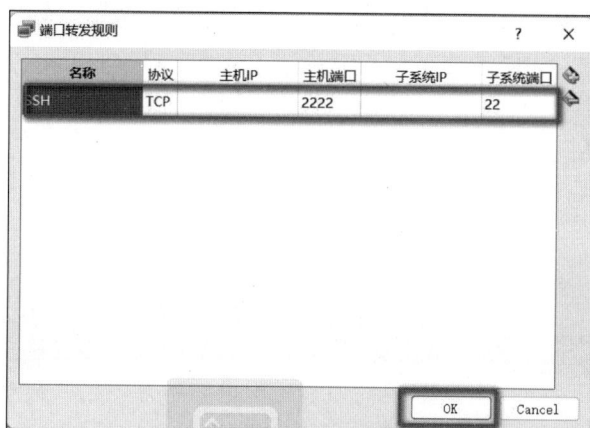

图 3-32 端口转发规则设置

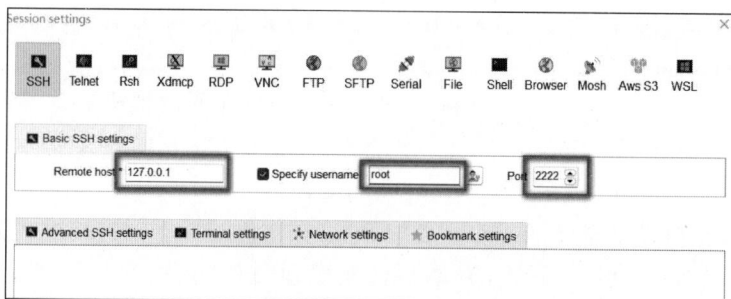

图 3-33 远程登录窗口

首先宿主机会查看该端口是否被占用。打开命令行窗口,执行如下命令查看:

```
C:\Users\han_1> netstat - ano | findstr "3389"
C:\Users\han_1>
```

如果没有返回结果,则说明端口可以使用。

(2)打开虚拟机设置窗口,单击"显示"→"远程桌面",选中"启动服务器"复选框,如果3389端口被占用,则需要在"服务器端口号"文本框中修改为其他端口号。如果需要多个远程设备连接到虚拟机,则选取"允许多个连接"复选框。单击 OK 按钮,如图 3-34 所示。

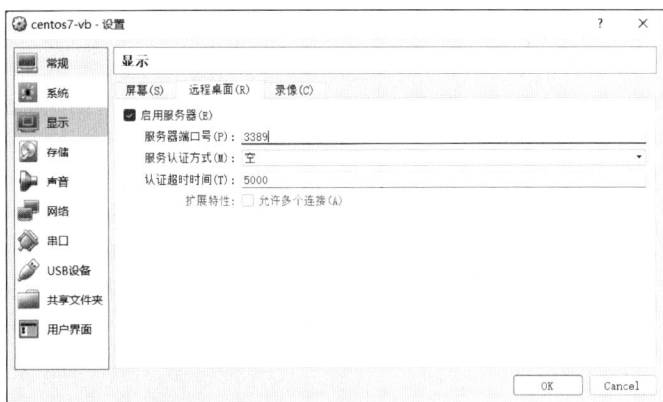

图 3-34 "远程桌面"设置

（3）在 VirtualBox 界面选择虚拟机,选择"启动"→"无界面启动",启动虚拟机,如图 3-35 所示。

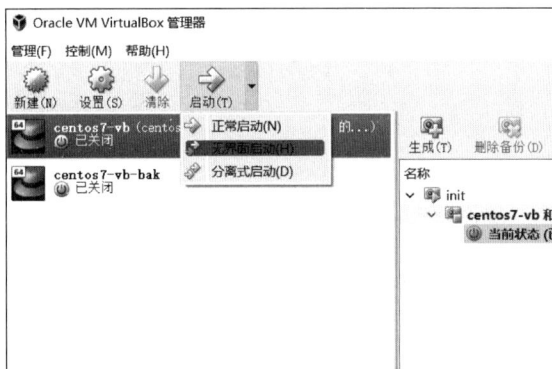

图 3-35 无界面启动虚拟机

（4）在远程主机上按 Windows＋R 键打开"运行"对话框,输入 mstsc,单击"确定"按钮,打开"远程桌面连接"窗口。输入宿主机的 IP 地址,因为这里是在宿主机上进行的远程登录操作,所以输入 IP 地址"127.0.0.1"即可,然后单击"连接"按钮,如图 3-36 所示。

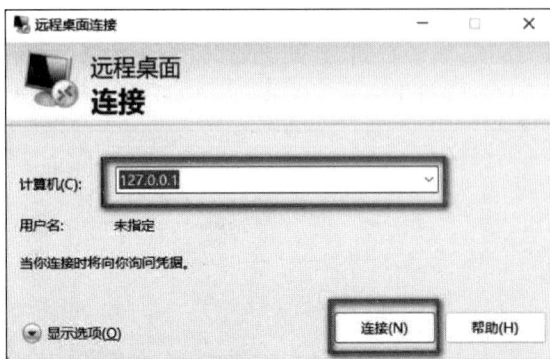

图 3-36 "远程桌面连接"窗口

7. 虚拟机安装增强功能共享宿主机文件夹

通过在虚拟机上安装增强功能可以实现宿主机文件夹共享、在宿主机和虚拟机之间双向拖曳文件等功能。在 CentOS 虚拟机安装增强功能时需要先安装 kernel-devel 等,同时保证包的版本和系统 kernel 版本完全一致,所以可以将 CentOS 系统映像作为安装源。

（1）在虚拟机关机状态下,打开虚拟机设置界面,单击"存储"→"控制器:IDE"→"添加虚拟光驱",在出现的对话框中单击"选择磁盘"按钮,如图 3-37 所示。

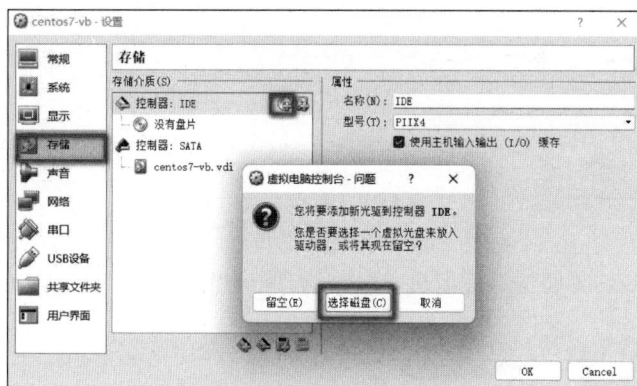

图 3-37 "添加虚拟光驱"对话框

（2）添加"CentOS-7-x86_64-DVD-1804.iso"映像文件,如图 3-38 所示。

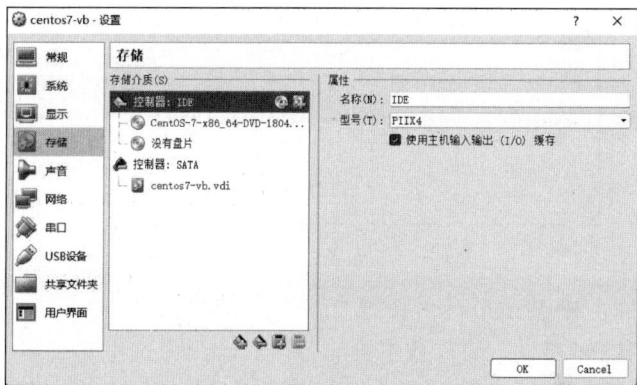

图 3-38 添加映像文件

（3）选中"没有盘片"选项,单击右侧"分配光驱"后的光盘图标,在"选择一个虚拟光盘文件"窗口添加 VirtualBox 程序安装目录中的 VBoxGuestAdditions.iso 映像文件,如图 3-39 所示。

图 3-39 添加映像文件

（4）在虚拟机设置界面中选择"系统"，在右侧"启动顺序"区域选中"硬盘"复选框，按 按钮将"硬盘"调至第一行，如图 3-40 所示。

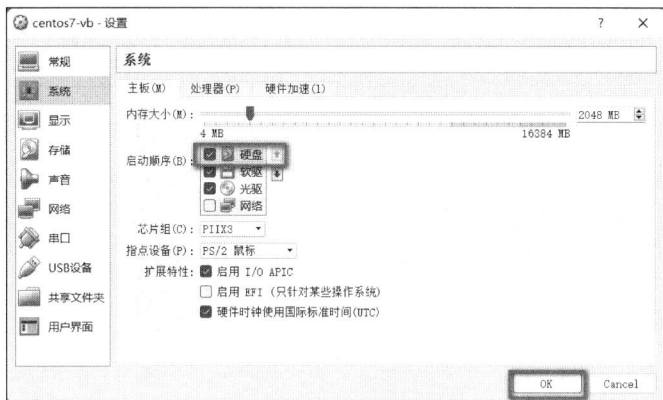

图 3-40　设置启动顺序

（5）开启虚拟机后通过执行以下步骤实现挂载两个光驱和配置 yum 安装源。

```
[root@dataserver ~]# mkdir /mnt/centos /mnt/vbox        #创建两个目录作为光驱挂载点
[root@dataserver ~]# cd /etc/yum.repos.d/
[root@dataserver yum.repos.d]# mkdir repobak
[root@dataserver yum.repos.d]# mv CentOS-* repobak/     #将原有的安装源配置文件移动到
                                                        #repobak 目录
[root@dataserver yum.repos.d]# vi local.repo            #创建 repo 安装源配置文件并输
                                                        #入以下 5 行内容

[centos]
name = centos
baseurl = file:///mnt/centos
gpgcheck = 0
enabled = 1
[root@dataserver yum.repos.d]# ls
local.repo   repobak
[root@dataserver yum.repos.d]# mount /dev/sr0 /mnt/vbox/   #挂载增强工具映像,注意,sr0 代
                                                           #表第一个光驱
mount: /dev/sr0 写保护,将以只读方式挂载
[root@dataserver yum.repos.d]# mount /dev/sr1 /mnt/centos/  #挂载系统映像
mount: /dev/sr1 写保护,将以只读方式挂载
[root@dataserver yum.repos.d]# yum repolist              #查看是否能找到安装包列表
已加载插件:fastestmirror
Loading mirror speeds from cached hostfile
centos                                      | 3.6 kB  00:00:00
(1/2): centos/group_gz                      | 166 kB  00:00:00
(2/2): centos/primary_db                    | 3.1 MB  00:00:00
源标识                        源名称                               状态
centos                        centos                               3,971
repolist: 3,971                                         #此处显示有 3971 个包
```

（6）安装依赖包和增强功能组件。

```
[root@dataserver yum.repos.d]# cd
#安装依赖包
```

```
[root@dataserver ~]# yum install - y bzip2 gcc  kernel - devel kernel - headers make
[root@dataserver ~]# cd /mnt/vbox/
[root@dataserver vbox]# ls
32Bit          cert          VBoxLinuxAdditions.run          VBoxWindowsAdditions - x86.exe
64Bit          OS2           VBoxSolarisAdditions.pkg
AUTORUN.INF    runasroot.sh  VBoxWindowsAdditions - amd64.exe
autorun.sh     TRANS.TBL     VBoxWindowsAdditions.exe
[root@dataserver vbox]# ./VBoxLinuxAdditions.run
Verifying archive integrity... All good.
Uncompressing VirtualBox 5.2.44 Guest Additions for Linux...
VirtualBox Guest Additions installer
Copying additional installer modules ...
Installing additional modules ...
VirtualBox Guest Additions: Building the VirtualBox Guest Additions kernel
modules.   This may take a while.
VirtualBox Guest Additions: To build modules for other installed kernels, run
VirtualBox Guest Additions:    /sbin/rcvboxadd quicksetup < version >
VirtualBox Guest Additions: Building the modules for kernel
3.10.0 - 862.el7.x86_64.
VirtualBox Guest Additions: Starting.
```

（7）在宿主机中创建准备共享的文件夹，比如"D:\vm\virtualbox\share"，同时在文件夹下创建一个测试文件 share.txt。打开虚拟机设置界面，选择"共享文件夹"，单击界面右侧的"添加共享文件夹"按钮，添加宿主机共享文件夹路径，设置共享文件的名称为 share，选中"自动挂载"和"固定分配"复选框后单击 OK 按钮，如图 3-41 所示。

图 3-41　添加共享文件夹

（8）在虚拟机中创建目录并挂载宿主机共享文件夹：

```
[root@dataserver ~]# mkdir share_dir
[root@dataserver ~]# mount - t vboxsf share share_dir
[root@dataserver ~]# cd share_dir/
[root@dataserver share_dir]# ls
share.txt                                      # 可以看到虚拟机共享到了宿主机的文件夹
```

8. 虚拟机的迁移

和 Workstation 一样，VirtualBox 同样提供虚拟机的迁移功能。

（1）在 VirtualBox 主界面单击菜单栏的"管理"→"导出虚拟电脑"命令，在"导出虚拟电脑"窗口选择要导出的虚拟机。设置导出后文件的保存位置和文件名称后单击"导出"按钮，如图 3-42 所示。

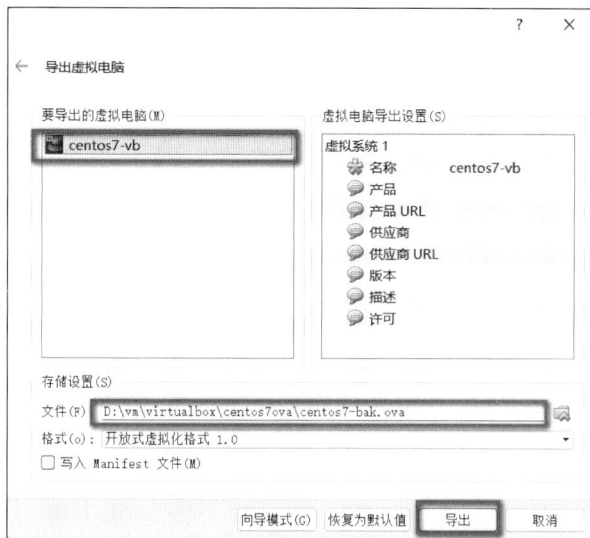

图 3-42 "导出虚拟电脑"窗口

（2）在 VirtualBox 主界面单击菜单栏的"管理"→"导入虚拟电脑"命令，在出现的窗口添加要导入的.ova 格式文件，如图 3-43 所示。

（3）在下一界面选中"重新初始化所有网卡的 MAC 地址"复选框后单击"导入"按钮，如图 3-44 所示。

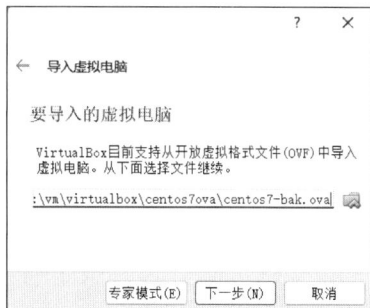

图 3-43 "导入虚拟电脑"窗口

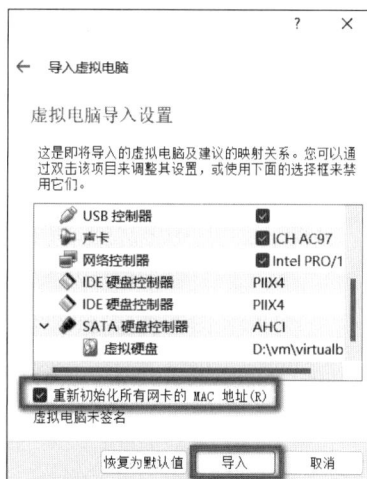

图 3-44 虚拟电脑导入设置

导出的.ova 格式的文件同样可以导入 Workstation 中。

（1）打开 VMware Workstation，在主页中单击"打开虚拟机"选项，找到准备导入的.ova 文件后单击"打开"按钮，如图 3-45 所示。

（2）在出现的"导入虚拟机"界面输入新建的虚拟机名称，选择保存位置后单击"导入"按钮，如图 3-46 所示。接下来如果出现导入失败提示框，则单击"重试"按钮，如图 3-47 所示。

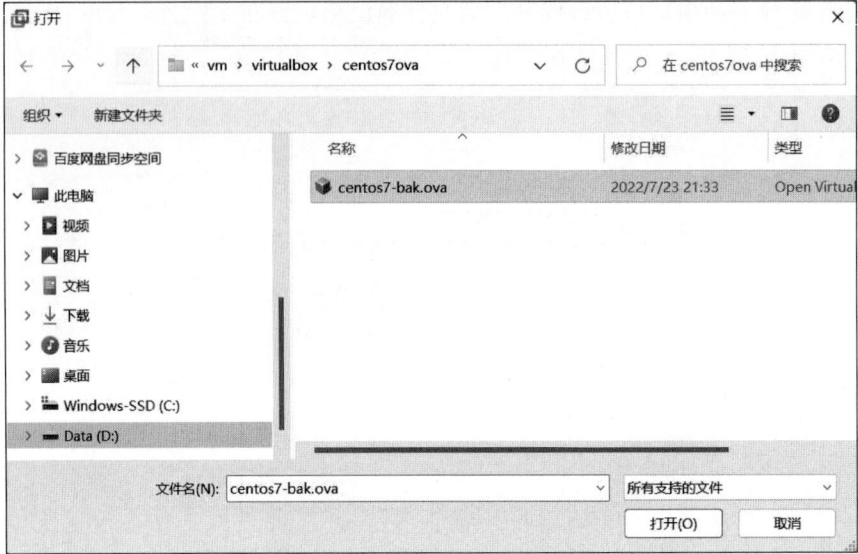

图 3-45　选择导入文件

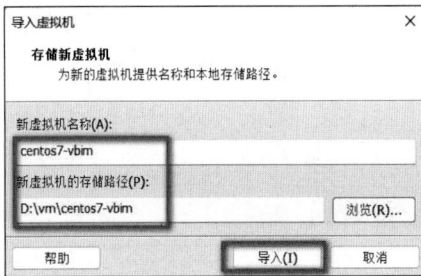

图 3-46　"导入虚拟机"界面

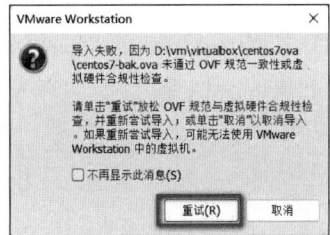

图 3-47　导入失败提示对话框

如果想将 VMware Workstation 中的虚拟机导入 VirtualBox 中，则执行如下步骤：

（1）在 VMware Workstation 主界面左侧的"库"窗格选中要导出的虚拟机，然后单击菜单栏的"文件"→"导出为 OVF"命令，如图 3-48 所示。

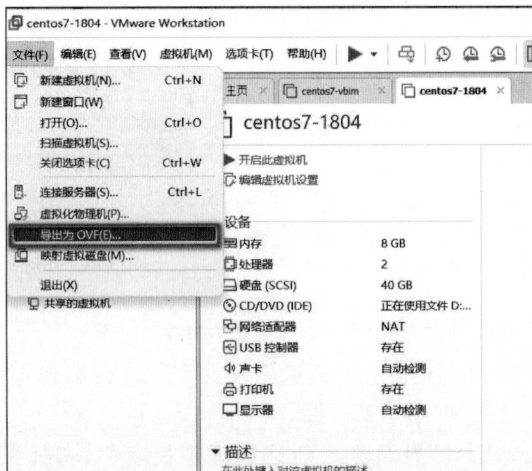

图 3-48　导出 VMware Workstation

（2）导出后会生成类型分别为.mf、.ovf、vmdk 和.iso 的文件。

（3）在 VirtualBox 主界面选择"管理"→"导入虚拟电脑"命令，在出现的窗口中将上一步中导出的.ovf 格式文件添加后进行导入，具体可参照前面的导入.ova 的方式进行。

9. 虚拟机开机自启动

（1）在 VirtualBox 主界面右击准备自启动的虚拟机 centos7-vb，在弹出的快捷菜单中选择"创建桌面快捷方式"命令，如图 3-49 所示。

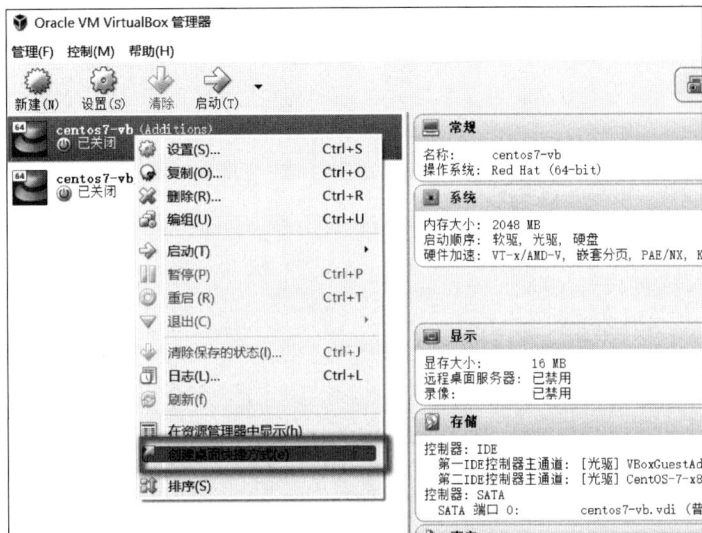

图 3-49　创建桌面快捷方式

（2）在宿主机中按 Windows＋R 组合键打开"运行"对话框，输入"shell：startup"后单击"确定"按钮，如图 3-50 所示。

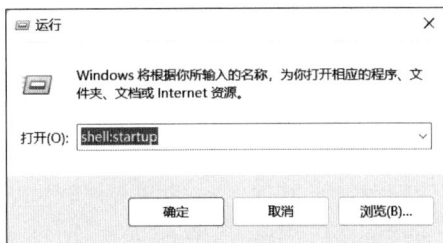

图 3-50　运行"shell：startup"

（3）将前面创建的快捷方式拖曳到打开的文件夹中，如图 3-51 所示。

图 3-51　拖曳快捷方式

3.2.4　任务拓展

【任务内容】　通过 VBoxManage 工具管理虚拟机。

【任务目标】　掌握 VBoxManage 命令的基本使用方式。

【任务步骤】

前面在 3.1.4 节中已经将 VBoxManage 添加到了环境变量中,接下来就可以通过这个命令实现对虚拟机的管理了。

1. 查看虚拟机

首先查看一下 VBoxManage 的帮助信息,在宿主机中打开 cmd 命令行工具,输入以下内容:

```
C:\Users\han_1 > vboxmanage help
Oracle VM VirtualBox Command Line Management Interface Version 5.2.44
(C) 2005 – 2020 Oracle Corporation
All rights reserved.
Usage:
  VBoxManage [< general option >] < command >
General Options:
  [ – v| – – version]            print version number and exit
  [ – q| – – nologo]             suppress the logo
  [ – – settingspw < pw >]       provide the settings password
  [ – – settingspwfile < file >] provide a file containing the settings password
  [@< response – file >]         load arguments from the given response file (bourne style)
Commands:
  list [ – – long| – l] [ – – sorted| – s]   vms|runningvms|ostypes|hostdvds|hostfloppies|
                                intnets|bridgedifs|hostonlyifs|natnets|dhcpservers|
                                hostinfo|hostcpuids|hddbackends|hdds|dvds|floppies|
                                usbhost|usbfilters|systemproperties|extpacks|
                                groups|webcams|screenshotformats
  showvminfo                    < uuid|vmname > [ – – details]
… 内容较多此处省略 …
```

任务拓展 9

在 Usage 字段可以看到该命令的语法格式为:vboxmanage [< general option >] < command >。其中,vboxmanage 为父命令,"[< general option >]"为父命令的可选项和参数。比如 "[-v|--version]" 选项的作用是查看版本,"|"表示或者的意思,即"-v"和"--version"的写法都可以。"< command >"为子命令,子命令中也可以添加选项和参数,参数分为系统参数和用户参数,系统参数不能改变,用户参数为"< >"中内容,根据实际情况进行设置。比如想查看当前 VirtualBox 中都有哪些虚拟机,可以使用的命令是:

```
C:\Users\han_1 > vboxmanage list vms        ♯以列表形式列出虚拟机
"centos7 – vb" {4deea096 – 3771 – 4b72 – 86f9 – 8d643c942239}
"centos7 – vb_1" {84191930 – 8b00 – 43ad – 8d0f – 6db9d4eff9d5}
```

在以上命令中,父命令 vboxmanage 没有添加选项,子命令为 list,表示列举,该子命令没有选项,但添加了系统参数 vms,表示列举对象是虚拟机。

如果想查看 centos7-vb 虚拟机的详细信息,则执行:

```
C:\Users\han_l > vboxmanage showvminfo 4deea096 - 3771 - 4b72 - 86f9 - 8d643c942239 -- details
Name:                centos7 - vb
Groups:              /
Guest OS:            Red Hat (64 - bit)
UUID:                4deea096 - 3771 - 4b72 - 86f9 - 8d643c942239
Config file:         D:\vm\virtualbox\centos7 - vb\centos7 - vb.vbox
Snapshot folder:     D:\vm\virtualbox\centos7 - vb\Snapshots
Log folder:          D:\vm\virtualbox\centos7 - vb\Logs
Hardware UUID:       4deea096 - 3771 - 4b72 - 86f9 - 8d643c942239
Memory size:         2048MB
Page Fusion:         off
VRAM size:           16MB
CPU exec cap:        100 %
HPET:                off
Chipset:             piix3
Firmware:            BIOS
...内容较多此处省略...
```

在以上命令中,showvminfo 子命令添加了以下内容:

(1) 用户参数——想要查看的虚拟机 ID(通过 list 命令查看到的)。

(2) 选项"--details"表示显示详细信息。

2. 创建虚拟机

通过以下命令可查看创建虚拟机的帮助信息:

```
C:\Users\han_l > vboxmanage createvm
Usage:
VBoxManage createvm          -- name < name >
                             [ -- groups < group >, ...]
                             [ -- ostype < ostype >]
                             [ -- register]
                             [ -- basefolder < path >]
                             [ -- uuid < uuid >]
```

创建一个名称为 testvm,保存位置为"D:\vm\virtualbox\testvm",操作系统类型为 RedHat 的 64 位虚拟机,需要使用的命令为:

```
C:\Users\han_l > vboxmanage createvm -- name "testvm" -- ostype "RedHat_64" -- basefolder
"D:\vm\virtualbox\testvm" -- register
```

其中,"--name"选项后面的用户参数 testvm 指明虚拟机名称;"--ostype"指明操作系统类型;"--basefolder"指明存储路径。

小提示:通过以下命令可以查看操作系统类型

```
C:\Users\han_l > vboxmanage list ostypes
```

3. 管理虚拟机

通过执行以下命令来配置虚拟机:

```
#修改虚拟机内存大小为 2GB,通过光驱启动,网络模式为 NAT
C:\Users\han_l > vboxmanage modifyvm "testvm" -- memory 1024 -- acpi on -- boot1 dvd --
nic1 nat
```

```
#创建名称为 testvm.vdi, 大小为 20GB 的磁盘
C:\Users\han_1> vboxmanage createhd -- filename "testvm.vdi" -- size 20000
0%...10%...20%...30%...40%...50%...60%...70%...80%...90%...100%
Medium created. UUID: 262c5fca-4d8f-4443-869e-25310f960d3f
#为虚拟机添加 IDE 控制器
C:\Users\han_1> vboxmanage storagectl "testvm" -- name "IDE Controller" -- add ide --
controller PIIX4
#将前面创建的 test.vdi 虚拟磁盘添加到虚拟机 IDE 控制器
C:\Users\han_1> vboxmanage storageattach "testvm" -- storagectl "IDE Controller" -- port 0
-- device 0 -- type hdd -- medium "testvm.vdi"
#将需要安装的操作系统映像添加到虚拟机光驱
C:\Users\han_1> vboxmanage storageattach "testvm" -- storagectl "IDE Controller" -- port 0
-- device 1 -- type dvddrive -- medium "D:\vm\iso\CentOS-7-x86_64-DVD-1804.iso"
#开启虚拟机安装操作系统
C:\Users\han_1> vboxmanage startvm "testvm"
Waiting for VM "testvm" to power on...
VM "testvm" has been successfully started.
#关闭虚拟机
C:\Users\han_1> vboxmanage controlvm "testvm" poweroff
0%...10%...20%...30%...40%...50%...60%...70%...80%...90%...100%
```

4. 扩展磁盘容量

如果 VirtualBox 虚拟机磁盘容量不足,则可以通过以下命令方式扩充容量:

```
C:\Users\han_1> vboxmanage modifyhd "testvm.vdi" -- resize 40960
0%...10%...20%...30%...40%...50%...60%...70%...80%...90%...100%
```

以上命令将 testvm 虚拟机 testvm.vdi 磁盘的容量增加到了 40GB。如果虚拟机中已经安装了操作系统,那么需要在虚拟机中对磁盘增加的容量进行分区格式化操作才能使用。

5. 设置虚拟机无界面开机自启动

虚拟机如果作为服务器,则需要随宿主机的开机而自动启动。通过无界面启动方式可以节省大量宿主机资源,通过批处理和 VBS 脚本方式可以实现该功能。

(1) 首先新建文本文档,内容输入如下内容:

```
@echo off & setlocal enabledelayedexpansion
D:
cd D:\program files\Oracle\VirtualBox
start   /b VBoxManage startvm centos7-vb -- type headless
exit
```

这里以自动启动 centos7-vb 虚拟机为例。如果想启动多个虚拟机,那么只需再增加相应 start 命令,然后将该文本文档的扩展名修改为.bat。

(2) 然后再打开一个文本文档,输入内容如下:

```
Set ws = CreateObject("Wscript.Shell")
ws.Run "D:\vm\virtualbox\centosvb_boot.bat",0
```

其中,"D:\vm\virtualbox\centosvb_boot.bat"为上面创建的批处理脚本路径。将该文本文档的扩展名修改为.vbs。

（3）按 Windows＋R 键打开"运行"对话框,输入"shell:startup"后按 Enter 键,将上面创建的 VBS 脚本移动到该文件夹中即可。

小提示：VBoxManage 命令的更多详细用法也可以单击 VirtualBox 主界面菜单栏的"帮助"→"内容"命令,打开官方文档,在左侧目录中找到 VBoxManage 进行查阅。

任务 3.3 Oracle VirtualBox 网络配置

3.3.1 任务目标

◇ 掌握 Oracle VirtualBox 网络模式的工作原理;
◇ 掌握 Oracle VirtualBox 四种网络模式的配置方法。

3.3.2 任务知识点

1. Oracle VirtualBox NAT 网络模式

NAT 网络模式是 VirtualBox 的默认连接模式。在 NAT 网络模式下,每台虚拟机都通过一个单独的虚拟 NAT 设备(NAT 引擎)和宿主机进行连接,NAT 引擎将虚拟机和外部网络(包括宿主机和其他虚拟机)隔离开来。虚拟机要访问外部网络,需要通过 NAT 引擎转换为宿主机的 IP 地址后转发出去。与 VMware Workstation 的 NAT 连接不同的是,由于没有像 VMnet8 这样的虚拟网卡,所以无法实现宿主机到虚拟机的直接访问,但是可以通过访问宿主机的环回口(loopback)的方式进行通信,任务 3.2 通过 SSH 连接虚拟机就是采用这种方式。

采用 NAT 网络模式,虚拟机可以访问宿主机和外部网络,但宿主机和外部网络不能直接访问虚拟机,虚拟机之间不能互相直接访问。

2. Oracle VirtualBox NAT Network 网络模式

如果虚拟机都采用 NAT 网络模式,那么它们的 IP 地址可能都是相同的,这正是因为每台虚拟机都单独连接了一个 NAT 引擎。虚拟机都采用 NAT Network 网络模式是指将这些虚拟机一起连接到一个虚拟 NAT 设备上,也就是它们有共同的网关和 DHCP 服务器。这种连接方式更接近于 Workstation 的 NAT 方式,只不过还是因为没有 VMnet8 这样的虚拟网卡,宿主机不能直接访问虚拟机。

在 NAT 连接模式下,如果宿主机或网络上的其他主机想要访问虚拟机,那么端口转发配置是针对这一台虚拟机进行的,而在 NAT Network 网络模式下,因为多个虚拟机在同一子网中,所以端口转发配置需要在全局设定下的网络中进行配置。

采用 NAT Network 网络模式,虚拟机可以访问宿主机和外部网络,但宿主机和外部网络不能直接访问虚拟机,虚拟机之间互相可以直接访问。

3. Oracle VirtualBox 桥接网络模式

桥接(Bridged Adapter)网络模式和 VMware Workstation 的桥接模式的原理基本相同,也是将虚拟机当成真实网络上的一台物理主机对待。通过被称为网络过滤驱动的软件接口进行物理网卡数据的拦截,从而区分哪些数据交给虚拟机,哪些数据交给宿主机,从而进行数据的正确交付。看起来就像是将虚拟机通过网线连接到宿主机的物理网卡接口一样。

在桥接网络模式下,虚拟机和宿主机、虚拟机和外部网络、虚拟机和虚拟机之间都可直接相互访问。

4. Oracle VirtualBox 内部网络模式

在以上几种网络模式下,虚拟机都是可以连接到外部网络的,这可能会产生一定的安全隐患。如果想构建一种和外界完全隔离的环境,则可以采用内部(Internal)网络模式。在这种网络模式下,虚拟机和宿主机完全断开,只实现各虚拟机之间的相互访问。

采用内部网络模式,虚拟机和宿主机、外部网络都不能相互通信,采用相同网络名称的虚拟机可以相互通信。

5. Oracle VirtualBox 仅主机网络模式

VirtualBox 的仅主机(Host-Only)网络模式和 VMware Workstation 的仅主机网络模式的原理也基本相同。在宿主机的网络适配器管理界面,可以看到有一个名称为 VirtualBox Host-Only Network(这是初次安装的名称,如果卸载 VirtualBox 后重新安装,名称后面会增加"♯2"编号,这是因为卸载没有删除注册表中记录的原因,但可以正常使用)的虚拟网卡,它的功能和 Workstation 的 VMnet1 虚拟网卡类似。在该模式下,宿主机通过虚拟网卡和虚拟机建立连接,但虚拟机没有连接到物理网卡。通过虚拟的网络适配器,各个虚拟机和主机就像用一个虚拟的交换机连接起来,组成了一个局域网,虚拟机和主机之间可以相互联系。

采用仅主机模式,虚拟机和宿主机可以相互访问,虚拟机和外部网络不能直接相互访问,在同一虚拟网络适配器下的虚拟机之间可以直接相互访问。

第 11 集
微课视频

3.3.3 任务实施

1. NAT 网络连接模式测试

默认情况下,新创建的虚拟机网络模式为"网络地址转换(NAT)"。首先,开启两台虚拟机 centos7-vb 和 centos7-vb_1,通过 MobaXterm 端口映射方式登录后查看两台虚拟机的 IP 地址。

(1) centos7-vb:

```
[root@dataserver ~]# ip a
1: lo: <LOOPBACK,UP,LOWER_UP> mtu 65536 qdisc noqueue state UNKNOWN group default qlen 1000
    link/loopback 00:00:00:00:00:00 brd 00:00:00:00:00:00
    inet 127.0.0.1/8 scope host lo
       valid_lft forever preferred_lft forever
    inet6 ::1/128 scope host
       valid_lft forever preferred_lft forever
2: enp0s3: <BROADCAST,MULTICAST,UP,LOWER_UP> mtu 1500 qdisc pfifo_fast state UP group default
qlen 1000
    link/ether 08:00:27:60:7e:97 brd ff:ff:ff:ff:ff:ff
    inet 10.0.2.15/24 brd 10.0.2.255 scope global noprefixroute dynamic enp0s3
       valid_lft 85893sec preferred_lft 85893sec
    inet6 fe80::5f52:22bb:11d1:e904/64 scope link noprefixroute
       valid_lft forever preferred_lft forever
```

（2）centos7-vb_1：

```
[root@dataserver1 ~]# ip a
1: lo: <LOOPBACK,UP,LOWER_UP> mtu 65536 qdisc noqueue state UNKNOWN group default qlen 1000
    link/loopback 00:00:00:00:00:00 brd 00:00:00:00:00:00
    inet 127.0.0.1/8 scope host lo
       valid_lft forever preferred_lft forever
    inet6 ::1/128 scope host
       valid_lft forever preferred_lft forever
2: enp0s3: <BROADCAST,MULTICAST,UP,LOWER_UP> mtu 1500 qdisc pfifo_fast state UP group default
qlen 1000
    link/ether 08:00:27:b6:67:48 brd ff:ff:ff:ff:ff:ff
    inet 10.0.2.15/24 brd 10.0.2.255 scope global noprefixroute dynamic enp0s3
       valid_lft 85846sec preferred_lft 85846sec
    inet6 fe80::5f52:22bb:11d1:e904/64 scope link noprefixroute
       valid_lft forever preferred_lft forever
```

（3）可以看到两台虚拟机的 IP 地址是相同的。修改 centos7-vb_1 虚拟机的 IP 地址为静态设置：

```
[root@dataserver1 ~]# nmcli connection modify enp0s3 ipv4.address 10.0.2.16/24
[root@dataserver1 ~]# nmcli connection modify enp0s3 ipv4.method manual
[root@dataserver1 ~]# nmcli connection modify enp0s3  ipv4.dns 202.96.64.68
[root@dataserver1 ~]# nmcli connection modify enp0s3  ipv4.gateway 10.0.2.2
[root@dataserver1 ~]# nmcli connection up enp0s3
[root@dataserver1 ~]# ip a
1: lo: <LOOPBACK,UP,LOWER_UP> mtu 65536 qdisc noqueue state UNKNOWN group default qlen 1000
    link/loopback 00:00:00:00:00:00 brd 00:00:00:00:00:00
    inet 127.0.0.1/8 scope host lo
       valid_lft forever preferred_lft forever
    inet6 ::1/128 scope host
       valid_lft forever preferred_lft forever
2: enp0s3: <BROADCAST,MULTICAST,UP,LOWER_UP> mtu 1500 qdisc pfifo_fast state UP group default
qlen 1000
    link/ether 08:00:27:b6:67:48 brd ff:ff:ff:ff:ff:ff
    inet 10.0.2.16/24 brd 10.0.2.255 scope global noprefixroute enp0s3
       valid_lft forever preferred_lft forever
    inet6 fe80::5f52:22bb:11d1:e904/64 scope link noprefixroute
       valid_lft forever preferred_lft forever
```

（4）将 IP 地址修改为"10.0.2.16/24"，然后测试与 centos7-vb 的连通性：

```
[root@dataserver1 ~]# ping 10.0.2.15
PING 10.0.2.15 (10.0.2.15) 56(84) bytes of data.
From 10.0.2.16 icmp_seq=1 Destination Host Unreachable
From 10.0.2.16 icmp_seq=2 Destination Host Unreachable
From 10.0.2.16 icmp_seq=3 Destination Host Unreachable
From 10.0.2.16 icmp_seq=4 Destination Host Unreachable
```

可以看到二者是不能连通的，因为在 NAT 模式下每个虚拟机单独连接一个 NAT 引擎。

2．配置虚拟机为 NatNetwork 网络

（1）在 VirtualBox 中选取 centos7-vb 虚拟机，选择工具栏"设置"→"网络"选项，在右侧将"连接方式"设置为"NAT 网络"。默认情况下,"界面名称"选项只有一个,即 NatNetwork,如图 3-52 所示。通过"高级"选项可以选择网络芯片组以及是否开启混杂模式。若开启混杂模式,则会监听 NatNetwork 网络上的所有数据流量。

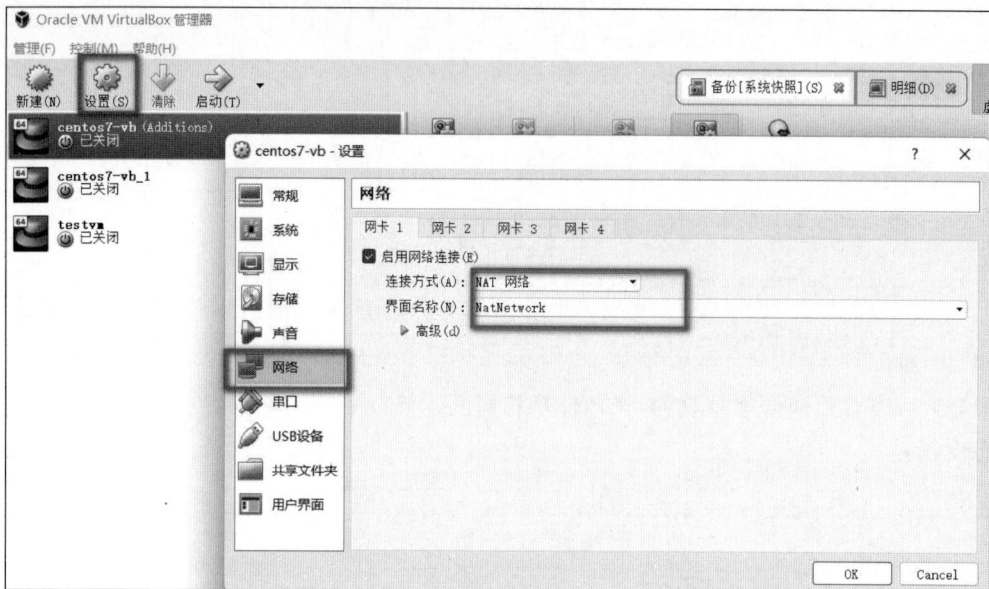

图 3-52　配置虚拟机为 NatNetwork 网络

(2) 按照同样的方式将第二台虚拟机 centos7-vb_1 也设置为 NatNetwork 网络。

(3) 此时 centos7-vb 虚拟机的 SSH 连接会断开,需要重新启动网络服务。同时将 centos7-vb_1 虚拟机静态 IP 地址改为 DHCP 方式。

在 centos7-vb 虚拟机上重启网络服务后查看 IP 地址:

```
[root@dataserver ~]# systemctl restart network
[root@dataserver ~]# ip a
1: lo: <LOOPBACK,UP,LOWER_UP> mtu 65536 qdisc noqueue state UNKNOWN group default qlen 1000
    link/loopback 00:00:00:00:00:00 brd 00:00:00:00:00:00
    inet 127.0.0.1/8 scope host lo
       valid_lft forever preferred_lft forever
    inet6 ::1/128 scope host
       valid_lft forever preferred_lft forever
2: enp0s3: <BROADCAST,MULTICAST,UP,LOWER_UP> mtu 1500 qdisc pfifo_fast state UP group default qlen 1000
    link/ether 08:00:27:60:7e:97 brd ff:ff:ff:ff:ff:ff
    inet 10.0.2.15/24 brd 10.0.2.255 scope global noprefixroute dynamic enp0s3
       valid_lft 832sec preferred_lft 832sec
    inet6 fe80::5f52:22bb:11d1:e904/64 scope link noprefixroute
       valid_lft forever preferred_lft forever
```

centos7-vb_1 虚拟机改为 DHCP 方式后重启网络:

```
####编辑网卡配置文件
[root@dataserver1 ~]# vi /etc/sysconfig/network-scripts/ifcfg-enp0s3
BOOTPROTO=dhcp                                    #此处改为 DHCP 方式
```

```
＃＃＃以下4行删除掉
IPADDR = 10.0.2.16
PREFIX = 24
DNS1 = 202.96.64.68
GATEWAY = 10.0.2.2
＃＃＃重启网络服务,查看 IP 地址
[root@dataserver1 ～]＃ systemctl restart network
[root@dataserver1 ～]＃ ip a
1: lo: < LOOPBACK,UP,LOWER_UP > mtu 65536 qdisc noqueue state UNKNOWN group default qlen 1000
    link/loopback 00:00:00:00:00:00 brd 00:00:00:00:00:00
    inet 127.0.0.1/8 scope host lo
      valid_lft forever preferred_lft forever
    inet6 ::1/128 scope host
      valid_lft forever preferred_lft forever
2: enp0s3: < BROADCAST,MULTICAST,UP,LOWER_UP > mtu 1500 qdisc pfifo_fast state UP group default
qlen 1000
    link/ether 08:00:27:b6:67:48 brd ff:ff:ff:ff:ff:ff
    inet 10.0.2.4/24 brd 10.0.2.255 scope global noprefixroute dynamic enp0s3
      valid_lft 1198sec preferred_lft 1198sec
    inet6 fe80::8692:ef7f:f8a6:dd79/64 scope link noprefixroute
      valid_lft forever preferred_lft forever
    inet6 fe80::5f52:22bb:11d1:e904/64 scope link tentative noprefixroute dadfailed
      valid_lft forever preferred_lft forever
```

（4）在 VirtualBox 的"全局设定"界面设定端口映射。选择菜单栏的"管理"→"全局设定"命令,在弹出的对话框中选择"网络",可以看到当前有一个 NatNetwork 网络,如图 3-53 所示。

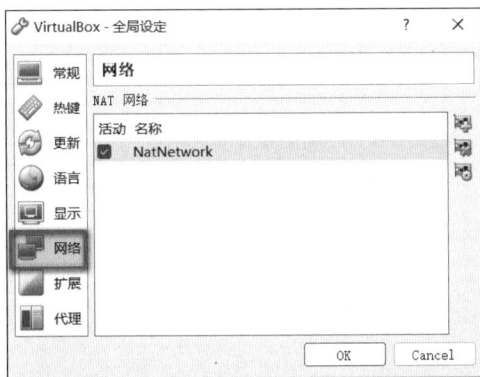

图 3-53　"全局设定"对话框中的"网络"选项

（5）双击该网络,在"NAT 网络明细"对话框单击"端口转发"按钮,如图 3-54 所示。

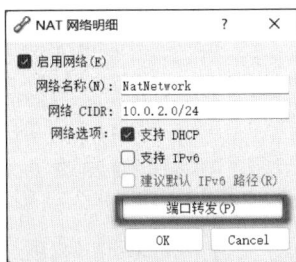

图 3-54　"NAT 网络明细"对话框

（6）单击右侧的添加按钮"＋",添加两条转发记录,分别设置名称、主机端口、子系统（虚拟机）IP 地址和子系统（虚拟机）端口 22,注意主机端口不要冲突,如图 3-55所示。

（7）通过 MobaXterm 登录两台虚拟机,主机 IP 地址同样为"127.0.0.1",端口为上一步设置的主机端口,这里分别是 222 和 223,如图 3-56 和图 3-57 所示。

（8）通过 ping 命令进行连通性测试,可以看到两台

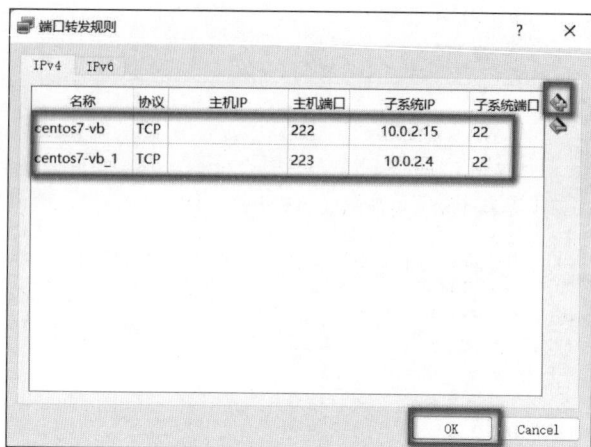

图 3-55　添加转发记录

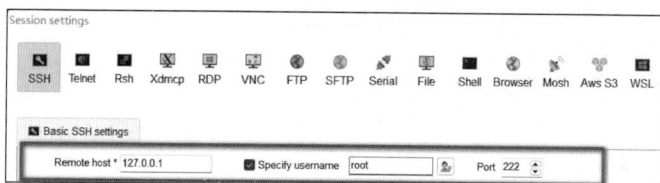

图 3-56　222 端口

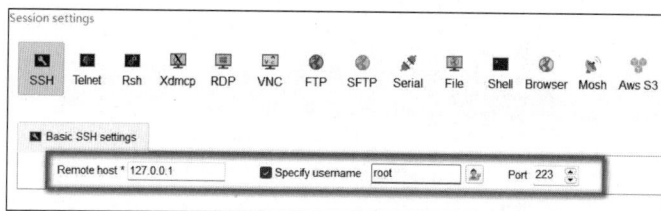

图 3-57　223 端口

虚拟机可以相互通信。

```
[root@dataserver ~]# ping 10.0.2.4
PING 10.0.2.4 (10.0.2.4) 56(84) bytes of data.
64 bytes from 10.0.2.4: icmp_seq = 1 ttl = 64 time = 0.269 ms
64 bytes from 10.0.2.4: icmp_seq = 2 ttl = 64 time = 0.673 ms
64 bytes from 10.0.2.4: icmp_seq = 3 ttl = 64 time = 0.578 ms
64 bytes from 10.0.2.4: icmp_seq = 4 ttl = 64 time = 0.648 ms
64 bytes from 10.0.2.4: icmp_seq = 5 ttl = 64 time = 0.978 ms
```

小提示：如果想模拟工作中的多子网环境，可以在"全局设定"对话框选择"网络"选项，再单击"添加新 NAT 网络"，创建一个新的 NatNetwork，编辑不同的子网地址，如图 3-58 所示。这样只有相同的 NatNetwork 网络的虚拟机才能在一个子网中，能够互相通信。

3. 配置虚拟机桥接网络模式

（1）在 VirtualBox 中选取 centos7-vb 虚拟机，选取工具栏的"设置"→"网络"选项，在右侧将"连接方式"改为"桥接网卡"，在"界面名称"下拉列表框中选择要桥接到的网卡，一般选择当前连接到物理网络的网卡。

图 3-58　添加新 NAT 网络

（2）在 VirtualBox 虚拟机窗口重启网络服务，查看 IP 地址后通过 MobaXterm 重新连接。

```
[root@dataserver ~]# systemctl restart network
[root@dataserver ~]# ip a
1: lo: <LOOPBACK,UP,LOWER_UP> mtu 65536 qdisc noqueue state UNKNOWN group default qlen 1000
    link/loopback 00:00:00:00:00:00 brd 00:00:00:00:00:00
    inet 127.0.0.1/8 scope host lo
       valid_lft forever preferred_lft forever
    inet6 ::1/128 scope host
       valid_lft forever preferred_lft forever
2: enp0s3: <BROADCAST,MULTICAST,UP,LOWER_UP> mtu 1500 qdisc pfifo_fast state UP group default
qlen 1000
    link/ether 08:00:27:60:7e:97 brd ff:ff:ff:ff:ff:ff
    inet 192.168.1.102/24 brd 192.168.1.255 scope global noprefixroute dynamic enp0s3
       valid_lft 7169sec preferred_lft 7169sec
    inet6 fe80::5f52:22bb:11d1:e904/64 scope link noprefixroute
       valid_lft forever preferred_lft forever
```

可以看到，虚拟机网络地址和物理网络的网络地址是相同的。

4．配置虚拟机网络为内部网络模式

（1）在 VirtualBox 中选取 centos7-vb 虚拟机，选取工具栏的"设置"→"网络"选项，在右侧将"连接方式"改为"内部网络"，"界面名称"保持默认设置，如图 3-59 所示。

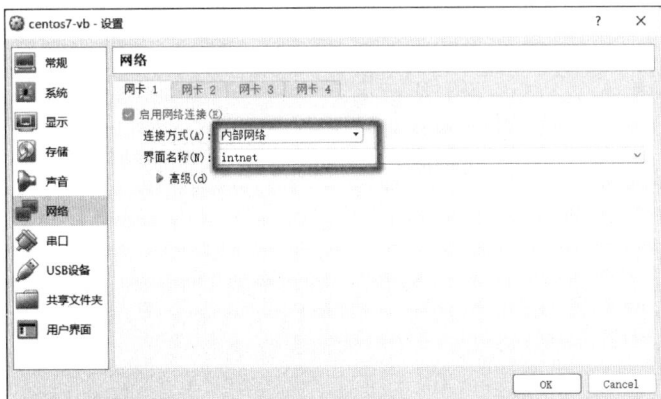

图 3-59　配置虚拟机网络为内部网络模式

（2）以同样的方式修改 centos7-vb_1 虚拟机。此时两台虚拟机和宿主机已经隔离，需要通过虚拟机窗口进行后续操作。

（3）由于内部网络模式没有提供 DHCP 服务，所以需要手动为两台虚拟机设置 IP 地址。在 centos7-vb 虚拟机上执行：

```
[root@dataserver ～]# vi /etc/sysconfig/network-scripts/ifcfg-enp0s3
#下面改为 none 取消 DHCP
BOOTPROTO = none
# # # #增加以下两行内容
IPADDR = 172.16.0.10
PREFIX = 24
[root@dataserver ～]# systemctl restart network
```

在 centos7-vb_1 虚拟机上执行：

```
[root@dataserver1 ～]# vi /etc/sysconfig/network-scripts/ifcfg-enp0s3
#下面改为 none 取消 DHCP
BOOTPROTO = none
# # # #增加以下两行内容
IPADDR = 172.16.0.11
PREFIX = 24
[root@dataserver1 ～]# systemctl restart network
```

（4）通过 ping 命令测试连通性：

```
[root@dataserver ～]# ping 172.16.0.11
PING 172.16.0.11 (172.16.0.11) 56(84) bytes of data.
64 bytes from 172.16.0.11: icmp_seq = 1 ttl = 64 time = 0.649 ms
64 bytes from 172.16.0.11: icmp_seq = 2 ttl = 64 time = 0.443 ms
64 bytes from 172.16.0.11: icmp_seq = 3 ttl = 64 time = 0.527 ms
64 bytes from 172.16.0.11: icmp_seq = 4 ttl = 64 time = 0.643 ms
```

可以看到，因为内部网络名称相同，都为 intnet，所以两台虚拟机可以互通。

（5）将 centos7-vb_1 虚拟机的内部网络名称修改为 intnet2，如图 3-60 所示。重新启动网络服务后发现不能 ping 通 centos7-vb 虚拟机，说明内部网络模式只有网络地址和网络名称都相同才能直接通信。

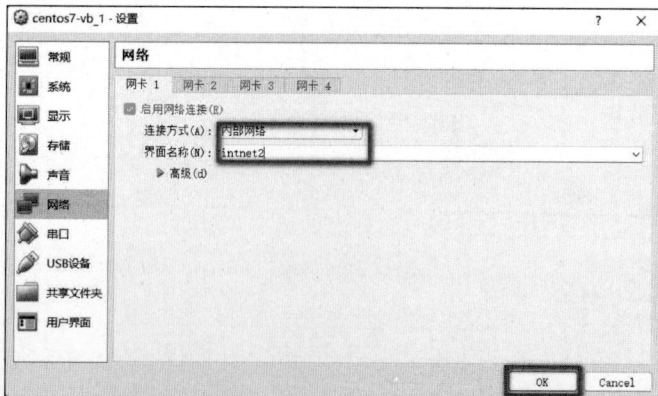

图 3-60　修改内部网络名称

5．配置虚拟机网络仅主机模式

（1）在两台虚拟机的网络设置中，将"连接方式"更改为"仅主机（Host-Only）网络"，"界面名称"选择相同的虚拟网卡，比如"VirtualBox Host-Only Ethernet Adapter ♯2"，如图 3-61所示。

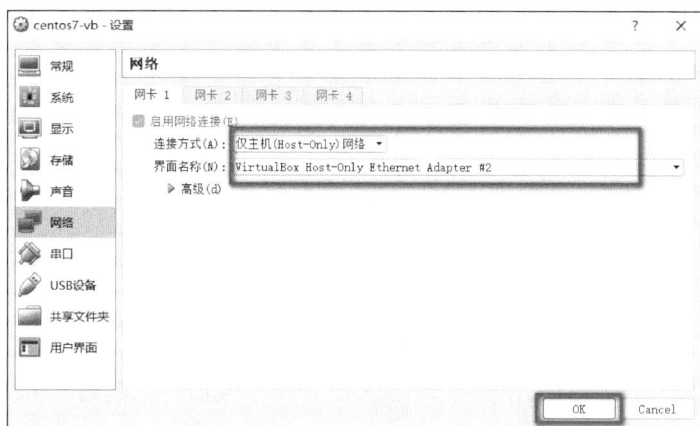

图 3-61　更改连接方式

（2）通过虚拟机窗口登录后，用 vi 命令编辑网卡配置文件，将两台虚拟机网络配置设置为 DHCP，同时删除前面内部网络配置过程中设置的 IP 地址，然后重新启动网络服务查看IP 地址。

centos7-vb 虚拟机 IP 地址：

```
[root@dataserver ~]# ip a
2: enp0s3: <BROADCAST,MULTICAST,UP,LOWER_UP> mtu 1500 qdisc pfifo_fast state UP group default
qlen 1000
    link/ether 08:00:27:60:7e:97 brd ff:ff:ff:ff:ff:ff
    inet 192.168.56.3/24 brd 192.168.56.255 scope global noprefixroute dynamic enp0s3
       valid_lft 803sec preferred_lft 803sec
    inet6 fe80::5f52:22bb:11d1:e904/64 scope link noprefixroute
       valid_lft forever preferred_lft forever
```

centos7-vb_1 虚拟机 IP 地址：

```
[root@dataserver1 ~]# ip a
2: enp0s3: <BROADCAST,MULTICAST,UP,LOWER_UP> mtu 1500 qdisc pfifo_fast state UP group default
qlen 1000
    link/ether 08:00:27:b6:67:48 brd ff:ff:ff:ff:ff:ff
    inet 192.168.56.4/24 brd 192.168.56.255 scope global noprefixroute dynamic enp0s3
       valid_lft 833sec preferred_lft 833sec
    inet6 fe80::8692:ef7f:f8a6:dd79/64 scope link noprefixroute
       valid_lft forever preferred_lft forever
    inet6 fe80::5f52:22bb:11d1:e904/64 scope link tentative noprefixroute dadfailed
       valid_lft forever preferred_lft forever
```

默认情况下，仅主机模式分配的 IP 地址为"192.168.56.0/24"，通过 ping 命令测试连通性，可以看到两台虚拟机可以互通：

```
[root@dataserver ~]# ping 192.168.56.4
PING 192.168.56.4 (192.168.56.4) 56(84) bytes of data.
64 bytes from 192.168.56.4: icmp_seq = 1 ttl = 64 time = 0.495 ms
```

（3）在 VirtualBox 主机界面选择"全局工具"→"主机网络管理器"，可以看到当前有一个虚拟网络适配器"VirtualBox Host-Only Ethernet Adapter ♯2"。单击"创建"按钮可以新添加一块用于仅主机网络模式的虚拟网络适配器"VirtualBox Host-Only Ethernet Adapter ♯3"。在下方的"网卡"选项卡中设置虚拟适配器的 IP 地址，如果选中"自动配置网卡"单选按钮，则通过仅主机模式下的虚拟交换机分配，默认是"192.168.xxx.1"；如果选中"手动配置网卡"单选按钮，则要注意和 DHCP 服务器网络地址一致，如图 3-62 所示。

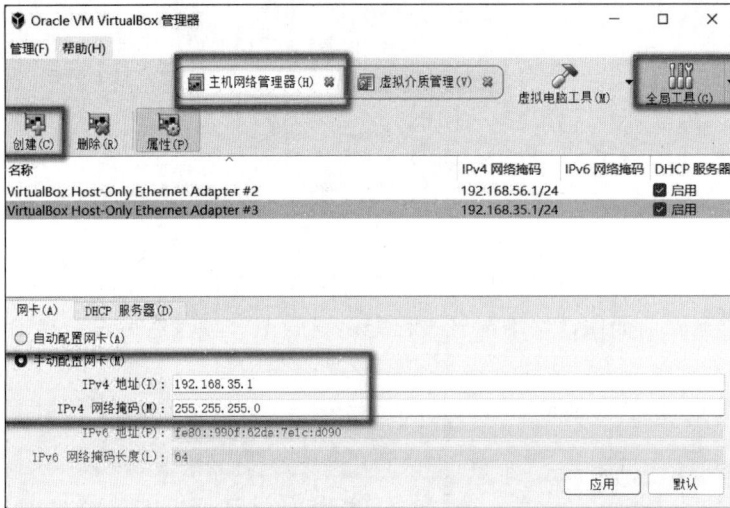

图 3-62 手动配置网卡

（4）在"DHCP 服务器"选项卡中可以查看 DHCP 服务器 IP 地址，设置是否开启 DHCP 功能以及 IP 地址池范围，如图 3-63 所示。

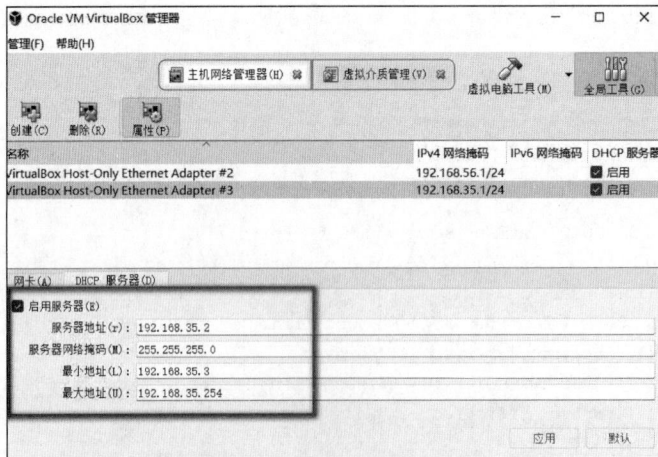

图 3-63 DHCP 服务器设置

（5）将 centos7-vb_1 虚拟机的网络连接方式设置为"仅主机（Host-Only）网络"，界面名称为新创建的"VirtualBox Host-Only Ethernet Adapter ♯3"，如图 3-64 所示。

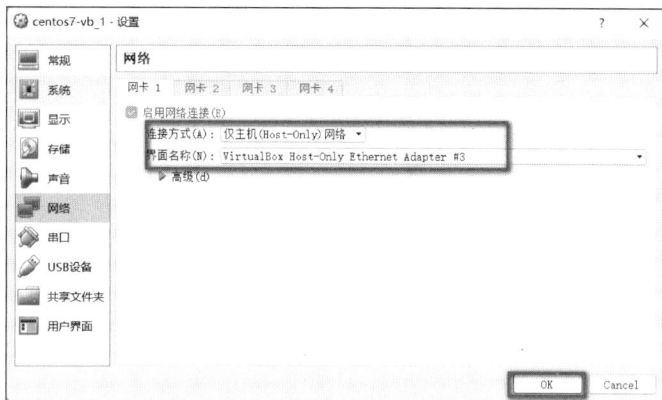

图 3-64　设置网络连接方式

（6）在虚拟机窗口重启网络服务后查看 IP 地址：

```
[root@dataserver1 ～]♯ systemctl restart network
[root@dataserver1 ～]♯ ip a
2: enp0s3: <BROADCAST,MULTICAST,UP,LOWER_UP> mtu 1500 qdisc pfifo_fast state UP group default
qlen 1000
    link/ether 08:00:27:b6:67:48 brd ff:ff:ff:ff:ff:ff
    inet 192.168.35.3/24 brd 192.168.35.255 scope global noprefixroute dynamic enp0s3
        valid_lft 1199sec preferred_lft 1199sec
    inet6 fe80::5f52:22bb:11d1:e904/64 scope link tentative
        valid_lft forever preferred_lft forever
```

可以看到已经重新分配到了新创建的仅主机模式的网络参数。测试和 centos7-vb 虚拟机的连通性：

```
[root@dataserver1 ～]♯ ping 192.168.56.3
connect: 网络不可达
```

提示网络不可达，说明仅主机模式 DHCP 没有分配网关。

6. 仅主机模式共享宿主机 Internet

在仅主机模式下如果想访问外部网络，则可以通过共享宿主机的 Internet 连接方式，这里以 centos7-vb_1 虚拟机为例介绍具体的操作步骤。

（1）在宿主机打开"网络连接"界面，右击能够访问 Internet 的网卡。选中"允许其他网络通过此计算机的 Internet 连接来连接"复选框，在"家庭网络连接"下拉列表框中选择虚拟机所连接的虚拟网络适配器，如果图 3-65 所示。

（2）设置完成后，宿主机 Windows 操作系统会自动将虚拟网络适配器 IP 地址修改为"192.168.137.1"，这时需要改回原来的 IP 地址，这里是"192.168.35.1"。在"网络连接"界面右击"VirtualBox Host-Only Network ♯3"网卡，在弹出的快捷菜单中选择"属性"命令，选取"Internet 协议版本 4（TCP/IPv4）"后，单击"确定"按钮进行修改，如图 3-66 所示。

（3）在 centos7-vb_1 虚拟机重新配置网络为静态 IP 地址，添加网关和 DNS：

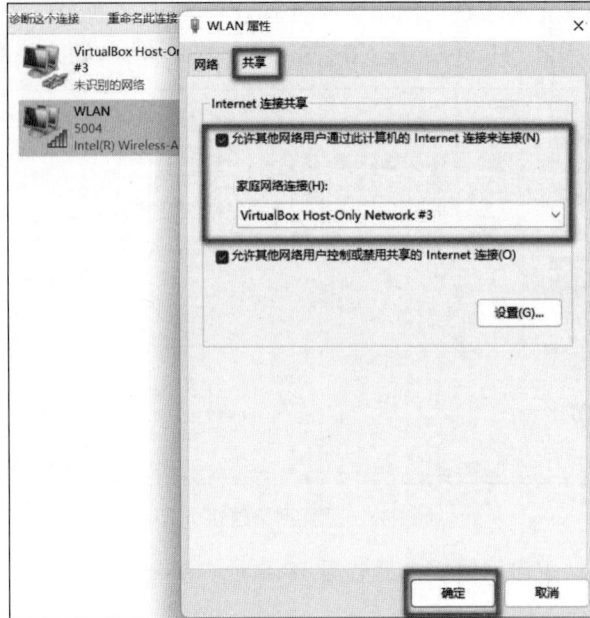

图 3-65　共享宿主机连接

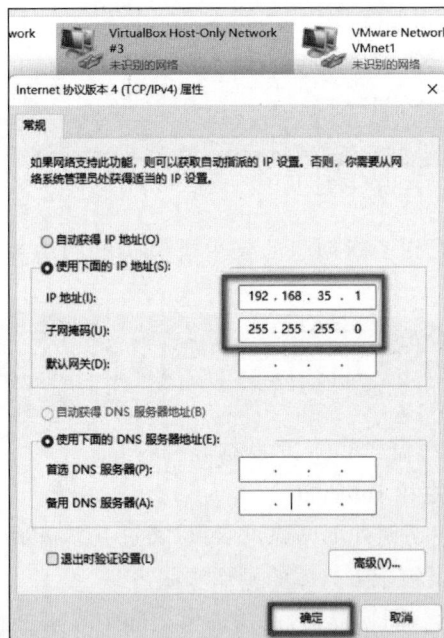

图 3-66　网络连接属性设置

```
[root@dataserver1 ~]# nmcli connection modify enp0s3 ipv4.address 192.168.35.3/24
[root@dataserver1 ~]# nmcli connection modify enp0s3 ipv4.method manual
[root@dataserver1 ~]# nmcli connection modify enp0s3 ipv4.gateway 192.168.35.1
[root@dataserver1 ~]# nmcli connection modify enp0s3 ipv4.dns 202.96.64.68
[root@dataserver1 ~]# nmcli connection up enp0s3
[root@dataserver1 ~]# ping www.baidu.com
```

```
PING www.a.shifen.com (182.61.200.6) 56(84) bytes of data.
64 bytes from 182.61.200.6 (182.61.200.6): icmp_seq = 1 ttl = 50 time = 17.6 ms
64 bytes from 182.61.200.6 (182.61.200.6): icmp_seq = 2 ttl = 50 time = 37.5 ms
```

可以看到,已经可以连接到 Internet 网络。

3.3.4 任务拓展

【任务内容】 通过 VBoxManage 开启内部网络模式的 DHCP 功能。
【任务目标】 掌握在 VirtualBox 内部网络模式下开启 DHCP 的方法。
【任务步骤】

VirtualBox 的很多特殊设置都需要通过命令行方式完成。在前面的内部网络模式配置任务中需要手动设置 IP 地址,如果虚拟机较多则比较麻烦,这时可以通过 VBoxManage 命令开启内部网络的 DHCP 功能。

(1) 在宿主机按 Windows+R 键打开命令行窗口,执行以下命令:

```
C:\Users\han_1>vboxmanage dhcpserver add -- netname intnet -- ip 172.16.0.1 -- netmask 255.
255.255.0 -- lowerip 172.16.0.2 -- upperip 172.16.0.254 -- enable
```

以上命令在名称为 intnet 的内部网络中添加了 DHCP 服务器,其中,"--ip"指明服务器的 IP 地址是"172.16.0.1";"--netmask"指明了子网掩码;"--lowerip"和"--upperip"指明了 IP 地址范围。

(2) 将 centos7-vb_1 虚拟机的网络连接设置为 intnet,在虚拟机窗口将 IP 地址获取方式重新修改为 DHCP:

任务拓展 10

```
# # # #编辑网卡配置文件
[root@dataserver1 ~]# vi /etc/sysconfig/network - scripts/ifcfg - enp0s3
BOOTPROTO = dhcp                           #此处改为 dhcp
# # # #将以下 4 行删除掉
IPADDR = 192.168.35.3
PREFIX = 24
DNS1 = 202.96.64.68
GATEWAY = 192.168.35.1
# # # #重启网络服务,查看 IP 地址
[root@dataserver1 ~]# systemctl restart network
[root@dataserver1 ~]# ip a
2: enp0s3: < BROADCAST, MULTICAST, UP, LOWER_UP > mtu 1500 qdisc pfifo_fast state UP group default
qlen 1000
    link/ether 08:00:27:b6:67:48 brd ff:ff:ff:ff:ff:ff
    inet 172.16.0.2/24 brd 172.16.0.255 scope global noprefixroute dynamic enp0s3
       valid_lft 1181sec preferred_lft 1181sec
    inet6 fe80::5f52:22bb:11d1:e904/64 scope link tentative
       valid_lft forever preferred_lft forever
```

可以看到已经成功分配到了 IP 地址,这样连接到这个内部网络的虚拟机都可以动获取 IP 地址。

3.4 综合实训 结合 eNSP 模拟公司内部网络

3.4.1 任务目标

◇ 掌握 eNSP 的基本使用；

◇ 掌握 eNSP 中连接 Oracle VirtualBox 虚拟机的方法。

3.4.2 任务知识点

1. eNSP

eNSP(enterprise Network Simulation Platform)是一款由华为提供的、可扩展的、图形化操作的网络仿真工具平台，主要对企业网络路由器、交换机进行软件仿真，完美呈现真实设备实景，支持大型网络模拟，让广大用户有机会在没有真实设备的情况下能够模拟演练，学习网络技术。eNSP 中的大部分网络设备都是通过 VirtualBox 虚拟化运行后使用，也就是说，VirtualBox 必须能够正常运行 eNSP 的镜像，eNSP 才能正常使用。

虽然 eNSP 有着强大的网络设备模拟功能，但对服务器和个人计算机的支持功能比较少。可以通过 eNSP 的 cloud 设备端口映射到宿主机网卡的方式，将 VirtualBox 或者 Workstation 的虚拟机作为服务器或个人计算机从而实现更加真实的实验环境。eNSP 对 VirtualBox 的版本有一定的兼容性要求：

- Windows 10 版本号为 1909，可安装 5.1.24 或更高版本的 VirtualBox，但不能超过 5.2.44。
- Windows 10 版本号为 20H2 以上，必须安装 5.2 以上版本的 VirtualBox，但不能高于 5.2.44，若安装低于 5.2 版本的 VirtualBox 则提示兼容性问题。

2. WinPcap

WinPcap 是在 Windows 平台上访问网络模型数据链路层的开源库，其允许应用程序绕开网络协议栈来捕获与发送网络数据包。在实际应用中，WinPcap 与网络分析工具(例如，Wireshark 软件)配合工作，实现对流经网络接口卡的数据报文的抓取和分析。

3. Wireshark

Wireshark 是一款网络封包分析软件，1998 年以 GPL(GNU Public Licence)开源许可发布。其功能是截取网络报文，并尽可能显示最详细的网络封包资料。Wireshark 使用 WinPcap 作为接口，直接与网卡进行数据报文交换。网卡在对接收的数据包进行处理前，会先对数据包首部中的目的地址进行检查，如果目的地址不是本机则会丢弃这些数据包，反之则会接收数据包并将数据包交给操作系统，操作系统再将其分配给应用程序。因此，Wireshark 在工作时需要将网卡设置为一种特殊的方式——混杂模式。在这种模式下，网卡就会将所有通过他的数据包都接收下来并传递给操作系统。操作系统会将这些数据包复制一份并提供给 Wireshark，这样 Wireshark 就可以分析本机所有进出的数据包了。

3.4.3 任务实施

1. 安装 eNSP

在安装 eNSP 前需要先安装 VirtualBox、WinPcap 和 Wireshark 软件。其中 VirtualBox 已

经安装完毕,下面安装 WinPcap、Wireshark。

（1）双击 WinPcap 安装程序进行安装即可。

（2）双击 Wireshark 安装程序,根据提示单击 Next 按钮进行安装,选择好安装位置,其他都保持默认设置即可,但必须选中"Install Npcap 0.99-r9"复选框,如图 3-67 所示。

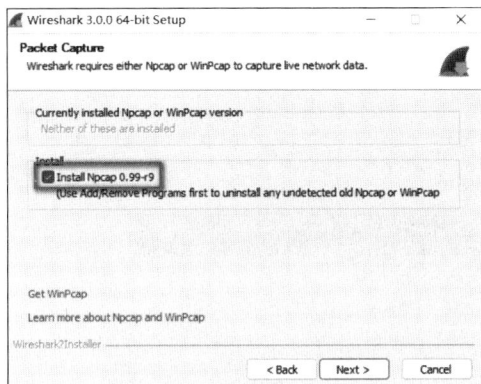

图 3-67　Wireshark 安装

（3）安装过程中会弹出 Npcap 安装协议界面,单击 I Agree 按钮即可,如图 3-68 所示。随后进入安装选择界面,具体设置如图 3-69 所示。

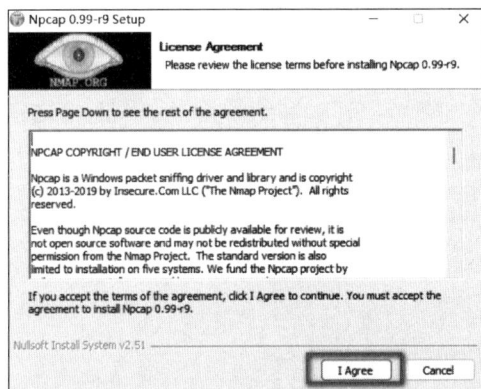

图 3-68　Npcap 安装界面

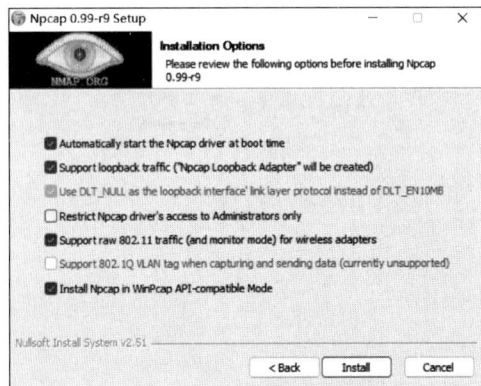

图 3-69　安装选择界面

（4）双击 eNSP 安装程序，单击 Next 按钮，在弹出的对话框选择"我愿意接受此协议"单选按钮，选择安装位置后进行安装即可。安装完成后打开 VirtualBox 会看见多了 5 个虚拟机，如图 3-70 所示。

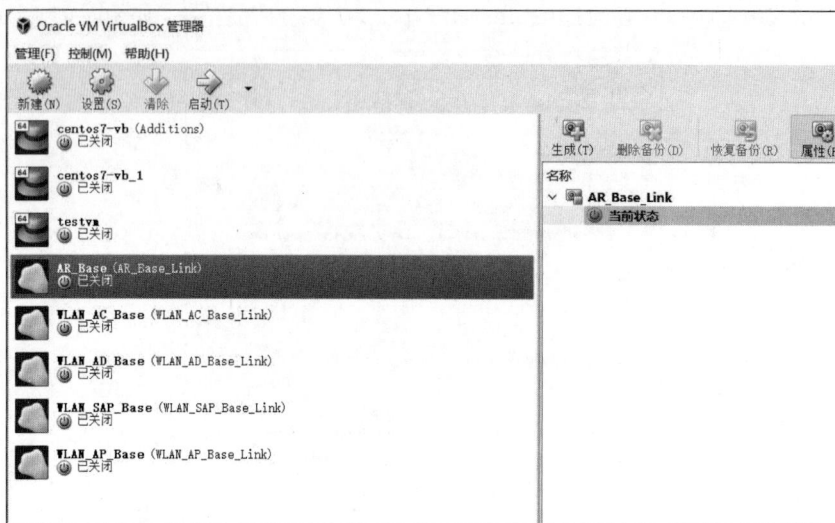

图 3-70　eNSP 安装完成后的效果

2．在 cloud 设备上添加端口和网卡映射

（1）双击 eNSP 桌面快捷方式启动，程序界面如图 3-71 所示。单击工具栏的"添加拓扑"按钮。在设备类型区的"其他设备"选项组中选择 cloud，将之拖曳到工作区作为 Server。双击打开配置界面。

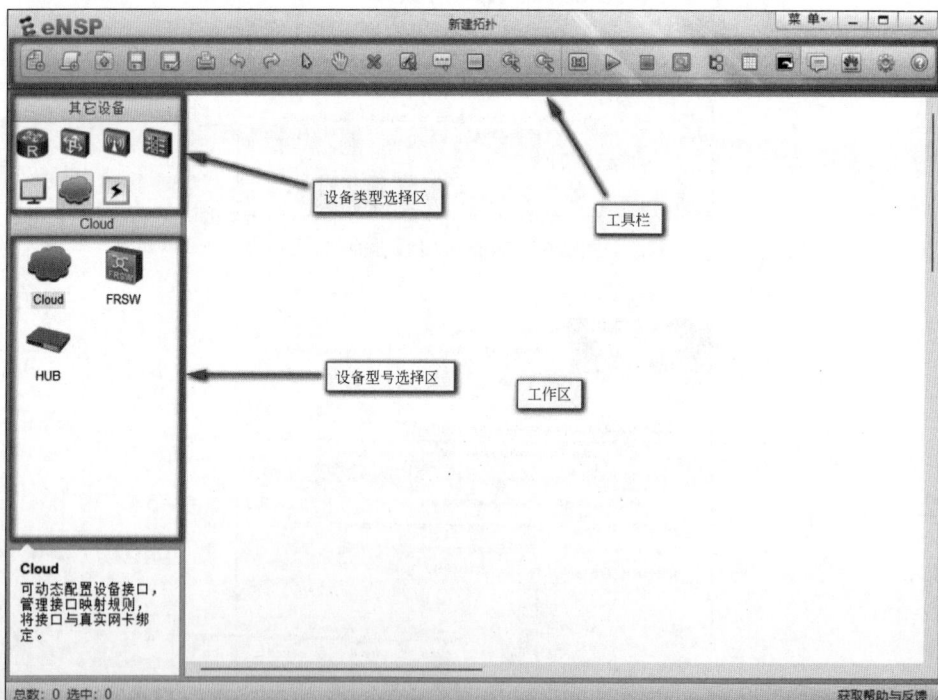

图 3-71　eNSP 程序界面

（2）先在"绑定信息"下拉列表框中选择 UDP 后单击"增加"按钮。再选择"VirtualBox Host-Only Network ♯2"虚拟网卡后，单击"增加"按钮，即可添加两个端口，如图 3-72 所示。

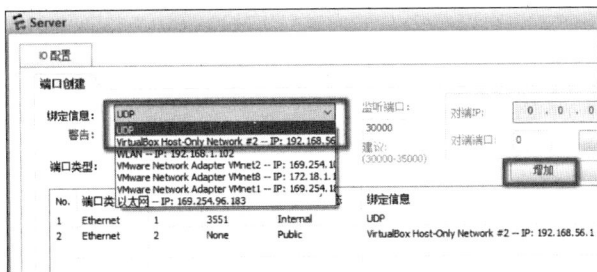

图 3-72　"端口创建"窗口

（3）在"端口映射设置"中将"入端口编号"和"出端口编号"分别选择 1 和 2 后，选中"双向通道"复选框，再单击"增加"按钮，在右侧的"端口映射表"中会相应地添加两条记录，如图 3-73 所示。

图 3-73　创建两个新端口

（4）按照上述方法，再次添加一个 cloud 设备作为 PC，其中"绑定信息"下拉列表框中依次选择 UDP 和"VMware Network Adapter VMnet8"虚拟网卡，如图 3-74 所示。

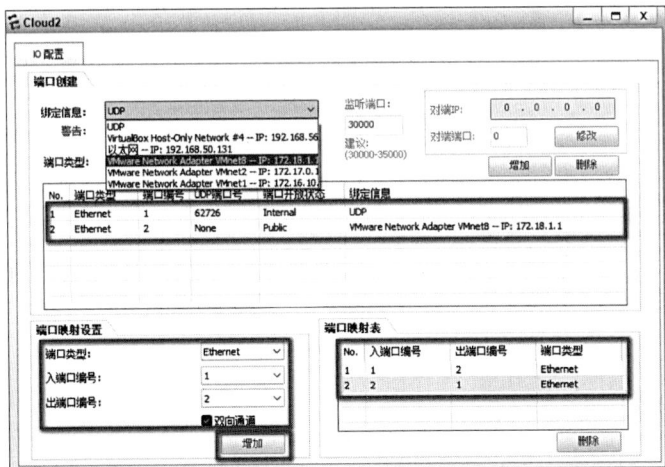

图 3-74　添加一个 cloud 设备作为 PC

3. eNSP 搭建网络拓扑

（1）通过在"设备类型选择区"和"设备型号选择区"选取相应的设备，通过拖曳方式搭建如图 3-75 所示的网络拓扑。

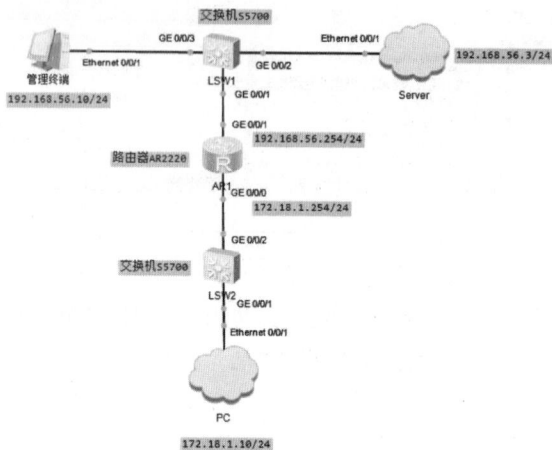

图 3-75　搭建网络拓扑

（2）选取全部设备后，单击工具栏的"开启设备"按钮开启全部设备。

小提示：如果启动过程中出现错误提示，如"启动 AR1 失败，错误代码：40"，则需要在 VirtualBox 中将 eNSP 产生的虚拟机都删除，如图 3-76 所示。在 eNSP 中重新注册 5 个设备，如图 3-77 所示和图 3-78 所示。这种情况一般都是由于在卸载 VirtualBox 软件时，没有将注册表清理干净就重新安装所致，初次安装不会出现该问题。

图 3-76　在 VirtualBox 中将 eNSP 产生的虚拟机删除

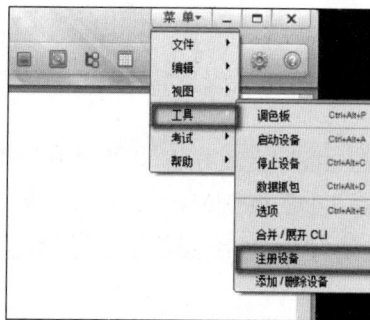

图 3-77　重新注册设备

图 3-78　注册提示框

（3）现在作为服务器的 cloud 设备映射到了 VirtualBox 的仅主机模式网卡。在 VirtualBox 中设置 Centos7-vb 虚拟机的网络连接为仅主机模式，且网卡为"VirtualBox Host-Only Network ♯2"后启动。

（4）启动后设置 IP 地址为静态，同时保证在该仅主机模式的网络范围内。这里设置为"192. 168.56.3/24"，网关为"192.168.56.254"。

（5）作为 PC 的 cloud 设备映射到了 VMware Workstation 的 VMnet8 虚拟网卡，该网卡是 NAT 网络模式。在 Workstation 中设置虚拟机网络模式为 NAT，同时在"虚拟网络管理器"对话框中取消 NAT 的 DHCP 功能，如图 3-79 所示。启动虚拟机后配置 IP 地址为 NAT 网络所在范围，这里设置为"172.18.1.10/24"，网关为"172.18.1.254"。

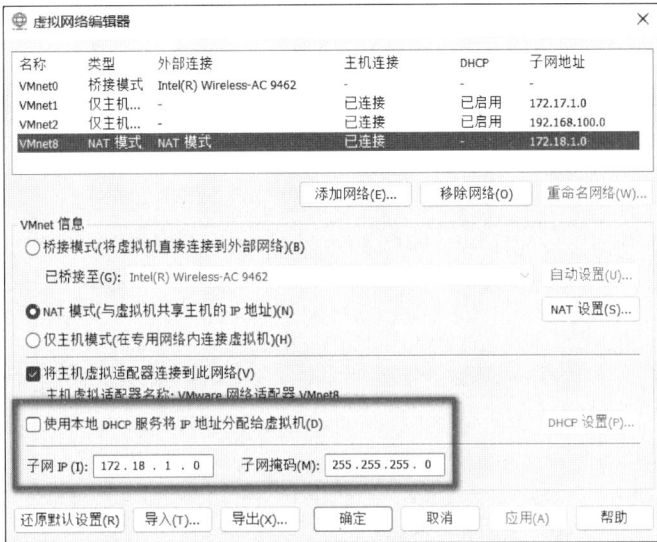

图 3-79 "虚拟网络管理器"对话框

（6）双击路由器，打开命令行配置界面。配置端口的 IP 地址，步骤如下：

```
< Huawei > system - view                                        ＃进入系统配置模式
[Huawei]interface GigabitEthernet 0/0/0                         ＃进入 g0/0/0 端口
[Huawei - GigabitEthernet0/0/0]ip address 172.18.1.254 24       ＃设置 IP 地址作为 PC 网关
[Huawei - GigabitEthernet0/0/0]quit                             ＃退出该端口
[Huawei]interface GigabitEthernet 0/0/1                         ＃进入 g0/0/1 端口
[Huawei - GigabitEthernet0/0/1]ip address 192.168.56.254 24     ＃设置 IP 地址作为服务器网关
[Huawei - GigabitEthernet0/0/1]quit                             ＃退出该端口
```

（7）双击"管理终端"，配置 IP 地址、子网掩码和网关，如图 3-80 所示。

图 3-80 配置 IP 地址、子网掩码和网关

（8）通过 ping 命令验证管理终端、服务器和 PC 之间都可连通。

PC ping 服务器：

```
[root@webserver ～]# ping 192.168.56.3
PING 192.168.56.3 (192.168.56.3) 56(84) bytes of data.
64 bytes from 192.168.56.3: icmp_seq = 1 ttl = 63 time = 32.4 ms
64 bytes from 192.168.56.3: icmp_seq = 2 ttl = 63 time = 26.1 ms
64 bytes from 192.168.56.3: icmp_seq = 3 ttl = 63 time = 59.4 ms
64 bytes from 192.168.56.3: icmp_seq = 4 ttl = 63 time = 44.4 ms
```

PC ping 管理终端：

```
[root@webserver ～]# ping 192.168.56.10
PING 192.168.56.10 (192.168.56.10) 56(84) bytes of data.
64 bytes from 192.168.56.10: icmp_seq = 2 ttl = 127 time = 77.1 ms
64 bytes from 192.168.56.10: icmp_seq = 3 ttl = 127 time = 64.7 ms
64 bytes from 192.168.56.10: icmp_seq = 4 ttl = 127 time = 71.6 ms
64 bytes from 192.168.56.10: icmp_seq = 5 ttl = 127 time = 83.8 ms
```

管理终端 ping 服务器：

```
PC > ping 192.168.56.3
Ping 192.168.56.3: 32 data bytes, Press Ctrl_C to break
From 192.168.56.3: bytes = 32 seq = 1 ttl = 64 time = 31 ms
From 192.168.56.3: bytes = 32 seq = 2 ttl = 64 time = 32 ms
From 192.168.56.3: bytes = 32 seq = 3 ttl = 64 time = 16 ms
From 192.168.56.3: bytes = 32 seq = 4 ttl = 64 time = 16 ms
From 192.168.56.3: bytes = 32 seq = 5 ttl = 64 time < 1 ms
```

任务拓展 11

通过这种方式，可以实现在 eNSP 上进行多种服务器的实验环境搭建和工作生产中的网络情景模拟。

3.4.4 任务拓展

【任务内容】 eNSP 中通过 Wireshark 抓取数据包。

【任务目的】 掌握 eNSP 中通过 Wireshark 抓包的方法。

【任务步骤】

（1）在 Server 上右击后选择"数据抓包"命令，然后选择相应的端口，如图 3-81 所示。

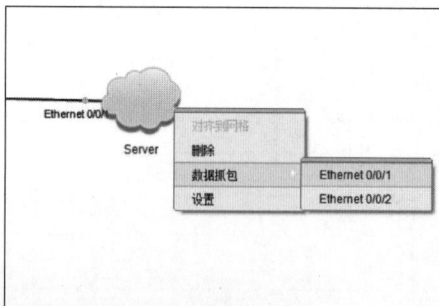

图 3-81 选择"数据抓包"命令

（2）在自动打开的 Wireshark 显示过滤器中输入 icmp，如图 3-82 所示。

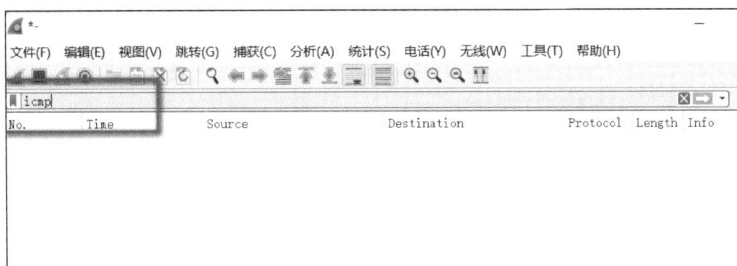

图 3-82　Wireshark 显示过滤器中输入 icmp

（3）在 PC 端再次通过 ping 命令测试和服务器的连通性，连通后即可在 Wireshark 中抓取相应的数据包，如图 3-83 所示。

图 3-83　在 Wireshark 中抓取数据包

3.5　案例教学——锲而不舍、顽强拼搏的工作精神

3.5.1　任务目标

培养锲而不舍、顽强拼搏的工作精神。

3.5.2　案例讲授

中华人民共和国自成立以来，从一穷二白到如今的繁荣富强，离不开全国各族人民的奋斗，更离不开无数科学家的奉献。比如一生献身科学、追求真理，勇于创新、甘于奉献，创造了计算机汉字激光照排技术的著名科学家王选同志。

王选（1937—2006 年）同志是享誉海内外的著名科学家、中国计算机汉字激光照排技术创始人，杰出的社会活动家，中国共产党的亲密朋友，出生于上海，生前担任中国人民政治协商会议第十届全国委员会副主席，九三学社中央副主席，中国科学院院士、中国工程院院士，北京大学教授。

王选同志祖籍江苏无锡，1937 年生于上海一个知识分子家庭，少年时代就读于上海南洋模范学校。1954 年，王选同志考入北京大学数学力学系。当他看到国家"12 年科技规划"中把计算技术列为重点发展学科，又了解到未来计算机技术的应用将对国防和航天工业乃至人类生活产生巨大影响时，便毅然决定攻读当时"冷门"的计算数学专业。1961 年，王选

同志参与北大自行研制的中型计算机"红旗机"的逻辑设计和系统调试任务,在科研上初露锋芒。紧张的工作和严重的营养不良使他患上了重病。但是,王选同志没有消沉,在养病期间,他撑着虚弱的身体,从事 ALGOL60 高级语言编译系统研究,终于在 1967 年和同事们一起完成了这一大型软件,为我国计算机高级语言的推广发挥了积极作用。

1975 年春,王选同志开始着手汉字精密照排系统的研究。当时,他只是北大一位 38 岁的助教,8 年疾病的折磨没有阻断他前进的脚步。他敏锐地意识到这一项目的成功将引起我国报业和出版印刷业的深刻革命,项目的巨大价值和技术难度激起了他攀登科技高峰的豪情。他拖着病体查阅资料,在充分研究国际技术发展方向后,大胆提出了跳过正在攻关的第二代、第三代照排机,直接研制尚无商品的第四代激光照排系统。这在当时是一个令世人震惊的大胆决策,充满了创新精神,许多人很难理解他的抉择。方案一宣布,立即招来众多不解和非议。有人认为这个方案是"天方夜谭",根本实施不了,更多的人主张研制国外技术已经成熟了的二代机。但是,王选和他的夫人陈堃銶没有气馁。经过多次严密科学的论证,最终赢得了相关部门的支持,汉字激光照排系统的研制任务正式下达给以王选同志为首的北大攻关小组。

1979 年到 1984 年,是王选同志科研道路最艰难的时期。随着改革开放的不断深入,英、美、日等国的著名厂商大举进入中国,开始争夺汉字照排印刷领域这块巨大市场。用户和业内人士大多不看好王选同志及其团队的国产系统,几家大报和一批出版社、印刷厂先后购买了国外产品。与此同时,一些参与这个项目的研发人员面临写论文、评职称、出国进修等多方面的压力,而激光照排项目从事的又是繁重的软、硬件工程任务,开发条件很差,看不到任何名和利,研发人员骤减,协作单位退缩,专家论证会也作出了主张引进国外产品的论断。这时,几乎身临绝境的王选同志毅然作出了决战市场的选择。他和同事们排除干扰,不分昼夜,埋头苦干。1979 年 7 月,汉字激光照排系统的原理性样机研制成功。

王选同志曾在一次接受采访时说:"从 1975 年到 1993 年这 18 年中,我一直有种'逆潮流而上'的感觉,这个过程是九死一生的,哪怕松一口气都不会有今天的成功。"

人们很难想象,从 1975 年到 1993 年长达 18 年的科研道路上,病痛缠身的王选同志和负责照排软件系统总体设计的陈堃銶同志过着怎样的生活!宵衣旰食,席不暇暖,夫妇俩没有寒暑假,没有星期天,甚至没有白天和夜晚。但是,正是这种敢为人先、筚路蓝缕的勇气,锲而不舍、顽强拼搏的精神,王选同志和他的团队才有了一连串的自主创新,才有了汉字激光照排系统、方正彩色出版系统的相继推出和大规模应用,从而实现了中国出版印刷行业"告别铅与火、迎来光与电"的技术革命,成为我国自主创新和用高新技术改造传统产业的杰出典范。

王选同志对科研项目的市场前景有着敏锐的洞察力,是促进科技成果向现实生产力转化的先驱,被誉为"有市场眼光的科学家"。20 世纪 80 年代起,他就致力于科研成果的商品化。他积极倡导产学研相结合,在北大方正集团建立起中远期研究、开发、生产、系统测试、销售、培训和售后服务的一条龙体制,还力主由北京大学计算机研究所与北大方正集团共同成立方正技术研究院,走出了一条科研成果产业化的成功道路。20 世纪 90 年代初,他带领队伍针对市场需要不断开拓创新,先后研制成功以页面描述语言为基础的远程传版新技术、开放式彩色桌面出版系统、新闻采编流程计算机管理系统,使得汉字激光照排技术占领99%的国内报业市场以及 90%的海外华文报业市场。

取得这些惊人成就后,王选同志并不满足。他认为,中文出版系统进入海外市场不能看作走向国际的标志,只有开发出非中文领域的出版系统打入发达国家,才算真正国际化。在他的策划和组织下,1997年,一个运用了独特的软插件技术、高集成度、扩展性强的新型日文出版系统面世。该系统应用后,被认为是日本同类系统中最先进的产品,并在日本报社、杂志社、印刷业和广告制作业推广。不仅如此,以栅格图像处理器RIP为核心的产品已销往世界各地,包括欧、美、日等发达国家。

晚年的王选同志更是不断呼吁,要鼓励创新,支持创新。他最大的愿望就是把中国自主知识产权的高新技术产品打入发达国家的市场。即使身患晚期癌症,在化疗期间,他仍然不忘倡导自主创新,呼吁尊重人才。他用自己不平凡的一生,塑造了一座自主创新的丰碑。这是王选同志留给后人最宝贵的财富!

王选同志在计算机应用研究和科学教育领域的巨大成就,赢得了祖国和人民的高度评价,在国际上获得了广泛的赞誉——1985年获首届中国发明协会发明奖,1986年获日内瓦国际发明展览会金奖,1987年获首届毕昇奖,1987年和1995年两次获国家科技进步一等奖。1989年获中国专利金奖,1990年获陈嘉庚技术科学奖,1991年获国务院特殊津贴,1995年获联合国教科文组织科学奖、何梁何利科学与技术进步奖,获2001年度国家最高科学技术奖。他还先后获得全国先进工作者、有突出贡献的中青年专家、全国高等学校先进科技工作者、北京市劳动模范、"首都楷模"等荣誉称号。

2005年岁末,王选同志已经不能进食,靠鼻饲营养液维持生命。他想到不能出席北大计算机研究所每年一度的年终大会了,便在夫人的帮助下,艰难地录下一段话:"我知道有不少同志在日夜加班,奋力拼搏,在此,我要说一声,你们辛苦了!向你们深深地鞠躬!今后我们还要坚持科研为应用、为社会服务的方向,我们要坚定不移地走产学研相结合的道路。"短短不到3分钟的讲话,他竟一遍遍地录了20多分钟!这听起来不够清晰的话语是他留给同事们最后的声音!

2006年1月3日,王选同志在生命快要走到尽头时,咬紧牙关拿起笔,颤抖着写下:"科教兴国,人才强国"八个字。这是他为《科技日报》成立20周年的题词,也成了他的绝笔!他用无声的语言最后向人们表达了对国家富强、民族兴旺的殷切期盼!

王选同志在遗言中表示:"我将尽我最大努力,像当年攻克科研难关那样,顽强地与疾病斗争,为国家做一些力所能及的事情"。他希望年轻一代务必"超越王选,走向世界"。他深情地表示:"我对国家的前途充满信心,21世纪中叶中国必将成为世界强国,我能够在有生之年为此作了一点贡献,已死而无憾了。"王选同志的遗嘱,是他的精神、风范、品德和爱国情操的集中体现,字字句句都流露出他对战胜病魔的坚定信心和顽强意志,寄托着他对国家未来和年轻一代的无限希望,表现了他一贯心系国家和人民、无私无我的高尚品格,以及对生死处之泰然、超然豁达的人生观。

习近平总书记对青年一代寄予厚望,他不断鼓励青年一代"在奋斗中释放青春激情、追逐青春理想,以青春之我、奋斗之我,为民族复兴铺路架桥,为祖国建设添砖加瓦"。目前,我国发展正处于新的历史时期、历史方位,作为青年应当树立崇高远大的理想,担当时代大任,培养自己的顽强拼搏、永不言弃的精神。

本章小结

本章主要介绍 Oracle VirtualBox 虚拟化技术,通过 VirtualBox 的安装和在其中创建管理虚拟机到网络的工作原理配置,由浅入深地介绍了该产品的基本使用。和 VMware 虚拟化产品不同的是,VirtualBox 是完全免费的和开源的,这决定了它可以有更多的扩展的功能。

本章习题

1. 安装 VirtualBox 并创建一台虚拟机。

2. 写出通过 VBoxManage 命令创建名称为 vm1、类型为 RedHat_64、存储位置为 D:\vm\testvm 的虚拟机命令。

3. 写出通过 VBoxManage 命令将虚拟机磁盘 vm1.vdi 大小调整为 50GB 的命令。

4. VirtualBox 虚拟机的网络模式都有哪些? 它们的特点是什么?

第4章

Xen虚拟化技术

【项目情境】

目前企业绝大部分的服务器操作系统都采用 Linux,而且很多云计算采用的虚拟化管理平台也都是基于 Linux 开发的。有了前面的虚拟化基础之后,小赵决定学习一下目前Linux 中常用的两个虚拟化技术——Xen 和 KVM,为将来能够胜任相关岗位工作打下坚实的专业基础。

任务 4.1　Xen 的下载与安装

4.1.1　任务目标

◇ 掌握 Xen 虚拟化技术的基本原理。

◇ 掌握 CentOS7 中安装 Xen Hypervisor 和 Dom0 的方法。

4.1.2　任务知识点

1. Xen 虚拟化技术

Xen 虚拟化技术最初是由英国剑桥大学 XenSource 发布的一个开源项目。于 2003 年9 月推出了首个版本 Xen 1.0,但仅支持半虚拟化(Para Virtualization,PV)。2005 年,XenSource 推出了 Xen 3.0,该版本的 Xen 开始需要 Intel VT 技术的支持,使得 Xen 发展为硬件支持的完全虚拟化(Hardware Virtual Machine,HVM)产品,但同时也支持半虚拟化。2007 年,XenSource 被思杰(Citrix)公司收购。Xen 采用裸金属架构,属于 Type1 型虚拟化产品,可以直接运行于硬件之上。Xen 以高性能、占用资源少著称,赢得了 IBM、AMD、HP、Red Hat 和 Novell 等众多世界级软硬件厂商的高度认可和大力支持,已被国内外众多企事业用户用来搭建高性能的虚拟化平台。Xen 有着更加广泛的 CPU 架构支持,除了支持复杂命令集计算机(CISC)比如 x86 架构的 CPU 外,也支持精简命令集计算机(RISC)CPU,比如 ARM 架构 CPU。

2. Xen Hypervisor

Xen Hypervisor 用来代替操作系统,可以直接安装于硬件层之上,它主要负责对 CPU、内存和中断进行直接管理。但为了减少自身的体积,它并不提供对虚拟机的管理接口和外部设备的支持,而是采用比较独特的方式,通过先运行一台被称为 Domain 0 的特权虚拟机。Domain 0 具有访问 I/O 资源的权限,同时能和其他虚拟机进行交互。Domain 0 在 Xen 中担任管理员的角色,它负责管理其他虚拟机,所以也叫作管理域。其他虚拟机对于网络的访问请求和存储设备的访问请求均需要通过 Domain 0 来完成。

3. Domain 0

Hypervisor 的任务就是保证 Guest OS 的正常运行。Xen 虚拟化环境中用域(Domain)描述各虚拟机,每个域都有其 ID 等属性,因此各虚拟机常表示为 Domain 0、Domain 1 等。也可以使用简写的方式,如 Dom0。Dom0 是运行在 Xen Hypervisor 之上的一个独特的虚拟机,其操作系统内核为经过特殊修改的 Linux 内核,内部包含了真实的设备驱动(原生设备驱动),可直接访问物理硬件,同时负责与 Xen 提供的管理 API 交互,并通过用户模式下的管理工具来管理 Xen 的虚拟机环境。当 Xen 启动之后,第一件完成的事情便是装载 Dom0 的 Guest OS 内核。Dom0 是第一个运行的 Guest OS,具有更高的特权级。Xen 本身不包含任何设备驱动和用户接口,这些都是通过 Dom0 的 Guest OS 以及之上的用户空间工具来提供的。具有代表性的 Dom0 Guest OS 是 Linux,也可以是 NetBSD 和 Solaris。

4. Domain U

Domain U 是非特权级的 Domain。U 来自于英语单词 unprivileged,指的是没有直接访问硬件设备的权限。Xen Hypervisor 上的其他半虚拟化虚拟机被称为 Domain U PV Guest,其中运行着被修改过内核的操作系统;Xen Hypervisor 上的完全虚拟化虚拟机被称为 Domain U HVM Guest,其上运行着不用修改内核的操作系统,如 Windows 等。无论是半虚拟化 Domain U 还是完全虚拟化 Domain U,作为客户虚拟机系统,在 Xen Hypervisor 上可以同时运行多个 Domain U,并且它们之间相互独立,每个 Domain U 都拥有自己所能操作的虚拟资源(如:内存、磁盘等),而且允许单独一个 Domain U 进行重启和关机操作而不影响其他 Domain U。

目前 Xen Hypervisor 对于安装在其上的虚拟机可以采用两种方式:半虚拟化虚拟机(Domain U PV Guests)和完全虚拟化虚拟机(Domain U HVM Guests)。

5. Xen 半虚拟化

Xen 是半虚拟化技术的典型代表。如果采用半虚拟化技术,那么虚拟机操作系统会感知到自己运行在 Xen Hypervisor 上而不是直接运行在硬件上,同时也可以识别出其他运行在相同环境中的虚拟机,这就需要对虚拟机操作系统内核进行适当的修改,所以一般都采用 Linux 操作系统而不是 Windows。为了使 Guest OS 能够使用 Xen Hypervisor 所拥有的特权命令,Xen 提供了超级调用——Hypercall 接口给 OS,过程类似于应用程序使用操作系统内核服务的系统调用。半虚拟化虚拟机 Domain U 中包含两个用于操作网络和磁盘的驱动程序:PV Network Driver 和 PV Block Driver。PV Network Driver 负责为 Domain U 提供网络访问功能;PV Block Driver 负责为 Domain U 提供磁盘操作功能。与之相对应的是,在 Domain 0 中有两个驱动 Network Backend Driver 和 Block Backend Driver。Network Backend Driver 与本地网络硬件直接通信,以此来处理来自于 Domain U 所有虚拟机访问网络设备的请求;Block Backend Drive 与本地存储设备进行通信,以此来处理来自于

Domain U 的磁盘数据读写的请求。

6. Xen 完全虚拟化

运行在完全虚拟化环境下的虚拟机在运行过程中始终感觉自己是直接运行在硬件之上的,并且感知不到在相同硬件环境下运行着其他虚拟机。完全虚拟化环境下的虚拟机的内核不用修改就可直接运行在 Xen Hypervisor 上。Xen 的完全虚拟化需要 Intel 的 VT-x 或 AMD 的 AMD-v 等硬件辅助虚拟化技术的支持,所以也称为硬件虚拟化(Hardware Virtual Machine,HVM),同时还需要通过 QEMU 来仿真所有硬件,比如 BIOS、VGA 显卡、网卡等。完全虚拟化虚拟机中运行的是标准版本的操作系统,因此其操作系统中不存在半虚拟化驱动程序(PV Driver),但是在每个完全虚拟化虚拟机都会在 Domain 0 中存在一个特殊的进程,称作 qemu-dm,qemu-dm 帮助完全虚拟化虚拟机获取网络和磁盘的访问操作。

为了提升 I/O 性能,完全虚拟化也可以采用特别针对存储和网络设备的半虚拟化设备驱动来代替模拟仿真设备,即 CPU 和内存采用硬件辅助完全虚拟化,I/O 设备采用半虚拟化,这种方式称为 PV-on-HVM 驱动,简称 PVHVM。

4.1.3　任务实施

通过在 VMware Workstation 中新安装一台虚拟机完成 Xen Hypervisor 的安装。

(1) 在 VMware Workstation 中安装一台 CentOS 7.5 的虚拟机,命名为 xen。将虚拟机的内存大小设置为 8GB,同时要开启 CPU 的虚拟化支持,如图 4-1 所示。

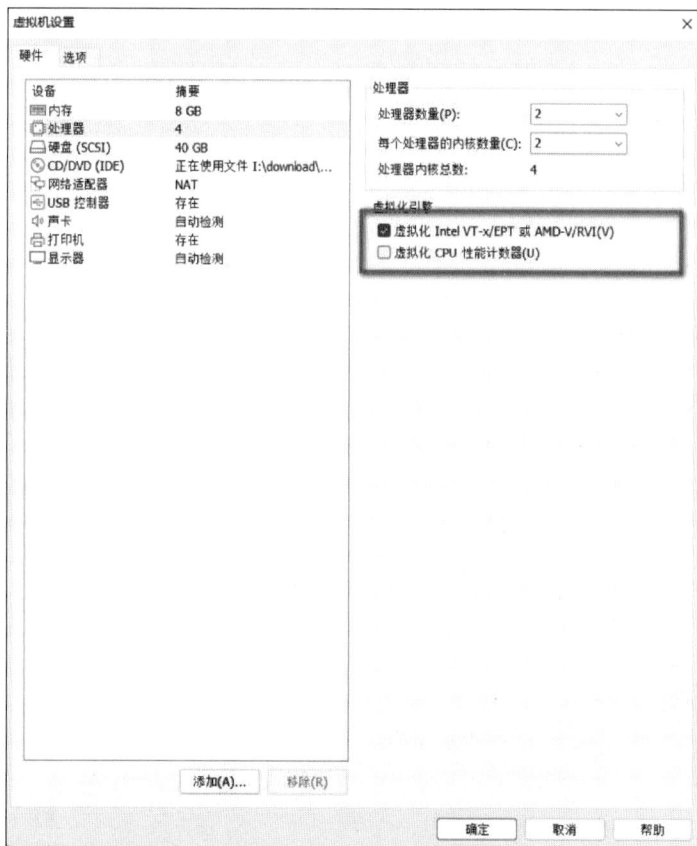

第 13 集
微课视频

图 4-1　创建 Xen 主机

（2）启动虚拟机，通过 MobaXterm 连接登录到虚拟机。

（3）通过以下命令查看虚拟机 CPU 信息以及是否支持 CPU 虚拟化：

```
[root@localhost ~]# lscpu
Architecture:            x86_64
CPU op-mode(s):          32-bit, 64-bit
Byte Order:              Little Endian
CPU(s):                  4
On-line CPU(s) list:     0-3
Thread(s) per core:      1
Core(s) per socket:      2
Socket(s):               2
NUMA node(s):            1
Vendor ID:               AuthenticAMD
CPU family:              25
Model:                   33
Model name:              AMD Ryzen 9 5900X 12-Core Processor
Stepping:                0
CPU MHz:                 4199.994
BogoMIPS:                8399.98
Virtualization:          AMD-V
Hypervisor vendor:       VMware
Virtualization type:     full
L1d cache:               32K
L1i cache:               32K
L2 cache:                512K
L3 cache:                32768K
NUMA node0 CPU(s):       0-3
Flags:                   fpu vme de pse tsc msr pae mce cx8 apic sep mtrr pge mca cmov pat pse36
clflush mmx fxsr sse sse2 ht syscall nx mmxext fxsr_opt pdpe1gb rdtscp lm constant_tsc art rep_
good nopl tsc_reliable nonstop_tsc extd_apicid eagerfpu pni pclmulqdq ssse3 fma cx16 sse4_1
sse4_2 x2apic movbe popcnt aes xsave avx f16c rdrand hypervisor lahf_lm cmp_legacy svm extapic
cr8_legacy abm sse4a misalignsse 3dnowprefetch osvw topoext retpoline_amd vmmcall fsgsbase
bmi1 avx2 smep bmi2 erms invpcid rdseed adx smap clflushopt clwb sha_ni xsaveopt xsavec xgetbv1
clzero ibpb arat npt svm_lock nrip_save vmcb_clean flushbyasid decodeassists pku ospke overflow_recov
succor
```

通过以上信息可以看到当前 CPU 是 AMD 的产品，"Virtualization：AMD-V"字段说明已经开启了 AMD 的 CPU 虚拟化技术（如果是 Intel CPU 显示的应该是 VT-x）。如果没有该字段，则说明 CPU 虚拟化技术没有开启，需要关机，然后在虚拟机配置中开启。

（4）添加 Xen 的 yum 安装源：

```
[root@localhost ~]# yum -y install centos-release-xen
……安装信息略……
Installed:
  centos-release-xen.x86_64 10:9-2.el7.centos
Dependency Installed:
  centos-release-virt-common.noarch 0:1-1.el7.centos
centos-release-xen-common.x86_64 10:9-2.el7.centos
Complete!
```

执行上述命令后，在 yum 安装源配置目录中会增加 Xen 的 yum 安装源配置文件

CentOS-Xen.repo,通过 cat 命令查看内容如下:

```
[root@localhost yum.repos.d]# cat CentOS - Xen.repo
# CentOS - Xen.repo
# Please see http://wiki.centos.org/QaWiki/Xen4 for more
# information
[centos - virt - xen - 412]
name = CentOS - $releasever - xen
baseurl = http://mirror.centos.org/centos/$releasever/virt/$basearch/xen - 412
gpgcheck = 1
enabled = 1
gpgkey = file:///etc/pki/rpm - gpg/RPM - GPG - KEY - CentOS - SIG - Virtualization
[centos - virt - xen - 412 - testing]
name = CentOS - $releasever - xen - testing
baseurl = http://buildlogs.centos.org/centos/$releasever/virt/$basearch/xen - 412
gpgcheck = 0
enabled = 0
gpgkey = file:///etc/pki/rpm - gpg/RPM - GPG - KEY - CentOS - SIG - Virtualization
```

从以上安装源配置文件中,可以看到当前提供的 Xen 安装版本为 412。

(5) 执行下面的命令更新为 Xen 内核:

```
[root@localhost yum.repos.d]# yum -- enablerepo = centos - virt - xen - 412 update kernel - y
……安装信息略……
Running transaction check
Running transaction test
Transaction test succeeded
Running transaction
  Installing : kernel - 4.9.241 - 37.el7.x86_64
1/1
  Verifying : kernel - 4.9.241 - 37.el7.x86_64
1/1
Installed:
  kernel.x86_64 0:4.9.241 - 37.el7
Complete!
```

(6) 执行下面的命令安装 Xen:

```
[root@localhost yum.repos.d]# yum -- enablerepo = centos - virt - xen - 412 install xen - y
……安装信息略……
Installed:
  xen.x86_64 0:4.12.4.103.g71e9d0c94d - 1.el7
Dependency Installed:
  SDL.x86_64 0:1.2.15 - 17.el7                    adwaita - cursor - theme.noarch 0:3.28.0 - 1.el7
……安装信息略……
Dependency Updated:
  freetype.x86_64 0:2.8 - 14.el7_9.1              glib2.x86_64 0:2.56.1 - 9.el7_9
Complete!
```

(7) 根据需要编辑 Domain0 的配置文件,这里通过"dom0_mem = 2048M, max: 2048M"属性设置 Domain0 的内存大小为 2GB。需要注意的是,Domain0 宿主机的内存一定要大于 Domain0 设置的内存。

```
[root@localhost ~]# vi /etc/default/grub
GRUB_TIMEOUT = 5
GRUB_DISTRIBUTOR = "$(sed 's, release . * $,,g'/etc/system-release)"
GRUB_DEFAULT = saved
GRUB_DISABLE_SUBMENU = true
GRUB_TERMINAL_OUTPUT = "console"
GRUB_CMDLINE_LINUX = "crashkernel = auto rd.lvm.lv = centos/root rd.lvm.lv = centos/swap rhgb
quiet"
GRUB_DISABLE_RECOVERY = "true"
GRUB_CMDLINE_XEN_DEFAULT = "dom0_mem = 2048M, max:2048M cpuinfo com1 = 115200,8n1 console =
com1,tty loglvl = all guest_loglvl = all"
GRUB_CMDLINE_LINUX_XEN_REPLACE_DEFAULT = "console = hvc0 earlyprintk = xen nomodeset"
```

（8）通过脚本更新 grub：

```
[root@localhost ~]# /bin/grub-bootxen.sh
Generating grub configuration file ...
Found linux image: /boot/vmlinuz-4.9.241-37.el7.x86_64
Found initrd image: /boot/initramfs-4.9.241-37.el7.x86_64.img
Found linux image: /boot/vmlinuz-4.9.241-37.el7.x86_64
Found initrd image: /boot/initramfs-4.9.241-37.el7.x86_64.img
Found linux image: /boot/vmlinuz-4.9.241-37.el7.x86_64
Found initrd image: /boot/initramfs-4.9.241-37.el7.x86_64.img
Found linux image: /boot/vmlinuz-4.9.241-37.el7.x86_64
Found initrd image: /boot/initramfs-4.9.241-37.el7.x86_64.img
Found linux image: /boot/vmlinuz-3.10.0-1160.71.1.el7.x86_64
Found initrd image: /boot/initramfs-3.10.0-1160.71.1.el7.x86_64.img
Found linux image: /boot/vmlinuz-3.10.0-862.el7.x86_64
Found initrd image: /boot/initramfs-3.10.0-862.el7.x86_64.img
Found linux image: /boot/vmlinuz-0-rescue-1122edcaec8a46d08b13681cb2bbf39b
Found initrd image: /boot/initramfs-0-rescue-1122edcaec8a46d08b13681cb2bbf39b.img
done
```

（9）重新启动虚拟机，在开机引导界面选择 Xen 内核进行启动，如图 4-2 所示。

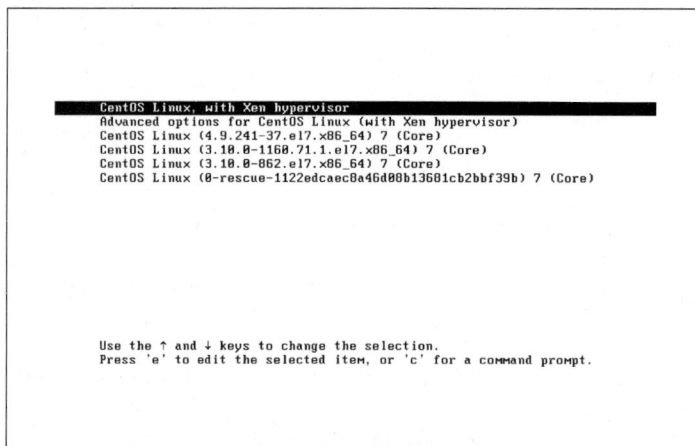

图 4-2　Xen 主机开机引导界面

（10）开机后通过 xl 命令查看 Xen 的基本信息和虚拟机信息：

```
[root@localhost ~]# xl info
host                    : localhost.localdomain              #
release                 : 4.9.241-37.el7.x86_64
version                 : #1 SMP Mon Nov 2 13:55:04 UTC 2020
machine                 : x86_64
nr_cpus                 : 4
max_cpu_id              : 127
nr_nodes                : 1
cores_per_socket        : 2
threads_per_core        : 1
cpu_mhz                 : 4199.837
hw_caps                 : 178bf3ff:f6f83203:2e500800:004003ff:0000000f:219c07a9:0040000c
                          00000100
virt_caps               : pv hvm
total_memory            : 8191
free_memory             : 6048
sharing_freed_memory    : 0
sharing_used_memory     : 0
outstanding_claims      : 0
free_cpus               : 0
xen_major               : 4
xen_minor               : 12
xen_extra               : .4.103.g71e9d0c
xen_version             : 4.12.4.103.g71e9d0c
xen_caps                : xen-3.0-x86_64 xen-3.0-x86_32p hvm-3.0-x86_32 hvm-3.0-
                          x86_32p hvm-3.0-x86_64
xen_scheduler           : credit2
xen_pagesize            : 4096
platform_params         : virt_start=0xffff800000000000
xen_changeset           :
xen_commandline         : placeholder dom0_mem=2048M,max:2048M cpuinfo com1=115200,8n1
                          console=com1,tty loglvl=all guest_loglvl=all
cc_compiler             : gcc (GCC) 4.8.5 20150623 (Red Hat 4.8.5-44)
cc_compile_by           : mockbuild
cc_compile_domain       : centos.org
cc_compile_date         : Wed Jan 26 16:38:22 UTC 2022
build_id                : 217e3e609a52beb78a2923a50862571f2d4f22d2
xend_config_format      : 4
[root@localhost ~]# xl list
Name                                        ID   Mem VCPUs      State   Time(s)
Domain-0                                     0   2048     4     r-----    12.7
```

可以看到，Xen 虚拟化的类型为 pv 和 hvm，版本号为 4.12.4.103.g71e9d0c，内存大小
为 8GB，可用内存大小为 6GB 等信息。"xl list"命令用来查看域的信息，当前只有 Domain-
0 一个特权域，内存大小为 2GB。State 代表域的状态，当前为 r 表示 running 正在运行，其
他的状态提示符还包括：

① b——block（阻塞）；

② p——pause（暂停）；

③ s——stop（停止）；

④ c——crash(崩溃);

⑤ d——dying(正在关闭中)。

通过以上步骤,就将 Xen Hypervisor 和 Dom0 安装到了主机上,再次进入 Xen 内核的操作系统界面实际上就是进入了 Dom0 管理域。

4.1.4　任务拓展

【任务内容】　xl 命令的使用方法。

【任务目标】　掌握通过 xl 命令打开帮助文档的方法。

【任务步骤】

(1)通过"xl help"命令打开帮助文档:

```
[root@localhost ~]♯ xl help
Usage xl [-vfN] <subcommand> [args]
xl full list of subcommands:
  create             Create a domain from config file <filename>
  config-update      Update a running domain's saved configuration, used when rebuilding the
domain after reboot.
WARNING: xl now has better capability to manage domain configuration, avoid using this command
when possible
  list               List information about all/some domains
  destroy            Terminate a domain immediately
  shutdown           Issue a shutdown signal to a domain
  reboot             Issue a reboot signal to a domain
  pci-attach         Insert a new pass-through pci device
  ……后面内容略……
```

(2)通过 man 打开 xl 使用手册:

```
[root@localhost ~]♯ man xl
xl(1)                                                        Xen
                                    xl(1)


NAME
     xl - Xen management tool, based on LibXenlight
SYNOPSIS
     xl subcommand [args]
DESCRIPTION
     The xl program is the new tool for managing Xen guest domains. The program can be used to
create, pause, and shutdown domains. It can also be used to
     list current domains, enable or pin VCPUs, and attach or detach virtual block devices.
     The basic structure of every xl command is almost always:
         xl subcommand [OPTIONS] domain-id
……详细内容略……
```

任务 4.2　通过 xl 创建 DomU 虚拟机

4.2.1　任务目标

◇ 掌握 DomU 虚拟机配置文件的编写方法。

◇ 掌握通过 xl 命令创建虚拟机的方法。

4.2.2 任务知识点

qemu-img 是 QEMU 用来实现磁盘映像管理的工具组件,其有许多子命令,分别用于实现不同的管理功能,而每一个子命令也都有一系列不同的选项。qemu-img 命令工具可以创建大多数格式的磁盘映像文件。qemu-img 命令还支持磁盘检测、磁盘格式转化(最好是低级格式转向高级格式,比如 raw 转 qcow2)、创建磁盘快照、调整磁盘映像大小等功能。

4.2.3 任务实施

(1) 将安装 DomU 所需要的操作系统镜像通过 MobaXterm 上传到 Dom0 中。这里以安装 CentOS-6.5-x86_64-minimal.iso 镜像为例:

```
[root@localhost ~]# ls
anaconda - ks.cfg   CentOS - 6.5 - x86_64 - minimal.iso
```

(2) 为了便于管理,需要创建几个目录。其中,images 专门用于存储虚拟机映像文件;config.d 用于存储 DomU 的 xl 配置文件;iso 用于存储虚拟机的安装镜像文件;kernel 用于存储 Guest OS 启动时的临时内核引导文件,具体内容如下:

```
[root@localhost ~]# mkdir - pv /root/xen/{images,config.d,iso,kernel/centos6.5}
mkdir: created directory '/root/xen'
mkdir: created directory '/root/xen/images'
mkdir: created directory '/root/xen/config.d'
mkdir: created directory '/root/xen/iso'
mkdir: created directory '/root/xen/kernel'
mkdir: created directory '/root/xen/kernel/centos6.5'
#将安装镜像移动到 iso 目录中
[root@localhost ~]# mv CentOS - 6.5 - x86_64 - minimal.iso /root/xen/iso/
[root@localhost ~]# ls /root/xen/iso/
CentOS - 6.5 - x86_64 - minimal.iso
```

第 14 集
微课视频

(3) 将镜像文件中的临时内核引导文件移动到 kernel 目录中:

```
#挂载光盘镜像到/mnt 目录
[root@localhost ~]# mount /root/xen/iso/CentOS - 6.5 - x86_64 - minimal.iso /mnt
mount: /dev/loop0 is write - protected, mounting read - only
#复制镜像中内核引导文件
[root@localhost ~]# cp /mnt/isolinux/{initrd.img,vmlinuz} /root/xen/kernel/centos6.5/
```

(4) 构建虚拟内部桥接网络。创建网桥 xenbr0,将 Dom0 的 ens33 网卡 IP 地址赋给xenbr0,然后桥接到 xenbr0 虚拟网桥上:

```
#创建 xenbr0 网桥配置文件
[root@localhost ~]# cd /etc/sysconfig/network - scripts/
[root@localhost network - scripts]# cp ifcfg - ens33 ifcfg - xenbr0
[root@localhost network - scripts]# vi ifcfg - xenbr0
#修改 xenbr0 配置文件为如下内容:
```

```
    TYPE = "Bridge"                                    #设置类型为网桥
    PROXY_METHOD = "none"
    BROWSER_ONLY = "no"
    BOOTPROTO = "static"                               #手动设置 IP 地址
    DEFROUTE = "yes"
    IPV4_FAILURE_FATAL = "no"
    IPV6INIT = "yes"
    IPV6_AUTOCONF = "yes"
    IPV6_DEFROUTE = "yes"
    IPV6_FAILURE_FATAL = "no"
    IPV6_ADDR_GEN_MODE = "stable - privacy"
    NAME = "xenbr0"                                     #设置网桥名称
    DEVICE = "xenbr0"
    ONBOOT = "yes"
    NM_CONTROLLED = no                                 #关闭 NetworkManager
    IPADDR = 192.168.10.141                            #将 Dom0 原 ens33 网卡 IP 地址赋给 xenbr0
    PREFIX = 24
    GATEWAY = 192.168.10.2
    DNS1 = 202.96.64.68                                #DNS 根据实际情况设置
    #将 ens33 网卡桥接到 xenbr0
    [root@localhost network - scripts]# vi ifcfg - ens33
    TYPE = "Ethernet"
    PROXY_METHOD = "none"
    BROWSER_ONLY = "no"
    BOOTPROTO = "static"
    DEFROUTE = "yes"
    IPV4_FAILURE_FATAL = "no"
    IPV6INIT = "yes"
    IPV6_AUTOCONF = "yes"
    IPV6_DEFROUTE = "yes"
    IPV6_FAILURE_FATAL = "no"
    IPV6_ADDR_GEN_MODE = "stable - privacy"
    NAME = "ens33"
    DEVICE = "ens33"
    ONBOOT = "yes"
    BRIDGE = "xenbr0"                                  #设置桥接到 xenbr0
    NM_CONTROLLED = "no"                               #关闭 NetworkManager 服务
    #重启网络服务
    [root@localhost network - scripts]# systemctl restart network
    #查看网络配置,IP 地址已经赋给 xenbr0,ens33 桥接到 xenbr0
    [root@localhost network - scripts]# ip addr
    …… lo 网卡信息略 ……
    2: ens33: < BROADCAST,MULTICAST,UP,LOWER_UP > mtu 1500 qdisc pfifo_fast master xenbr0 state UP
    group default qlen 1000
        link/ether 00:0c:29:6d:34:1b brd ff:ff:ff:ff:ff:ff
        inet6 fe80::20c:29ff:fe6d:341b/64 scope link
          valid_lft forever preferred_lft forever
    3: xenbr0: < BROADCAST, MULTICAST, UP, LOWER_UP > mtu 1500 qdisc noqueue state UP group default
    qlen 1000
        link/ether 00:0c:29:6d:34:1b brd ff:ff:ff:ff:ff:ff
        inet 192.168.10.141/24 brd 192.168.10.255 scope global xenbr0
          valid_lft forever preferred_lft forever
        inet6 fe80::20c:29ff:fe6d:341b/64 scope link
```

```
      valid_lft forever preferred_lft forever
6: vif8.0: <BROADCAST,MULTICAST,UP,LOWER_UP> mtu 1500 qdisc mq master xenbr0 state UP group
default qlen 32
    link/ether fe:ff:ff:ff:ff:ff brd ff:ff:ff:ff:ff:ff
    inet6 fe80::428e:69a1:fbc5:34aa/64 scope link
      valid_lft forever preferred_lft forever
```

（5）通过 qemu-img 命令创建虚拟磁盘文件。这里创建格式为 qcow2、大小为 10GB 的文件作为 DomU 的磁盘：

```
[root@localhost ~]# qemu-img create -f qcow2 -o size=10G /root/xen/images/CentOS65-
dom1.img
Formatting '/root/xen/images/CentOS65-dom1.img', fmt=qcow2 size=10737418240 encryption=
off cluster_size=65536 lazy_refcounts=off
```

qcow2 格式不仅性能非常好，而且支持磁盘压缩、加密、快照、磁盘空间的动态分配等，比如实际只占了 50MB，那么实际占的物理磁盘空间就是 50MB，而非我们之前在创建映像时指定的 10GB 大小。

（6）创建 DomU 的安装配置文件。在/etc/xen 目录中，Xen 已经提供了配置文件的模板，分别为 xlexample.hvm 和 xlexample.pvlinux，分别是创建半虚拟化和完全虚拟化的配置文件模板。以半虚拟化为例，将其复制到自己的配置文件目录中：

```
[root@localhost ~]# cp /etc/xen/xlexample.pvlinux /root/xen/config.d/centos65-
dom1.pvlinux
```

（7）编辑配置文件：

```
[root@localhost ~]# vi /root/xen/config.d/centos65-dom1.pvlinux
#修改相应属性为如下内容:
name = "centos65-dom1"
kernel = "/root/xen/kernel/centos6.5/vmlinuz"
ramdisk = "/root/xen/kernel/centos6.5/initrd.img"
extra = "root=/dev/xvda1"
memory = 1024
vcpus = 1
vif = [ 'mac=00:16:3e:00:00:01,bridge=xenbr0' ]
disk = ['/root/xen/images/CentOS65-dom1.img,qcow2,xvda','/root/xen/iso/CentOS-6.5-x86_
64-minimal.iso,,xvdb,cdrom,r' ]
```

其中，name 为 DomU 名称；kernel 和 ramdisk 分别指向前面复制的内核引导文件；memory 设置 DomU 内存大小；vcpus 设置 DomU 的 CPU 核心数；vif 设置 DomU 的网卡地址并桥接到 xenbr0；disk 设置 DomU 磁盘和光驱位置。extra 额外选项中设置将根文件夹挂载到 xvda1 分区。

（8）通过 xl create 命令加上-n 选项可以检测配置文件是否有语法错误：

```
[root@localhost ~]# xl create -n /root/xen/config.d/centos65-dom1.pvlinux
Parsing config from /root/xen/config.d/centos65-dom1.pvlinux
{
    "c_info": {
```

```
        "type": "pv",
        "name": "centos65 - dom1",
        "uuid": "922558f7 - 10c2 - 4575 - 9c74 - 63b8c45a40b5",
        "run_hotplug_scripts": "True"
    },
    "b_info": {
        "max_vcpus": 1,
        "avail_vcpus": [
            0
        ],
        "max_memkb": 1048576,
        "target_memkb": 1048576,
        "shadow_memkb": 9216,
        "sched_params": {

        },
        "claim_mode": "True",
        "kernel": "/root/xen/kernel/centos6.5/vmlinuz",
        "cmdline": "root = /dev/xvda1",
        "ramdisk": "/root/xen/kernel/centos6.5/initrd.img ",
        "type.pv": {
        },
        "arch_arm": {
        }
    },
    "disks": [
        {
            "pdev_path": "/root/xen/images/CentOS65 - dom1.img",
            "vdev": "xvda",
            "format": "qcow2",
            "readwrite": 1
        },
        {
            "pdev_path": "/root/xen/iso/CentOS - 6.5 - x86_64 - minimal.iso",
            "vdev": "xvdb",
            "format": "raw",
            "removable": 1,
            "is_cdrom": 1
        }
    ],
    "nics": [
        {
            "devid": 0,
            "mac": "00:16:3e:00:00:01",
            "bridge": "xenbr0"
        }
    ],
    "on_reboot": "restart",
    "on_soft_reset": "soft_reset"
}
```

没有报错,并返回一个 JSON 格式的配置信息说明没有语法错误。

(9) 通过"xl create"命令根据配置文件创建 DomU 虚拟机。它的命令格式如下:

```
xl create [configfile] [OPTIONS]
```

其中，OPTIONS 主要包括：-q——没有控制台输出；-f——使用给定的配置文件；-p——域创建后暂停；-F——在前台运行，直到域停止运行。

```
[root@localhost ~]# xl create /root/xen/config.d/centos65 - dom1.pvlinux
Parsing config from /root/xen/config.d/centos65 - dom1.pvlinux
```

执行后反馈如上的信息，然后通过"xl list"查看虚拟机信息。

```
[root@localhost ~]# xl list
Name                                 ID   Mem VCPUs      State   Time(s)
Domain - 0                            0  2046     4     r-----      84.2
centos65 - dom1                       2  1024     1     - b----       4.0
```

可以看到已经创建了一个 DomU。再通过"xl console"命令连接到虚拟机中进行安装。它的命令格式如下：

```
xl console [OPTIONS] domain - id
[root@localhost ~]# xl console centos65 - dom1
```

执行以上命令后会进入安装界面，单击 Skip 按钮跳过检测，如图 4-3 所示。

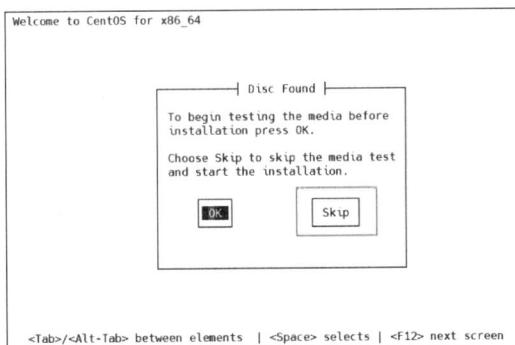

图 4-3 虚拟机安装界面

（10）在安装界面中，通过 Tab 键切换选择按钮，用空格键选取，按 Enter 键进行确认。选择完语言后，选择初始化磁盘，如图 4-4 所示。

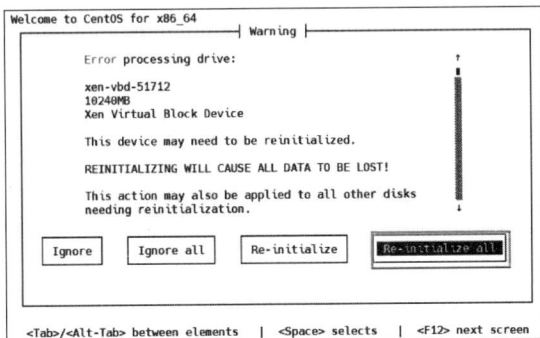

图 4-4 初始化磁盘界面

（11）在接下来的界面中选择时区为 Asia/Shanghai，设置 root 用户密码，如图 4-5 和图 4-6 所示。如果密码过于简单会出现提示信息，可选择 Use Anyway 忽略。

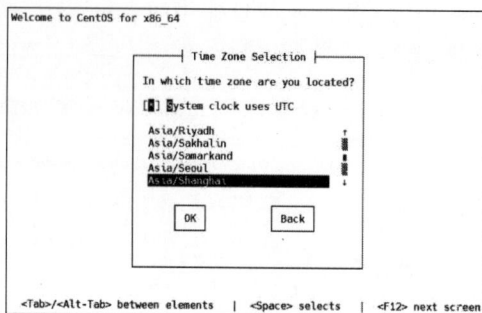

图 4-5　时区选择界面

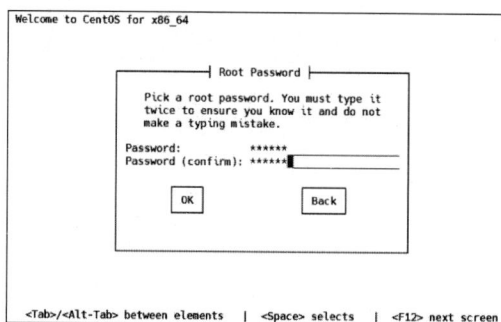

图 4-6　设置 root 用户密码界面

（12）选择在磁盘上安装操作系统，如图 4-7 和图 4-8 所示。

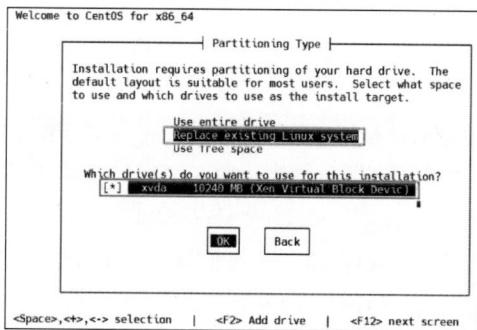

图 4-7　选择虚拟机磁盘界面

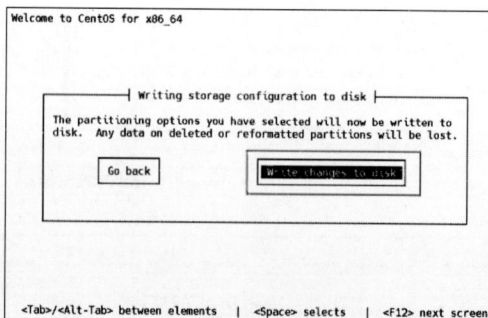

图 4-8　写入磁盘操作界面

（13）待出现如图 4-9 所示界面后，先不要重启，通过 MobaXterm 再开启一个终端窗口，修改 DomU 的配置文件。

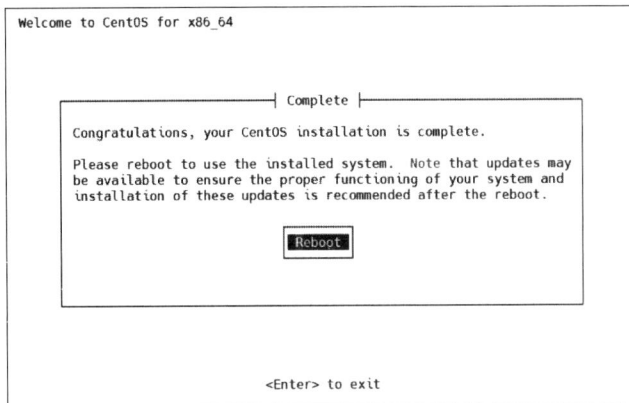

```
Welcome to CentOS for x86_64


                    ┤ Complete ├

    Congratulations, your CentOS installation is complete.

    Please reboot to use the installed system.  Note that updates may
    be available to ensure the proper functioning of your system and
    installation of these updates is recommended after the reboot.


                         Reboot



                      <Enter> to exit
```

图 4-9　重新启动虚拟机界面

```
# 修改 centos65 - dom1 虚拟机配置
[root@localhost ~]# vi /root/xen/config.d/centos65 - dom1.pvlinux
name = "centos65 - dom1"
# kernel = "/root/xen/kernel/centos6.5/vmlinuz"   # 注释掉这两行
# ramdisk = "/root/xen/kernel/centos6.5/initrd.img"
bootloader = "pygrub"                              # 添加启动引导为 pygrub
extra = "root = /dev/xvda1"
boot = [ 'cd' ]                              # 设置硬盘为第一启动项,c 为硬盘,d 为光驱
memory = 1024
vcpus = 1
vif = [ 'mac = 00:16:3e:00:00:01,bridge = xenbr0' ]
disk = [ '/root/xen/images/CentOS65 - dom1.img,qcow2,xvda' ]
```

（14）在安装界面单击 Reboot 按钮可重启，但重启后并没有根据配置文件通过硬盘启动，而是又进入了安装界面，此时可以通过"xl shutdown"命令关闭该虚拟机，然后重新按照修改后的配置文件创建：

```
[root@localhost ~]# xl shutdown centos65 - dom1      # 关闭虚拟机
[root@localhost ~]# xl list
Name                                  ID    Mem VCPUs     State   Time(s)
Domain - 0                             0   2048     4     r----    112.9
[root@localhost ~]# xl create /root/xen/config.d/centos65 - dom1.pvlinux # 重新根据配
                                                                         # 置文件创建
Parsing config from /root/xen/config.d/centos65 - dom1.pvlinux
[root@localhost ~]# xl list
Name                                  ID    Mem VCPUs     State   Time(s)
Domain - 0                             0   2048     4     r-----   115.9
centos65 - dom1                        6   1024     1     - b----     5.1
# 通过 brctl 命令查看到 ens33 和 vif6.0 后端设备已经桥接到 xenbr0
[root@localhost ~]# brctl show
bridge name      bridge id              STP enabled     interfaces
xenbr0           8000.000c296d341b      no              ens33
                                                        vif6.0
```

小提示：关闭虚拟机可以用"xl shutdown"命令，也可以用"xl destroy"命令，不同之处在于 shutdown 是正常关机而 destroy 是强制关机。

重新创建后，即可通过"xl console"命令登录到 centos65-dom1 虚拟机中：

```
[root@localhost ~]# xl console centos65 - dom1
Starting monitoring for VG VolGroup:  2 logical volume(s) in volume group "VolGroup" monitored
[   OK   ]
ip6tables: Applying firewall rules: [   OK   ]
iptables: Applying firewall rules: [   OK   ]
…… 开机信息略 ……
CentOS release 6.5 (Final)
Kernel 2.6.32 - 431.el6.x86_64 on an x86_64
localhost.localdomain login: root                    ♯输入用户名和密码
Password:
[root@localhost ~]# cat /etc/redhat - release        ♯查看操作系统版本为 CentOS 6.5
CentOS release 6.5 (Final)
```

（15）开启 centos65-dom1 网络，通过 SSH 进行连接：

```
[root@localhost ~]# vi /etc/sysconfig/network - scripts/ifcfg - eth0
♯将 ONBOOT = no 改为 yes 开启网卡
ONBOOT = yes
♯CentOS6 通过 service 命令重新启动网络服务
[root@localhost ~]# service network restart
Shutting down interface eth0:  [   OK   ]
Shutting down loopback interface:  [   OK   ]
Bringing up loopback interface:  [   OK   ]
Bringing up interface eth0:
Determining IP information for eth0... done.
[   OK   ]
♯查看 IP 地址信息为 192.168.10.143
[root@localhost ~]# ip addr
…… lo …… 网卡信息略
2: eth0: < BROADCAST, MULTICAST, UP, LOWER_UP > mtu 1500 qdisc pfifo_fast state UP qlen 1000
    link/ether 00:16:3e:00:00:01 brd ff:ff:ff:ff:ff:ff
    inet 192.168.10.143/24 brd 192.168.10.255 scope global eth0
    inet6 fe80::216:3eff:fe00:1/64 scope link
        valid_lft forever preferred_lft forever
♯通过 ping 命令测试看到可以连接到外部网络
[root@localhost ~]# ping www.baidu.com
PING www.a.shifen.com (110.242.68.3) 56(84) bytes of data.
64 bytes from 110.242.68.3: icmp_seq = 1 ttl = 128 time = 26.9 ms
64 bytes from 110.242.68.3: icmp_seq = 2 ttl = 128 time = 27.1 ms
```

任务拓展 12

4.2.4　任务拓展

【任务内容】　通过 VNC 远程安装 DomU。

【任务目标】　掌握通过配置文件实现 VNC 安装 DomU 的方法。

【任务步骤】

（1）创建 centos65-dom2 虚拟机的配置文件：

```
[root@localhost ~]# cd xen/config.d/
[root@localhost config.d]# ls
```

```
centos65 – dom1.pvlinux
[root@localhost config.d]# cp centos65 – dom1.pvlinux centos65 – dom2.pvlinux
root@localhost config.d]# vi centos65 – dom2.pvlinux
name = "centos65 – dom2"
kernel = "/root/xen/kernel/centos6.5/vmlinuz"
ramdisk = "/root/xen/kernel/centos6.5/initrd.img"
#bootloader = "pygrub"
boot = [ 'cd' ]
extra = "root = /dev/xvda1"
memory = 1024
vcpus = 1
vif = [ 'mac = 00:16:3e:00:00:02,bridge = xenbr0' ]
disk = [ '/root/xen/images/CentOS65 – dom2.img,qcow2,xvda','/root/xen/iso/CentOS – 6.5 – x86_
64 – minimal.iso,,xvdb,cdrom,r' ]
vnc = 1                                    #设置开启 VNC
vnclisten = "0.0.0.0"                      #VNC 监听所有主机
vncdisplay = 0                             #设置 VNC 端口默认 5900,如果设置为 1 则是 5901
vncpasswd = "123456"                       #设置 VNC 登录密码
```

（2）通过 qemu-img 命令为 centos65-dom2 虚拟机创建虚拟磁盘映像文件：

```
[root@localhost images]# qemu – img create – f qcow2 – o size = 10G /root/xen/images/
CentOS65 – dom2.img
Formatting '/root/xen/images/CentOS65 – dom2.img', fmt = qcow2 size = 10737418240 encryption =
off cluster_size = 65536 lazy_refcounts = off
```

（3）通过配置文件创建 centos65-dom2 虚拟机：

```
[root@localhost images]# xl create /root/xen/config.d/centos65 – dom2.pvlinux
Parsing config from /root/xen/config.d/centos65 – dom2.pvlinux
#查看端口号 5900 已监听
[root@localhost ~]# netstat – ntpl
Active Internet connections (only servers)
Proto Recv – Q Send – Q Local Address       Foreign Address      State      PID/Program name
tcp         0        0 0.0.0.0:5900         0.0.0.0:*            LISTEN     18809/qemu – system – i
tcp         0        0 0.0.0.0:22           0.0.0.0:*            LISTEN     1148/sshd
tcp         0        0 127.0.0.1:25         0.0.0.0:*            LISTEN     1308/master
tcp6        0        0 :::22                ::: *                LISTEN     1148/sshd
tcp6        0        0 ::1:25               ::: *                LISTEN     1308/master
```

（4）在 Domain-0 管理域中关闭防火墙：

```
[root@localhost ~]# systemctl stop firewalld
```

（5）在 Windows 宿主机中安装 VNC Viewer 后开启。在连接文本框中输入 Domain-0
管理域的 IP 地址,端口号是 5900,如图 4-10 所示。

（6）弹出验证窗口,在设置 VNC Viewer 登录密码为 123456 后单击 OK 按钮,如图 4-11
所示。

（7）登录后即可通过 VNC 进行图形化的操作系统安装,如图 4-12 所示。

（8）安装成功后,同样需要修改 centos65-dom2 的配置文件后关机再重新创建：

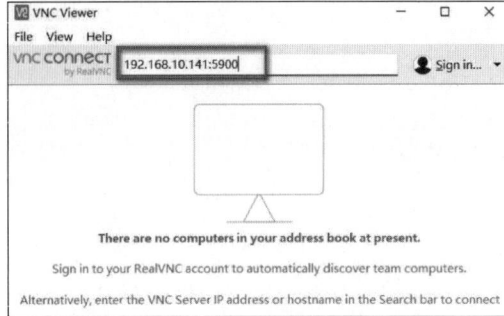

图 4-10　VNC Viewer 连接虚拟机

图 4-11　设置 VNC Viewer 登录密码

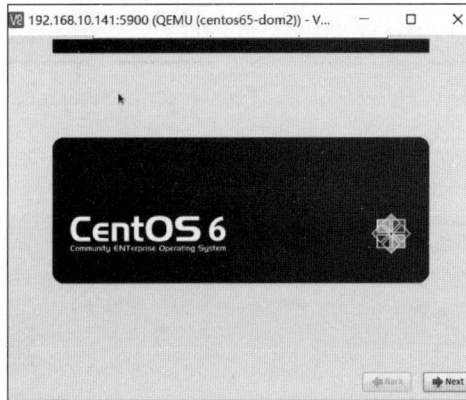

图 4-12　登录虚拟机成功

```
[root@localhost ~]# vi /root/xen/config.d/centos65 - dom2.pvlinux
name = "centos65 - dom2"
#kernel = "/root/xen/kernel/centos6.5/vmlinuz"          #注释掉这两行引导文件配置
#ramdisk = "/root/xen/kernel/centos6.5/initrd.img"
bootloader = "pygrub"                                    #取消该行注释
boot = [ 'cd' ]
extra = "root = /dev/xvda1"
memory = 1024
vcpus = 1
vif = [ 'mac = 00:16:3e:00:00:02,bridge = xenbr0' ]
disk = [ '/root/xen/images/CentOS65 - dom2.img,qcow2,xvda' ] #删除光驱
```

```
vnc = 1
vnclisten = "0.0.0.0"
vncdisplay = 0
vncpasswd = "123456"
♯查看到 centos65 - dom2 已经创建
[root@localhost ~]♯ xl list
Name                              ID   Mem VCPUs       State   Time(s)
Domain - 0                         0  2048     4       r-----    271.1
centos65 - dom1                    8  1024     1       -b----     15.2
centos65 - dom2                   10  1024     1       -b----      3.9
♯将 centos65 - dom2 虚拟机关机
[root@localhost ~]♯ xl shutdown centos65 - dom2
♯根据配置文件重新启动 centos65 - dom2 虚拟机
[root@localhost ~]♯ xl create /root/xen/config.d/centos65 - dom2.pvlinux
Parsing config from /root/xen/config.d/centos65 - dom2.pvlinux
```

（9）再次通过 VNC Viewer 连接 centos65-dom2 虚拟机，如图 4-13 所示。

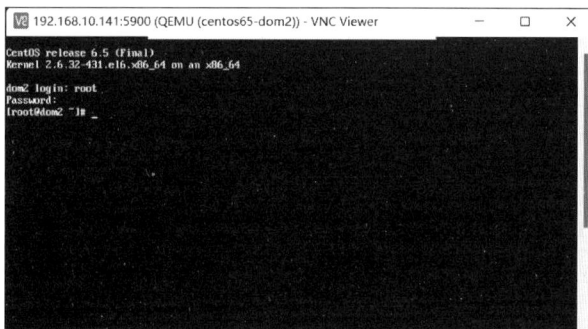

图 4-13　通过 VNC 连接虚拟机

第 15 集
微课视频

任务 4.3　通过 xl 管理 DomU 虚拟机

4.3.1　任务目标

◇ 掌握 xl 工具的作用。
◇ 掌握 xl 命令的基本使用方法。

4.3.2　任务知识点

　　xl 是 Xen 的默认管理工具，底层基于 LibXenlight 库。通过它可以方便地创建和管理 DomU 虚拟机。Xen 的较早期版本（4.1 之前）的默认管理工具是 xm，需要在 Dom0 管理域中开启 xend 守护进程来管理 DomU 虚拟机。Xen 4.1 引入了新的轻量级管理工具 xl，它不需要开启 xend 守护进程。在 Xen 4.2 之后取消了 xm 管理工具，只保留了 xl 管理工具。

4.3.3　任务实施

1. 创建快照和恢复快照

通过"xl save"命令可以将 DomU 状态保存到文件中，通过"xl restore"命令可将状态文件重新构建为域。

(1) 首先进入 Dom1 中,并修改主机名称,创建一个测试文件:

```
# 创建一个用来保存域状态的目录
[root@localhost xen]# mkdir /root/xen/domu.conf/
# 进入 Dom1 虚拟机中
[root@localhost ~]# xl console centos65 - dom1
# 修改虚拟机主机名为 dom1
[root@localhost ~]# hostname - v dom1
[root@localhost ~]# bash
# 创建一个文件
[root@dom1 ~]# touch file1.txt
[root@dom1 ~]# ls
anaconda - ks.cfg   file1.txt   install.log   install.log.syslog
```

(2) 通过"xl save"命令保存域状态。它的命令格式如下:

```
xl save [OPTIONS] domain - id CheckpointFile [ConfigFile]
```

其中,OPTIONS 包括:

-c——创建快照后保持域运行;

-p——创建快照后让域暂停。

```
# 将 domain - id 是 6 的域状态根据 centos65 - dom1.pvlinux 配置文件保存到 dom1.img
[root@localhost xen]# xl save 6 /root/xen/domu.conf/dom1.img /root/xen/config.d/centos65 -
dom1.pvlinux
Saving to /root/xen/domu.conf/dom1.img new xl format (info 0x3/0x0/964)
xc: info: Saving domain 6, type x86 PV
xc: Frames: 262144/262144   100 %
xc: End of stream: 0/0     0 %
# 保存后,因为没有添加选项,所以域不再运行
[root@localhost config.d]# xl list
Name                                      ID   Mem VCPUs      State   Time(s)
Domain - 0                                 0   2048    4      r -----   185.2
```

(3) 通过"xl restore"命令恢复域。它的命令格式如下:

```
xl restore [OPTIONS] [ConfigFile] CheckpointFile
```

其中,OPTIONS 包括:

-p——恢复后不要取消暂停域;

-d——启用调试消息。

```
# 通过 dom1 状态文件恢复该域
[root@localhost config.d]# xl restore /root/xen/domu.conf/dom1.img
Loading new save file /root/xen/domu.conf/dom1.img (new xl fmt info 0x3/0x0/964)
Savefile contains xl domain config in JSON format
Parsing config from <saved>
xc: info: Found x86 PV domain from Xen 4.12
xc: info: Restoring domain
xc: info: Restore successful
xc: info: XenStore: mfn 0x13e757, dom 0, evt 1
xc: info: Console: mfn 0x13e756, dom 0, evt 2
```

```
#查看到 centos65-dom1 已经恢复
[root@localhost config.d]# xl list
Name                              ID  Mem VCPUs     State   Time(s)
Domain-0                           0  2048     4     r-----   190.1
centos65-dom1                     12  1024     1     -b----     0.0
#连接到 centos65-dom1 后查看到创建的文件仍然存在
[root@localhost config.d]# xl console 12
[root@dom1 ~]# ls
anaconda-ks.cfg  file1.txt  install.log  install.log.syslog
```

2. DomU 虚拟机添加卸载磁盘

（1）将虚拟磁盘映像文件添加到 centos65-dom1 虚拟机中。首先创建一个虚拟磁盘映像文件：

```
[root@localhost images]# qemu-img create -f qcow2 -o size=2G,preallocation=metadata /
root/xen/images/dom1-2.img
```

（2）通过"xl block-attach"命令添加磁盘。它的命令格式如下：

```
xl block-attach domain-id disc-spec-component(s)
```

其中，disc-spec-component(s)可以说明磁盘映像格式和添加后磁盘类型，这里就是 qcow2 和 xvdb。

```
[root@localhost images]# xl block-attach centos65-dom1 /root/xen/images/dom1-2.img,
qcow2,xvdb
#查看 centos65-dom1 磁盘列表,增加了设备编号为 51728 的磁盘
[root@localhost images]# xl block-list centos65-dom1
Vdev   BE   handle state evt-ch ring-ref BE-path
51712  0    12       4     8       8      /local/domain/0/backend/qdisk/12/51712
51728  0    12       4    10      812     /local/domain/0/backend/qdisk/12/51728
[root@localhost images]# xl console centos65-dom1
#登录 Dom1 通过 lsblk 命令同样查看到增加了磁盘 xvdb
[root@dom1 ~]# lsblk
NAME                           MAJ:MIN RM  SIZE RO TYPE MOUNTPOINT
xvda                           202:0    0   10G  0 disk
├─xvda1                        202:1    0  500M  0 part /boot
└─xvda2                        202:2    0  9.5G  0 part
  ├─VolGroup-lv_root (dm-0)253:0  0  8.5G  0 lvm  /
  └─VolGroup-lv_swap (dm-1)253:1  0    1G  0 lvm  [SWAP]
xvdb                           202:16   0    2G  0 disk
#通过 fdisk 命令对磁盘进行分区
[root@dom1 ~]# fdisk /dev/xvdb
Device contains neither a valid DOS partition table, nor Sun, SGI or OSF disklabel
Building a new DOS disklabel with disk identifier 0x485dd176.
Changes will remain in memory only, until you decide to write them.
After that, of course, the previous content won't be recoverable.

Warning: invalid flag 0x0000 of partition table 4 will be corrected by w(rite)

WARNING: DOS-compatible mode is deprecated. It's strongly recommended to
         switch off the mode (command 'c') and change display units to
         sectors (command 'u').

Command (m for help): n
```

```
Command action
    e    extended
    p    primary partition (1 - 4)
p
Partition number (1 - 4): 1
First cylinder (1 - 261, default 1):
Using default value 1
Last cylinder, + cylinders or + size{K,M,G} (1 - 261, default 261):
Using default value 261
Command (m for help): w
The partition table has been altered!
Calling ioctl() to re - read partition table.
Syncing disks.
# 再次通过 lsblk 命令查看到 xvdb 已经划分了大小为 2GB 分区 xvdb1
[root@dom1 ~]# lsblk
NAME                          MAJ:MIN RM   SIZE RO TYPE MOUNTPOINT
xvda                          202:0    0    10G  0 disk
├──xvda1                      202:1    0   500M  0 part /boot
└──xvda2                      202:2    0   9.5G  0 part
  ├──VolGroup - lv_root (dm - 0)253:0  0   8.5G  0 lvm  /
  └──VolGroup - lv_swap (dm - 1)253:1  0     1G  0 lvm  [SWAP]
xvdb                          202:16   0     2G  0 disk
  └──xvdb1                    202:17   0     2G  0 part
```

（3）将物理磁盘添加到 centos65-dom1 虚拟机中。在 VMware Workstation 的 Xen 虚拟机上添加一块磁盘，如图 4-14 所示。

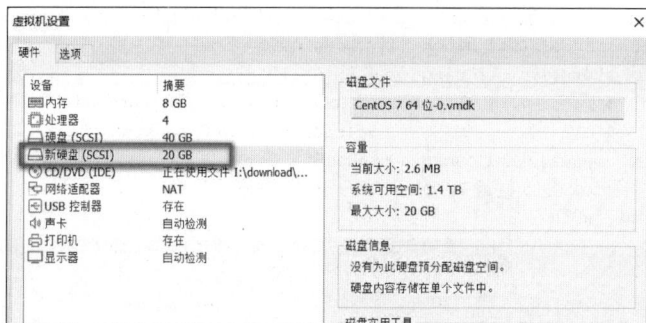

图 4-14　为 Xen 虚拟机添加一块磁盘

通过 fdisk 命令对添加的磁盘进行分区，这里将磁盘只分成一个区 sdb1，然后通过 mkfs 命令对磁盘进行格式化：

```
# 在 Domain - 0 上查看添加的磁盘
[root@localhost ~]# lsblk
NAME                     MAJ:MIN RM   SIZE RO TYPE MOUNTPOINT
sdb                      8:16    0    20G  0 disk
└──sdb1                  8:17    0    20G  0 part
sr0                      11:0    1   4.2G  0 rom
sda                      8:0     0    40G  0 disk
├──sda2                  8:2     0    39G  0 part
│ ├──centos - swap 253:1 0     4G  0 lvm  [SWAP]
│ └──centos - root 253:0 0    35G  0 lvm  /
└──sda1                  8:1     0     1G  0 part /boot
[root@localhost ~]# mkfs - t ext4 /dev/sdb1
```

将 sdb1 分区添加到 centos65-dom1 虚拟机中：

```
[root@localhost images]# xl block - attach centos65 - dom1 /dev/sdb1,,xvdc
[root@localhost images]# xl console centos65 - dom1
CentOS release 6.5 (Final)
Kernel 2.6.32 - 431.el6.x86_64 on an x86_64
localhost.localdomain login: root
Password:
Last login: Thu Aug 18 04:23:13 on hvc0
# 登录虚拟机后查看到已经将 sdb1 磁盘添加
[root@dom1 ~]# lsblk
NAME                        MAJ:MIN RM  SIZE RO TYPE MOUNTPOINT
xvda                        202:0    0   10G  0 disk
├──xvda1                    202:1    0  500M  0 part /boot
└──xvda2                    202:2    0  9.5G  0 part
  ├──VolGroup - lv_root (dm - 0)253:0   0  8.5G  0 lvm  /
  └──VolGroup - lv_swap (dm - 1)253:1   0   1G  0 lvm  [SWAP]
xvdb                        202:16   0   2G  0 disk
└──xvdb1                    202:17   0   2G  0 part
xvdc                        202:32   0   20G  0 disk
```

（4）通过"xl block-detach"命令卸载磁盘。它的命令格式如下：

```
xl block - detach domain - id devid [ -- force]
```

其中，可通过"xl block-list"命令查看 devid，由步骤（2）可知 xvdb 磁盘是 51728；"--force"参数将强制分离设备，但可能会导致域中的 I/O 错误。

```
# 在 Domain - 0 管理域中卸载 centos65 - dom1 虚拟机后添加的磁盘
[root@localhost images]# xl block - detach centos65 - dom1 51728
[root@localhost images]# xl block - detach centos65 - dom1 51744
# 登录 centos65 - dom1 虚拟机执行 lsblk 查看磁盘已经卸载
[root@dom1 ~]# lsblk
NAME                        MAJ:MIN RM  SIZE RO TYPE MOUNTPOINT
xvda                        202:0    0   10G  0 disk
├──xvda1                    202:1    0  500M  0 part /boot
└──xvda2                    202:2    0  9.5G  0 part
  ├──VolGroup - lv_root (dm - 0)253:0   0  8.5G  0 lvm  /
  └──VolGroup - lv_swap (dm - 1)253:1   0   1G  0 lvm  [SWAP]
```

3. DomU 添加卸载网卡

（1）通过"xl network-attach"命令为 DomU 虚拟机添加网卡。它的命令格式如下：

```
xl network - attach domain - id network - device
```

其中，network-device 描述要添加的设备，使用与域配置文件中的 vif 字符串相同的格式。

```
# 为虚拟机添加 MAC 地址为 00:16:3e:00:00:11、桥接到 xenbr0 的网卡
[root@localhost images]# xl network - attach centos65 - dom1 mac = 00:16:3e:00:00:11, bridge =
xenbr0
# 在 Domain - 0 中查看 centos65 - dom1 虚拟机网卡信息
[root@localhost images]# xl network - list centos65 - dom1
Idx BE Mac Addr.          handle state evt - ch   tx - /rx - ring - ref BE - path
0   0  00:16:3e:00:00:01     0     4      9       768/769          /local/domain/0/backend/vif/3/0
```

```
 1   0   00:16:3e:00:00:11       1    4      10   1280/1281      /local/domain/0/backend/vif/3/1
＃在 centos65 - dom1 中查看已经新添加了一块网卡 eth1
[root@dom1 ~]＃ ip addr
2: eth0: <BROADCAST,MULTICAST,UP,LOWER_UP> mtu 1500 qdisc pfifo_fast state UP qlen 1000
    link/ether 00:16:3e:00:00:01 brd ff:ff:ff:ff:ff:ff
    inet 192.168.10.143/24 brd 192.168.10.255 scope global eth0
    inet6 fe80::216:3eff:fe00:1/64 scope link
       valid_lft forever preferred_lft forever
3: eth1: <BROADCAST,MULTICAST> mtu 1500 qdisc noop state DOWN qlen 1000
    link/ether 00:16:3e:00:00:11 brd ff:ff:ff:ff:ff:ff
```

（2）通过"xl network-detach"命令移除网卡。它的命令格式如下：

```
xl network - detach domain - id devid|mac
```

其中，devid 为网卡 ID，第一块是 0，第二块是 1。具体可以看上面操作中"xl network-list"命
令返回信息的 Idx 字段。

```
[root@localhost images]＃ xl network - detach centos65 - dom1 1
＃可以看到已将后添加的网卡移除
[root@localhost images]＃ xl network - list centos65 - dom1
Idx BE Mac Addr.        handle state evt - ch   tx - /rx - ring - ref BE - path
0  0  00:16:3e:00:00:01   0     4       9    768/769        /local/domain/0/backend/vif/3/0
```

小提示：如果在创建 DomU 时就想创建多块网卡，那么可以在配置文件的 vif 属性中直接
以列表形式添加，如 vif = ['mac＝00:16:3e:00:00:01,bridge＝xenbr0', 'mac＝00:16:3e:00:
00:11,bridge＝xenbr0']。在 bridge 后添加要桥接的网桥，这里只有一个 xenbr0 网桥。

4. 对 CPU 的基本操作

（1）查看域的 VCPU 个数：

```
[root@localhost images]＃ xl vcpu - list
Name                        ID  VCPU   CPU State   Time(s) Affinity (Hard / Soft)
Domain - 0                   0    0     3   r--    10.6   0 - 3 / 0 - 3
Domain - 0                   0    1     0   - b-    8.6   0 - 3 / 0 - 3
Domain - 0                   0    2     2   - b-    7.3   0 - 3 / 0 - 3
Domain - 0                   0    3     1   - b-    6.2   0 - 3 / 0 - 3
centos65 - dom1              3    0     1   - b-    6.2   1 / 0 - 3
centos65 - dom2              4    0     0   - b-    4.9   all / 0 - 3
```

可以看到，Domain-0 有 4 个核心，分别是 0、1、2、3，分别运行在 3、0、2、1 号物理 CPU 核
心上。centos65-dom1 和 centos65-dom2 虚拟机都是只有编号为 0 的 1 核 CPU，分别运行
在 1 号和 0 号物理 CPU 核心上。

（2）通过"xl vcpu-pin"命令设置虚拟机 CPU 和物理 CPU 的绑定：

```
[root@localhost images]＃ xl vcpu - pin centos65 - dom1 0 3
[root@localhost images]＃ xl vcpu - list centos65 - dom1
Name                        ID  VCPU   CPU State   Time(s) Affinity (Hard / Soft)
centos65 - dom1              3    0     3   - b-    7.2   3 / 0 - 3
```

通过以上操作，将 centos65-dom1 虚拟机 CPU 绑定到了 3 号物理 CPU 核心上。

5．DomU 的暂停和运行

通过"xl pause domain-id"命令可实现 DomU 的暂停；通过"xl unpause domain-id"命令可实现 DomU 的继续运行：

```
[root@localhost ~]# xl pause centos65 - dom3
[root@localhost ~]# xl list
Name                               ID   Mem VCPUs      State   Time(s)
Domain - 0                          0  2048     4     r-----     59.3
centos65 - dom1                     3  1024     1     - b-----     7.7
centos65 - dom2                     4  1024     1     - b-----     6.3
centos65 - dom3                     5  1024     1     -- p---      4.9
[root@localhost ~]# xl unpause centos65 - dom3
[root@localhost ~]# xl list
Name                               ID   Mem VCPUs      State   Time(s)
Domain - 0                          0  2048     4     r-----     59.4
centos65 - dom1                     3  1024     1     - b-----     7.7
centos65 - dom2                     4  1024     1     - b-----     6.3
centos65 - dom3                     5  1024     1     - b-----     4.9
```

暂停状态类似于 VMware Workstation 的挂起状态，在 State 字段会显示为 p。通过"xl unpause"命令重新恢复运行。

4.3.4　任务拓展

【任务内容】　DomU 虚拟机的克隆。
【任务目标】　掌握 DomU 虚拟机克隆的方法。
【任务步骤】

（1）对于 DomU 的克隆可以通过复制虚拟磁盘映像文件和配置文件的方式实现。首先复制 dom1 的虚拟磁盘文件，并修改为 CentOS65-dom3.img：

任务拓展 13

```
[root@localhost ~]# cd xen/images/
[root@localhost images]# cp - a CentOS65 - dom1.img CentOS65 - dom3.img
```

（2）再复制配置文件并修改：

```
[root@localhost images]# cd /root/xen/config.d/
[root@localhost config.d]# cp centos65 - dom1.pvlinux centos65 - dom3.pvlinux
[root@localhost config.d]# vi centos65 - dom3.pvlinux
#在配置文件中只需修改域名称、网卡 MAC 地址和磁盘映像文件名称
name = "centos65 - dom3"
vif = [ 'mac = 00:16:3e:00:00:03,bridge = xenbr0' ]
disk = [ '/root/xen/images/CentOS65 - dom3.img,qcow2,xvda' ]
```

（3）根据配置文件创建虚拟机：

```
[root@localhost config.d]# xl create centos65 - dom3.pvlinux
Parsing config from centos65 - dom3.pvlinux
[root@localhost config.d]# xl list
Name                               ID   Mem VCPUs      State   Time(s)
Domain - 0                          0  2048     4     r-----     54.8
centos65 - dom1                     3  1024     1     - b-----     7.4
centos65 - dom2                     4  1024     1     - b-----     6.1
centos65 - dom3                     5  1024     1     - b-----     2.0
```

通过以上步骤即可实现 DomU 虚拟机的克隆操作。

任务 4.4　Xen 网络管理

4.4.1　任务目标

◇ 掌握 Xen 桥接网络模式的原理及配置。
◇ 掌握 Xen 仅主机网络模式的原理及配置。
◇ 掌握 Xen NAT 网络模式的原理及配置。

4.4.2　任务知识点

1. 桥接网络模式

前面的任务采用的网络结构都是桥接网络,这也是 Xen 默认采用的网络模式。在桥接网络中,Domain-0 管理域创建虚拟网桥 xenbr0,同时为每个虚拟机创建后端驱动 Network Backend Driver——名称为 vifDOMID. DEVID 的后端设备,DOMID 为虚拟机域 ID,DEVID 为对应连接网卡的设备 ID,如图 4-15 中的 vif8.0 和 vif9.0。这些驱动和宿主机物理网卡通过 xenbr0 连接到一起,而 DomU 虚拟机通过前端驱动 PV Network Driver 连接到 Dom0 的后端驱动上,从而实现网络的互联互通。在桥接网络中,各 DomU 虚拟机、Dom0 和物理网络都处于同一网段,可以直接相互访问,这和 Workstation 的桥接网络模式相同,桥接网络结构如图 4-15 所示。

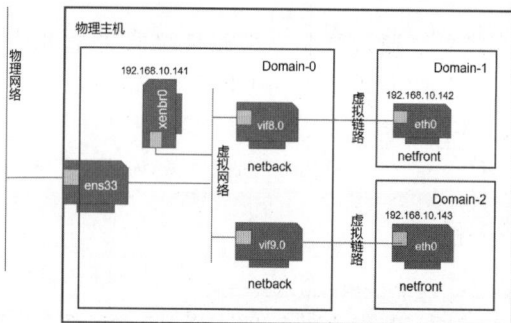

图 4-15　Xen 桥接网络结构

2. 仅主机网络模式

Xen 的不同网络模型实际上都是通过 Linux 网络配置方式来实现的。比如在桥接网络中,通过创建 xenbr0 网桥将虚拟机连接到外部物理网络。对于仅主机模式的实现方式,只需要取消 ens33 到 xenbr0 的桥接,然后为 xenbr0 设置一个私有 IP 地址,其他 DomU 虚拟机设置成和 xenbr0 相同网段 IP 地址,同时将 xenbr0 IP 地址作为网关即可。如果 xenbr0 没有设置 IP 地址,DomU 将无法同宿主机通信,则构建了不能和宿主机互通的内部隔离网络模式。在仅主机模式下,虚拟机和虚拟机、虚拟机和宿主机之间能够通信,虚拟机和外部网络不能通信。仅主机网络模式如图 4-16 所示。

3. NAT 网络模式

在仅主机网络模式的基础上,通过宿主机开启路由转发功能,并配置 NAT 转发规则就

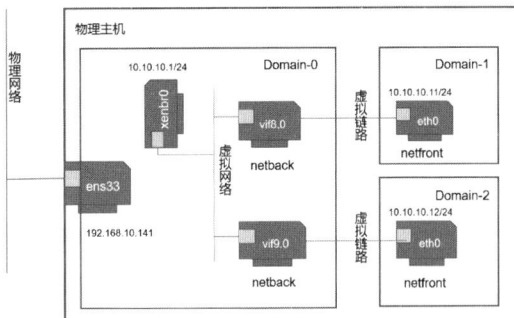

图 4-16　Xen 仅主机网络模式

实现了 NAT 网络模式。在 NAT 网络模式下,虚拟机能访问外部网络,但外部网络不能访问虚拟机。

4.4.3　任务实施

1. 仅主机网络模式的实现

(1) 在配置文件中取消 ens33 到 xenbr0 的桥接。打开 ens33 网卡配置文件,删除掉"BRIDGE＝"xenbr0""配置,并添加相应网络配置:

```
[root@localhost ~]# vi /etc/sysconfig/network-scripts/ifcfg-ens33
# 添加如下 4 行配置内容
IPADDR = 192.168.10.141
PREFIX = 24
GATEWAY = 192.168.10.2
DNS1 = 202.96.64.68
# 删除下面 1 行配置内容
BRIDGE = "xenbr0"
```

(2) 更改 xenbr0 的 IP 地址。打开 xenbr0 配置文件,更改 IP 地址为其他私有网段:

```
[root@localhost ~]# vi /etc/sysconfig/network-scripts/ifcfg-xenbr0
# 更改如下两处网络配置内容
IPADDR = 10.10.10.1
PREFIX = 24
# 删除如下两处内容
GATEWAY = 192.168.10.2
DNS1 = 202.96.64.68
```

(3) 通过 brctl 命令删除 ens33 到 xenbr0 桥接,重新启动网络服务:

```
[root@localhost ~]# brctl delif xenbr0 ens33 && systemctl restart network
# 查看到 ens33 已经取消了桥接
[root@localhost ~]# brctl show
bridge name       bridge id              STP enabled      interfaces
xenbr0            8000.feffffffffff      no               vif3.0
                                                          vif4.0
                                                          vif5.0
# 查看 IP 地址信息,ens33 为 192.168.10.141,xenbr0 为 10.10.10.1
[root@localhost ~]# ip addr
```

```
2: ens33: < BROADCAST, MULTICAST, UP, LOWER_UP > mtu 1500 qdisc pfifo_fast state UP group default
qlen 1000
    link/ether 00:0c:29:6d:34:1b brd ff:ff:ff:ff:ff:ff
    inet 192.168.10.141/24 brd 192.168.10.255 scope global ens33
       valid_lft forever preferred_lft forever
    inet6 fe80::20c:29ff:fe6d:341b/64 scope link
       valid_lft forever preferred_lft forever
3: xenbr0: < BROADCAST, MULTICAST, UP, LOWER_UP > mtu 1500 qdisc noqueue state UP group default
qlen 1000
    link/ether fe:ff:ff:ff:ff:ff brd ff:ff:ff:ff:ff:ff
    inet 10.10.10.1/24 brd 10.10.10.255 scope global xenbr0
       valid_lft forever preferred_lft forever
    inet6 fe80::fcff:ffff:feff:ffff/64 scope link
       valid_lft forever preferred_lft forever
```

（4）将 DomU 虚拟机的 IP 地址改为静态配置，同时其网段同 xenbr0 相同。通过"xl console"命令登录 centos65-dom1 虚拟机，设置 IP 地址为"10.10.10.11/24"，网关为"10.10.10.1"：

```
[root@dom1 ~]# vi /etc/sysconfig/network-scripts/ifcfg-eth0
#修改如下配置
ONBOOT = yes
BOOTPROTO = static
IPADDR = 10.10.10.11
NETMASK = 255.255.255.0
GATEWAY = 10.10.10.1
[root@dom1 ~]# service network retart
Usage: /etc/init.d/network {start|stop|status|restart|reload|force-reload}
[root@dom1 ~]# service network restart
Shutting down interface eth0:    [   OK   ]
Shutting down loopback interface:    [   OK   ]
Bringing up loopback interface:    [   OK   ]
Bringing up interface eth0:    Determining if ip address 10.10.10.11 is already in use for device
eth0...
[   OK   ]
```

（5）通过 VNC 方式登录 centos65-dom2 后，以相同方式将 IP 地址修改为"10.10.10. 12/24"，网关为"10.10.10.1"。

（6）在 centos65-dom1 中测试和其他虚拟机已经同宿主机的连通性：

```
#centos65-dom1 ping centos65-dom2、宿主机和宿主机网关
[root@dom1 ~]# ping 10.10.10.12
PING 10.10.10.12 (10.10.10.12) 56(84) bytes of data.
64 bytes from 10.10.10.12: icmp_seq = 1 ttl = 64 time = 14.0 ms
64 bytes from 10.10.10.12: icmp_seq = 2 ttl = 64 time = 0.510 ms
--- 10.10.10.12 ping statistics ---
2 packets transmitted, 2 received, 0 % packet loss, time 1605ms
rtt min/avg/max/mdev = 0.510/7.283/14.056/6.773 ms
[root@dom1 ~]# ping 192.168.10.141
PING 192.168.10.141 (192.168.10.141) 56(84) bytes of data.
64 bytes from 192.168.10.141: icmp_seq = 1 ttl = 64 time = 13.5 ms
64 bytes from 192.168.10.141: icmp_seq = 2 ttl = 64 time = 0.253 ms
[root@dom1 ~]# ping 192.168.10.2
```

```
PING 192.168.10.2 (192.168.10.2) 56(84) bytes of data.
--- 192.168.10.2 ping statistics ---
4 packets transmitted, 0 received, 100% packet loss, time 3721ms
#宿主机 ping centos65 - dom1
[root@localhost ~]# ping 10.10.10.11
PING 10.10.10.11 (10.10.10.11) 56(84) bytes of data.
64 bytes from 10.10.10.11: icmp_seq = 1 ttl = 64 time = 0.218 ms
64 bytes from 10.10.10.11: icmp_seq = 2 ttl = 64 time = 0.732 ms
```

通过以上测试说明虚拟机之间、虚拟机和宿主机能够通信,但虚拟机不能访问外部网络。

2. NAT 网络模式的实现

(1) 在仅主机网络模式基础上,开启宿主机内核路由转发功能:

```
[root@localhost ~]# vi /etc/sysctl.conf
#添加如下配置内容
net.ipv4.ip_forward = 1
#载入内核配置参数
[root@localhost ~]# sysctl - p
net.ipv4.ip_forward = 1
```

开启内核 IP 地址转发功能后,DomU 的请求数据包能够转发到外部网络,但是外部网络响应的数据包回不到 DomU 中,因为外部网络没有到达"10.10.10.0/24"网络的路由。此时通过设置 NAT 功能,将从 DomU 发送的数据包源地址变为宿主机地址,这样外部网络返回的数据包就可以交到宿主机,宿主机再通过 NAT 转换将数据包交到相应的 DomU 中:

```
#dom1 虚拟机 ping 外部网络网关
[root@dom1 ~]# ping 192.168.10.2
PING 192.168.10.2 (192.168.10.2) 56(84) bytes of data.
#在宿主机上安装 tcpdump 抓包工具,可以看到 dom1 虚拟机只能发出请求,但接收不到响应
[root@localhost ~]# yum install - y tcpdump
[root@localhost ~]# tcpdump - i xenbr0 - nn - vv icmp
tcpdump: listening on xenbr0, link - type EN10MB (Ethernet), capture size 262144 bytes
03:57:59.611220 IP (tos 0x0, ttl 64, id 0, offset 0, flags [DF], proto ICMP (1), length 84)
    10.10.10.11 > 192.168.10.2: ICMP echo request, id 11529, seq 6, length 64
03:58:00.700926 IP (tos 0x0, ttl 64, id 0, offset 0, flags [DF], proto ICMP (1), length 84)
    10.10.10.11 > 192.168.10.2: ICMP echo request, id 11529, seq 7, length 64
03:58:01.790817 IP (tos 0x0, ttl 64, id 0, offset 0, flags [DF], proto ICMP (1), length 84)
    10.10.10.11 > 192.168.10.2: ICMP echo request, id 11529, seq 8, length 64
03:58:02.880417 IP (tos 0x0, ttl 64, id 0, offset 0, flags [DF], proto ICMP (1), length 84)
    10.10.10.11 > 192.168.10.2: ICMP echo request, id 11529, seq 9, length 64
```

(2) 通过 iptables 开启 NAT 转换。通过如下命令将源地址属于"10.10.10.0/24"网段的数据包在转发出去后源地址都变为"192.168.10.141":

```
#宿主机上开启 NAT 功能,首先关闭 firewalld 服务
[root@localhost ~]# systemctl disable -- now  firewalld
#安装 iptables 服务
[root@localhost ~]# yum install - y iptables - services
```

```
＃数据包转发时在将源地址属于"10.10.10.0/24"网段的数据包转发发出去后源地址都变为"192.168.
10.141"
[root@localhost ~]# iptables - t nat - A POSTROUTING - s 10.10.10.0/24 - j SNAT -- to -
source 192.168.10.141
＃设置 iptables 服务开机启动
[root@localhost ~]# systemctl enable iptables
Created symlink from /etc/systemd/system/basic.target.wants/iptables.service to /usr/lib/
systemd/system/iptables.service.
＃保存 iptables 设置
[root@localhost ~]# service iptables save
iptables: Saving firewall rules to /etc/sysconfig/iptables:[  OK  ]
＃dom1 上测试可以 ping 通外部网络
[root@dom1 ~]# ping 192.168.10.2
PING 192.168.10.2 (192.168.10.2) 56(84) bytes of data.
64 bytes from 192.168.10.2: icmp_seq = 1 ttl = 127 time = 0.311 ms
64 bytes from 192.168.10.2: icmp_seq = 2 ttl = 127 time = 0.453 ms
[root@dom1 ~]# ping www.baidu.com
PING www.a.shifen.com (110.242.68.3) 56(84) bytes of data.
]64 bytes from 110.242.68.3: icmp_seq = 1 ttl = 127 time = 26.0 ms
64 bytes from 110.242.68.3: icmp_seq = 2 ttl = 127 time = 26.0 ms
```

小提示：要想持久设置 NAT 网络模式，需要安装 iptables 服务，再进行保存操作。如果只是通过 iptables 命令配置 NAT，则重启后失效。

4.4.4 任务拓展

任务拓展 14

【任务内容】 通过创建虚拟网卡实现仅主机网络模式和 NAT 网络模式。

【任务目标】

◇ 掌握 Xen 创建虚拟网卡的方法。

◇ 掌握 Xen 不同网络模式的工作原理。

【任务步骤】

前面的仅主机网络模式和 NAT 网络模式都是直接在 xenbr0 上进行配置。也可以通过创建虚拟网卡的方式实现仅主机网络模式和 NAT 网络模式，将 xenbr0 仅作为网桥来使用，它的网络结构如图 4-17 所示。

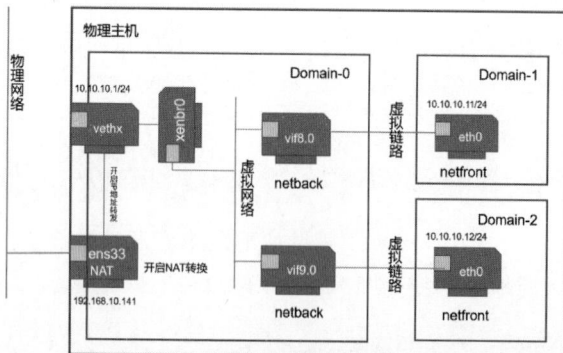

图 4-17 Xen NAT 网络结构

（1）创建一对虚拟网卡，该网卡对一端连接宿主机，另一端连接 xenbr0：

```
[root@localhost ~]# ip link add veth0 type veth peer name veth1
# 创建的虚拟网卡对类似于点对点方式
[root@localhost ~]# ip link show
…… 其他信息略 ……
8: veth1@veth0: < BROADCAST, MULTICAST, UP, LOWER_UP > mtu 1500 qdisc noqueue state UP mode
DEFAULT group default qlen 1000
    link/ether f6:95:e8:de:a2:04 brd ff:ff:ff:ff:ff:ff
9: veth0@veth1: < BROADCAST, MULTICAST, UP, LOWER_UP > mtu 1500 qdisc noqueue master xenbr0
state UP mode DEFAULT group default qlen 1000
    link/ether 2a:e6:7d:22:3c:33 brd ff:ff:ff:ff:ff:ff
```

（2）将虚拟网卡一端连接到 xenbr0：

```
[root@localhost ~]# brctl addif xenbr0 veth0
[root@localhost ~]# brctl show
bridge name       bridge id              STP enabled     interfaces
xenbr0            8000.2ae67d223c33      no              veth0
                                                         vif3.0
                                                         vif4.0
                                                         vif5.0

# 开启 veth0 网卡
[root@localhost ~]# ifconfig veth0 up
```

（3）将网卡另外一端的 IP 地址设置为"10.10.10.1/24"，同时取消 xenbr0 的 IP 地址设置：

```
[root@localhost ~]# ifconfig xenbr0 0
[root@localhost ~]# ifconfig veth1 10.10.10.1/24 up
```

（4）通过 ping 命令测试连通性：

```
[root@dom1 ~]# ping www.baidu.com
PING www.a.shifen.com (110.242.68.4) 56(84) bytes of data.
64 bytes from 110.242.68.4: icmp_seq = 1 ttl = 127 time = 26.6 ms
64 bytes from 110.242.68.4: icmp_seq = 2 ttl = 127 time = 26.7 ms
```

任务 4.5 综合实训 模拟公司内部网络构建

4.5.1 任务目标

◇ 掌握 Xen Hypervisor 虚拟化环境中网桥的创建方法。
◇ 掌握 Xen Hypervisor 中划分 VLAN 的方法。

4.5.2 任务知识点

简单来说，同一个虚拟局域网（Virtual LAN，VLAN）中的用户间通信就像在一个局域网内一样，同一个 VLAN 中的广播只有 VLAN 的成员才能收到，而不会传输到其他的

VLAN 中去，从而控制不必要的广播风暴的产生。同时，若没有路由，则不同 VLAN 之间不能相互通信，从而提高了不同工作组之间的信息安全性。网络管理员可以通过配置 VLAN 之间的路由来全面管理网络内部不同工作组之间的信息互访。因为 Xen Hypervisor 本身就是修改了内核的 Linux 操作系统，所以在其中创建 VLAN 的方式和在 Linux 中相同。

4.5.3　任务实施

公司适合采用 Xen 虚拟机作为 VPS，由于单台宿主机中的 VPS 数量比较多，所以存在多个部门同时使用一台物理机中的 VPS 的情况。为了安全方面的考虑，需要将不同部门的 VPS 划分到相应 VLAN 中。

（1）先关闭 3 台 DomU 虚拟机：

```
[root@localhost ~]# xl shutdown centos65 - dom1
Shutting down domain 3
[root@localhost ~]# xl shutdown centos65 - dom2
Shutting down domain 4
[root@localhost ~]# xl shutdown centos65 - dom3
```

（2）划分 VLAN 需要开启 802.1q 模块的支持：

```
# 临时开启 802.1 模块，重启失效
[root@localhost ~]# modprobe 8021q
# 查看模块是否加载
[root@localhost ~]# lsmod |grep - i 8021q
8021q                 32768  0
garp                  16384  1 8021q
mrp                   20480  1 8021q
# 通过 tee 命令将脚本内容写入 8021q.modules 文件中，开机会自动执行实现永久加载 802.1 模块
[root@localhost modules]# tee /etc/sysconfig/modules/8021q.modules << 'EOF'
> /sbin/modinfo - F filename 8021q > /dev/null 2 > &1
> if [ $? - eq 0 ]; then
>      /sbin/modprobe 8021q
> fi
> EOF
# 添加该文件的可执行权限
[root@localhost modules]# chmod + x /etc/sysconfig/modules/8021q.modules
```

（3）接下来的操作是在 NAT 网络模式下进行的。因为在 4.4.4 节中创建的虚拟网卡是通过命令创建的，没有写入配置文件，所以只需要在宿主机上关闭虚拟机，然后重启宿主机即可恢复。然后查看目前的主要网络配置：

```
# 当前宿主机 IP 地址配置在 ens33 网卡上，xenbr0 网桥配置 IP 地址作为虚拟机的网关
[root@localhost ~]# ifconfig
ens33: flags = 4163 < UP,BROADCAST,RUNNING,MULTICAST >  mtu 1500
        inet 192.168.10.141  netmask 255.255.255.0  broadcast 192.168.10.255
        inet6 fe80::20c:29ff:fe6d:341b  prefixlen 64  scopeid 0x20 < link >
        ether 00:0c:29:6d:34:1b  txqueuelen 1000   (Ethernet)
        RX packets 4020  bytes 496155 (484.5 KiB)
        RX errors 0  dropped 4  overruns 0  frame 0
```

第 17 集
微课视频

```
              TX packets 1957   bytes 207680 (202.8 KiB)
              TX errors 0   dropped 0 overruns 0   carrier 0   collisions 0
xenbr0: flags = 4099 < UP, BROADCAST, MULTICAST >   mtu 1500
              inet 10.10.10.1   netmask 255.255.255.0   broadcast 10.10.10.255
              inet6 fe80::fcff:ffff:feff:ffff   prefixlen 64   scopeid 0x20 < link >
              ether 00:00:00:00:00:00   txqueuelen 1000   (Ethernet)
              RX packets 14120   bytes 2451511 (2.3 MiB)
              RX errors 0   dropped 0   overruns 0   frame 0
              TX packets 9023   bytes 807545 (788.6 KiB)
              TX errors 0   dropped 0 overruns 0   carrier 0   collisions 0
# 当前虚拟机都处于关机状态,xenbr0 网桥没有桥接任何设备
[root@localhost ~]# brctl show
bridge name       bridge id            STP enabled      interfaces
xenbr0            8000.000000000000        no
```

（4）在 ens33 网卡上分别创建 ens33.10 和 ens33.20 两个子网卡,相当于创建了两个 VLAN,ID 分别是 10 和 20。通过创建子网卡配置文件的形式来永久生效:

```
[root@localhost ~]# vi /etc/sysconfig/network - scripts/ifcfg - ens33.10
# 设置如下内容
TYPE = Vlan
BOOTPROTO = static
DEVICE = ens33.10
ONBOOT = yes
BRIDGE = xenbrvlan10
VLAN = yes
VLAN_ID = 10
REORDER_HDR = yes
GVRP = no
MVRP = no
NAME = ens33.10
NM_CONTROLLED = no
[root@localhost ~]# vi /etc/sysconfig/network - scripts/ifcfg - ens33.20
# 设置如下内容
TYPE = Vlan
BOOTPROTO = static
DEVICE = ens33.20
ONBOOT = yes
BRIDGE = xenbrvlan20
VLAN = yes
VLAN_ID = 20
REORDER_HDR = yes
GVRP = no
MVRP = no
NAME = ens33.20
NM_CONTROLLED = no
```

（5）创建两个网桥 xenbrvlan10 和 xenbrvlan20,将步骤(4)中的两个子网卡分别桥接到这两个网桥上。同样以配置文件的形式实现:

```
[root@localhost ~]# cd /etc/sysconfig/network - scripts/
[root@localhost network - scripts]# cp ifcfg - xenbr0 ifcfg - xenbrvlan10
```

```
[root@localhost network - scripts] # cp ifcfg - xenbr0 ifcfg - xenbrvlan20
[root@localhost network - scripts] # vi ifcfg - xenbrvlan10
# 修改如下两处内容
NAME = "xenbrvlan10"
DEVICE = "xenbrvlan10"
[root@localhost network - scripts] # vi ifcfg - xenbrvlan20
# 设置如下四处内容
NAME = "xenbrvlan20"
DEVICE = "xenbrvlan20"
IPADDR = 10.10.20.1
PREFIX = 24
# 删除 xenbr0 网桥
[root@localhost network - scripts] # rm - rf ifcfg - xenbr0
[root@localhost network - scripts] # ifconfig xenbr0 down; brctl delbr xenbr0; systemctl
restart network
```

（6）配置后查看网络配置信息：

```
[root@localhost network - scripts] # ifconfig |grep - A 2 flags
ens33: flags = 4163 < UP,BROADCAST,RUNNING,MULTICAST >   mtu 1500
        inet 192.168.10.142   netmask 255.255.255.0   broadcast 192.168.10.255
        inet6 fe80::20c:29ff:feb7:b51   prefixlen 64   scopeid 0x20 < link >
--
ens33.10: flags = 4163 < UP,BROADCAST,RUNNING,MULTICAST >   mtu 1500
        inet6 fe80::20c:29ff:feb7:b51   prefixlen 64   scopeid 0x20 < link >
        ether 00:0c:29:b7:0b:51   txqueuelen 1000   (Ethernet)
--
ens33.20: flags = 4163 < UP,BROADCAST,RUNNING,MULTICAST >   mtu 1500
        inet6 fe80::20c:29ff:feb7:b51   prefixlen 64   scopeid 0x20 < link >
        ether 00:0c:29:b7:0b:51   txqueuelen 1000   (Ethernet)
--
xenbrvlan10: flags = 4163 < UP,BROADCAST,RUNNING,MULTICAST >   mtu 1500
        inet 10.10.10.1   netmask 255.255.255.0   broadcast 10.10.10.255
        inet6 fe80::20c:29ff:feb7:b51   prefixlen 64   scopeid 0x20 < link >
--
xenbrvlan20: flags = 4163 < UP,BROADCAST,RUNNING,MULTICAST >   mtu 1500
        inet 10.10.20.1   netmask 255.255.255.0   broadcast 10.10.20.255
        inet6 fe80::20c:29ff:feb7:b51   prefixlen 64   scopeid 0x20 < link >
[root@localhost network - scripts] # brctl show
bridge name        bridge id                STP enabled      interfaces
xenbrvlan10        8000.000c29b70b51          no             ens33.10
xenbrvlan20        8000.000c29b70b51          no             ens33.20
```

配置成功后的网络结构如图 4-18 所示。

ens33 是物理机的物理网卡，ens33.10 和 ens33.20 是创建的两个 VLAN 设备，分别桥接到 xenbrvlan10 和 xenbrvlan20 两个虚拟网桥上，如果虚拟机想加入 VLAN10 则桥接到 xenbrvlan10 上，如果虚拟机想加入 VLAN20 则桥接到 xenbrvlan20 上。这里的两个子网卡和两个虚拟网桥相当于真实交换机的 Access 端口，ens33 相当于真实交换机的 Trunk 端口。

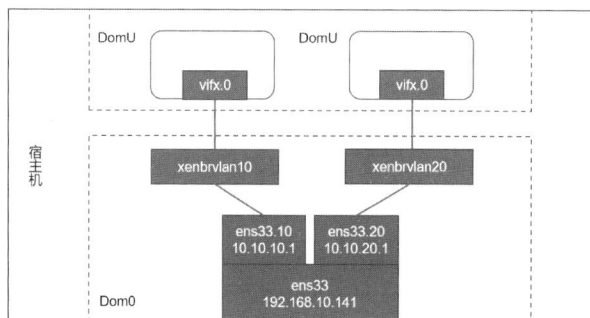

图 4-18　创建 VLAN 之后的网络结构

（7）修改 DomU 虚拟机桥接配置：

```
[root@localhost ~]# vi /root/xen/config.d/centos65 - dom1.pvlinux
#修改配置,设置为桥接 xenbrvlan10
vif = [ 'mac = 00:16:3e:00:00:01,bridge = xenbrvlan10' ]
[root@localhost ~]# vi /root/xen/config.d/centos65 - dom2.pvlinux
#修改配置,设置为桥接 xenbrvlan10
vif = [ 'mac = 00:16:3e:00:00:02,bridge = xenbrvlan10' ]
[root@localhost ~]# vi /root/xen/config.d/centos65 - dom3.pvlinux
#修改配置,设置为桥接 xenbrvlan20
vif = [ 'mac = 00:16:3e:00:00:01,bridge = xenbrvlan20' ]
```

（8）开启虚拟机：

```
[root@localhost ~]# xl create centos65 - dom1.pvlinux
Parsing config from centos65 - dom1.pvlinux
[root@localhost ~]# xl create centos65 - dom2.pvlinux
Parsing config from centos65 - dom2.pvlinux
[root@localhost ~]# xl create centos65 - dom3.pvlinux
Parsing config from centos65 - dom3.pvlinux
[root@localhost ~]# xl list
Name                          ID    Mem VCPUs      State   Time(s)
Domain - 0                     0   2048     4      r-----    140.1
centos65 - dom1                3   1024     1      - b----     10.5
centos65 - dom2                4   1024     1      - b----     11.3
centos65 - dom3                5   1024     1      - b----     10.6
```

（9）修改 3 台虚拟机的 IP 地址。将 xenbrvlan10 的 IP 地址作为 centos65-dom1 和 centos65-dom2 网关；将 xenbrvlan20 的 IP 地址作为 centos65-dom3 网关：

```
#centos65 - dom1 IP 配置如下
[root@dom1 ~]# vi /etc/sysconfig/network - scripts/ifcfg - eth0
IPADDR = 10.10.10.11
NETMASK = 255.255.255.0
GATEWAY = 10.10.10.1
[root@dom1 ~]# service network restart
#centos65 - dom2 IP 配置如下
[root@dom2 ~]# vi /etc/sysconfig/network - scripts/ifcfg - eth0
IPADDR = 10.10.10.12
```

```
NETMASK = 255.255.255.0
GATEWAY = 10.10.10.1
[root@dom2 ~]# service network restart
#centos65 - dom3 IP 配置如下
[root@dom3 ~]# vi /etc/sysconfig/network - scripts/ifcfg - eth0
IPADDR = 10.10.20.11
NETMASK = 255.255.255.0
GATEWAY = 10.10.20.1
[root@dom3 ~]# service network restart
```

（10）在 centos65-dom1 上通过 ping 命令测试连通性：

```
[root@dom1 ~]# ping 10.10.10.12
PING 10.10.10.12 (10.10.10.12) 56(84) bytes of data.
64 bytes from 10.10.10.12: icmp_seq = 1 ttl = 64 time = 0.311 ms
64 bytes from 10.10.10.12: icmp_seq = 2 ttl = 64 time = 0.284 ms
--- 10.10.10.12 ping statistics ---
2 packets transmitted, 2 received, 0 % packet loss, time 1752ms
rtt min/avg/max/mdev = 0.284/0.297/0.311/0.021 ms
[root@dom1 ~]# ping 10.10.20.11
PING 10.10.20.11 (10.10.20.11) 56(84) bytes of data.
64 bytes from 10.10.20.11: icmp_seq = 1 ttl = 63 time = 0.389 ms
64 bytes from 10.10.20.11: icmp_seq = 2 ttl = 63 time = 0.314 ms
--- 10.10.20.11 ping statistics ---
2 packets transmitted, 2 received, 0 % packet loss, time 1398ms
rtt min/avg/max/mdev = 0.314/0.351/0.389/0.041 ms
[root@dom1 ~]# ping www.baidu.com
PING www.a.shifen.com (110.242.68.3) 56(84) bytes of data.
64 bytes from 110.242.68.3: icmp_seq = 1 ttl = 127 time = 25.1 ms
64 bytes from 110.242.68.3: icmp_seq = 2 ttl = 127 time = 25.3 ms
--- www.a.shifen.com ping statistics ---
2 packets transmitted, 2 received, 0 % packet loss, time 1370ms
rtt min/avg/max/mdev = 25.138/25.240/25.342/0.102 ms
```

通过以上测试可以看到，虽然 centos65-dom1 和 centos65-dom3 不在同一个 VLAN
中，但也是连通的，因为在宿主机上自动生成了到达"10.10.10.0/24"和"10.10.20.0/24"网
络的路由：

```
[root@localhost ~]# route
Kernel IP routing table
Destination     Gateway        Genmask         Flags Metric Ref    Use Iface
default         gateway        0.0.0.0         UG    0      0        0 ens33
10.10.10.0      0.0.0.0        255.255.255.0   U     0      0        0 xenbrvlan10
10.10.20.0      0.0.0.0        255.255.255.0   U     0      0        0 xenbrvlan20
link - local    0.0.0.0        255.255.0.0     U     1002   0        0 ens33
link - local    0.0.0.0        255.255.0.0     U     1005   0        0 xenbrvlan10
link - local    0.0.0.0        255.255.0.0     U     1007   0        0 xenbrvlan20
192.168.10.0    0.0.0.0        255.255.255.0   U     0      0        0 ens33
```

（11）在 centos65-dom3 上测试连通性：

```
[root@dom3 ~]# ping 10.10.10.11
```

```
PING 10.10.10.11 (10.10.10.11) 56(84) bytes of data.
64 bytes from 10.10.10.11: icmp_seq = 1 ttl = 63 time = 0.305 ms
64 bytes from 10.10.10.11: icmp_seq = 2 ttl = 63 time = 0.451 ms
--- 10.10.10.11 ping statistics ---
2 packets transmitted, 2 received, 0 % packet loss, time 1324ms
rtt min/avg/max/mdev = 0.305/0.378/0.451/0.073 ms
[root@dom3 ~]# ping - c 4 www.baidu.com
ping: unknown host www.baidu.com
```

通过测试可知,该虚拟机和外部网络不能连通,因为当前的 NAT 规则只针对"10.10.10.0/24"网络设置,所以需要修改一下宿主机的 NAT 设置:

```
# 扩大 NAT 规则源地址范围将 10.10.20.0/24 网络包括进来
[root@localhost ~]# iptables - t nat - A POSTROUTING - s 10.10.0.0/19 - j SNAT -- to -
source 192.168.10.141
# 查看当前 NAT 规则
[root@localhost ~]# iptables - t nat - L -- line - number
num   target   prot opt source              destination
1     SNAT     all  —  10.10.16.0/24        anywhere              to:192.168.10.141
2     SNAT     all  —  10.10.0.0/19         anywhere              to:192.168.10.141
# 删除第一条无用的规则
[root@localhost ~]# iptables - t nat - D POSTROUTING 1
# 再次 ping www.baidu.com 可以连通
[root@dom3 ~]# ping www.baidu.com
PING www.a.shifen.com (110.242.68.4) 56(84) bytes of data.
64 bytes from 110.242.68.4: icmp_seq = 1 ttl = 127 time = 22.6 ms
64 bytes from 110.242.68.4: icmp_seq = 2 ttl = 127 time = 23.0 ms
--- www.a.shifen.com ping statistics ---
2 packets transmitted, 2 received, 0 % packet loss, time 1360ms
rtt min/avg/max/mdev = 22.690/22.853/23.017/0.222 ms
```

任务拓展 15

4.5.4　任务拓展

【任务内容】　DomU 虚拟机的迁移。

【任务目标】　掌握 Xen 虚拟化技术虚拟机迁移的方法。

【任务步骤】

（1）在 VMware Workstation 上安装一台虚拟机,命名为 xen2,IP 地址为"192.168.10.142"。在其中根据任务 5.1 介绍的方法安装 Xen Hypervisor。

（2）设置"192.168.10.141"节点到"192.168.10.142"节点的 SSH 免密登录:

```
# 192.168.10.141 节点上生成密钥
[root@localhost ~]# ssh - keygen - t rsa
Generating public/private rsa key pair.
Enter file in which to save the key (/root/.ssh/id_rsa):      # 直接回车即可
Enter passphrase (empty for no passphrase):                   # 直接回车即可
Enter same passphrase again:                                  # 直接回车即可
Your identification has been saved in /root/.ssh/id_rsa.
Your public key has been saved in /root/.ssh/id_rsa.pub.
The key fingerprint is:
```

```
SHA256:ykmbGhrdphs17vfLQoWjzJNdFxRgHitD/xRS4MS9Dh8 root@dom3
The key's randomart image is:
+--- [RSA 2048] ----+
|        . . B * = . |
|      . * . + o.    |
|       o. = . o     |
|       oo + oE      |
|     o++S +  = ..    |
|   . *** o   o      |
|   . + Xo           |
|    o B o.          |
|    . + ...o +.      |
+---- [SHA256] ----+
♯将公钥复制到 192.168.10.142 节点的 authorized_keys 文件上
[root@localhost ~]♯ ssh - copy - id - i .ssh/id_rsa.pub root @192.168.10.142
/usr/bin/ssh-copy-id: INFO: Source of key(s) to be installed: ".ssh/id_rsa.pub"
/usr/bin/ssh-copy-id: INFO: attempting to log in with the new key(s), to filter out any that
are already installed
/usr/bin/ssh-copy-id: INFO: 1 key(s) remain to be installed -- if you are prompted now it is
to install the new keys
root@192.168.10.142's password:   ♯输入 192.168.10.142 节点 root 密码
Number of key(s) added: 1
Now try logging into the machine, with:   "ssh 'root@192.168.10.142'"
and check to make sure that only the key(s) you wanted were added.
```

（3）在 xen2 宿主机上配置和 xen 宿主机相同的环境，包括通过 qemu-img 命令创建相同的磁盘和相同的网络环境：

```
♯在 xen2 上创建存放 DomU 虚拟机磁盘映像文件等相关文件的目录
[root@xen2 ~]♯ mkdir mkdir /root/xen/{images,config.d,iso,kernel/centos6.5} - pv
♯创建磁盘映像文件
[root@ xen2 ~]♯ qemu - img create - f qcow2 - o size = 10G /root/xen/images/CentOS65 -
dom1.img
♯在 xen 上将网卡配置文件复制到 xen2 上
[root@ xen ~]♯ scp /etc/sysconfig/network - scripts/ifcfg - {ens33.10, ens33.20,
xenbrvlan10,xenbrvlan20} root @192.168.10.142:/etc/sysconfig/network - scripts/
♯在 xen2 上删除 xenbr0 网卡
[root@xen2 ~]♯ rm - rf  /etc/sysconfig/network - scripts/ifcfg - xenbr0
♯修改 ens33 网卡 IP 配置
[root@xen2 ~]♯ vi /etc/sysconfig/network - scripts/ifcfg - ens33
♯添加 IP 地址
IPADDR = 192.168.10.142
PREFIX = 24
GATEWAY = 192.168.10.2
DNS1 = 202.96.64.68
♯删除桥接到 xenbr0
BRIDGE = "xenbr0"
♯删除 xenbr0,取消 ens33 的桥接,重启网络服务
[root@ xen2 ~]♯ ifconfig xenbr0 0 down; brctl delinfo xenbr0 ens33; brctl delbr xenbr0;
systemctl restart network
```

通过以上操作就在 xen2 宿主机上配置好了迁移环境。

（4）在 xen 宿主机上通过 xl migrate 命令迁移虚拟机：

```
[root@xen ~]# xl migrate centos65 - dom1 192.168.10.142
migration target: Ready to receive domain.
……中间迁移信息略……
Migration successful.
```

（5）在 xen2 宿主机上查看虚拟机：

```
[root@xen2 ~]# xl list
Name                              ID   Mem VCPUs     State    Time(s)
Domain - 0                         0   2048    4      r-----    163.2
centos65 - dom1                   13   1024    1      -b----      0.5
```

4.6　案例教学——培养工程伦理意识

4.6.1　教学目标

培养工程伦理意识。

4.6.2　案例讲授

近年来，以 5G 网络、大数据、云计算和人工智能等为代表的新一代信息技术在我国迅速发展，基于以上新技术的应用为人们的生产、生活、学习都带来了前所未有的便捷体验和效率的提升，但与此同时也带来了许多社会伦理问题。

【案例一】

2020 年，网络上刊登了一篇名为《外卖骑手，困在系统里》的深度调查报道，引发了社会舆论关于互联网公司商业伦理的广泛热议。目前随着生活和工作节奏的加快，方便、快捷的即时配送业务已经成为了人们的刚需。以外卖为依托，即时配送业务在全球范围内掀起了一波快速发展的浪潮，比如美国的 Uber Eats，印度的 Zomato，国内的美团、饿了么等。这些外卖平台的即时配送智能调度系统进行订单与骑手的逻辑匹配，系统在接收到订单后，通过综合考虑骑手所在位置、手头已有订单量、商家出餐情况、天气状况、交通状况等因素，将订单派发给合适的骑手，并预估出骑手需要的配送时间。骑手在接受派单后，系统还会为骑手提示商家预计出餐时间并规划合理路线。骑手派送完后，平台会告知各商圈骑手的需求状况，以实现闲时运力调度。通过对平台算法的不断优化，外卖订单的平均配送时间不断被缩减，比如某配送站在 2016 年，3 千米送餐距离的最长时限是 1 小时；2017 年，变成了 45 分钟；2018 年，又缩短了 7 分钟，定格在 38 分钟——相关数据显示，2019 年，中国全行业外卖订单单均配送时长比 3 年前减少了 10 分钟。

系统有能力接连不断地吞掉时间，对于系统缔造者来说，这是值得称颂的进步，是 AI 智能算法深度学习能力的体现。在美团，这个实时智能配送系统被称为"超脑"，饿了么则为它取名为"方舟"。2016 年 11 月，美团创始人王兴在接受媒体采访时表示："我们的口号——美团外卖，送啥都快，平均 28 分钟内到达。"而对于实践技术进步的外卖员而言，这却可能是疯狂且要命的。在系统的设置中，配送时间是最重要的指标，而超时是不被允许的，一旦发生，便意味着差评、收入降低，甚至被淘汰。骑手们永远也无法依靠个人力量去和"算法"对抗，他们只能以超速、闯红灯、逆行等违章行为去多为自己争取一份收入。2017年上半年，上海市公安局交警总队数据显示，在上海，平均每2.5天就有1名外卖骑手伤亡。同年，深圳3个月内外卖骑手伤亡12人。2018年，成都交警7个月间查处骑手违法近万次，事故196件，伤亡155人次，平均每天就有1个骑手因交通违法出现伤亡。2018年9月，秦皇岛交警查处外卖骑手交通违法近2000宗，美团占一半，饿了么排第二。

造成以上后果的一大原因便是平台开发工程师们在编写人工智能算法时，只追求最大化时间效益而忽略了对社会伦理的考虑。算法工程师的做法为公司创造了更大的利润，本是职责所在，但他们没有重视应承担的社会伦理责任。正如James Armstrong等人在《决策者：工程师的伦理学》一书中指出，工程师们在将管理者的思想变成现实，在忠于雇主的同时，他们更要优先忠诚于社会。现实中的算法，更多地建立在数字逻辑的基础上，而社会学家尼克·西弗认为，算法是由人类的集体实践组成的，研究者应该基于人类学探索算法。

【案例二】

2020年7月18日，胡女士在携程App预订了舟山希尔顿酒店一间豪华湖景大床房，支付了2889元，次日却发现酒店该房型的实际挂牌加上税金、服务费仅1377.63元。胡女士认为作为携程钻石贵宾客户，她非但没有享受到会员的优惠价格，还支付了高于实际产品价格的费用，遭到了"杀熟"。之后，胡女士对上海携程商务有限公司向浙江绍兴柯桥区法院提起了诉讼。法院审理后认为，携程App作为中介平台，对标的实际价值有如实报告义务，其未如实报告。携程向原告承诺钻石贵宾享有优惠价，却无价格监管措施，向原告展现了一个溢价100%的失实价格，未践行承诺。据此，法院当庭作出宣判，判决被告携程赔偿原告胡女士差价243.37元，以及订房差价1511.37元的3倍金额，共计4777.48元，且判定携程应在其运营的携程旅行App中为原告增加不同意其现有"服务协议"和"隐私政策"仍可继续使用的选项，或者为原告修订携程旅行App的"服务协议"和"隐私政策"，去除对用户非必要信息采集和使用的相关内容，修订版本需经法院审定同意。

"大数据杀熟"是指企业通过大数据手段对用户的性别、年龄、职业、浏览历史等记录进行采集，进行深度学习等算法分析用户的喜好和购买决策，从而区别对待不同客户。比如同样的商品，VIP老客户看到的价格反而比普通客户更高，对于分析认为对商品价格不太关注的客户，会适当提升价格等操作。

"大数据杀熟"可谓源远流长，第一起"杀熟"事件，还要追溯到2000年的美国。那时候，有一名用户在检查浏览器Cookies时，发现之前在亚马逊浏览过的一款DVD售价，价格比之前下降了。这名用户立刻就怀疑这个定价是不是根据他的浏览记录而更改的，在向亚马逊咨询过后，亚马逊没有隐瞒，直接承认此事。只是那时的算法还不是很成熟，没有产生很大的影响。而随着AI算法的不断完善更新，算力的增长，现在互联网企业要想进行大数据杀熟更加轻而易举，甚至成为很普遍的现象。近几年，相关部门相继出台了多个针对"大数据杀熟"的监管制度。2021年7月，国家市场监管总局就《价格违法行为行政处罚规定(修订征求意见稿)》公开征求意见，将大数据"杀熟"纳入新业态领域中的价格违法行为，违反规定的，监管部门可处上一年度销售总额1‰以上5‰以下的罚款。2021年8月，国家市场监管总局就《禁止网络不正当竞争行为规定(公开征求意见稿)》公开征求意见，针对"大数据杀熟"行为，拟规定经营者不得利用数据、算法等技术手段，对交易条件相同的交易相对方不合理地提供不同的交易信息。

【案例三】

你和朋友刚讨论完新出的运动鞋,打开手机,立刻就收到了电商平台的推荐;你和朋友电话里定好今晚酒吧聚会,很快,附近酒吧和餐厅的推荐广告就频繁出现在常用的 App 中;你在通信软件上跟朋友聊到要考研,马上就有电话打过来询问你是否需要学历提升等等诸如此类事件。这不得不让人怀疑是手机软件监听了我们的聊天信息,而普通用户凭自身也很难找到直接的监听证据。但身处大数据时代的人们,对各种精准到毫厘的广告推送越来越反感,却是无可否认的事实。这其实是大数据精准推送的结果。简单来说,大数据精准推送就是根据不同用户使用、观看、浏览、购买等一些操作进行大数据分析,之后发送给用户想要使用、观看、浏览、购买等内容的精准推送,该推送经大数据分析,很大程度上会是用户想要的内容。通过算法精准推送满足了人们多元化、个性化的信息需求。通过定制化、智能化的信息传播机制,实现了用户与信息的快速精确匹配,大大降低信息传播和获取的成本,为生活带来了便利。但是,算法推荐在带来高效与便捷的同时,也引发了诸如大量低俗劣质信息的推送、大数据杀熟等诸多乱象。

以上几个案例告诉我们,对于 IT 专业的人才培养,伦理教育必须先行。在当今信息化特别是大数据、人工智能时代,随着知识生产和技术生产的方式转变,数据伦理问题已经成为社会伦理的一部分。大学(甚至中小学)、互联网相关行业协会必须加强对企业、工程师和从业人员的伦理培训,提高他们的道德敏感性和社会责任感,对什么是应该的、什么是不应该的要有基本的道德判断。政府的各级部门要通过相关的政策,引导企业在创新过程中坚持符合伦理的价值导向。对互联网产品和技术服务市场必须加强监管,对违背了国家和地方的法律法规和人民群众利益的行为要坚决制止和予以惩罚。

本章小结

本章讲授的是基于 Linux 的 Xen 虚拟化技术。Xen 虚拟化技术安装需要修改 Linux 内核,这也在一定程度上制约了它的发展。本章介绍了 Xen 在 Linux 中的安装和通过自带的 xl 工具创建管理虚拟机,以及 Xen 的网络模型和原理。最后综合实训通过 Linux Bridge 技术实现 Xen 虚拟机的 VLAN 划分。

本章习题

1. 什么是 Xen 虚拟化技术?
2. 在 VMware Workstation 中创建一台虚拟机然后进行 Xen 的安装。
3. 通过 qemu 工具创建一个格式为 qcow2、大小为 10GB 的虚拟磁盘。
4. 通过 xl 命令创建一台 Xen 虚拟机并管理。
5. 通过 Linux 网桥技术和 iptables 规则实现 Xen 虚拟机的网络管理。

## 第5章

KVM虚拟化技术

【项目情境】

在学习了 Xen 的虚拟化技术之后,小赵决定继续学习 Linux 中的另一个虚拟化技术——大名鼎鼎的 KVM 虚拟化技术。听说 KVM 虚拟化技术只是 Linux 内核的一个模块,它和 Xen 虚拟化技术又有什么不同呢?

任务 5.1　KVM 介绍及安装

5.1.1　任务目标

◇ 掌握 KVM 虚拟化技术的历史。
◇ 掌握 KVM 虚拟化技术的原理。
◇ 掌握 KVM 虚拟化技术的安装方法。

5.1.2　任务知识点

1. KVM 概况

基于内核的虚拟机(Kernel-based Virtual Machine,KVM)是一种内建于 Linux 的开源虚拟化技术,采用硬件辅助虚拟化技术下的全虚拟化解决方案,对于硬盘、网卡等设备通过 virtio-blk 和 virtio-net 技术也可实现半虚拟化方式运行。KVM 需要运行于 Linux 之上,对于所有硬件资源的管理都是通过 Linux 内核完成的,从这个角度看,它是 Type2 型虚拟化技术;但同时它又和 Linux 内核融为一体,也可以看成同 Xen 一样是将 Linux 变为了 Hypervisor,从这个角度看,又可以说它是 Type1 型虚拟化技术。目前主流观点还是认为 KVM 属于 Type2 型虚拟化技术。

KVM 是由以色列 Qumranet 公司的阿维·齐维迪(Avi Kivity)于 2006 年开发的,并于同年将源代码加入 Linux Kernel 2.6.20 版本中成为 Linux 内核的一部分。2008 年 9 月 4 日,Qumranet 公司被 RedHat 公司以 1.07 亿美元收购。2009 年 9 月,RedHat 发布其企业级 Linux 的 5.4 版本(RHEL 5.4),在原先的 Xen 虚拟化机制之上,将 KVM 添加了进来。

2010年11月,RedHat发布其企业级Linux的6.0版本(RHEL 6.0),这个版本将默认安装的Xen虚拟化机制彻底去除,仅提供KVM虚拟化机制。2011年5月,IBM和RedHat联合惠普和Intel一起成立了开放虚拟化联盟(Open Virtualization Alliance),一致推广KVM虚拟化技术以对抗一家独大的VMware,从此KVM得到了迅速发展。Xen的诞生早于KVM,也更加成熟,但始终没有被Linux接纳到内核代码中,原因之一是因为Xen需要修改Linux的内核并且由自身来管理和维护内核,这遭到了Linux内核开发人员的抵触,而KVM则是作为Linux的内核形式融入其中。

2. KVM虚拟化技术工作原理

KVM虚拟化的核心主要由处于内核态的KVM模块和处于用户态的QEMU组件两部分构成。

(1) KVM模块:它现在已经被包含在Linux内核之中。其主要功能是初始化CPU硬件,打开虚拟化模式,然后使虚拟虚拟机运行在虚拟机模式下,并对虚拟机的运行提供一定的支持,主要负责虚拟机的创建、虚拟CPU寄存器的读写、虚拟CPU的执行、虚拟内存的分配等操作。

(2) QEMU组件:QEMU组件是运行在Hypervisor用户态下的应用程序,它通过ioctl系统调用处于内核态的KVM模块进行交互,利用KVM模块提供的接口实现设备模拟、I/O虚拟化和网络虚拟化,比如模拟BIOS、总线、磁盘、网卡等。

简单来说,每个虚拟机对应一个Linux进程,每个虚拟机的CPU核心(vCPU)和I/O线路则是这个进程下的一组线程,虚拟机的物理地址空间是QEMU的虚拟地址空间,宿主机内核如同调度普通进程一样调度各虚拟机。vCPU线程经过KVM模块提供的系统调用进入宿主机内核态,在内核态切换到CPU的非根模式,即Guest模式,此时虚拟机内的CPU获得宿主机CPU资源,并得以执行。在Guest模式中,遇到敏感命令无法直接执行,或者有特定的内部异常和外部中断产生时,vCPU会退出到根模式,由KVM内核或QEMU来模拟执行。

QEMU作为工作在用户态的模拟器,执行效率是非常低的;KVM对QEMU进行了改造,让其作为KVM的前端管理接口,专门负责处理效率比较低的操作,比如创建虚拟机或者I/O交互等。而对CPU、内存的管理则是由KVM Driver(KVM内核)进程处理的,只不过它提供了基于/dev/kvm的文件描述符(File Descriptor,FD)系统调用接口,让QEMU通过系统调用函数ioctl来创建虚拟机实例并分配CPU与内存等高级硬件资源。也就是说,KVM Driver让Linux内核变成了Hypervisor底层硬件资源管理器,而QEMU负责根据KVM Driver提供的接口处理一些低效率事件,如创建虚拟机或者I/O操作。KVM的工作流程如图5-1所示。

在被内核加载的时候,KVM模块会先初始化内部的数据结构。之后KVM模块检测系统当前的CPU,然后打开CPU控制寄存器CR4中的虚拟化模式开关,并通过执行VMXON命令将宿主操作系统置于虚拟化模式的根模式。最后,KVM模块创建特殊设备文件/dev/kvm并等待来自用户空间的命令。虚拟机的创建和运行是一个用户空间程序(QEMU)和KVM模块互相配合的过程。首先通过调用运行在宿主机用户空间的QEMU程序,启动一个虚拟机。QEMU会利用libkvm通过ioctl等系统调用向内核申请指定的资源,比如CPU、内存等,以启动虚拟机内的OS,执行VMLAUCH命令,就进入了Guest代

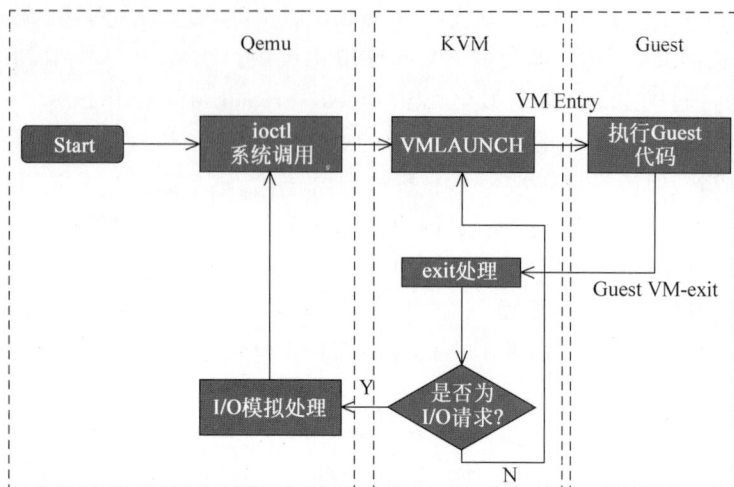

图 5-1　KVM 基本工作流程

码执行过程,即 VM Entry。如果 Guest OS 发生外部中断或者影子页表缺页等事件,则暂停 Guest OS 的执行,退出 QEMU,即 Guest VM-exit,由 KVM Driver 进行一些必要的处理,然后重新进入客户模式,执行 Guest 代码。这个时候如果是 I/O 请求,则提交给用户态下的 QEMU 处理,QEMU 处理后再次通过 ioctl 反馈给 KVM 驱动,然后实现下一次的 VM Entry,即将资源重新交给虚拟机。从 QEMU 角度看,QEMU 使用了 KVM 模块的虚拟化功能,为自己的虚拟机提供硬件虚拟化的加速,极大地提高了虚拟机的性能。虚拟机的配置和创建、运行依赖的虚拟设备、用户操作环境和交互以及一些特殊功能(如动态迁移)都是由 QEMU 自己实现的。将 QEMU 和 KVM 模块相结合无疑是最合适的选择。

第 18 集
微课视频

5.1.3　任务实施

(1) 因为在 2.6.20 版本之后的 Linux 内核中已经原生支持 KVM 模块,所以不需要单独安装,只需在 Linux 中开启 KVM 模块即可,前提是需要开启 CPU 的虚拟化功能。对于物理主机来说,需要在 BIOS 中开启 CPU 虚拟化,如果是 Intel,则将 Intel Virtual Technology 设置为 Enable;如果是 AMD,则将 SVM Support 设置为 Enable。这里仍然是在 VMware Workstation 上创建一台虚拟机,并命名为 kvm,然后在"虚拟机设置"界面开启 CPU 虚拟化,如图 5-2 所示。

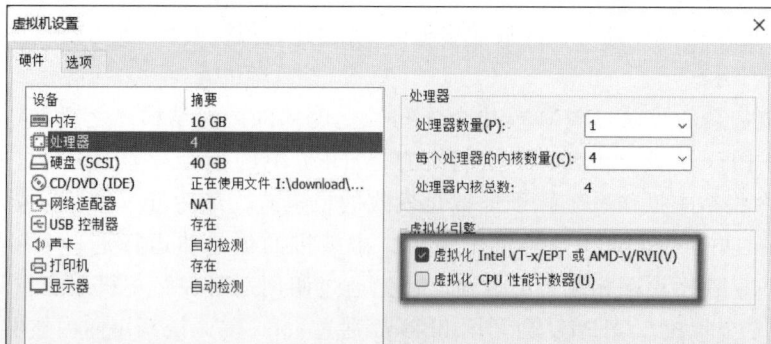

图 5-2　开启 CPU 虚拟化支持

（2）开启 kvm 虚拟机后，查看是否加载了 KVM 模块：

```
[root@kvm ~]# lsmod |grep kvm
kvm_amd                 2176426  0
kvm                      578518  1 kvm_amd
irqbypass                 13503  1 kvm
```

如上所示，如果开启了 CPU 虚拟化支持，则会返回一个与硬件平台无关的 KVM 模块提示信息和一个与硬件平台相关的 kvm_intel 或 kvm_amd 模块提示信息。如果没有反馈信息，则通过以下命令开启：

```
[root@kvm ~]# modprobe kvm
# AMD CPU
[root@kvm ~]# modprobe kvm and
# Intel CPU
[root@kvm ~]# modprobe kvm_intel
```

（3）安装 QEMU 工具：

```
[root@kvm ~]# yum install - y qemu - kvm qemu - kvm - tools
[root@kvm ~]# ln - sv /usr/libexec/qemu - kvm /usr/bin
'/usr/bin/qemu - kvm' - > '/usr/libexec/qemu - kvm'
```

（4）创建一个磁盘映像文件，其操作方法和第 4 章介绍的 Xen 创建方式相同，都是通过 qemu-img 命令创建：

```
# 创建用于存储虚拟机的目录
[root@kvm ~]# mkdir kvm_guest
[root@kvm ~]# cd kvm_guest/
[root@kvm kvm_guest]# ls
[root@kvm kvm_guest]# mkdir {iso,img,config.d}
# 将系统镜像文件上传到 iso 目录中
[root@kvm kvm_guest]# mv /root/CentOS - 6.5 - x86_64 - minimal.iso ./iso/
# 在 img 目录中创建磁盘映像文件
[root@kvm kvm_guest]# cd img/
[root@kvm img]# qemu - img create - f qcow2 centos65 - vm1.img 20G
Formatting 'centos65 - vm1.img', fmt = qcow2 size = 21474836480 encryption = off cluster_size
= 65536 lazy_refcounts = off
```

小提示：通过 qemu-img 创建的磁盘映像文件默认是精简置备方式，即根据需求分配文件大小。如果采用厚置备方式，则需要添加"-o preallocation＝full"选项。

（5）创建好磁盘映像文件后，根据 iso 目录中上传的系统光盘镜像文件创建虚拟机：

```
# 关闭防火墙
[root@kvm ~]# systemctl stop firewalld
[root@kvm ~]# systemctl disable firewalld
Removed symlink /etc/systemd/system/multi - user.target.wants/firewalld.service.
Removed symlink /etc/systemd/system/dbus - org.fedoraproject.FirewallD1.service.
# 如果不关闭防火墙，则需要放行 5900 端口，并且再创建虚拟机后的 vnc 端口也需要相应放行
```

```
[root@kvm ~]# firewall - cmd -- zone = public -- add - port = 5900/tcp -- permanent
success
[root@kvm ~]# firewall - cmd -- zone = public -- add - port = 5900/udp -- permanent
success
[root@kvm ~]# firewall - cmd -- reload
[root@kvm img]# qemu - kvm - m 2G - smp 4 - boot once = d - cdrom /root/kvm_guest/iso/CentOS
- 6.5 - x86_64 - minimal. iso centos65 - vm1. img - vnc 0.0.0.0:0
```

其中，

-m 2G 选项是指定虚拟机内存大小；

-smp 4 是指定虚拟机为对称多处理器结构并分配 4 个 CPU 核心；

-boot once＝d 指定首次启动通过光驱，以后再启动将使用默认的硬盘启动；

-cdrom 指定操作系统安装光盘映像文件位置；

-vnc 用于指定通过 VNC 方式登录安装界面，0.0.0.0:0 代表监听 5900 端口。

运行命令后，在 Windows 中打开 VNC Viewer 访问 KVM 虚拟机 IP 地址的 5900 端口登录。

（6）关闭虚拟机后要想再次启动虚拟机，只需通过磁盘映像文件启动：

```
[root@kvm img]# qemu - kvm - m 2G - smp 4 centos65 - vm1. img - vnc 0.0.0.0:0
```

5.1.4　任务拓展

任务拓展 16

【任务内容】　Linux 内核升级。

【任务目标】　掌握通过 rpm 升级 Linux 内核的方法。

【任务步骤】　虽然 Linux 中自带 KVM 模块，但有时在学习或工作生产环境中需要选择不同内核版本的 KVM，此时最简单的方法是通过 rpm 包管理工具来完成。

（1）通过 wget 下载 Linux 内核，需要下载 3 个 rpm 包，具体版本号可以登录其网站查找，这里以 5.19.3 版本内核为例。

```
[root@kvm ~]# yum install - y wget
[root@kvm ~]#  wget http://193.49.22.109/elrepo/kernel/el7/x86_64/RPMS/kernel - ml -
devel - 5.19.3 - 1.el7.elrepo.x86_64.rpm
[root@kvm ~]#  wget http://193.49.22.109/elrepo/kernel/el7/x86_64/RPMS/kernel - ml - 5.
19.3 - 1.el7.elrepo.x86_64.rpm
[root@kvm ~]#  wget http://193.49.22.109/elrepo/kernel/el7/x86_64/RPMS/kernel - ml -
headers - 5.19.3 - 1.el7.elrepo.x86_64.rpm
```

小提示：Linux 内核版本号中 ml 代表稳定主线版本，lt 代表长期支持版本。

（2）通过 rpm 命令安装 3 个 rpm 包：

```
[root@kvm ~]# rpm - ivh kernel - ml - 5.19.3 - 1.el7.elrepo.x86_64.rpm
[root@kvm ~]# rpm - ivh kernel - ml - devel - 5.19.3 - 1.el7.elrepo.x86_64.rpm
[root@kvm ~]# rpm - ivh kernel - ml - headers - 5.19.3 - 1.el7.elrepo.x86_64.rpm
```

（3）安装后执行以下命令，可以看到在启动项中增加了相应的内核版本：

```
[root@kvm ~]# awk -F\''$1=="menuentry " {print i++" : " $2}'/etc/grub2.cfg
0 : CentOS Linux (5.19.3-1.el7.elrepo.x86_64) 7 (Core)
1 : CentOS Linux (3.10.0-862.el7.x86_64) 7 (Core)
2 : CentOS Linux (0-rescue-fbbe3f71bf2a4f82acc6c453e582f997) 7 (Core)
```

（4）设置 5.19.3 内核为默认启动项：

```
[root@kvm ~]# grub2-set-default 0
[root@kvm ~]# grub2-mkconfig -o /boot/grub2/grub.cfg
Generating grub configuration file ...
Found linux image: /boot/vmlinuz-5.19.3-1.el7.elrepo.x86_64
Found initrd image: /boot/initramfs-5.19.3-1.el7.elrepo.x86_64.img
Found linux image: /boot/vmlinuz-3.10.0-862.el7.x86_64
Found initrd image: /boot/initramfs-3.10.0-862.el7.x86_64.img
Found linux image: /boot/vmlinuz-0-rescue-fbbe3f71bf2a4f82acc6c453e582f997
Found initrd image: /boot/initramfs-0-rescue-fbbe3f71bf2a4f82acc6c453e582f997.img
done
[root@kvm ~]# grubby --args="user_namespace.enable=1" --update-kernel=" $ (grubby
--default-kernel)"
# 查看到 5.19.3 版本内核已经设置为默认启动项
[root@kvm ~]# grubby --default-kernel
/boot/vmlinuz-5.19.3-1.el7.elrepo.x86_64
[root@kvm ~]# reboot
```

（5）重启后可以在启动界面看到新安装的内核选项。

任务 5.2　KVM 虚拟机的管理

5.2.1　任务目标

◇ 掌握 libvirt 的功能和安装方法。

◇ 掌握通过 libvirt 进行虚拟机管理的方法。

5.2.2　任务知识点

1. libvirt

提到对 KVM 的管理，就不得不介绍大名鼎鼎的 libvirt。libvirt 是一个软件集合，提供了一种方便的方式来管理虚拟机和其他虚拟化功能，例如，存储和网络接口管理。libvirt 包括一个长期稳定的 C 语言 API、一个守护进程（libvirtd）和一个命令行实用程序（virsh）。它是目前最流行的用来管理 KVM 虚拟机的管理工具和应用程序接口，同时一些常用的虚拟机管理工具（比如 virsh、virt-install、virt-manager）和云计算框架平台（比如 OpenStack等）都在底层使用 libvirt 的应用程序接口。libvirt 同时也支持例如 Xen、VMware、VirtualBox、Hyper-V 等虚拟化技术和 LXC、OpenVZ 等 Linux 容器技术，为不同的虚拟化方案提供了统一的、稳定的 API。

libvirt 的一些主要功能如下所述。

（1）域管理：与 Xen 类似，这里的域也指虚拟机、客户机，它们都是一个概念。libvirt 负责域生命周期的管理，例如启动、停止、暂停、保存、恢复和迁移。同时也对域中的设备，如磁盘、网卡、CPU、内存等进行管理。

（2）远程主机支持：所有 libvirt 功能都可以在任何运行 libvirt 守护进程的机器上访问，包括远程主机。远程连接支持多种网络传输，最简单的是 SSH，不需要额外的显式配置。

（3）存储管理：libvirt 可以用来对各种类型存储进行管理，如创建各种格式的映像文件（qcow2、vmdk、raw 等），挂载 NFS 共享，查看、创建 LVM 卷组、对磁盘设备分区、挂载 iSCSI 共享存储等。

（4）网络接口管理：任何运行 libvirt 守护进程的主机都可以用来管理物理和逻辑网络接口。列举出现有网络接口、配置（和创建）接口、网桥、VLAN 和绑定设备。

（5）虚拟 NAT 和基于路由的网络：任何运行 libvirt 守护进程的主机都可以管理和创建虚拟网络。libvirt 虚拟网络使用防火墙规则充当 NAT 路由器，为虚拟机提供对主机网络的透明访问。

libvirtd 程序是 libvirt 虚拟化管理工具的服务器端守护进程。此守护进程在宿主机服务器上运行，并为虚拟机执行所需的管理任务，包括在宿主机之间启动、停止和迁移虚拟机，配置和操作网络，以及管理供虚拟机使用的存储等活动。

2. virsh

virsh 的全称是 Virtualization Shell，是包含在 libvirt 项目中用 C 语言编写的用于管理虚拟化环境中的虚拟机和 Hypervisor 的命令行工具，通过调用 libvirt API 来实现对上述内容的管理。virsh 命令有两种常用模式：交互模式和命令行模式。交互模式是通过 virsh 连接到 Hypervisor 中的，然后再输入命令从而得到返回结果，直到用户输入 quit 命令退出；命令行模式是在 virsh 命令中直接添加子命令后立刻得到返回结果并显示在当前终端，然后断开连接。

3. virt-install

virt-install 是一个命令行工具，它能够为 KVM、Xen 或其他支持 libvirt API 的 Hypervisor 创建虚拟机并完成虚拟机的安装；此外，它能够基于控制台、VNC 或 SDL 支持文本或图形安装界面。安装过程可以使用本地的安装介质，如 CD-ROM，也可以通过网络方式，如 NFS、HTTP 或 FTP 服务实现。对于通过网络安装的方式，virt-install 可以自动加载必要的文件以启动安装过程而无须额外提供引导工具。virt-install 也支持 PXE 方式的安装过程，也能够直接使用现有的磁盘映像直接启动安装过程。

5.2.3　任务实施

1. 通过 yum 安装 libvirt

目前大多数 Linux 发行版都提供了 libvirt 的相关软件包，只需要像安装普通软件一样通过包管理工具（比如 yum、apt-get）安装即可：

```
[root@kvm ~]# yum install - y libvirt
#libvirt 安装成功后,它的配置文件在/etc/libvirt 目录中
[root@kvm ~]# cd /etc/libvirt/
[root@kvm libvirt]# ls
```

第 19 集
微课视频

```
libvirt-admin.conf   libvirt.conf   libvirtd.conf   lxc.conf   nwfilter   qemu   qemu.conf
qemu-lockd.conf   virtlockd.conf   virtlogd.conf
#libvirt自带的命令行工具virsh
[root@kvm libvirt]# virsh --version
4.5.0
#需要手动启动libvritd守护进程并设置开机自启动
[root@kvm libvirt]# systemctl enable --now  libvirtd
#libvirtd启动后通过virsh命令查看虚拟机为空
[root@kvm libvirt]# virsh -c qemu:///system list
 Id    Name                           State
-----------------------------------------------------

#安装libvirt后会默认创建虚拟交换机virbr0,虚拟机通过该虚拟交换机NAT连接
[root@kvm ~]# ifconfig
……其他网卡信息略……
virbr0: flags=4099<UP,BROADCAST,MULTICAST>  mtu 1500
        inet 192.168.122.1   netmask 255.255.255.0   broadcast 192.168.122.255
        ether 52:54:00:b6:70:d9   txqueuelen 1000   (Ethernet)
        RX packets 0   bytes 0 (0.0 B)
        RX errors 0   dropped 0   overruns 0   frame 0
        TX packets 0   bytes 0 (0.0 B)
        TX errors 0   dropped 0 overruns 0   carrier 0   collisions 0
[root@kvm ~]# brctl show
bridge name        bridge id              STP enabled       interfaces
virbr0             8000.525400b670d9      yes               virbr0-nic
```

libvirt配置文件主要包括以下几个。

（1）libvirt.conf配置文件是用于配置远程连接的别名。

（2）libvirtd.conf是libvirt的守护进程libvirtd的默认配置文件，主要配置TCP/IP套接字、UNIX域套接字（UNIX domain socket）等的连接方式和最大连接数，以及这些连接的认证机制等。默认情况下，libvirtd守护进程只监听本地UNIX域套接字上的请求。使用-l或者--listen命令行选项，可以指示libvirtd守护进程根据libvirtd.conf配置文件中的定义额外监听TCP/IP套接字。

（3）qemu.conf是libvirt配置QEMU驱动的主配置文件。也包括采用VNC、SPICE等远程连接时权限认证方式的配置。同时也有对内存大页、SELinux、Cgroups等相关配置。

（4）qemu目录下存放的是使用QEMU驱动的域的配置文件。

2. libvirtd进程

libvirtd进程不仅可以通过systemctl命令管理，也可以使用自身的libvirtd命令管理：

```
#首先通过systemctl关闭libvirtd服务
[root@kvm libvirt]# systemctl stop libvirtd
# -d选项以守护进程方式后台运行
[root@kvm libvirt]# libvirtd -d
```

libvirtd命令的其他选项主要包括以下几个。

（1）-f或--config FILE：指定libvirtd的配置文件为FILE而不是默认的/etc/libvirtd.conf文件。

（2）-l或--listen：按照libvirtd配置文件中的选项开启并监听TCP/IP连接。

（3）-t 或--timeout SECONDS：以秒为单位设置对 libvirtd 的连接超时时间。

（4）-v 或--verbose：输出命令执行后的详细信息。

（5）-p 或--pid-file FILE：将 libvirtd 进程的 PID 写入 FILE 文件中而不是默认的/etc/run/libvirtd.pid 文件。

3. 通过 virt-install 安装虚拟机

安装 virt-install 工具，然后通过 virt-install 安装虚拟机：

```
# 安装 virt-install 工具
[root@kvm ~]# yum install -y virt-install
# 设置 qemu 权限
[root@kvm ~]# vi /etc/libvirt/qemu.conf
# 在配置文件中添加以下两行内容
user = "root"
group = "root"
# 重新启动 libvirtd 服务
[root@kvm ~]# systemctl restart libvirtd
# 通过 virt-install 安装虚拟机
[root@kvm ~]# virt-install --virt-type kvm --os-type = linux --os-variant
centos7.0 --name centos65-vm2 --memory 1024 --vcpus 1 --disk /root/kvm_guest/img/
centos65-vm2.img,format = qcow2,size = 10 --cdrom /root/kvm_guest/iso/CentOS-6.5-x86_
64-minimal.iso --network network = default --graphics vnc,listen = 0.0.0.0 --noautoconsole
```

virt-install 命令选项主要还有以下几个。

（1）--virt-type 指定虚拟化类型。

（2）--os-type 指定操作系统类型。

（3）--os-variant 指定该类型操作系统的发行版。

（4）--name 指定虚拟机名称。

（5）--vcpus 指定虚拟机 CPU 数量。

（6）--disk 指定磁盘存储设置，其中附加的选项 format 说明磁盘格式，size 说明磁盘大小。

（7）--cdrom 指定光驱。

（8）--network 指定连接到名称为 default 的网络。

（9）--graphics 指定图像化安装界面，当前为 VNC 方式。

（10）--noautoconsole 指定禁止自动连接至虚拟机的控制台。

小提示：对于--os-variant 选项支持的操作系统发行版，可以通过"osinfo-query os"命令查看。

成功创建虚拟机后，通过 Windows 的 VNC Viewer 登录虚拟机进行后续操作系统的安装：

```
[root@kvm ~]# virsh list --all
Id    Name                        State
----------------------------------------------
-     centos65-vm2                shut off
```

安装成功后，通过 virsh-list 命令查看虚拟机，State 字段说明当前处于关机状态，可以通过添加--all 选项将关机状态的虚拟机显示出来。

4. virsh 管理虚拟机常用命令

virsh 命令的使用说明可以通过"virsh --help"命令进行查看。比如启动虚拟机可以通过"virsh start"命令实现：

```
[root@kvm ~]# virsh start centos65 - vm2
Domain centos65 - vm2 started
[root@kvm ~]# virsh list
Id     Name                         State
---------------------------------------------------
2      centos65 - vm2               running
```

对虚拟机的其他基本操作参见表 5-1。

表 5-1　virsh 对域管理的常用命令

命　　　令	功　能　描　述
virsh start centos65-vm2	启动 centos65-vm2 虚拟机
virsh shutdown centos65-vm2	正常关闭 centos65-vm2 虚拟机
virsh destroy centos65-vm2	强制关闭 centos65-vm2 虚拟机
virsh suspend centos65-vm2	挂起 centos65-vm2 虚拟机
virsh resume centos65-vm2	从挂起中恢复 centos65-vm2 虚拟机
virsh undefine centos65-vm2	删除 centos65-vm2 虚拟机
virsh dominfo centos65-vm2	查看 centos65-vm2 虚拟机配置信息
virsh domiflist centos65-vm2	查看 centos65-vm2 虚拟机网卡配置信息
virsh domblklist centos65-vm2	查看 centos65-vm2 虚拟机磁盘信息
virsh edit centos65-vm2	修改 centos65-vm2 虚拟机 xml 配置文件
virsh dumpxml centos65-vm2	查看 centos65-vm2 虚拟机当前配置
virsh dumpxml centos65-vm2 >> centos65-vm2.bak.xml	备份 centos65-vm2 虚拟机 xml 配置文件
virsh autostart centos65-vm2	设置 centos65-vm2 虚拟机随宿主机自启动，配置后生成配置文件/etc/libvirt/qemu/autostart/centos65-vm2.xml
virsh autostart --disable centos65-vm2	取消开机自启动

下面给出表 5-1 中一些命令的操作示例：

```
# 查看网卡信息
[root@kvm ~]# virsh domiflist centos65 - vm2
Interface  Type      Source     Model       MAC
---------------------------------------------------------
vnet0      network   default    virtio      52:54:00:00:44:0f
# 查看虚拟机配置信息,kvm 虚拟机配置文件是 xml 形式
[root@kvm ~]# virsh dumpxml centos65 - vm2
< domain type = 'kvm' id = '2'>
  < name > centos65 - vm2 </name>
  < uuid > f7afd8bf - 7aba - 467e - 9bda - b080f0caa848 </uuid>
  < memory unit = 'KiB'> 1048576 </memory>
  < currentMemory unit = 'KiB'> 1048576 </currentMemory>
  < vcpu placement = 'static'> 1 </vcpu>
…… 略 ……
</domain>
```

```
#虚拟机的 xml 配置文件默认在该目录下
[root@kvm ~]# cd /etc/libvirt/qemu
[root@kvm qemu]# ls
centos65 - vm2.xml  networks
#设置随宿主机开机自启动
[root@kvm qemu]# virsh autostart centos65 - vm2
Domain centos65 - vm2 marked as autostarted
#设置开机自启动后,在该目录生成虚拟机配置文件的软链接
[root@kvm qemu]# ll /etc/libvirt/qemu/autostart/
total 0
lrwxrwxrwx. 1 root root 34 Aug 27 22:15 centos65 - vm2.xml -> /etc/libvirt/qemu/centos65 -
vm2.xml
```

5. 向虚拟机中添加磁盘存储

KVM 虚拟磁盘既可以使用通过 qemu-img 命令创建的 qcow2、raw 等映像文件格式,也可以使用本地的物理磁盘分区或 LVM 分区等,这里以磁盘映像文件形式为例。

首先通过 qemu-img 命令创建磁盘映像文件,然后通过"virsh attach-disk"命令将文件添加到 centos65-vm2。"virsh attach-disk"命令格式为:

> virsh attach - disk < domain > < source > < target > [选项 1,选项 2, …]

各选项的说明可通过"virsh attach-disk --help"命令查看:

```
[root@kvm ~]# qemu - img create - f qcow2 - o preallocation = full /root/kvm_guest/img/
centos65 - vm2 - 1.img 10G
Formatting 'centos65 - vm2 - 1.img', fmt = qcow2 size = 10737418240 encryption = off cluster_
size = 65536 lazy_refcounts = off
[root@kvm ~]# virsh attach - disk centos65 - vm2 /root/kvm_guest/img/centos65 - vm2 - 1.img
vdb -- config -- live
#在宿主机查看虚拟机磁盘信息
[root@kvm ~]# virsh domblklist centos65 - vm2
Target     Source
-----------------------------------------
vda        /root/kvm_guest/img/centos65 - vm2.img
vdb        /root/kvm_guest/img/centos65 - vm2 - 1.img
```

"virsh attach-disk"命令的--config 选项指定下次启动生效,不添加则临时生效;--live 选项指定运行时生效。添加文件后在 centos65-vm2 虚拟机上查看磁盘情况,如图 5-3 所示。

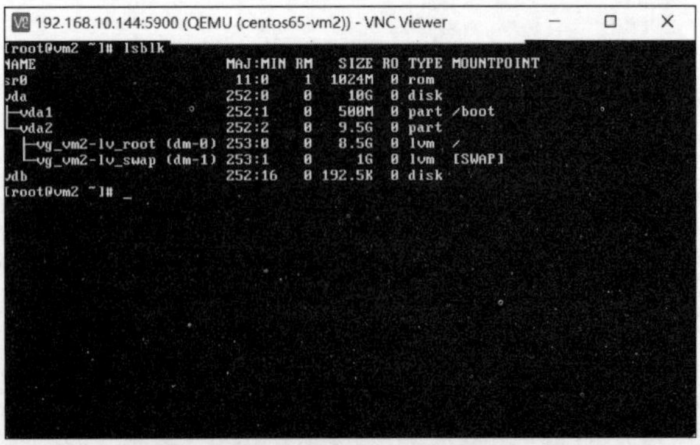

图 5-3 将磁盘映像文件添加到虚拟机

也可以通过修改虚拟机的配置文件来实现增加磁盘：

```
# 删除刚刚添加的磁盘
[root@kvm ~]# virsh detach-disk centos65-vm2 vdb --config --live
# 修改虚拟机配置文件,在配置文件的<devices></devices>标签中增加<disk></disk>标签
[root@kvm ~]# virsh edit centos65-vm2
# 增加如下 disk 标签内容,注意 bus 或 slot 选项不要和其他磁盘相同
    <disk type = 'file' device = 'disk'>
        <driver name = 'qemu' type = 'qcow2'/>
        <source file = '/root/kvm_guest/img/centos65-vm2-1.img'/>
        <target dev = 'vdb' bus = 'virtio'/>
        <address type = 'pci' domain = '0x0000' bus = '0x01' slot = '0x06' function = '0x0'/>
    </disk>
```

6. 配置虚拟机 CPU 和内存

下面通过修改配置文件将 vcpu 设置为 2 个,内存设置为 2GB:

```
# 首先设置 vcpu 最大数量为 2,下次启动生效
[root@kvm img]# virsh setvcpus centos65-vm2 2 --maximum --config
# 再设置 vcpu 数量为 2,下次启动生效
[root@kvm img]# virsh setvcpus centos65-vm2 2 --config
# 设置内存最大值为 2GB,下次启动生效
[root@kvm img]# virsh setmaxmem centos65-vm2 2G --config
# 设置内存大小为 2GB,下次启动生效
[root@kvm img]# virsh setmem centos65-vm2 2G --config
```

设置后查看虚拟机 vcpu 数量和内存大小,如图 5-4 所示。

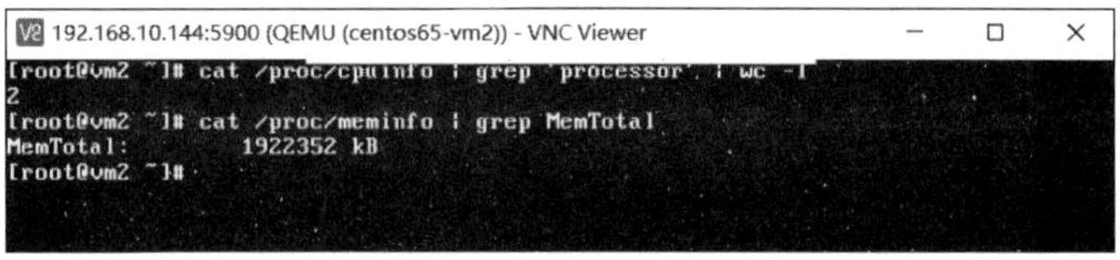

图 5-4　设置虚拟机 vcpu 数量和内存大小

也可以通过修改配置文件的方式调整 vcpu 的数量和内存大小:

```
[root@kvm ~]# virsh edit centos65-vm2
<domain type = 'kvm'>
    <name> centos65-vm2 </name>
      <uuid> f7afd8bf-7aba-467e-9bda-b080f0caa848 </uuid>
# 设置内存大小
    <memory unit = 'KiB'> 2097152 </memory>
# 设置当前内存大小
    <currentMemory unit = 'KiB'> 2097152 </currentMemory>
# 设置 vcpu 数量
    <vcpu placement = 'static'> 2 </vcpu>
```

7. 为虚拟机添加网卡

通过"virsh attach-interface"命令进行网卡设备的添加,命令格式如下:

```
virsh attach - interface < domain > < type > < source >[选项 1,选项 2……]
```

各选项的说明可通过"virsh attach-interface --help"命令查看:

```
[root@kvm ~]# virsh attach - interface centos65 - vm2 - - type network - - source default - -
model virtio - - config
Interface attached successfully
[root@kvm ~]# virsh domiflist centos65 - vm2
Interface   Type       Source      Model      MAC
--------------------------------------------------------------
vnet0       network    default     virtio     52:54:00:30:69:d1
vnet1       network    default     virtio     52:54:00:7e:e9:f7
```

命令选项主要有以下几个:

(1)--type 选项指定网络连接类型,network 为 NAT;

(2)--source 选项指定网络接口,这里连接到名称为 default 的网络;

(3)--model 选项指定驱动类型。

虚拟机通过"service network restart"命令重启网络服务后,网卡信息如图 5-5 所示。此时虚拟机中虽然已经添加了网卡,但是没有生成相应的配置文件,需要手动添加。在虚拟机 centos-vm2 上执行如下操作:

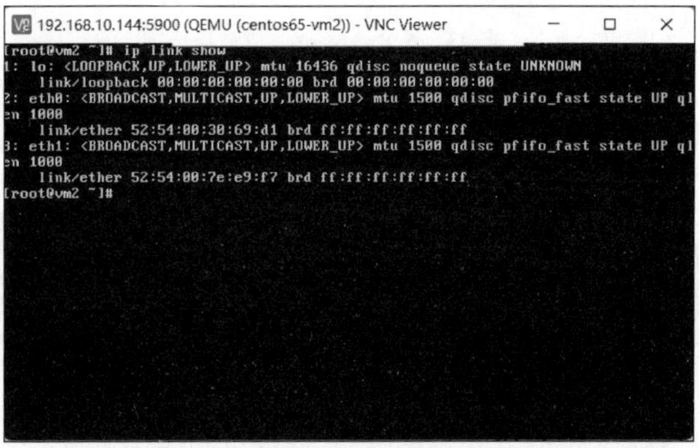

图 5-5 为虚拟机添加网卡

```
[root@vm2 ~]# cd /etc/sysconfig/network - scripts/
# 创建一份网卡配置文件
[root@vm2 network - scripts]# cp ifcfg - eth0 ifcfg - eth1
[root@vm2 network - scripts]# vi ifcfg - eth1
DEVICE = eth1                                       # 修改为 eth1
TYPE = Ethernet
UUID = ad1a6a72 - b56e - 47a4 - b39a - ba7fbe966228   # 删除 UUID
ONBOOT = yes
NM_CONTROLLED = yes
BOOTPROTO = dhcp
HWADDR = 52:54:00:7e:e9:f7                          # 根据 eth1 网卡 MAC 进行修改
DEFROUTE = yes
PEERDNS = yes
```

```
PEERROUTES = yes
IPV4_FAILURE_FATAL = yes
IPV6INIT = no
NAME = "System eth1"                                               #修改为 eth1

#重启网络服务
[root@vm2 network - scripts]# service network restart
Shutting down interface eth0:                              [   OK   ]
Shutting down loopback interface:                          [   OK   ]
Bringing up loopback interface:                            [   OK   ]
Bringing up interface eth0:
Determining IP information for eth0... done.
                                                           [   OK   ]
Bringing up interface eth1:
Determining IP information for eth1... done.
                                                           [   OK   ]
#查看 IP 地址
[root@vm2 network - scripts]# ip a
2: eth0: < BROADCAST,MULTICAST,UP,LOWER_UP > mtu 1500 qdisc pfifo_fast state UP qlen 1000
    link/ether 52:54:00:30:69:d1 brd ff:ff:ff:ff:ff:ff
    inet 192.168.122.245/24 brd 192.168.122.255 scope global eth0
    inet6 fe80::5054:ff:fe30:69d1/64 scope link
       valid_lft forever preferred_lft forever
3: eth1: < BROADCAST,MULTICAST,UP,LOWER_UP > mtu 1500 qdisc pfifo_fast state UP qlen 1000
    link/ether 52:54:00:7e:e9:f7 brd ff:ff:ff:ff:ff:ff
    inet 192.168.122.203/24 brd 192.168.122.255 scope global eth1
    inet6 fe80::5054:ff:fe7e:e9f7/64 scope link
       valid_lft forever preferred_lft forever
```

8. 为虚拟机创建克隆备份

克隆前需要先关闭虚拟机,然后通过 virt-clone 命令实现:

```
[root@kvm ~]# virsh destroy centos65 - vm2
Domain centos65 - vm2 destroyed
#克隆虚拟机
[root@kvm ~]# virt - clone - o centos65 - vm2 - n centos65 - vm3 - f /root/kvm_guest/img/
centos65 - vm3.img - f /root/kvm_guest/img/centos65 - vm3 - 1.img
Allocating 'centos65 - vm3.img'                     |  10 GB  00:00:00
Allocating 'centos65 - vm3 - 1.img'                 |  10 GB  00:00:00
Clone 'centos65 - vm3' created successfully.
[root@kvm ~]# virsh list -- all
Id     Name                              State
-------------------------------------------------
-      centos65 - vm2                     shut off
-      centos65 - vm3                     shut off
```

命令选项主要有以下几个:

(1)-o 选项指定源虚拟机;

(2)-n 选项指定目标虚拟机名称;

（3）-f 选项指定目标虚拟机磁盘路径。

这里因为源虚拟机有两块磁盘，所以用了两个-f 选项。克隆之后由于新虚拟机磁盘中的数据依然为源虚拟机数据，所以需要修改网卡配置：

```
＃开启 centos - vm3 虚拟机
[root@kvm ~]＃ virsh start centos65 - vm3
Domain centos65 - vm3 started
＃在宿主机上查看 centos - vm3 虚拟机 MAC 地址
[root@kvm ~]＃ virsh domiflist centos65 - vm3
Interface   Type       Source    Model      MAC
--------------------------------------------------------
vnet2       network    default   virtio     52:54:00:98:8f:ba
vnet3       network    default   virtio     52:54:00:e9:35:8a
＃登录 centos - vm3 虚拟机修改主机名称
[root@vm2 ~]＃ hostname vm3
[root@vm2 ~]＃ bash
＃修改 eth0 和 eth1 配置文件
[root@vm3 ~]＃ vi /etc/sysconfig/network - scripts/ifcfg - eth0
UUID = ad1a6a72 - b56e - 47a4 - b39a - ba7fbe966228           ＃删除掉 UUID
HWADDR = 52:54:00:98:8f:ba                                    ＃修改 MAC 地址
[root@vm3 ~]＃ vi /etc/sysconfig/network - scripts/ifcfg - eth1
HWADDR = 52:54:00:e9:35:8a                    ＃没有 UUID,直接修改 MAC 地址
＃修改网卡设备规则配置文件
[root@vm3 ~]＃ vi /etc/udev/rules.d/70 - persistent - net.rules
＃ PCI device 0x1af4:0x1000 (virtio - pci)
＃修改 eth0 和 eth1 的 MAC 地址为上面查看到的地址
SUBSYSTEM == "net", ACTION == "add", DRIVERS == "? * ", ATTR{address} == "52:54:00:98:8f:
ba", ATTR{type} == "1", KERNEL == "eth * ", NAME = "eth0"
＃ PCI device 0x1af4:0x1000 (virtio - pci)
SUBSYSTEM == "net", ACTION == "add", DRIVERS == "? * ", ATTR{address} == "52:54:00:e9:35:
8a", ATTR{type} == "1", KERNEL == "eth * ", NAME = "eth1"
＃只保留 eth0 和 eth1 的配置信息,剩下的几行可以注释掉或者删除
＃ PCI device 0x1af4:0x1000 (virtio - pci)
＃SUBSYSTEM == "net", ACTION == "add", DRIVERS == "? * ", ATTR{address} == "52:54:00:98:8f:
＃ba", ATTR{type} == "1", ＃KERNEL == "eth * ", NAME = "eth2"
＃ PCI device 0x1af4:0x1000 (virtio - pci)
＃SUBSYSTEM == "net", ACTION == "add", DRIVERS == "? * ", ATTR{address} == "52:54:00:e9:35:
＃8a", ATTR{type} == "1", ＃KERNEL == "eth * ", NAME = "eth3"
```

重新启动 centos65-vm3 虚拟机即可使网络配置生效。

9. 为虚拟机创建、恢复、删除快照

可通过"virsh snapshot-create-as"命令创建快照,命令格式为：

```
virsh snapshot - create - as < domain >[选项 1,选项 2, … ]
```

选项内容通过 virsh snapshot-create-as --help 查看。

可通过"virsh snapshot-revert "命令恢复快照,命令格式为：

```
virsh snapshot - revert < domain >[选项 1,选项 2, … ]
```

可通过"virsh snapshot-revert --help"命令查看选项内容。

可通过"virsh snapshot-delete"命令删除快照,格式为:

```
virsh snapshot - delete < domain >[选项 1,选项 2,…]
```

可通过"virsh snapshot-delete --help"命令查看选项内容。

代码示例如下:

```
# 通过 virsh snapshot - create - as 命令通过域创建快照,或者 snapshot - create 命令通过域配置
# 文件创建快照
[root@kvm img]# virsh snapshot - create - as centos65 - vm2 -- name centos65 - vm2 - init --
description '初始化'
Domain snapshot centos65 - vm2 - init created
# 查看当前域的快照
[root@kvm img]# virsh snapshot - list centos65 - vm2
Name                 Creation Time                    State
------------------------------------------------------------
centos65 - vm2 - init    2022 - 08 - 30 17:08:56 + 0800 running
# 恢复域到名称为 centos65 - vm2 - init 的快照状态
[root@kvm img]# virsh snapshot - revert centos65 - vm2 -- snapshotname centos65 - vm2 - init
# 删除快照
[root@kvm img]# virsh snapshot - delete centos65 - vm2 -- snapshotname centos65 - vm2 - init
Domain snapshot centos65 - vm2 - init deleted
```

10. 远程登录管理虚拟机

除了本地管理外,libvirt 还提供了通过 URI 连接到远程 Hypervisor 进行管理的功能。远程连接的命令为:

```
virsh - c qemu[ + transport]://[user]@[host]<:port>/[instance]< param >
```

命令选项主要有以下几个。

(1) transport 是传输方式,可以是 ssh、tcp 等;

(2) user 为登录到远程 Hypervisor 使用的用户名;

(3) host 为远程主机主机名或 IP 地址;

(4) port 为端口号,可为空;

(5) instance 为实例名称,可以是 system 特权实例和 session 用户实例;

(6) param 为可选参数,可以是 virsh 命令,也可以为空;若为空,则进入 virsh 交互模式。

代码示例如下:

```
# 在另外一台主机上安装 libvirt 并启动服务
[root@kvm - client ~]# yum install - y libvirt
[root@kvm - client ~]# systemctl start libvirtd
# 通过 ssh 协议以 root 用户登录到远程 system 特权实例
```

```
[root@kvm-client ~]# virsh -c qemu+ssh://root@192.168.10.144/system
The authenticity of host '192.168.10.144 (192.168.10.144)' can't be established.
ECDSA key fingerprint is SHA256:scKYbpzF2G1m8Vp2i3DHXI894fIGC2D68RUGTnGASxQ.
ECDSA key fingerprint is MD5:af:bc:b4:34:6e:03:d1:65:c1:f7:f5:7c:29:c5:6d:3f.
Are you sure you want to continue connecting (yes/no)? yes
root@192.168.10.144's password:
Welcome to virsh, the virtualization interactive terminal.
Type:  'help' for help with commands
       'quit' to quit
#没有添加 param 进入了 virsh 交互模式
virsh # list
 Id    Name                                State
----------------------------------------------------
 21    centos65-vm2                        running
 23    centos65-vm3                        running
#也可以添加命令作为参数,则登录后直接执行 virsh 命令
[root@kvm-client ~]# virsh -c qemu+ssh://root@192.168.10.144/system list
root@192.168.10.144's password:
 Id    Name                                State
----------------------------------------------------
 21    centos65-vm2                        running
 23    centos65-vm3                        running
```

5.2.4 任务拓展

任务拓展 17

【任务内容】 通过网络安装源的非图形化界面安装虚拟机。

【任务目标】
◇ 掌握通过网络安装源安装虚拟机的方法。
◇ 掌握非图形化界面的进入和退出方法。

【任务步骤】 libvirt 除了支持以本地镜像安装源方式安装虚拟机之外,还支持采用网络中的操作系统安装源进行安装,比如通过 HTTP 或 FTP 形式。

1. 搭建服务器

搭建 Web 服务器,并将操作系统镜像文件中的内容复制到服务器根目录下:

```
#安装 Apache web 服务器
[root@kvm ~]# yum install -y httpd
#挂载光盘镜像文件到/mnt 目录
[root@kvm ~]# mount kvm_guest/iso/CentOS-6.5-x86_64-minimal.iso /mnt
mount: /dev/loop0 is write-protected, mounting read-only
#网站根目录下创建 iso 目录,将系统镜像文件中的内容复制到该目录下
[root@kvm ~]# mkdir /var/www/html/iso
[root@kvm ~]# cp -rf /mnt/* /var/www/html/iso/
#启动 Web 服务器
[root@kvm ~]# systemctl start httpd
```

2. 通过 virt-install 命令安装

```
[root@kvm img]# virt-install \
-- virt-type kvm \
-- name centos65-vm4 \
```

```
-- ram 1024 -- vcpus 2 \
-- disk /root/kvm_guest/img/centos65 - vm4.img, size = 5, format = qcow2, bus = virtio \
-- nographics \
-- location "http://192.168.10.144/iso" \
-- extra - args = "console = tty0 console = ttyS0,115200"
```

命令选项主要有以下几个。

（1）--nographics 指定采用非图形化安装；

（2）--location 指定网络安装源地址；

（3）--extra-args 选项将附加参数添加到由--location 引导的内核中，在上面的示例中，该选项的作用是为安装过程提供了一个 console 窗口。

执行上述安装命令后会进入非图形化的 console 窗口安装界面，如图 5-6 所示。安装过程和任务 4.2 Xen 创建虚拟机中的通过"xl console"命令进入安装界面进行安装的过程类似，此处不再赘述。

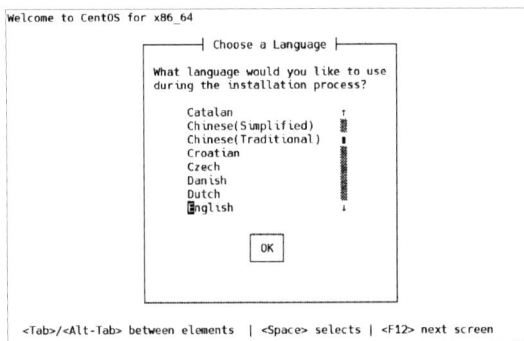

图 5-6　console 窗口安装界面

3. 退出窗口界面

安装完成后，通过 Ctrl＋］（右方括号）组合键退出 console 窗口界面，可以通过"virsh console"命令再次登录虚拟机：

```
[root@kvm ~]# virsh list
 Id    Name                          State
------------------------------------------------
 21    centos65 - vm2                running
 23    centos65 - vm3                running
 28    centos65 - vm4                running
# virsh console 命令登录
[root@kvm ~]# virsh console centos65 - vm4
Connected to domain centos65 - vm4
Escape character is ^]
CentOS release 6.5 (Final)
Kernel 2.6.32 - 431.el6.x86_64 on an x86_64
localhost.localdomain login:
CentOS release 6.5 (Final)
Kernel 2.6.32 - 431.el6.x86_64 on an x86_64
localhost.localdomain login: root
Password:
```

任务 5.3 KVM 网络管理

5.3.1 任务目标

◇ 掌握 KVM 网络的工作原理。

◇ 掌握 KVM 虚拟机的网络配置方法。

5.3.2 任务知识点

1. KVM 网络模型

KVM 网络结构和 Xen 网络结构基本相同,都具有隔离模式、桥接模式、NAT 模式和仅主机模式;实现原理也基本相同,都是通过创建 Linux 虚拟网桥,然后通过将各虚拟机网卡连接到虚拟网桥上从而实现互联。简单来说,如果宿主机网卡没有桥接到虚拟网桥上,并且虚拟网桥没有设置 IP,则只有虚拟机之间能够通信,构成了隔离模式;如果虚拟网桥设置了IP,则构成了仅主机模式;在仅主机模式下,若 Linux 内核开启了路由转发功能并配置了NAT 规则,则构成了 NAT 网络模式;如果宿主机网卡桥接到了虚拟网桥上,并将 IP 地址设置给虚拟网桥,虚拟机通过虚拟网桥连接到了物理网络,则构成了桥接模式。具体网络结构可以参见 Xen 的网络结构图。

2. virtio

在 KVM 中,为了提高 I/O 性能,通常会在虚拟机中采用半虚拟化驱动(ParaVirtualized drivers,PV drivers),而实现这种网络和磁盘设备驱动虚拟化的标准是 virtio。virtio 是由澳大利亚的程序员 Rusty Russell 编写的,这是一种标准的半虚拟化 I/O 设备模型,它将半虚拟化的 I/O 设备驱动(网卡、磁盘块设备等)统一起来,以便进行后续的维护、扩展和优化。virtio 提供了一套虚拟机与各 Hypervisor 虚拟化设备(KVM、Xen、VMware 等)之间的通信框架和编程接口,减少了跨平台所带来的兼容性问题,大幅提高了驱动程序开发效率。从总体上看,virtio 可以分为 4 层,包括前端虚拟机中的各种驱动程序模块(frontend),后端 Hypervisor 上的处理程序模块(backend),中间用于前后端通信的 virtio 层和 virtio-ring 层。virtio 层实现的是虚拟队列接口,算是前后端通信的桥梁;而 virtio-ring 层则是该桥梁的具体实现,它实现了两个环形缓冲区,分别用于保存前端驱动程序和后端处理程序执行的信息。virtio 使用 virtqueue 来实现 I/O 机制,每个 virtqueue 就是一个承载大量数据的队列,具体使用多少个队列取决于需求。例如,virtio 网络驱动程序(virtio-net)使用两个队列(一个用于接收,另一个用于发送),而 virtio 块驱动程序(virtio-blk)仅使用一个队列。

virtio 半虚拟化驱动的方式可以使虚拟机获得更优良的 I/O 性能,可以达到与原生系统差不多的性能。所以,在采用 KVM 虚拟化技术时,如果宿主机内核和虚拟机都支持virtio,那么一般推荐使用这种方式。但一些老的 Linux 操作系统不支持 virtio,同时一些主流的 Windows 操作系统需要安装特定的驱动才支持 virtio。总体来说 QEMU 版本大于0.9.1、libvirt 版本大于 0.4.4 同时 Linux 内核大于 2.6.25 的操作系统都应该支持 virtio。较新的 Linux 内核都默认将 virtio 驱动编译进了内核模块,可以直接使用,同时创建的虚拟机 I/O 驱动也默认采用这种方式。

5.3.3 任务实施

1. NAT网络配置

(1) 连通外部网络。在默认情况下,KVM 创建的虚拟机网络模式是 NAT 方式,驱动采用的是 virtio,同时 libvirtd 还开启了 dnsmasqp 进程用来实现虚拟机的 DHCP 功能。可以通过查看配置文件验证:

```
#查看配置文件说明驱动类型为 virtio,网络名称为 default
[root@kvm ~]# virsh dumpxml centos65-vm2
<interface type='network'>
  <mac address='52:54:00:30:69:d1'/>
  <source network='default' bridge='virbr0'/>
  <target dev='vnet0'/>
  <model type='virtio'/>
  <alias name='net0'/>
  <address type='pci' domain='0x0000' bus='0x00' slot='0x03' function='0x0'/>
</interface>
#查看 libvirt 网络默认配置文件,说明名称为 default 的网络接口模式为 NAT
[root@kvm ~]# cat /etc/libvirt/qemu/networks/default.xml
<network>
  <name>default</name>
  <uuid>3f14954b-da85-44b0-ab4a-32f81dcfac4b</uuid>
  <forward mode='nat'/>
  <bridge name='virbr0' stp='on' delay='0'/>
  <mac address='52:54:00:b6:70:d9'/>
  <ip address='192.168.122.1' netmask='255.255.255.0'>
    <dhcp>
      <range start='192.168.122.2' end='192.168.122.254'/>
    </dhcp>
  </ip>
</network>
#libvirtd 服务开启了 dnsmasq 进程,同时指定配置文件为/var/lib/libvirt/dnsmasq/default.conf
[root@kvm ~]# systemctl status libvirtd
• libvirtd.service - Virtualization daemon
   Loaded: loaded (/usr/lib/systemd/system/libvirtd.service; enabled; vendor preset:
enabled)
   Active: active (running) since Tue 2022-08-30 15:34:11 CST; 3 days ago
     Docs: man:libvirtd(8)
           https://libvirt.org
 Main PID: 1158 (libvirtd)
    Tasks: 20 (limit: 32768)
   CGroup: /system.slice/libvirtd.service
           ├─1158 /usr/sbin/libvirtd
           ├─1524 /usr/sbin/dnsmasq --conf-file=/var/lib/libvirt/dnsmasq/default.
conf --leasefile-ro --dhcp-script=/usr/libexec/libvirt_leaseshelper
           └─1525 /usr/sbin/dnsmasq --conf-file=/var/lib/libvirt/dnsmasq/default.
conf --leasefile-ro --dhcp-script=/usr/libexec/libvirt_leaseshelper
```

第 20 集
微课视频

libvirtd 启动网络功能的过程:首先读取/etc/libvirt/qemu/networks/default.xml 配置文件,根据该配置文件完成网络相关设置;然后通过该配置文件去生成或覆盖/var/lib/libvirt/dnsmasq/default.conf 配置文件内容,dnsmasq 根据 default.conf 配置文件提供

DHCP 等服务。所以虚拟机的默认网络地址都为"192.168.122.0/24"。查看当前宿主机中网络桥接情况如下：

```
[root@kvm ~]# brctl show
bridge name         bridge id            STP enabled      interfaces
virbr0              8000.525400b670d9    yes              virbr0 - nic
                                                          vnet0
                                                          vnet1
                                                          vnet2
                                                          vnet3
                                                          vnet4
```

其中，virbr0 为安装 libvirt 自动创建的默认网桥，virbr0-nic 为宿主机桥接到 virbr0 的接口，其他的 vnet♯ 为各虚拟机桥接到 virbr0 的接口。但目前宿主机内核没有开启路由转发模块以及 NAT 转发规则，所以虚拟机无法访问到外部网络，要通过以下命令使得虚拟机能够访问到外部网络。

```
♯ 开启路由转发
[root@kvm ~]# echo "net.ipv4.ip_forward = 1" >> /etc/sysctl.conf
[root@kvm ~]# sysctl - p
♯ 配置 NAT 规则，MASQUERADE 动作为动态 SNAT，可以根据出口 IP 地址替换数据包源 IP 地址
[root@kvm ~]# iptables - t nat - A POSTROUTING - s 192.168.122.0/24 ! - d 192.168.122.0/
24 - j MASQUERADE
♯ 查看 centos65 - vm2 网络接口 MAC 地址
[root@kvm ~]# virsh domiflist centos65 - vm2
Interface  Type      Source    Model    MAC
-------------------------------------------------------
vnet0      network   default   virtio   52:54:00:30:69:d1
vnet1      network   default   virtio   52:54:00:7e:e9:f7
♯ 删除掉第二块网卡
[root@kvm ~]# virsh detach - interface centos65 - vm2 network -- mac 52:54:00:7e:e9:f7
-- persistent
Interface detached successfully
♯ 在虚拟机上删除第二块网卡配置文件后重启网络服务
[root@vm2 ~]# rm - rf /etc/sysconfig/network - scripts/ifcfg - eth1
[root@vm2 ~]# service network restart
♯ 虚拟机 ping 测试
[root@vm2 ~]# ping www.baidu.com
PING www.a.shifen.com (110.242.68.3) 56(84) bytes of data.
64 bytes from 110.242.68.3: icmp_seq = 1 ttl = 127 time = 23.2 ms
64 bytes from 110.242.68.3: icmp_seq = 2 ttl = 127 time = 24.1 ms
```

（2）添加 NAT 网络。前面已经说到 libvirtd 是根据/etc/libvirt/qemu/networks/default.xml 文件配置网络的，但我们也可以自己创建 xml 网络配置文件，再根据配置文件新定义网络。

```
♯ 创建新的网络配置文件，同样采用 nat 模式，IP 网络地址段为 172.16.10.0/24
[root@kvm ~]# vi /etc/libvirt/qemu/networks/nat - net.xml
♯ 添加如下内容，注意 mac 地址不要和 default 网络重复
< network >
```

```
    <name> nat - net </name>
    <forward mode = 'nat'/>
    <bridge name = 'virbr1' stp = 'on' delay = '0'/>
    <mac address = '52:54:00:b6:70:da'/>
    <ip address = '172.16.10.1' netmask = '255.255.255.0'>
      <dhcp>
        <range start = '172.16.10.2' end = '172.16.10.254'/>
      </dhcp>
    </ip>
</network>
#根据 xml 文件定义网络
[root@kvm ~]# virsh net - define /etc/libvirt/qemu/networks/nat - net.xml
Network nat - net defined from /etc/libvirt/qemu/networks/nat - net.xml
#启动网络,并设置自启动
[root@kvm ~]# virsh net - start nat - net
Network nat - net started
[root@kvm ~]# virsh net - autostart nat - net
Network nat - net marked as autostarted
#查看当前网络,nat - net 已经启动
[root@kvm ~]# virsh net - list
Name                  State      Autostart   Persistent
---------------------------------------------------------
default               active     yes         yes
nat - net             active     yes         yes
#修改 centos65 - vm2 配置文件
[root@kvm ~]# virsh edit centos65 - vm2
#修改网络接口 interface 标签中的 source 标签,设置 network 为新定义的网络 nat - net
<interface type = 'network'>
    <mac address = '52:54:00:30:69:d1'/>
    <source network = 'nat - net'/>
    <model type = 'virtio'/>
    <address type = 'pci' domain = '0x0000' bus = '0x00' slot = '0x03' function = '0x0'/>
</interface>
#重新启动虚拟机
[root@kvm ~]# virsh destroy centos65 - vm2
Domain centos65 - vm2 destroyed
[root@kvm ~]# virsh start centos65 - vm2
Domain centos65 - vm2 started
#登录到 centos65 - vm2 虚拟机查看 IP 地址
[root@vm2 ~]# ip a
2: eth0: <BROADCAST,MULTICAST,UP,LOWER_UP> mtu 1500 qdisc pfifo_fast state UP qlen 1000
    link/ether 52:54:00:30:69:d1 brd ff:ff:ff:ff:ff:ff
    inet 172.16.10.245/24 brd 172.16.10.255 scope global eth0
    inet6 fe80::5054:ff:fe30:69d1/64 scope link
        valid_lft forever preferred_lft forever
```

查看虚拟机 IP 地址,可以看到,eth0 的 IP 地址变为了 nat-net 网络所定义的地址。

2. 桥接网络配置

KVM 桥接网络的原理同 Xen 基本一致,也是先创建网桥,然后将虚拟机和宿主机网卡桥接到该网桥上。

(1) 宿主机创建网桥并将 ens33 网卡桥接到网桥上。可以通过创建、修改网卡配置文

件方式完成(参见 4.2 节),也可以采用如下 virsh 命令:

```
♯创建网桥 kvmbr0 并桥接 ens33
[root@kvm ~]♯ virsh iface - bridge ens33 kvmbr0
Created bridge kvmbr0 with attached device ens33
```

执行该命令后网络会断开,需要登录虚拟机窗口修改网卡 ens33 和网桥 kvmbr0 的配置,取消服务 NetworkManager:

```
[root@kvm ~]♯ vi /etc/sysconfig/network - scripts/ifcfg - ens33
NM_CONTROLLED = "no"                    ♯在最后添加该项
[root@kvm ~]♯ vi /etc/sysconfig/network - scripts/ifcfg - kvmbr0
NM_CONTROLLED = "no"                    ♯在最后添加该项
[root@kvm ~]♯ systemctl restart network
```

重启网络服务后,kvmbr0 获得了原 ens33 的 IP 地址,可以通过 SSH 重新登录宿主机。

(2) 设置虚拟机网络为桥接模式。将 centos65-vm3 虚拟机的 IP 地址改为桥接模式:

```
♯编辑 centos65 - vm3 虚拟机配置文件
[root@kvm ~]♯ virsh edit centos65 - vm3
    < interface type = 'bridge'>                          ♯网络类型修改为 bridge
      < mac address = '52:54:00:98:8f:ba'/>
      < source bridge = 'kvmbr0'/>                        ♯端口设置为桥接到 kvmbr0
      < model type = 'virtio'/>
      < address type = 'pci' domain = '0x0000' bus = '0x00' slot = '0x03' function = '0x0'/>
    </interface >
♯重新启动虚拟机
[root@kvm ~]♯ virsh destroy centos65 - vm3
Domain centos65 - vm3 destroyed
[root@kvm ~]♯ virsh start centos65 - vm3
Domain centos65 - vm3 started
♯查看宿主机网桥信息可以看到宿主机的 ens33 网卡和虚拟机的 vnet1 接口都已经桥接到 kvmbr0
[root@kvm ~]♯ brctl show
bridge name      bridge id           STP enabled    interfaces
kvmbr0           8000.000c29d71f5c   yes            ens33
                                                    vnet1
virbr0           8000.525400b670d9   yes            virbr0 - nic
                                                    vnet4
virbr1           8000.525400b670db   yes            virbr1 - nic
                                                    vnet0
♯登录虚拟机查看 IP 地址
[root@vm2 ~]♯ ifconfig
eth0     Link encap:Ethernet   HWaddr 52:54:00:98:8F:BA
         inet addr:192.168.10.149  Bcast:192.168.10.255   Mask:255.255.255.0
         inet6 addr: fe80::5054:ff:fe98:8fba/64 Scope:Link
         UP BROADCAST RUNNING MULTICAST   MTU:1500   Metric:1
         RX packets:190 errors:0 dropped:0 overruns:0 frame:0
         TX packets:50 errors:0 dropped:0 overruns:0 carrier:0
         collisions:0 txqueuelen:1000
         RX bytes:18057 (17.6 KiB)   TX bytes:7612 (7.4 KiB)
```

重启虚拟机后可以看到修改后的 IP 地址现在和宿主机处于同一网段。

5.3.4　任务拓展

【任务内容】　KVM 虚拟机迁移。

【任务目标】　掌握 KVM 虚拟机迁移方法。

【任务步骤】

KVM 虚拟机迁移分为静态迁移和动态迁移。静态迁移也叫作常规迁移、离线迁移（Offline Migration），是在虚拟机关机或暂停的情况下，将虚拟机磁盘文件与配置文件复制到目标虚拟机中，从而实现从一台物理机到另一台物理机的迁移。动态迁移无须备份虚拟机配置文件和磁盘文件，同时允许虚拟机处于运行状态时完成迁移。但是需要迁移的主机之间有相同的目录结构以放置虚拟机磁盘文件（本例为/root/kvm_guest/img），也需要有相同的网络环境。这里的动态迁移是基于共享存储动态迁移，通过 NFS 来实现，需要 qemu-kvm-0.12.2 以上版本的支持。

以 IP 地址为"192.168.10.144"的当前宿主机作为源主机，以任务 5.2 中创建的名称为 kvm-client 的主机作为目标主机进行迁移操作，迁移对象为 centos65-vm2 虚拟机。

（1）安装 NFS 服务，实现共享存储。将源主机作为 NFS 服务端，共享/root/kvm_guest/img 目录，目标主机挂载在该目录下以实现共享存储：

```
# 两台主机均需要安装 NFS 服务
[root@kvm ~]# yum install -y nfs-utils rpcbind
[root@kvm-client ~]# yum install -y nfs-utils rpcbind
# 在 NFS 服务端源主机编辑共享配置
[root@kvm ~]# vi /etc/exports
/root/kvm_guest/img 192.168.10.0/24(rw,sync,no_root_squash)     # 添加该行内容
[root@kvm ~]# systemctl start nfs
[root@kvm ~]# systemctl start rpcbind
# 查看共享信息
[root@kvm ~]# showmount -e localhost
Export list for localhost:
/root/kvm_guest/img 192.168.10.0/24
# 在 NFS 客户端目标主机查看共享信息
[root@kvm-client ~]# showmount -e 192.168.10.144
Export list for 192.168.10.144:
/root/kvm_guest/img 192.168.10.0/24
# 目标主机创建相同目录结构后,挂载服务端共享目录
[root@kvm-client ~]# mkdir -p /root/kvm_guest/img
[root@kvm-client ~]# mount -t nfs 192.168.10.144:/root/kvm_guest/img /root/kvm_guest/img
# 查看是否共享到数据
[root@kvm-client ~]# ls /root/kvm_guest/img/
centos65-vm1.img  centos65-vm2-1.img  centos65-vm2.img  centos65-vm3-1.img
centos65-vm3.img  centos65-vm4.img
```

任务拓展 18

（2）因为 centos65-vm2 虚拟机连接的网络为后创建的 nat-net 网络，所以需要在目标主机先创建相同的网络：

```
＃复制 nat-net 网络配置文件到目标主机
[root@kvm ~]# scp /etc/libvirt/qemu/networks/nat-net.xml root@192.168.10.145:/etc/
libvirt/qemu/networks/
＃在目标主机定义 nat-net 网络并设置自启动
[root@kvm-client ~]# virsh net-define /etc/libvirt/qemu/networks/nat-net.xml
Network nat-net defined from /etc/libvirt/qemu/networks/nat-net.xml
[root@kvm-client ~]# virsh net-start nat-net
Network nat-net started
[root@kvm-client ~]# virsh net-autostart nat-net
Network nat-net marked as autostarted
```

（3）在目标主机上关闭防火墙并配置 qemu 用户权限：

```
[root@kvm-client ~]# systemctl stop firewalld
[root@kvm-client ~]# setenforce 0
[root@kvm-client ~]# vi /etc/libvirt/qemu.conf
user = "root"
group = "root"
```

（4）通过"virsh migrate"命令进行迁移：

```
＃--live 实现虚拟机运行状态下迁移
[root@kvm ~]# virsh migrate --live --verbose centos65-vm2 qemu+ssh://192.168.10.
145/system tcp://192.168.10.145 --unsafe
root@192.168.10.145's password:
Migration: [100 %]
＃目标主机查看迁移虚拟机状态
[root@kvm-client ~]# virsh list
Id    Name                          State
--------------------------------------------
1     centos65-vm2                  running
```

（5）在目标主机上生成虚拟机配置文件并定义虚拟机：

```
[root@kvm-client ~]# virsh dumpxml centos65-vm2 > /etc/libvirt/qemu/centos65-vm2.xml
[root@kvm-client ~]# virsh define /etc/libvirt/qemu/centos65-vm2.xml
Domain centos65-vm2 defined from /etc/libvirt/qemu/centos65-vm2.xml
```

任务 5.4　WebVirtMgr 安装与虚拟机管理

5.4.1　任务目标

◇ 掌握 WebVirtMgr 的安装方法。
◇ 掌握 WebVirtMgr 管理 KVM 虚拟机的方法。

5.4.2　任务知识点

1. WebVirtMgr

WebVirtMgr 是一款 Web 界面的 KVM 虚拟机管理程序。可以通过它进行域的查看、创建和配置,调整域的资源分配等管理,比如 CPU、内存的利用率,存储和网络资源池的管理,虚拟机的快照管理、日志管理,虚拟机的迁移等。WebVirtMgr 的 Web 图形化界面让人能更方便地查看 KVM 宿主机的情况并进行操作,使用 KVM+WebVirtMgr 可满足大多数工作场景的业务需求,在进行虚拟化的同时,也能够进行便捷的管理。WebVirtMgr 采用几乎纯 Python 开发,其前端是基于 Python 的 Django,后端是基于 Libvirt 的 Python 接口,将日常 KVM 的管理操作变得更加可视化。

2. EPEL

因为 CentOS 提供的安装源包含的大多数的库都是比较旧的,并且很多流行的库也不存在。EPEL 在其基础上不仅全,而且新。EPEL 的全称为 Extra Packages for Enterprise Linux。EPEL 是由 Fedora 社区打造,为 RHEL 及衍生发行版如 CentOS、Scientific Linux 等提供高质量软件包的项目。装上了 EPEL 之后,就相当于添加了一个第三方源。

3. Supervisor

Supervisor 是一个 C/S 系统,允许其用户监视和控制类 UNIX 操作系统上的大量进程。Supervisor 是用 Python 开发的进程管理工具,可以很方便地用来启动、重启、关闭进程(不仅仅是 Python 进程)。能将一个普通的命令行进程变为后台 daemon,并监控进程状态,异常退出时能自动重启。除了对单个进程的控制,还可以同时启动、关闭多个进程,比如服务器出问题而导致所有应用程序都被杀死,此时可以用 Supervisor 同时启动所有应用程序而不是通过逐一输入命令来启动。

5.4.3　任务实施

WebVirtMgr 服务器和 KVM 服务器(宿主机)可以分别部署在不同主机上,这里将"192.168.10.144"主机既作为 WebVirtMgr 服务器又作为第一台 KVM 服务器,主机名称为 kvm,"192.168.10.145"作为第二台 KVM 服务器,主机名称为 kvm-client。

第 21 集
微课视频

(1) 安装 EPEL 安装源和 WebVirtMgr 依赖包:

```
[root@kvm ~]# yum install epel-release
[root@kvm ~]# yum -y install git python-pip libvirt-python libxml2-python python-
websockify supervisor nginx
```

(2) CentOS 7.5 自带 Python 2.7,但是 pip 版本过低,不能自动升级,可以下载安装脚本升级 pip 以进行后续的安装:

```
#下载pip引导安装脚本并安装
[root@kvm ~]# curl https://bootstrap.pypa.io/pip/2.7/get-pip.py -o get-pip.py
[root@kvm ~]# python get-pip.py
```

(3) 通过 git 下载 webvirtmgr.git 安装包:

```
#如果执行下面的git clone下载命令报错提示连接拒绝,则执行本条git config命令
[root@kvm ~]# git config --global url."https://".insteadOf git://
#将安装包下载到/var/www目录中,如果没有则创建。当然也可下载到其他位置,但要注意后面的
#路径配置。
[root@kvm ~]# cd /var/www/
```

```
[root@kvm www]# git clone git://github.com/retspen/webvirtmgr.git
Cloning into 'webvirtmgr'...
remote: Enumerating objects: 5614, done.
remote: Total 5614 (delta 0), reused 0 (delta 0), pack-reused 5614
Receiving objects: 100% (5614/5614), 2.97 MiB | 574.00 KiB/s, done.
Resolving deltas: 100% (3606/3606), done.
#通过 pip 安装 numpy Python 库
[root@kvm www]# cd webvirtmgr/
[root@kvm webvirtmgr]# pip install numpy
Collecting numpy
  Downloading numpy-1.16.6-cp27-cp27mu-manylinux1_x86_64.whl (17.0 MB)
  |██████████████████████████████████████| 17.0 MB 58 kB/s
Installing collected packages: numpy
Successfully installed numpy-1.16.6
```

（4）安装 Django 等 Python 库，安装后初始化 WebVirtMgr：

```
#通过 requirement.txt 文件从 douban.com 上安装 Django gunicorn lockfile
[root@kvm webvirtmgr]# python-m pip install-r requirements.txt pip-i  https://pypi.
douban.com/simple
Successfully built django
Installing collected packages: django, gunicorn, lockfile
Successfully installed django-1.5.5 gunicorn-19.5.0 lockfile-0.12.2
#通过 webvirtmgr 目录中的 manage.py 初始化 Django 数据库
[root@kvm webvirtmgr]# ./manage.py syncdb
WARNING:root:No local_settings file found.
Creating tables ...
Creating table auth_permission
Creating table auth_group_permissions
Creating table auth_group
Creating table auth_user_groups
Creating table auth_user_user_permissions
Creating table auth_user
Creating table django_content_type
Creating table django_session
Creating table django_site
Creating table servers_compute
Creating table instance_instance
Creating table create_flavor
You just installed Django's auth system, which means you don't have any superusers defined.
Would you like to create one now? (yes/no): yes            #输入 yes
Username (leave blank to use 'root'): admin                #设置管理员用户名
Email address: 123456@126.com                             #设置邮箱
Password:                                                 #设置 Web 平台登录密码
Password (again):
Superuser created successfully.
Installing custom SQL ...
Installing indexes ...
Installed 6 object(s) from 1 fixture(s)
#如果想再创建一个超级管理员，则可以执行该命令
[root@kvm webvirtmgr]# ./manage.py createsuperuser
```

```
WARNING:root:No local_settings file found.
……同上输入用户名、邮箱、密码即可创建,过程略……
#生成配置文件
[root@kvm webvirtmgr]# ./manage.py collectstatic
WARNING:root:No local_settings file found.
You have requested to collect static files at the destination
location as specified in your settings.
This will overwrite existing files!
Are you sure you want to do this?
Type 'yes' to continue, or 'no' to cancel: yes          #此处输入 yes
……其他信息略……
75 static files copied.
```

（5）配置 Nginx 服务，将 server 字段内容注释掉，同时添加 webvirtmgr.conf 作为 Nginx 提供服务的配置文件：

```
[root@kvm ~]# vi /etc/nginx/nginx.conf
#注释掉以下几行
#    server {
#        listen       80;
#        listen       [::]:80;
#        server_name  _;
#        root         /usr/share/nginx/html;
#        # Load configuration files for the default server block.
#        include /etc/nginx/default.d/*.conf;
#        error_page 404 /404.html;
#        location = /404.html {
#        }
#        error_page 500 502 503 504 /50x.html;
#        location = /50x.html {
#        }
#    }
[root@kvm ~]# vi /etc/nginx/conf.d/webvirtmgr.conf
#配置文件中添加如下内容
server {
    listen 80 default_server;

    server_name $hostname;
    #access_log /var/log/nginx/webvirtmgr_access_log;

    location /static/ {
        root /var/www/webvirtmgr/webvirtmgr; # or /srv instead of /var
        expires max;
    }

    location ~ .*\.(js|css)$ {
        proxy_pass http://127.0.0.1:8000;
    }

    location / {
        proxy_pass http://127.0.0.1:8000;
        proxy_set_header X-Real-IP $remote_addr;
```

```
                proxy_set_header X-Forwarded-for $proxy_add_x_forwarded_for;
                proxy_set_header Host $host: $server_port;
                proxy_set_header X-Forwarded-Proto $scheme;
                proxy_connect_timeout 600;
                proxy_read_timeout 600;
                proxy_send_timeout 600;
                client_max_body_size 1024M; # Set higher depending on your needs
        }
}
#将已经安装的 httpd 服务停止以避免占用 80 端口然后重启 nginx
[root@kvm ~]# systemctl stop httpd
[root@kvm ~]# systemctl restart nginx

#设置 selinux 规则允许 http 连接
[root@kvm ~]# setsebool httpd_can_network_connect true
#或者通过下面方法关闭 selinux
[root@kvm ~]# vi /etc/sysconfig/selinux
SELINUX = disabled
[root@kvm ~]# setenforce 0
```

（6）配置 Supervisor 服务，将 WebVirtMgr 添加到 Supervisor：

```
#修改 webvirtmgr 目录所有者和所属组为 nginx
[root@kvm ~]# chown -R nginx:nginx /var/www/webvirtmgr
#添加 supervisord 服务配置文件
[root@kvm ~]# vi /etc/supervisord.d/webvirtmgr.ini
#添加如下内容
[program:webvirtmgr]
command = /usr/bin/python /var/www/webvirtmgr/manage.py run_gunicorn -c /var/www/
webvirtmgr/conf/gunicorn.conf.py
directory = /var/www/webvirtmgr
autostart = true
autorestart = true
logfile = /var/log/supervisor/webvirtmgr.log
log_stderr = true
user = nginx

[program:webvirtmgr-console]
command = /usr/bin/python /var/www/webvirtmgr/console/webvirtmgr-console
directory = /var/www/webvirtmgr
autostart = true
autorestart = true
stdout_logfile = /var/log/supervisor/webvirtmgr-console.log
redirect_stderr = true
user = nginx
[root@kvm ~]# systemctl restart supervisord
```

（7）如果不想用 root 用户登录 KVM 服务器，则可以在 KVM 服务器上创建其他用户。这里在两台 KVM 服务器主机上创建名称为 webvirtmgr 的用户：

```
[root@kvm ~]# useradd webvirtmgr
[root@kvm ~]# passwd webvirtmgr
Changing password for user webvirtmgr.
```

```
New password:                            ♯输入 webvirtmgr 用户密码
BAD PASSWORD: The password is shorter than 8 characters
Retype new password:                     ♯确认密码
passwd: all authentication tokens updated successfully.
[root@kvm ~]♯ usermod - G libvirt - a webvirtmgr
♯kvm - client 主机也创建 webvirtmgr 用户
[root@kvm - client ~]♯ useradd webvirtmgr
[root@kvm - client ~]♯ passwd webvirtmgr
```

（8）设置 Nginx 用户无密码登录到 KVM 主机：

```
[root@kvm ~]♯ su - nginx - s /bin/bash
- bash - 4.2 $ ssh - keygen
……密钥生成选项全部默认按 Enter 即可……
- bash - 4.2 $ touch ~/.ssh/config && echo - e "StrictHostKeyChecking = no \nUserKnownHostsFile = /
dev/null" >> ~/.ssh/config
- bash - 4.2 $ chmod 0600 ~/.ssh/config
- bash - 4.2 $ ssh - copy - id webvirtmgr @192.168.10.144
- bash - 4.2 $ ssh - copy - id webvirtmgr @192.168.10.145   ♯对另一台 KVM 服务器也做 SSH 登
                                                            ♯录授权

…… 其他信息略 ……
```

（9）在 KVM 服务器上配置 SSH 授权：

```
[root@kvm home] ♯ vi /etc/polkit - 1/localauthority/50 - local.d/50 - libvirt - remote -
access.pkla
[Remote libvirt SSH access]
Identity = unix - user:webvirtmgr    ♯此处填写授权的用户名,这里是创建的 webvirtmgr 用户
Action = org.libvirt.unix.manage
ResultAny = yes
ResultInactive = yes
ResultActive = yes
[root@kvm home] ♯ chown - R webvirtmgr: webvirtmgr /etc/polkit - 1/localauthority/50 -
local.d/50 - libvirt - remote - access.pkla
```

（10）重启 libvirtd 服务,查看 8000、6080 和 80 端口是否开启：

```
[root@kvm home] ♯ systemctl restart libvirtd
[root@kvm ~]♯ netstat - ntpl |grep - E '8000|6080|80'
tcp     0     0 127.0.0.1:8000      0.0.0.0: *        LISTEN      51275/python
tcp     0     0 0.0.0.0:80          0.0.0.0: *        LISTEN      51092/nginx: master
tcp     0     0 0.0.0.0:6080        0.0.0.0: *        LISTEN      51274/python
```

（11）通过浏览器登录 WebVirtMgr 服务器(IP 地址为"192.168.10.144"),登录界面
输入步骤(4)初始化时创建的 admin 用户名和密码,如图 5-7 所示。

（12）登录后单击 Add Connection 按钮添加 KVM 服务器,如图 5-8 所示。

（13）在弹出的窗口选择"SSH 连接",在 Label 文本框中设置连接的 KVM 服务器名
称,在 FQDN/IP 文本框中输入 KVM 服务器的 IP 地址,用户名输入步骤(7)～(9)中创建
的授权用户,这里是 webvirtmgr,单击"添加"按钮。重复步骤(13),再次添加 IP 地址为

图 5-7　通过浏览器登录 WebVirtMgr

图 5-8　添加 KVM 服务器

"192.168.10.145"的 kvm-client 主机，Label 为 kvm2。在返回的 Connections 界面单击 kvm 标签，如图 5-9 和图 5-10 所示。

图 5-9　连接 KVM 服务器

图 5-10　KVM 服务器列表

（14）进入 KVM 服务器界面，可以看到当前服务器下创建的虚拟实例（虚拟机）、存储和网络列表等如图 5-11 所示。

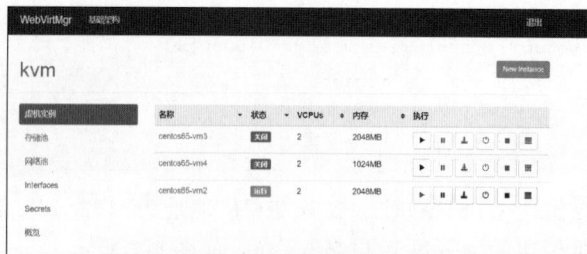

图 5-11　KVM 服务器虚拟机列表

（15）如图 5-12 所示，选择"基础架构"选项，可列出当前两台 KVM 服务器中虚拟机资源的使用情况。

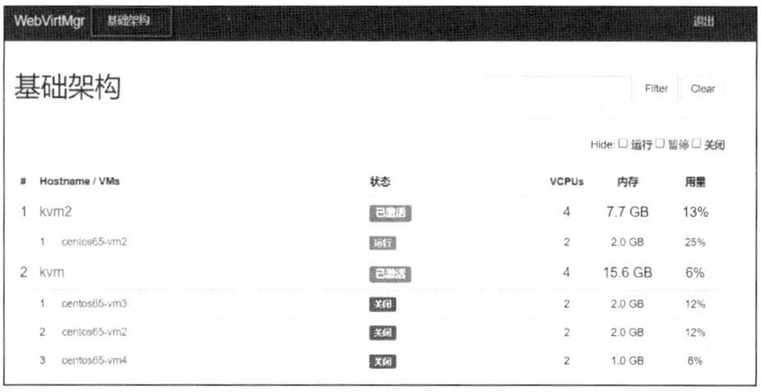

图 5-12　KVM 服务器架构列表

5.4.4　任务拓展

【任务内容】　WebVirtMgr 管理虚拟机。

【任务目标】　掌握 WebVirtMgr 创建和管理虚拟机的方法。

【任务步骤】　本任务在 kvm-client 服务器上通过 WebVirtMgr 创建一个虚拟机实例并进行简单的管理。

（1）编辑两台服务器的 hosts 文件，设置 WebVirtMgr 服务器和 KVM 服务器的主机名解析：

```
＃两台主机都增加两条解析记录
[root@kvm ～]# vi /etc/hosts
192.168.10.144 kvm
192.168.10.145 kvm-client
[root@kvm-client ～]# vi /etc/hosts
192.168.10.144 kvm
192.168.10.145 kvm-client
```

任务拓展 19

（2）创建存储池。这里选择将 KVM 主机上创建的 NFS 作为存储池。首先在 kvm-client 主机中卸载已经挂载的 KVM 主机的 NFS 共享目录：

```
＃如果 kvm-client 主机迁移过来的 centos65-vm2 客户机处于运行状态,先关闭
[root@kvm-client ～]# virsh destroy centos65-vm2
＃卸载已经挂载的 NFS
[root@kvm-client ～]# umount /root/kvm_guest/img/
```

在 Connections 界面单击 kvm2 标签，进入 kvm2 界面后在左侧单击"存储池"选项，在右侧单击 New Storage 按钮。在出现的"创建存储池"窗口选择 NETFS，然后填写 KVM 上的 NFS 共享目录信息。这里因为在 hosts 文件中已经设置好了主机名解析，所以"主机名"可以直接填写 kvm。填写后单击"创建"按钮，如图 5-13 所示。

（3）创建虚拟磁盘文件。创建名称为 nfspool 的存储池后，单击进入存储池，单击"添加镜像"按钮，输入镜像名称并取消选中 Metadata 复选框后单击"创建"按钮，创建的镜像文件将作为新虚拟机的磁盘文件，如图 5-14 所示。

（4）将 KVM 主机上的操作系统镜像文件移动到 NFS 共享目录中：

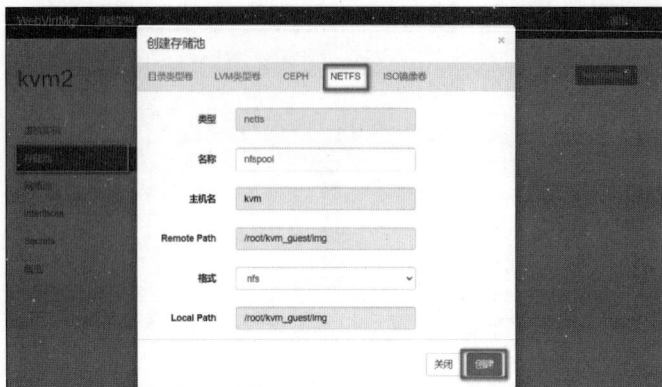

图 5-13　创建 NFS 存储池

图 5-14　创建磁盘镜像文件

```
[root@kvm ~]# mv /root/kvm_guest/iso/CentOS - 6.5 - x86_64 - minimal.iso /root/kvm_
guest/img/
```

（5）创建虚拟机。在虚拟机实例中单击 New Instance→Custom Instance，在出现的窗口设置虚拟机名称、虚拟 CPU 数量和内存大小，磁盘镜像添加创建的 centos65-vm4.img，网络池选择 nat-net 网络，然后单击"创建"按钮，如图 5-15 所示。

图 5-15　创建虚拟机实例界面

（6）返回虚拟机实例界面，单击 centos65-vm5 虚拟机标签，进入后单击"设置"→Media，在 CDROM1 下拉列表框中选择 CentOS-6.5-x86_64-minimal.iso 系统镜像文件后单击"连接"按钮，如图 5-16 所示。

图 5-16　虚拟机添加操作系统镜像文件

（7）单击 Access 选项，选择 Console Type 为 VNC，Console Password 选项可以设置为 VNC 登录密码，然后单击"控制台"按钮开启虚拟机 VNC 安装界面，如图 5-17 和图 5-18 所示。

图 5-17　访问控制台界面

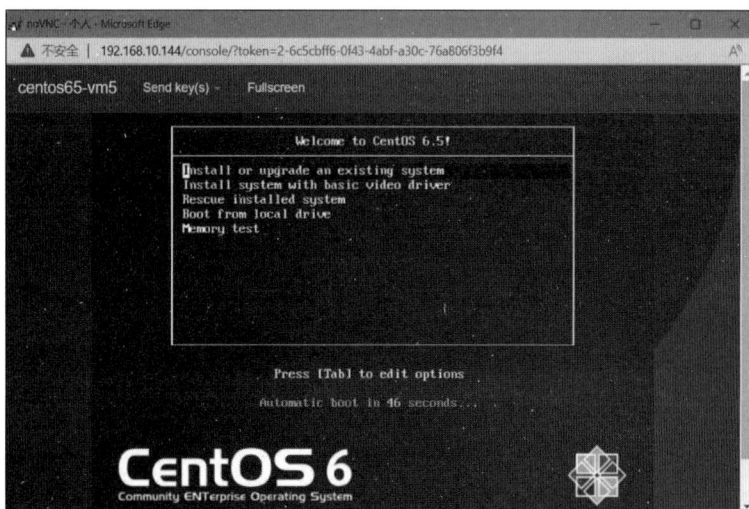

图 5-18　通过 VNC 进入虚拟机操作系统安装界面

（8）在虚拟机关机状态下，通过快照池选项可以为虚拟机创建快照和恢复快照等操作；通过统计选项可以查看虚拟机的资源使用情况。

（9）通过 WebVirtMgr 进行虚拟机迁移。单击 Migrate 按钮，Host migration 选择目的主机，选中 Live migration 和 Unsafe migration 复选框后单击 Migrate 按钮进行迁移，如图 5-19 所示。

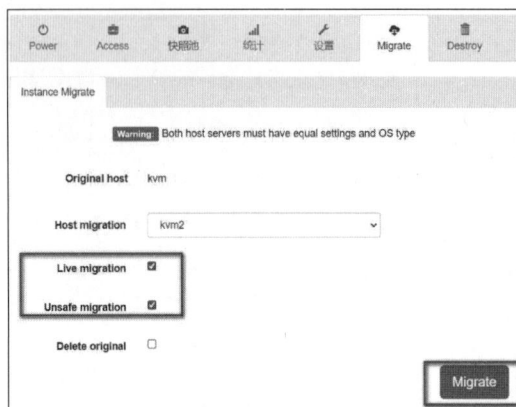

图 5-19　虚拟机迁移

小提示：虚拟机迁移需要双方服务器有相同的配置和操作系统类型，如果迁移后原主机不保留虚拟机，那么可以选中 Delete original 复选框。

5.5　案例教学——培养职业道德素养和责任意识

5.5.1　教学目标

◇ 培养 IT 职业道德素养。
◇ 增强自身社会责任意识。

5.5.2　案例讲授

社会上有许多行业比如医疗、食品、交通运输、房地产等都和人们的日常生活息息相关，涉及人们的人身健康、人身安全和财产安全。因此这些行业的从业人员都需要有高度的责任感和优良的职业道德，避免因工作疏忽而给人们和社会带来不必要的损失。IT 行业由于其特殊性，涉及的行业非常广泛，很多情况下也会关系到人们的生命、财产安全，所以作为一个 IT 相关的从业人员，对自己所应承担的社会责任和具有的职业道德应当更加重视。

【案例一】

1962 年 7 月 22 日，一枚命名为"水手 1 号"的火箭，在飞往金星途中，突然偏离预定的轨道，凌空爆炸。随即进行的调查表明，导致这次事故的原因是，在控制火箭飞行的计算机程序中省略了一个连字符"-"。只是因为缺少了这么一个小小的标点符号，竟使美国损失了 1850 万美元。

【案例二】

2009 年 1 月 31 日早晨，当人们打开浏览器使用 Google 进行搜索时，就会发现无论访问哪一个网站都标明该网站会损害用户计算机并禁止直接访问。造成该问题的直接原因是为 Google 公司提供恶意网站检测功能的是一家第三方非营利组织 StopBadware.org,通过在这个组织给出的已知恶意网站名单列表中查找从而识别出危险站点,而名单列表是通过人工审核添加的。在该日早晨,当工作人员更新列表时意外地多添加了一个"/",反恶意网站检测功能把"/"符号理解为所有的 URL 都是不安全的,从而造成了该事故。

【案例三】

1996 年 6 月 4 日,"阿丽亚娜-5"运载火箭在法属圭亚那库鲁航天中心首次测试发射。该运载火箭的首航,原计划将运送 4 颗太阳风观察卫星到预定轨道,但因软件引发的问题导致火箭在发射 39s 后偏轨,从而激活了火箭的自我摧毁装置被迫自行引爆,随之一并被摧毁的还包括所运载的用于研究地球磁场如何与太阳风互动的 4 颗科学卫星。后来查明的事故原因是"阿丽亚娜-5"运载火箭的发射系统代码直接重用了"阿丽亚娜-4"运载火箭的相应代码,而"阿丽亚娜-4"的飞行条件和"阿丽亚娜-5"的飞行条件截然不同。此次事故损失 3.7 亿美元。

【案例四】

2000 年,在巴拿马城(巴拿马首都),从美国 Multidata 公司引入的 γ 射线治疗仪采用的软件,由于人为修改不当,造成辐射剂量的预设值有误。有些患者接受了超标剂量的治疗,至少有 5 人死亡。后续几年中,又有 21 人死亡,但很难确定这 21 人中到底有多少人死于本身的癌症,有多少人死于辐射治疗剂量超标引发的不良后果。

以上几个案例说明了 IT 从业人员的职业道德修养和责任意识的重要性。在工作中,我们应首先以能用自己的专业技能为社会、为人民的利益服务而感到荣幸和自豪,并以此激励自己做好本职工作;其次要树立责任意识,自己参与设计、开发或测试的产品项目应该是对社会和公众有益的;再次是要时刻具有安全意识,工作中对于涉及人身及社会安全的产品开发测试应加倍细心,时刻防范事故发生;最后要有风险意识,软件产品在开发前应作充分的风险分析,开发后要进行充分的测试,并制定备用方案和容错技术等。

本章小结

本章介绍了另一个基于 Linux 的虚拟化技术——KVM,在 Linux 内核中已经自带该模块所以不需要单独安装,只需开启该模块即可使用。但是需要安装 QEMU 等工具实现设备的模拟。本章从 KVM 模块的开启、通过 virt-install 安装虚拟机、通过 virsh 工具管理虚拟机和 KVM 网络管理等几方面介绍了 KVM 的基本使用。

本章习题

1. 简述 KVM 和 Xen 虚拟化技术的不同之处。
2. 通过 VMware Workstation 创建虚拟机后进行 KVM 的安装。
3. 安装 Libvirt 实现虚拟机的安装和管理。
4. 安装 WebVirtMgr 实现对虚拟机的 Web 界面管理。

第6章

Docker容器技术

【项目情境】

虚拟化技术虽然很强大,但是比较消耗硬件资源,部署起来也需要较长时间。在了解到目前生成环境中更加流行容器技术来部署应用,非常方便快捷之后,小赵决定学习容器技术中最火爆的 Docker 容器技术。

任务 6.1　Docker 介绍与安装

6.1.1　任务目标

◇ 掌握 Docker 容器技术的概念和应用场景。
◇ 掌握 Docker 容器的安装步骤。

6.1.2　任务知识点

1. 容器技术

前面讲到的虚拟化技术都是从最底层的硬件设施开始进行虚拟化。要虚拟化 CPU、内存、磁盘和网络等 I/O 设备,然后在这之上安装操作系统,在操作系统之上再部署应用,所以虚拟机对于资源的占用还是比较多的。比如一个应用大概只需要占用几十兆内存空间,但虚拟机实际却要占用数百兆物理内存空间。而且虚拟机的每次启动都是一次操作系统的完整运行,对于部署其上的应用来说大多数开销都不是必需的。相对于虚拟机,容器也属于虚拟化技术,但是它只打包了必需的应用和相关的依赖环境,多个容器可以在同一台主机上运行,并与其他容器共享操作系统内核,每个容器在用户空间中作为独立进程运行,所以它属于"轻量级"的虚拟化。通过容器技术通常可以实现秒级的应用部署。如图 6-1 所示,容器的目的和虚拟机一样,都是为了创造"隔离环境",但它又和虚拟机有很大的不同——虚拟机是操作系统级别的资源隔离,而容器本质上是进程级的资源隔离。

容器技术最早出现于 1979 年在 UNIX 中采用的 Chroot Jail 技术,它允许用户将进程及其子进程与操作系统的其余部分隔离开来。2004 年 2 月,Oracle 公司发布了 Oracle

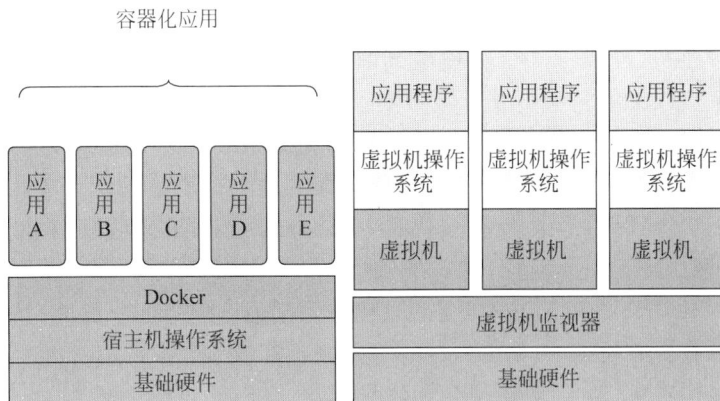

图 6-1 容器和虚拟机结构对比

Solaris Containers,这是一个用于 x86 和 SPARC 处理器的 Linux-Vserver 版本。2005 年,SWsoft 公司发布 OpenVZ,它可以在单个物理服务器上创建多个隔离的虚拟专用服务器(VPS)并以最大效率共享硬件和管理资源。2007 年,Google 公司发布了 cgroups 机制,用来限制、控制与分离一个进程组的资源(如 CPU、内存、磁盘输入输出等)。2008 年,利用 cgroups 和 Namespace 机制的容器技术 Linux Container(LXC)发布。2013 年,大名鼎鼎的 Docker 推出了第一个版本,Docker 是一个可以将应用程序及其依赖打包为几乎可以在任何服务器上运行的容器工具。随着 Docker 的出现,容器开始迅速普及。

2. Docker

2010 年,几个年轻的美国人成立了一家公司叫作 dotCloud,这家公司主要做 PaaS(Platform as a Service)云计算服务。该公司利用 Linux 容器技术 LXC 作为底层技术,使用 Go 语言开发了一款容器引擎,后来将它命名为 Docker。刚开始,dotCloud 公司规模很小,诞生之初的 Docker 也没什么热度,公司经济效益越来越差。2013 年,dotCloud 公司想到了一个办法,就是将 Docker 项目开源。开源后 Docker 的关注度日益增高,这促使dotCloud 公司更名为 Docker。Docker 也快速在众多容器技术之中脱颖而出,变成了容器的事实标准,也就有了后来人们一提到容器首先想到的是 Docker。Docker 项目后来加入了Linux 基金会,遵从 Apache 2.0 协议,项目代码在 GitHub 上进行维护。

Docker 基于 Linux 内核实现,最早采用 LXC 容器技术,可以说 Docker 就是基于 LXC 发展起来的。它提供 LXC 的高级封装和标准的配置方法。在 LXC 的基础之上,Docker 提供了一系列更强大的功能。后来 Docker 改为自己研发并开源的 runC 技术运行容器取代了 LXC。

Docker 获得成功的原因之一就是 Docker 镜像。它打包了应用程序的所有依赖,彻底解决了环境的一致性问题,重新定义了软件的交付方式,提高了生产效率。这从 Docker 提出的口号——一次构建,处处部署(Build once,Run anywhere)就可以看出来。

Docker 采用客户端/服务器(Client/Server,C/S)架构。Docker daemon 作为服务端一般在宿主机后台运行,等待接收来自客户端的请求,并处理这些请求(创建、运行、分发容器)。客户端和服务端既可以运行在一个机器上,也可通过 socket 或者 RESTful API 进行通信。Docker 客户端为用户提供一系列可执行命令,用户通过这些命令实现与 Docker daemon 的交互。

Docker 的组成主要包括以下几部分。

(1) Docker 主机(host)：一个物理机或虚拟机，用于运行 Docker 服务进程和容器，也称为宿主机或节点(node)。

(2) Docker 引擎：包括 Docker 客户端(Docker Client)、Docker 守护进程(Docker daemon)、containerd 以及 runc。它们共同负责容器的创建和运行。其中，Docker daemon 的主要功能包括镜像管理、镜像构建、REST API、身份验证、安全管理、核心网络管理以及容器编排等；Docker client 使用 Docker 命令或其他工具调用 Docker API 与 Docker daemon 通信；containerd 的主要任务是容器生命周期的管理；runc 负责容器的创建。

(3) Docker 仓库(registry)：Docker 仓库用来保存镜像。

(4) Docker 镜像(images)：镜像为创建实例(容器)使用的模板。

(5) Docker 容器(container)：容器是独立运行的一个或一组应用，是镜像运行时的实体。

3. Namespace

Linux Namespace 是 Linux 系统的底层概念，在内核中实现。Namespaces 是对全局系统资源的一种封装隔离，使得处于不同 Namespace 的进程拥有独立的全局系统资源，让进程只能看到与自己相关的一部分资源。在同一个 Namespace 下的进程可以感知彼此的变化，而不同 Namespace 中的进程根本就感觉不到对方的存在。这样就可以让容器中的进程产生错觉，认为自己置身于一个独立的系统中，从而达到隔离的目的。也就是说，Linux 内核提供的 Namespace 技术为 Docker 等容器技术的出现和发展提供了基础条件。通过 Namespace 可以实现文件系统的隔离、进程间通信的隔离、主机名称隔离、进程之间的隔离、网络隔离和用户之间的隔离。

4. CGroups

Linux CGroups 全称 Linux Control Groups，是 Linux 内核的一个功能，用来限制、控制与分离一个进程组群的资源(如 CPU、内存、磁盘 I/O 等)，通过 CGroups，可以方便地限制某个进程的资源占用，并且可以实时地监控进程的监控和统计信息。它的目的和 Namespace 不一样，Namespace 是为了隔离进程组之间的资源，而 CGroups 是为了对一组进程进行统一的资源监控和限制。

6.1.3 任务实施

Docker 的安装和使用方式在官方网站上都有比较详细的介绍，如图 6-2 所示。

Docker 的安装主要是指 Docker 引擎的安装，目前主要有两种版本：企业版(Docker EE)和社区版(Docker CE)。企业版相较于社区版有着更长的支持维护时间。本节的任务依然是在 VMware Workstation 中创建一台虚拟机，然后在该虚拟机上安装 Docker 进行演示。

(1) 创建 Docker 主机。Docker 对 Linux 内核的版本要求为 3.10 以上，所以在 VMware Workstation 中创建一台 CentOS 7.5 的虚拟机，主机名称设置为 docker，网络模式采用默认的 NAT 方式。创建完成后，可以看到 IP 地址为：192.168.10.148，然后通过 MobaXterm 登录 docker 主机。

(2) Docker 可以通过 Linux 发行版的软件包管理工行安装。首先将 CentOS 的 yum

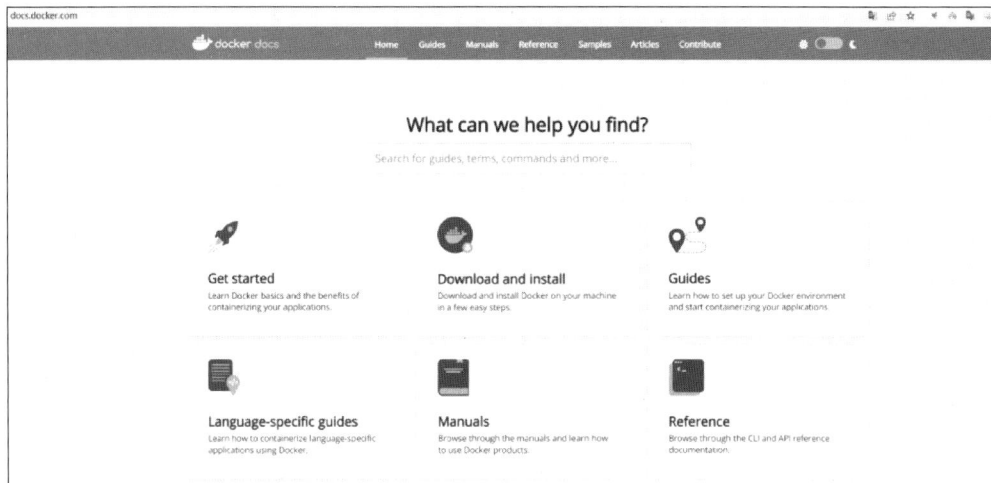

图 6-2　Docker 文档官方网站

安装源更改为国内安装源，比如阿里云的 yum 源：

```
[root@docker ~]# yum install - y wget
[root@docker ~]# wget - O /etc/yum.repos.d/CentOS - Base.repo http://mirrors.aliyun.com/
repo/Centos - 7.repo
[root@docker ~]# wget - O /etc/yum.repos.d/epel.repo http://mirrors.aliyun.com/repo/
epel - 7.repo
```

（3）安装 Docker 所需要的软件包，并配置阿里云为 Docker 的安装源：

```
[root@docker ~]# yum - y install yum - utils device - mapper - persistent - data lvm2
[root@docker ~]# yum - config - manager -- add - repo http://mirrors.aliyun.com/docker -
ce/linux/centos/docker - ce.repo
```

（4）查看当前安装源中有哪些 docker-ce 版本可以使用：

```
[root@docker ~]# yum list docker - ce * -- showduplicates | sort - r
已加载插件:fastestmirror
可安装的软件包
 * updates: mirrors.aliyun.com
Loading mirror speeds from cached hostfile
 * extras: mirrors.aliyun.com
docker - ce.x86_64              3:20.10.9 - 3.el7         docker - ce - stable
docker - ce.x86_64              3:20.10.8 - 3.el7         docker - ce - stable
docker - ce.x86_64              3:20.10.7 - 3.el7         docker - ce - stable
docker - ce.x86_64              3:20.10.6 - 3.el7         docker - ce - stable
……余下 docker - ce 版本信息略……
docker - ce - cli.x86_64        1:20.10.9 - 3.el7         docker - ce - stable
docker - ce - cli.x86_64        1:20.10.8 - 3.el7         docker - ce - stable
docker - ce - cli.x86_64        1:20.10.7 - 3.el7         docker - ce - stable
docker - ce - cli.x86_64        1:20.10.6 - 3.el7         docker - ce - stable
……余下 docker - ce - cli 版本信息略……
```

（5）安装 docker-ce。通过步骤（4）的查询可知，docker-ce 的安装主要是 docker-ce 和 docker-ce-cli：一个是服务器端，另一个是客户端。通过 yum 进行安装时如果不指定版本号，那么默认情况下会安装最新版本，也就是 20.10.9 版本。可以通过添加版本号的方式指定安装版本，如下所示：

```
[root@docker ~]# yum install -y docker-ce-20.10.7-3.el7.x86_64 docker-ce-cli-20.10.7-3.el7.x86_64
#启动 Docker 服务
[root@docker ~]# systemctl start docker
#查看 Docker 版本
[root@docker ~]# docker version
Client: Docker Engine - Community
 Version:           20.10.7
 API version:       1.41
 Go version:        go1.13.15
 Git commit:        f0df350
 Built:             Wed Jun  2 11:58:10 2021
 OS/Arch:           linux/amd64
 Context:           default
 Experimental:      true
Server: Docker Engine - Community
 Engine:
  Version:          20.10.7
  API version:      1.41 (minimum version 1.12)
  Go version:       go1.13.15
  Git commit:       b0f5bc3
  Built:            Wed Jun  2 11:56:35 2021
  OS/Arch:          linux/amd64
  Experimental:     false
 containerd:
  Version:          1.6.8
  GitCommit:        9cd3357b7fd7218e4aec3eae239db1f68a5a6ec6
 runc:
  Version:          1.1.4
  GitCommit:        v1.1.4-0-g5fd4c4d
 docker-init:
  Version:          0.19.0
  GitCommit:        de40ad0
```

任务拓展 20

如果想安装最新版本，则执行"yum install -y docker-ce"命令即可。启动 Docker 服务后，执行查看 Docker 版本命令，若出现上面的信息，则说明 Docker 成功安装。

6.1.4　任务拓展

【任务内容】　Docker 离线安装。
【任务目标】
◇　掌握 Docker 离线安装方法。
◇　掌握 Docker 服务创建方法。
【任务步骤】
（1）下载 Docker 官方离线包。登录 Docker 官方网站后，选择需要下载的版本，如图 6-3 所示。

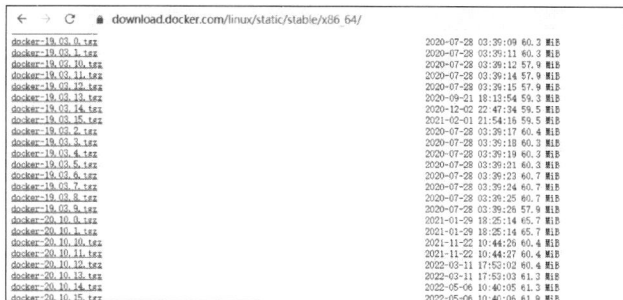

图 6-3 Docker 离线安装包下载

（2）将离线安装包上传到 Docker 主机。这里下载的版本是 20.10.7，上传后通过 tar 命令解压缩并将文件复制到/usr/bin 目录下：

```
[root@docker ~]# ls
anaconda - ks.cfg  docker - 20.10.7.tgz
[root@docker ~]# tar - xzvf docker - 20.10.7.tgz
[root@docker ~]# cp - p docker/ * /usr/local/bin
```

（3）将 Docker 添加到系统服务中：

```
[root@docker ~]# vi /usr/lib/systemd/system/docker.service
# 添加如下内容
[Unit]
Description = Docker Application Container Engine
Documentation = https://docs.docker.com
After = network - online.target firewalld.service
Wants = network - online.target

[Service]
Type = notify
ExecStart = /usr/local/bin/dockerd
ExecReload = /bin/kill - s HUP $MAINPID
LimitNOFILE = infinity
LimitNPROC = infinity
LimitCORE = infinity
TimeoutStartSec = 0
Delegate = yes
KillMode = process
Restart = on - failure
StartLimitBurst = 3
StartLimitInterval = 60s
[Install]
WantedBy = multi - user.target
```

（4）重新加载系统服务，启动 Docker 服务并设置 Docker 服务自启动：

```
[root@docker ~]# systemctl daemon - reload
[root@docker ~]# systemctl start docker
[root@docker ~]# systemctl status docker
```

```
• docker.service – Docker Application Container Engine
   Loaded: loaded (/usr/lib/systemd/system/docker.service; disabled; vendor preset: disabled)
   Active: active (running) since 四 2022 – 09 – 15 21:55:15 CST; 5s ago
     Docs: http://docs.docker.com
 Main PID: 10976 (dockerd)
…… 剩余返回信息略 ……
[root@docker ~]# systemctl enable docker
Created symlink from /etc/systemd/system/multi – user.target.wants/docker.service to /usr/
lib/systemd/system/docker.service.
```

（5）通过运行 hello-world 测试镜像，验证 Docker 引擎是否已正确安装：

```
[root@docker ~]# docker run hello – world
Unable to find image 'hello – world:latest' locally
latest: Pulling from library/hello – world
2db29710123e: Pull complete
Digest: sha256:62af9efd515a25f84961b70f973a798d2eca956b1b2b026d0a4a63a3b0b6a3f2
Status: Downloaded newer image for hello – world:latest

Hello from Docker!
This message shows that your installation appears to be working correctly.
To generate this message, Docker took the following steps:
 1. The Docker client contacted the Docker daemon.
 2. The Docker daemon pulled the "hello – world" image from the Docker Hub.
   (amd64)
 3. The Docker daemon created a new container from that image which runs the
    executable that produces the output you are currently reading.
 4. The Docker daemon streamed that output to the Docker client, which sent it
    to your terminal.
To try something more ambitious, you can run an Ubuntu container with:
 $ docker run – it ubuntu bash
Share images, automate workflows, and more with a free Docker ID:
 https://hub.docker.com/
For more examples and ideas, visit:
 https://docs.docker.com/get – started/
```

执行"docker run"命令后，首先会到本地 Docker 仓库中寻找 hello-world 镜像，如果不存在，则会到官方镜像仓库先拉取该镜像到本地然后运行，运行该测试镜像的结果就是打印一段信息后退出。

任务 6.2　Docker 的基本使用

6.2.1　任务目标

◇ 掌握 Docker 容器、镜像和仓库的关系。
◇ 掌握 Docker 的基本命令的使用。

6.2.2　任务知识点

1. Docker 镜像
Docker 镜像是将应用程序和所依赖的环境（包括代码、运行时、库、环境变量和配置文件等)进行打包而成的只读文件系统。Docker 的镜像并非一个文件,而是由一组文件系统组成,或者说由多层文件系统联合组成,这种层级的文件系统叫作 UnionFS(联合文件系统)。可以将几层目录挂载到一起形成一个虚拟文件系统。虚拟文件系统的目录结构就像普通的 Linux 目录结构一样,虚拟文件系统再加上宿主机的内核共同提供了一套完整的 Linux 虚拟环境。每一层文件系统叫作一层(layer),联合文件系统可以对每一层文件系统设置 3 种权限:只读(read-only)、读写(read-write)和写出(writeoutable),但是镜像中每一层文件系统都是只读的。构建镜像的时候,从一个操作系统基础镜像开始,每次构建操作都会保留原镜像层,并增加一层文件系统进行构建,这样层层叠加,上层的修改会覆盖底层该位置的可见性,就像上层把底层遮住了一样。当使用镜像时,我们只会看到一个完全的整体,不知道里面有几层,也不需要知道里面有几层。这一点类似于 Photoshop 制图,我们最终看到的是多个图层合并之后的成果。

2. Docker 容器

容器是镜像的运行时实例,它可以被启动、开始、停止、删除,容器中的数据可以修改。虽然镜像自身是只读的,但容器从镜像启动时,Docker 会在镜像的最上层创建一个读写层,镜像本身将保持不变。容器的实质是进程,但与直接在宿主机上运行的进程不同,容器进程运行于属于自己的独立命名空间。容器读写层的生存周期和容器一样,容器消亡时,容器读写层也随之消亡。因此,任何保存于容器读写层的信息都会随容器删除而丢失。容器和镜像的关系如图 6-4 所示。

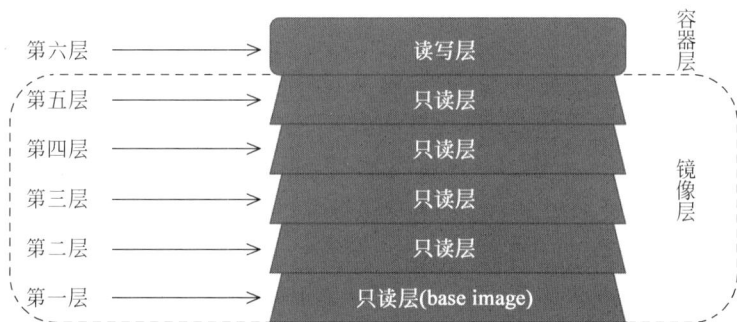

图 6-4　容器和镜像的关系

3. Docker 仓库

Docker 仓库是 Docker 集中存放镜像文件的场所。如图 6-5 所示,每个仓库存放许多应用,而每个应用仓库可以包含多个标签(tag),每个标签对应一个镜像。通常,一个应用仓库会包含同一个软件不同版本的镜像,而标签就常用于对应该软件的各个版本。Docker 仓库可以使用公有仓库、第三方公有仓库,也可以在企业内部自己搭建私有仓库。通过 Docker 引擎可以进行将镜像从仓库拉取到本地和推送到仓库等操作。

4. Docker Compose

Docker Compose 是用于定义和运行多容器 Docker 应用程序的工具。通过 Compose,可以使用 YML 文件来配置应用程序需要的所有服务。然后,使用一个命令,就可以从 YML 文件配置中创建并启动管理所有服务。

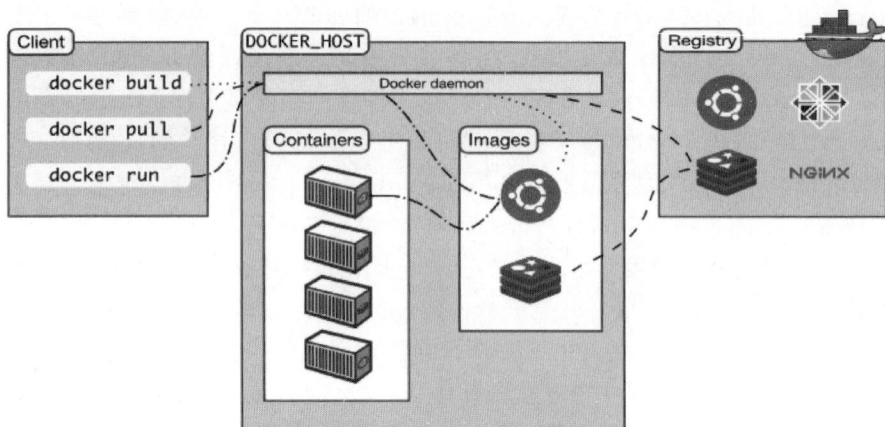

图 6-5　Docker 仓库、镜像和容器

6.2.3　任务实施

1. 镜像的拉取和推送

1）从仓库拉取镜像

Docker 安装完成后，默认在本地没有镜像，可以通过"docker pull"命令到镜像仓库拉取。"docker pull"命令的格式为：

```
docker pull [OPTIONS] NAME[:TAG|@DIGEST]
```

第 23 集
微课视频

其中，OPTIONS 为命令选项；NAME 为应用仓库名称，这里的仓库名称可以理解为应用名称或镜像名称，比如 Nginx 镜像、MySQL 镜像等；TAG 为标签（即版本），通过 NAME：TAG 可以指定具体某一个镜像；DIGEST 为镜像 ID，也可以通过它指定具体镜像。

OPTIONS 主要有：

（1）-a——拉取应用名称为 NAME 的所有 tagged 镜像；

（2）--platform——获取指定平台的镜像，如 arm64、amd64 等；

（3）--disable-content-trust——忽略镜像的校验，默认开启；

（4）-q——禁止显示拉取过程信息。

比如执行如下命令可以拉取 Nginx 镜像：

```
＃通过 docker images 命令查看到本地 docker 镜像为空
[root@docker ~]＃ docker images
REPOSITORY      TAG       IMAGE ID    CREATED   SIZE
[root@docker ~]＃ docker pull nginx
Using default tag: latest
latest: Pulling from library/nginx
31b3f1ad4ce1: Pull complete
fd42b079d0f8: Pull complete
30585fbbebc6: Pull complete
18f4ffdd25f4: Pull complete
9dc932c8fba2: Pull complete
```

```
600c24b8ba39: Pull complete
Digest: sha256:0b970013351304af46f322da1263516b188318682b2ab1091862497591189ff1
Status: Downloaded newer image for nginx:latest
docker.io/library/nginx:latest
＃拉取镜像后查询本地仓库中有 nginx:latest 镜像
[root@docker ~]# docker images
REPOSITORY      TAG            IMAGE ID          CREATED        SIZE
nginx           latest         2d389e545974      3 days ago     142MB
```

在以上命令中,通过"docker pull"命令拉取名称为 nginx、TAG 为 latest(如果没有添加 TAG,那么 Docker 会默认添加 TAG 为 latest)的镜像。因为在名称 nginx 前没有添加地址,所以 Docker 会默认到官方仓库地址进行拉取。从拉取过程也可以看到镜像的层级结构,每一个"Pull complete"提示都说明拉取了一层镜像。

如果想到其他仓库地址拉取镜像,则可以通过以下命令实现:

```
[root@docker ~]# docker pull daocloud.io/library/nginx:1.12.0 - alpine
1.12.0 - alpine: Pulling from library/nginx
ab14e39f58e6: Pull complete
b719aad0065e: Pull complete
193bc4296e28: Pull complete
30cf39878add: Pull complete
Digest: sha256:6a88bc1398333a1a508824c13cc214119510bf7d5898557640606d5edf5da244
Status: Downloaded newer image for daocloud.io/library/nginx:1.12.0 - alpine
daocloud.io/library/nginx:1.12.0 - alpine
[root@docker ~]# docker images
REPOSITORY                     TAG              IMAGE ID          CREATED        SIZE
nginx                          latest           2d389e545974      3 days ago     142MB
daocloud.io/library/nginx      1.12.0 - alpine  09b2eb12555f      5 years ago    15.5MB
```

其中,daocloud.io 为仓库地址,library 为当前仓库下项目名称,nginx 为镜像名称,1.12.0-alpine 为 TAG。

要查看某一仓库地址中都有哪些镜像,最直接的方式是登录该地址进行搜索查询。比如登录官方地址,然后搜索 nginx 镜像,如图 6-6 所示。比如选取第一个官方镜像,单击后会打开该镜像相关介绍和 TAG 信息以及拉取方式,如图 6-7 所示。

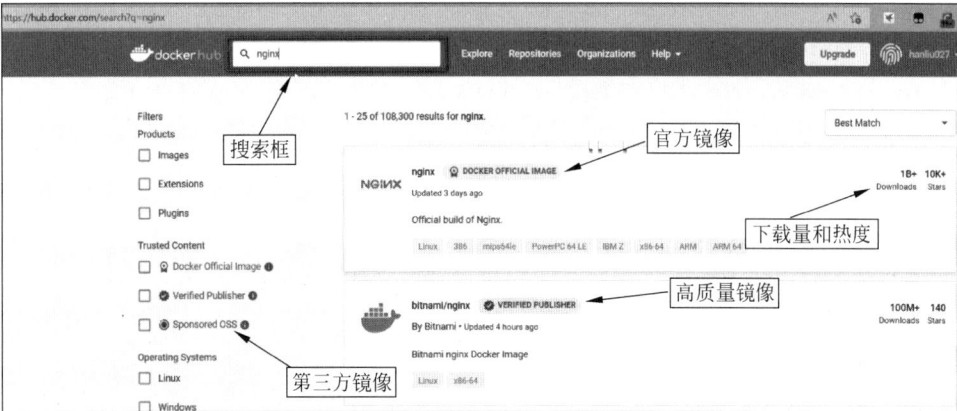

图 6-6　Docker 官方仓库搜索

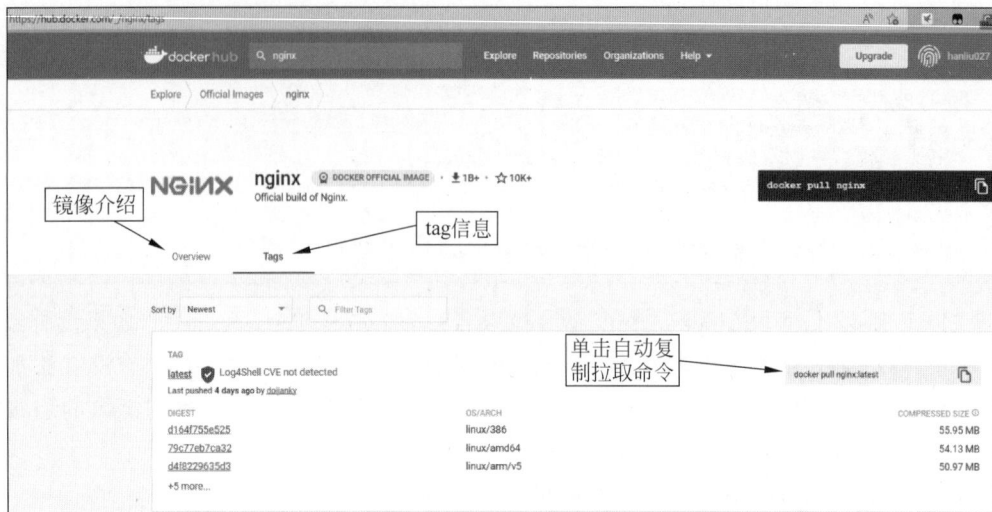

图 6-7　nginx：latest 镜像

2）将镜像推送到仓库

要将镜像推送到远程仓库，需要先登录仓库进行注册，然后才能推送镜像。而且在推送之前需要通过"docker tag"命令对镜像名称按相应格式进行修改，修改名称格式为：仓库地址/项目名称/镜像名称：tag，如果上传到官方仓库，则不需要添加仓库地址。"docker tag"命令的格式为：

```
docker tag SOURCE_IMAGE[:TAG] TARGET_IMAGE[:TAG]
```

这里将从 daocloud.io 拉取的镜像上传到 hub.docker.com 上。首先修改镜像名称：

```
[root@docker ~]# docker tag 09b2eb12555f hanliu027/mynginx:1.12.0-alpine
#查看镜像发现多了一个相同 ID 的镜像
[root@docker ~]# docker images
REPOSITORY                    TAG               IMAGE ID        CREATED        SIZE
nginx                         latest            2d389e545974    4 days ago     142MB
daocloud.io/library/nginx     1.12.0-alpine     09b2eb12555f    5 years ago    15.5MB
hanliu027/mynginx             1.12.0-alpine     09b2eb12555f    5 years ago    15.5MB
```

以上命令将 ID 为 09b2eb12555f 的镜像名称修改为 hanliu027/mynginx：1.12.0-alpine，其中，hanliu027 为官方仓库下的项目名，即注册的用户名。

在 Docker 官网注册好账户后通过"docker push"命令将镜像推送到官方仓库：

```
#首先在本地登录到 Docker 官方仓库
[root@docker ~]# docker login
Login with your Docker ID to push and pull images from Docker Hub. If you don't have a Docker ID,
head over to https://hub.docker.com to create one.
Username: hanliu027                           #输入用户名和密码
Password:
WARNING! Your password will be stored unencrypted in /root/.docker/config.json.
Configure a credential helper to remove this warning. See
https://docs.docker.com/engine/reference/commandline/login/#credentials-store
```

```
Login Succeeded
# 通过 docker push 推送镜像到仓库
[root@docker ~]# docker push hanliu027/mynginx:1.12.0-alpine
The push refers to repository [docker.io/hanliu027/mynginx]
96c62e4b6ca4: Pushed
9854154a6906: Pushed
613b41d784fd: Pushed
040fd7841192: Pushed
1.12.0-alpine: digest: sha256:6a88bc1398333a1a508824c13cc214119510bf7d5898557640606d5ed
f5da244 size: 1153
```

推送后即可登录官方仓库查看该镜像。

2. 运行容器

通过"docker run"命令可以根据指定的镜像创建容器。"docker run"命令的格式为：

```
docker run [OPTIONS] IMAGE [COMMAND] [ARG...]
```

其中，OPTIONS 选项主要有：

(1) -d——后台运行容器，并返回容器 ID；

(2) -i——以交互模式运行容器，通常与 -t 同时使用；

(3) -P(大写)——随机端口映射，容器内部端口随机映射到主机的端口；

(4) -p(小写)——指定端口映射，格式为：主机(宿主)端口：容器端口；

(5) -t——为容器重新分配一个伪输入终端，通常与 -i 同时使用；

(6) --volume 或-v——绑定一个数据卷。

其他选项可以通过"docker run --help"命令查看。

COMMAND 为容器运行后执行的命令，ARG 为命令参数。下面以 nginx：latest 镜像为例：

```
# 运行 nginx:latest 镜像,并将容器命名为 mynginx,同时将主机 8000 端口映射到容器内部 80 端口
[root@docker ~]# docker run -d --name=mynginx -p 8000:80 nginx:latest
a61c59782e7b9acdd505611a62c7750bf882d2a01c67ed4f54e959af3e11090b
# 通过 docker ps 命令查看正在运行的容器
[root@docker ~]# docker ps
CONTAINER ID     IMAGE         COMMAND           CREATED         STATUS          PORTS          NAMES
a61c59782e7b     nginx:latest  "/docker-entrypoint.…"  22 seconds ago  Up 21 seconds
0.0.0.0:8000->80/tcp, :::8000->80/tcp   mynginx
# 查看主机端口可以看到开启了 8000 端口
[root@docker ~]# netstat -ntpl
Active Internet connections (only servers)
Proto Recv-Q Send-Q Local Address      Foreign Address      State       PID/Program name
tcp        0      0 0.0.0.0:8000        0.0.0.0:*            LISTEN      14413/docker-proxy
```

通过以上命令运行容器，因为添加了-d 选项，所以容器会在后台运行，同时返回容器的 ID 信息后回到主机终端界面。通过主机浏览器访问 8000 端口即可访问 nginx 容器提供的服务，如图 6-8 所示。

如果想在运行容器的同时进入容器内部，则需要添加-it 选项，如下所示：

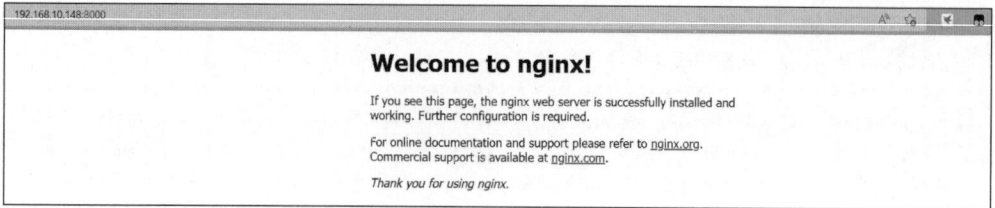

192.168.10.148:8000

Welcome to nginx!

If you see this page, the nginx web server is successfully installed and working. Further configuration is required.

For online documentation and support please refer to nginx.org.
Commercial support is available at nginx.com.

Thank you for using nginx.

图 6-8 访问容器服务

```
♯再运行一个名称为 mynginx2 的容器
[root@docker ~]♯ docker run - it -- name = mynginx2 - P nginx /bin/bash
root@668d52acf30c:/♯
```

以上命令中添加了-it 选项,所以执行后进入了容器内部;同时因为添加了-P 选项,所以会在主机中随机生成一个端口映射到容器内部 80 端口。再开启一个终端窗口,执行"docker ps"命令查看:

```
[root@docker ~]♯ docker ps
CONTAINERID     IMAGE         COMMAND              CREATED          STATUS          PORTS          NAMES
668d52acf30c    nginx    "/docker - entrypoint. …"   6 seconds ago       Up 6 seconds    0.0.0.0:
49156 -> 80/tcp, :::49156 -> 80/tcp    mynginx2
a61c59782e7b    nginx:latest   "/docker - entrypoint. …"   About an hour ago    Up About an
hour   0.0.0.0:8000 -> 80/tcp, :::8000 -> 80/tcp      mynginx
```

以上信息说明 mynginx2 容器 ID 为 668d52acf30c,同时主机随机生成端口 49156 映射到容器的 80 端口,同样通过浏览器访问主机的 49156 端口即可访问该容器。如果想从容器中退出,那么可以在容器中执行 exit 命令,但退出后容器将也将随之停止运行。

3. 进入后台运行的容器

在第 2 步中运行的 mynginx 镜像处于后台运行状态,如果想进入该容器内部,可以执行"docker exec"命令。"docker exec"命令的格式为:

```
docker exec [OPTIONS] CONTAINER COMMAND [ARG...]
```

其中,OPTIONS 选项主要有:

(1) -e——设置容器环境变量;

(2) -i—— 以交互模式运行容器,通常与 -t 同时使用;

(3) -t—— 为容器重新分配一个伪输入终端,通常与 -i 同时使用。

执行以下命令进入 mynginx 容器内部:

```
[root@docker ~]♯ docker exec - it mynginx /bin/bash
root@a61c59782e7b:/♯
```

退出容器的操作同样是在容器中输入 exit 命令,但通过 exec 进入的方式容器仍会在后台运行:

```
root@a61c59782e7b:/# exit
Exit
#执行docker ps命令可以看到容器仍处于运行状态,--no-trunc让信息全部显示出来
[root@docker ~]# docker ps --no-trunc
CONTAINER ID    IMAGE       COMMAND                 CREATED      STATUS      PORTS      NAMES
a61c597…略…    nginx:latest  "/docker-entrypoint.sh nginx -g 'daemon off;'"    11 hours
ago    Up 10 hours    0.0.0.0:8000->80/tcp, :::8000->80/tcp    mynginx
```

小提示: 通过"docker attach"命令同样可以进入后台容器,但这种方式在退出容器后容器也会停止运行,所以更加推荐通过"docker exec"方式。

4. 容器的持续运行

在第2步的操作中,通过"docker run"命令在后台运行了容器mynginx,然后通过"docker ps"命令查看到容器在后台可以持续运行。是不是所有容器都可以这样呢?我们再下载一个busybox镜像然后运行。

```
[root@docker ~]# docker pull busybox
[root@docker ~]# docker run -d --name=mybusybox busybox:latest
944e80dbbcb6962ab7be5147302d3b4d80e539f575ea5cad9f55eccf00d13b88
[root@docker ~]# docker ps --no-trunc
CONTAINER ID    IMAGE       COMMAND                 CREATED      STATUS      PORTS      NAMES
a61c597…略…    nginx:latest  "/docker-entrypoint.sh nginx -g 'daemon off;'"    11 hours
ago    Up 10 hours    0.0.0.0:8000->80/tcp, :::8000->80/tcp    mynginx
```

可以发现,虽然同样添加了-d选项让mybusybox容器在后台运行,但容器在启动后就立刻停止了。要想让容器持续运行,容器必须有一个前台进程在工作。比如通过"docker ps"命令查看mynginx容器,可以看到在COMMAND字段有"/docker-entrypoint.sh nginx -g 'daemon off;'",其作用就是在Nginx容器运行后,将Nginx的后台守护进程转为前台持续运行,所以容器不会停止。而busybox镜像在制作时则没有设置相应的前台进程,所以要想运行该容器而不停止,可以在容器创建时通过COMMAND为其指定一个前台进程,比如用下面的方式:

```
#通过busybox镜像创建容器并让其始终执行ping www.baidu.com任务
[root@docker ~]# docker run -d busybox:latest ping www.baidu.com
9ec4e8ff9af6c4d008bdfa52e511d911402ae753f19d4896504b2b14042d6c21
#查看运行容器可以看到容器在后台处于运行状态
[root@docker ~]# docker ps
CONTAINERID    IMAGE       COMMAND            CREATED       STATUS      PORTS      NAMES
9ec4e8ff9af6   busybox:latest  "ping www.baidu.com"  6 seconds ago   Up 5 seconds        jovial_morse
```

以上命令在运行busybox容器时为其指定了ping命令前台进程,让它始终执行,所以容器没有停止,可以通过"docker logs"命令追踪容器内部进程的执行日志信息,其中,-f选项作用是持续追踪输出,9e是容器ID前两位,因为ID以9e作为前两个字符的容器只有这一个,所以可以这样表示,镜像也同样如此:

```
[root@docker ~]# docker logs -f 9e
PING www.baidu.com (110.242.68.4): 56 data bytes
```

```
64 bytes from 110.242.68.4: seq = 0 ttl = 127 time = 30.602 ms
64 bytes from 110.242.68.4: seq = 1 ttl = 127 time = 30.676 ms
64 bytes from 110.242.68.4: seq = 2 ttl = 127 time = 30.665 ms
64 bytes from 110.242.68.4: seq = 3 ttl = 127 time = 30.672 ms
…… 略 ……
♯ 停止容器
[root@docker ～]♯ docker stop 9e
```

5. 镜像的导出和导入

通过"docker save"命令可以将 Docker 中的镜像导出到本地 .tar 文件。"docker save"命令的格式为：

```
docker save [OPTIONS] IMAGE [IMAGE...]
```

OPTIONS 选项-o 表示将导出的镜像写入文件。

```
[root@docker ～]♯ docker save - o mynginx_img.tar hanliu027/mynginx:1.12.0 - alpine
[root@docker ～]♯ ls
anaconda - ks.cfg   mynginx_img.tar
[root@docker ～]♯ docker rmi   hanliu027/mynginx:1.12.0 - alpine
```

以上命令将"hanliu027/mynginx:1.12.0-alpine"镜像以 .tar 文件包形式保存到本地主机，同时命名为 mynginx_img.tar，然后删除该镜像。

通过"docker load"命令可以将通过"docker save"命令导出的镜像导入 Docker。"docker load"命令的格式为：

```
docker load [OPTIONS]
```

OPTIONS 选项主要有如下几个。

（1）--input 或 -i：指定导入的文件，代替 STDIN；

（2）--quiet 或 -q：精简输出信息。

```
[root@docker ～]♯ docker load - q  - i  mynginx_img.tar
Loaded image: hanliu027/mynginx:1.12.0 - alpine
[root@docker ～]♯ docker images
REPOSITORY                  TAG            IMAGE ID       CREATED       SIZE
busybox                     latest         2bd29714875d   4 days ago    1.24MB
nginx                       latest         2d389e545974   5 days ago    142MB
daocloud.io/library/nginx   1.12.0 - alpine   09b2eb12555f   5 years ago   15.5MB
hanliu027/mynginx           1.12.0 - alpine   09b2eb12555f   5 years ago   15.5MB
```

以上命令将 mynginx_img.tar 包导入为 Docker 镜像。

6. 容器的导出和导入

通过"docker export"命令可以将容器导出为本地 .tar 文件。"docker export"命令的格式为：

```
docker export [OPTIONS] CONTAINER
```

OPTIONS 选项-o 表示将导出的容器写入指定文件。

```
[root@docker ~]# docker export - o mynginx_con.tar mynginx
[root@docker ~]# ls
anaconda - ks.cfg  mynginx_con.tar  mynginx_img.tar
```

以上命令将 mynginx 容器导出到本地,并写入 mynginx_con.tar 中。

通过"docker import"命令将导出的容器文件导入 Docker 镜像中。"docker import"命令的格式为:

```
docker import [OPTIONS] file|URL| - [REPOSITORY[:TAG]]
```

其中,OPTIONS 主要有如下几个。

(1) -c: 应用 Dockerfile 命令创建镜像;

(2) -m: 提交时的说明文字。

```
[root@docker ~]# docker import mynginx_con.tar mynginx2:1.12.0 - alpine
sha256:6ace88738cfbdf0bd527499bd403264dcb50828a085160aca1eafe7be931e7fe
[root@docker ~]# docker images
REPOSITORY          TAG             IMAGE ID        CREATED          SIZE
mynginx2            1.12.0 - alpine  6ace88738cfb    6 seconds ago    140MB
```

以上命令将 mynginx_con.tar 文件导入 Docker 镜像中,镜像名称为"mynginx2:1.12.0-alpine"。

7. 容器重新提交为镜像

通过"docker commit"命令可以将容器创建为一个镜像。这也是镜像制作的一种方式,比如可以将容器进行修改然后提交为需要的镜像。"docker commit"命令的格式为:

```
docker commit [OPTIONS] CONTAINER [REPOSITORY[:TAG]]
```

其中,CONTAINER 为要提交的容器;REPOSITORY[:TAG]为提交后的镜像名称;OPTIONS 选项主要有如下几个。

(1) -a: 提交的镜像作者;

(2) -c: 使用 Dockerfile 命令来创建镜像;

(3) -m: 提交时的说明文字;

(4) -p: 在 commit 时,将容器暂停。

```
#修改容器内容,将 Nginx 主页修改为 Hello Docker
[root@docker ~]# docker exec - it mynginx /bin/bash
root@a61c59782e7b:/# echo "< h1 > Hello Docker </h1 >" > /usr/share/nginx/html/index.html
root@a61c59782e7b:/# exit
exit
```

修改后的 Nginx 主页如图 6-9 所示。

```
← → C  ⚠ 不安全 | 192.168.10.148:8000
Hello Docker
```

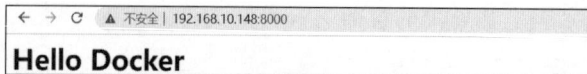

图 6-9　修改后的 Nginx 主页

```
[root@docker ~]# docker commit - m "hello docker" mynginx mynginx3:v3
sha256:a3354ba5314c6223def220eea460e9d193f22ec2c25e1f419361b3c58bef1d6d
[root@docker ~]# docker images
REPOSITORY        TAG            IMAGE ID       CREATED        SIZE
mynginx3          v3             a3354ba5314c   3 seconds ago  142MB
mynginx2          1.12.0 - alpine 6ace88738cfb  23 hours ago   140MB
```

通过以上命令将修改的镜像重新提交为了镜像,然后通过该镜像再运行一个容器查看是否修改成功:

```
[root@docker ~]# docker run - it mynginx3:v3 /bin/bash
root@ba40af1659b7:/# cat /usr/share/nginx/html/index.html
< h1 > Hello Docker </h1 >
```

可以看到,Nginx 容器主页是修改后的内容。

8. 容器和主机之间文件备份

有些情况下需要实现主机和容器之间进行文件的备份,这时就可以通过"docker cp"命令,从容器向主机备份的命令格式是:

docker cp [OPTIONS] CONTAINER:SRC_PATH DEST_PATH| -

从主机向容器备份的命令格式是:

docker cp [OPTIONS] SRC_PATH| - CONTAINER:DEST_PATH

其中,OPTIONS 选项主要有如下几个。

(1)-a 或--archive:复制时保留 uid 和 gid;

(2)-L 或--follow-link:保留源目标中软链接。

首先将主机中文件复制到容器内部,操作举例如下:

```
#主机中创建 test.txt 文件
[root@docker ~]# touch test.txt
#将文件复制到 mynginx 容器/root 目录中
[root@docker ~]# docker cp test.txt mynginx:/root
#进入容器查看文件是否复制成功
[root@docker ~]# docker exec - it mynginx /bin/bash
root@a61c59782e7b:/# ls /root
test.txt
```

然后将容器中文件复制到本地主机,操作举例如下:

```
#将容器内 index.html 文件复制到主机当前目录下
[root@docker ~]# docker cp mynginx:/usr/share/nginx/html/index.html .
#查看主机当前目录,可以看到 index.html 文件已经复制出来
[root@docker ~]# ls
anaconda - ks.cfg  index.html  mynginx_con.tar  mynginx_img.tar  test.txt
```

9. 容器数据的持久化

前面介绍过,对于容器的数据操作都是在最上层的读写层完成的,不会影响下面的镜像层,所以一旦容器被删除,那么里面的数据都将丢失,将造成不可挽回的损失。虽然采用"docker commit"命令将容器提交为镜像的方式可保留里面的数据,但如果容器内部数据量较大,比如 100GB 甚至更多,那么镜像的体积将会变得无比巨大,这和 Docker 的轻巧理念背道而驰。所以最好的方式就是将容器内部数据和外部主机磁盘空间做一个映射,让主机自动和容器内部数据保持同步。Docker 通过数据卷就可以满足这样的需求,方式是在使用"docker run"命令时通过-v 选项指定。这里通过创建一个 MySQL 容器并运行为例说明具体过程。

(1) 创建数据卷。

```
[root@docker ~]# docker pull mysql
[root@docker ~]# docker images
REPOSITORY              TAG              IMAGE ID        CREATED         SIZE
mynginx3                v3               a3354ba5314c    19 hours ago    142MB
mynginx2                1.12.0-alpine    6ace88738cfb    42 hours ago    140MB
mysql                   latest           43fcfca0776d    5 days ago      449MB
[root@docker ~]# docker volume create mysql_volume
mysql_volume
#查看数据卷信息
[root@docker ~]# docker volume inspect mysql_volume
[
    {
        "CreatedAt": "2022-09-20T19:46:22+08:00",
        "Driver": "local",
        "Labels": {},
        "Mountpoint": "/var/lib/docker/volumes/mysql_volume/_data",
        "Name": "mysql_volume",
        "Options": {},
        "Scope": "local"
    }
]
```

以上通过"docker volume"命令创建了名称为 mysql_volume 的数据卷,此步骤也可以不用单独操作,直接进行下一步即可,Docker 会自动创建名称为 mysql_volume 的数据卷。数据卷默认的存储路径为"/var/lib/docker/volume/数据卷名称/_data"。

(2) 运行 MySQL 容器,将容器的内部路径映射到数据卷。

```
[root@docker ~]# docker run -d --name=mysql -p 3306:3306 -v mysql_volume:/var/lib/
mysql -e MYSQL_ROOT_PASSWORD=123456 mysql
#查看容器运行状态,通过 --format 选项进行格式化输出
[root@docker ~]# docker ps --format "table{{.ID}}\t{{.Names}}\t{{.Status}}\t{{.
Ports}}"
CONTAINER ID   NAMES    STATUS         PORTS
2eba6ea850fd   mysql    Up 13 hours    0.0.0.0:3306->3306/tcp, :::3306->3306/tcp,
33060/tcp
```

通过以上命令后台运行 MySQL 容器,同时将容器内的/var/lib/mysql 数据目录映射

到步骤(1)中创建的 mysql_volume 数据卷,通过-e 设置容器内环境变量来指定 MySQL 容器的 root 用户密码。具体数据卷应该映射到容器内部的哪个路径下,可以通过如下方法查看:

```
# 通过 docker image inspect 查看镜像详情,找到 Volume 可以看到数据卷应该映射的容器内路径
[root@docker ~]# docker image inspect mysql
"Volumes": {
                "/var/lib/mysql": {}
        },
```

再查看主机中数据卷目录中的内容,可以看到已经和容器内部数据同步,如图 6-10 所示。

```
[root@docker _data]# ls
auto.cnf      binlog.index  client-cert.pem   #ib_16384_1.dblwr  ibtmp1       mysql             performance_schema  server-cert.pem  undo_001
binlog.000001 ca-key.pem    client-key.pem    ib_buffer_pool     #innodb_redo mysql.ibd         private_key.pem     server-key.pem   undo_002
binlog.000002 ca.pem        #ib_16384_0.dblwr ibdata1            #innodb_temp mysql.sock        public_key.pem      sys
```

图 6-10　数据卷同步容器内部数据

(3) 验证容器的数据持久化。在 MySQL 容器中建立数据,然后删除该容器,再重新通过 MySQL 镜像创建一个容器,同时将 mysql_volume 数据卷映射到新容器,查看数据是否依旧存在。

```
# 进入 MySQL 容器
[root@docker ~]# docker exec -it 2eb /bin/bash
# 进入 mysql 数据库创建 test 数据库
bash-4.4# mysql -uroot -p123456
mysql> create database test;
Query OK, 1 row affected (0.00 sec)
mysql> show databases;
+--------------------+
| Database           |
+--------------------+
| information_schema |
| mysql              |
| performance_schema |
| sys                |
| test               |
+--------------------+
5 rows in set (0.00 sec)
mysql> exit
Bye
bash-4.4# exit
Exit
# 停止并删除 MySQL 容器
[root@docker ~]# docker stop 2e
2e
[root@docker ~]# docker rm 2e
2e
# 重新通过 MySQL 镜像创建 MySQL2 容器,并将数据卷映射到容器内
[root@docker ~]# docker run -d --name=mysql2 -p 3306:3306 -v mysql_volume:/var/lib/
mysql -e MYSQL_ROOT_PASSWORD=123456 mysql
```

```
3af9b053a6a2c96ae44335636e4c5823c5050c7bfb1fab28c1cc2dcb77a97211
[root@docker ~]# docker exec - it mysql2 /bin/bash
bash- 4.4# mysql - uroot - p123456
# 可以看到 test 数据库依然存在
mysql> show databases;
+--------------------+
| Database           |
+--------------------+
| information_schema |
| mysql              |
| performance_schema |
| sys                |
| test               |
+--------------------+
```

（4）Docker 数据持久化也可以通过"绑定挂载"方式指定主机的任意目录映射到容器内，比如执行如下命令：

```
[root@docker ~]# docker run - d -- name = mysql3 - p 3307:3306 - v /root/mysql_d:/var/
lib/mysql - e MYSQL_ROOT_PASSWORD = 123456 mysql
7e99f47e1cc413db3db5d97ed366ca796a93749bef5ab9e22364ed445aa6af39
```

上面的命令会在主机中自动创建/root/mysql_d 目录并映射到容器内。但这种方式有可能使得容器在不同的系统间不方便移植，比如 Windows 系统和 Linux 系统的目录结构是不一样的。而且采用数据卷方式容器中的数据会同步复制到主机数据卷路径中，而通过绑定挂载方式有可能主机目录中内容覆盖掉容器中内容，这一点需要注意。

任务拓展 21

6.2.4　任务拓展

【任务内容】　搭建 Harbor 私有镜像仓库。

【任务目标】
◇　掌握 Harbor 私有镜像仓库的搭建方法。
◇　掌握 Harbor 私有镜像仓库的使用方法。

【任务步骤】

除了使用公有仓库提供的镜像服务外，企业内部也可以搭建自己的私有镜像仓库。Harbor 是由 VMware 公司开源的企业级 Docker Registry 管理项目，它包括权限管理（RBAC）、LDAP、日志审核、管理界面、自我注册、镜像复制、中文支持和 Web 管理等功能，有了它之后就能够很方便地管理容器镜像了。

（1）Harbor 需要 Docker Compose 来进行容器管理。只需下载二进制包即可使用 Docker Compose，其代码在 GitHub 上托管。本例在 VMware Workstation 中通过克隆 Docker 虚拟机作为 Harbor 服务器，克隆后虚拟机的 IP 地址为 192.168.10.151。

```
# 在克隆后的 Harbor 主机上删除所有容器,其中 - qa 选项作用是列出所有容器的 ID
[root@harbor ~]# docker rm $ (docker ps - qa)
```

```
# 删除所有镜像
[root@harbor ~]# docker rmi - f $ (docker images - q)
# 下载 docker - compose 上传到 Harbor 服务器
[root@harbor ~]# ls | grep docker - compose - linux - x86_64
docker - compose - linux - x86_64
# 将 docker - compose 放到环境变量中
[root@harbor ~]# cp docker - compose - linux - x86_64 /usr/local/bin/docker - compose
# 赋予 docker - compose 可执行权限
[root@harbor ~]# chmod + x /usr/local/bin/docker - compose
[root@harbor ~]# docker - compose version
Docker Compose version v2.11.0
```

（2）下载 Harbor。在 GitHab 相关页面的最下方选择离线安装版进行下载。

```
# 下载并上传 harbor
[root@harbor ~]# ls |grep harbor
harbor - offline - installer - v2.6.0.tgz
# 将 harbor 解压缩到/usr/local 目录中
[root@harbor ~]# tar - xvzf harbor - offline - installer - v2.6.0.tgz - C /usr/local
harbor/harbor.v2.6.0.tar.gz
harbor/prepare
harbor/LICENSE
harbor/install.sh
harbor/common.sh
harbor/harbor.yml.tmpl
```

（3）修改 Harbor 配置文件。Harbor 已经提供了配置文件的模板，只需将其复制为 harbor.yml 进行修改即可。因为没有采用 https 连接，所以需要在 Docker 配置文件 daemon.json 中进行适当配置：

```
[root@harbor ~]# cd /usr/local/harbor/
[root@harbor harbor]# cp harbor.yml.tmpl harbor.yml
[root@harbor harbor]# vi harbor.yml
hostname: 192.168.10.151                          # 设置主机名为 Harbor 服务器 IP 地址
1 # https:                                         # 注释从本行开始的 6 行 https 相关配置
2 #   # https port for harbor, default is 443
3 #   port: 443
4 #   # The path of cert and key files for nginx
5 #   certificate: /your/certificate/path
6 #   private_key: /your/private/key/path
[root@harbor harbor]# cat harbor.yml |grep harbor_admin_password
harbor_admin_password: Harbor12345
# 修改/etc/docker/daemon.json 配置文件，如果没有自动创建
[root@docker ~]# vi /etc/docker/daemon.json
# 添加如下三行内容
{
    "insecure - registries" : ["0.0.0.0/0"]
}
[root@docker ~]# systemctl daemon - reload
[root@docker ~]# systemctl restart docker
```

在配置文件中提供了默认 Harbor 仓库 Web 管理界面的登录密码：Harbor12345。

（4）安装 Harbor。Harbor 自带了安装脚本，进入"/usr/local/harbor"目录中，然后执行：

```
[root@harbor harbor]# ./prepare
Successfully called func: create_root_cert
Generated configuration file: /compose_location/docker-compose.yml
Clean up the input dir
[root@harbor harbor]# ./install.sh
[Step 0]: checking if docker is installed ...
Note: docker version: 20.10.7
[Step 1]: checking docker-compose is installed ...
Note: docker-compose version: 2.11.0
……其他信息略……
✓ ---- Harbor has been installed and started successfully. ----
```

在执行以上安装脚本过程中，会自动下载所需要的镜像并通过 docker-compose 批量运行：

```
# 安装 Harbor 自带下载的镜像
[root@harbor harbor]# docker images
REPOSITORY                        TAG       IMAGE ID       CREATED       SIZE
goharbor/harbor-exporter          v2.6.0    abb2f54ff016   3 weeks ago   94.5MB
goharbor/chartmuseum-photon       v2.6.0    bd0057522e24   3 weeks ago   V225MB
goharbor/redis-photon             v2.6.0    39f3ba8729b9   3 weeks ago   155MB
goharbor/trivy-adapter-photon     v2.6.0    f0bfdaf83591   3 weeks ago   252MB
goharbor/notary-server-photon     v2.6.0    e9470194b316   3 weeks ago   112MB
goharbor/notary-signer-photon     v2.6.0    2cfb256ff549   3 weeks ago   110MB
goharbor/harbor-registryctl       v2.6.0    0a1f09b3dace   3 weeks ago   136MB
goharbor/registry-photon          v2.6.0    76aee5aa231c   3 weeks ago   77.6MB
goharbor/nginx-photon             v2.6.0    e35e9e75dc24   3 weeks ago   154MB
goharbor/harbor-log               v2.6.0    f1f66d3421be   3 weeks ago   161MB
goharbor/harbor-jobservice        v2.6.0    c28d745f640d   3 weeks ago   241MB
goharbor/harbor-core              v2.6.0    538081eb14b9   3 weeks ago   207MB
goharbor/harbor-portal            v2.6.0    92ef4c829298   3 weeks ago   162MB
goharbor/harbor-db                v2.6.0    4892019f0afc   3 weeks ago   225MB
goharbor/prepare                  v2.6.0    85d28ac66ab1   3 weeks ago   163MB
# 查看 Harbor 项目通过 docker-compose 批量运行的容器
[root@harbor harbor]# docker ps --format "table{{.ID}}\t{{.Names}}\t{{.Status}}\t{{.Ports}}"
CONTAINER ID   NAMES               STATUS                  PORTS
15fa1c96ce58   harbor-jobservice   Up 8 minutes (healthy)
3d68d954e4e3   nginx   Up 8 minutes (healthy)   0.0.0.0:80->8080/tcp, :::80->8080/tcp
23fc019a2a4d   harbor-core         Up 8 minutes (healthy)
e3f6b38f3ea6   redis               Up 8 minutes (healthy)
8042a6ec98d3   registry            Up 8 minutes (healthy)
3af1856e2008   harbor-db           Up 8 minutes (healthy)
f722fca63bb5   harbor-portal       Up 8 minutes (healthy)
7209dd555c01   registryctl         Up 8 minutes (healthy)
0a06eb6f788d   harbor-log          Up 8 minutes (healthy)   127.0.0.1:1514->10514/tcp
```

通过浏览器访问 Harbor 服务器的 IP 地址登录 Harbor，如图 6-11 所示。

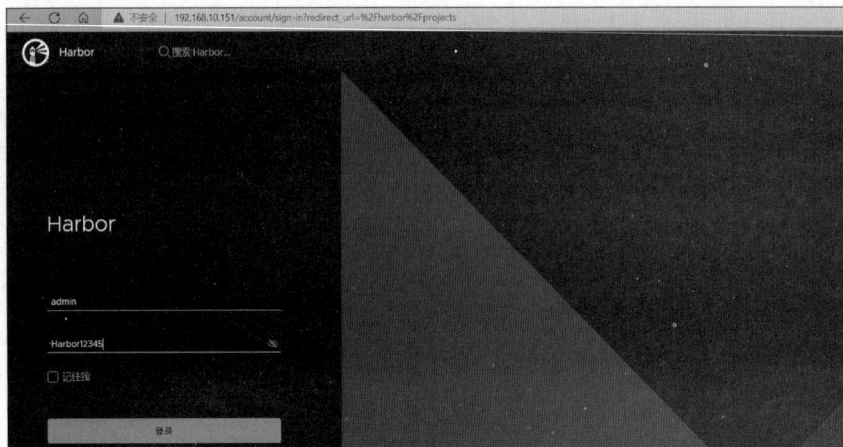

图 6-11 Harbor 仓库登录页

（5）Docker 主机上传镜像到 Harbor 仓库。首先同样需要通过"docker tag"命令将镜像名称格式修改为"Harbor 主机地址/项目地址/镜像名称：tag"，Harbor 会默认存在一个名称为 library 的项目，以下为将 MySQL 镜像上传到该项目的实例：

```
#修改 MySQL 镜像名称
[root@docker ~]# docker tag mysql 192.168.10.151/library/mysql:v1
#登录 Harbor 仓库
[root@docker ~]# docker login 192.168.10.151
Username: admin                               #输入默认用户 admin
Password:                                     #输入前面查看到的 admin 用户密码
WARNING! Your password will be stored unencrypted in /root/.docker/config.json.
Configure a credential helper to remove this warning. See
https://docs.docker.com/engine/reference/commandline/login/#credentials-store
Login Succeeded
#推送镜像到 Harbor 仓库
[root@docker ~]# docker push 192.168.10.151/library/mysql:v1
```

登录到 Harbor 仓库的 library 项目可以看到镜像已经上传，如图 6-12 所示。

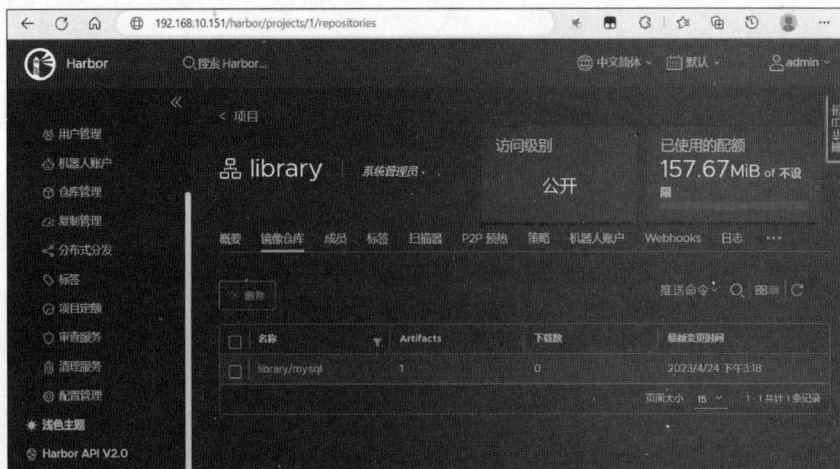

图 6-12 Harbor 仓库中的 library 项目

单击该镜像,进去之后可以查看镜像的详细信息。单击"拉取命令"按钮,然后复制拉取镜像的命令,粘贴到 Docker 主机并执行来拉取镜像,如图 6-13 所示。

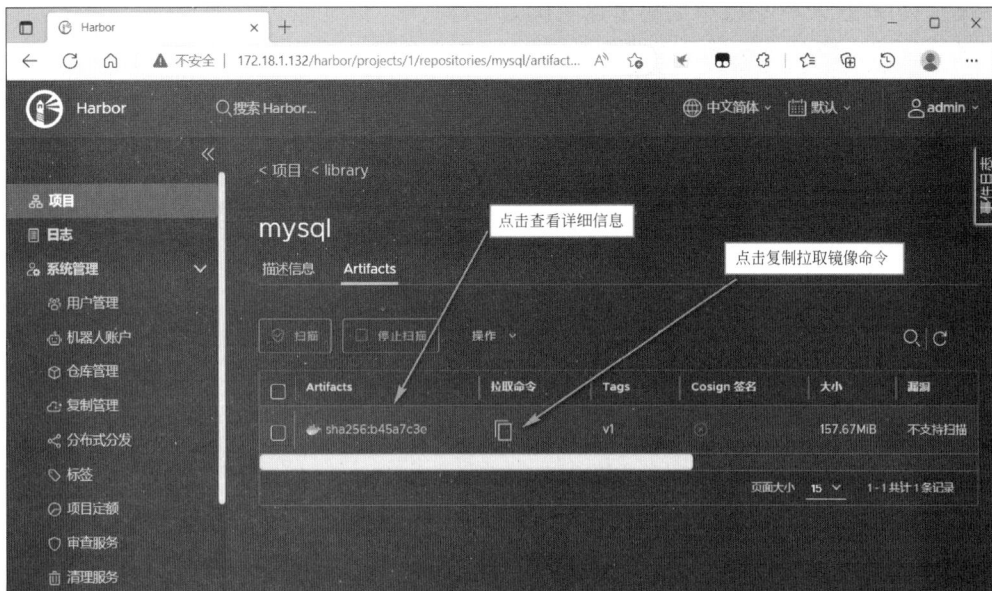

图 6-13 Harbor 仓库镜像信息

任务 6.3 Dockerfile 制作镜像

6.3.1 任务目标

◇ 掌握 Docker 镜像分层原理。

◇ 掌握 Dockerfile 文件编写方式。

◇ 掌握通过 Dockerfile 构建镜像的方法。

6.3.2 任务知识点

1. Dockerfile

Dockerfile 是一个用来构建镜像的文本文件,其中包含了一条条构建镜像所需的命令和说明。根据 Dockerfile 的内容通过"docker build"命令构建镜像,因此每一条命令的内容就是描述该层如何构建。有了 Dockerfile,企业就可以制作符合自己需求的 Docker 镜像。

2. Overlay2

Docker 的文件系统采用分层结构,采用的技术是 UnionFS(联合文件系统)。目前 Docker 支持的 UnionFS 有很多种,包括 AUFS、DeviceMapper、Overlay、Overlay2、VSF 等,这些也叫 Docker 的存储驱动,它们只是实现 UnionFS 的方式不同,最终的效果大同小异,都是将文件系统的每次修改提交为一层,层层叠加,底层为只读层,顶层为读写层,最终统一挂载到同一个虚拟文件系统下。目前对于较高版本的 Linux 内核或 Linux 各发行版,都建议使用 Overlay2 作为存储驱动,同时要使用 Overlay2 Docker 的版本也要高于

17.06.02。

Overlay2 主要由 MergedDir、LowerDir、UpperdDir、WorkDir 组成。其中,LowerDir 对应底层文件系统,也就是镜像创建过程中提交的每一层,它是能被上层文件系统 UpperdDir 共享的只读层。WorkDir 则可以理解为 Overlay2 运作的一个临时工作目录,用于完成写时复制(copy-on-write)等操作。Overlay2 运作时,会将 LowerDir、UpperdDir 和 WorkDir 联合挂载到 MergedDir 目录,为使用者提供一个"统一视图",如图 6-14 所示。

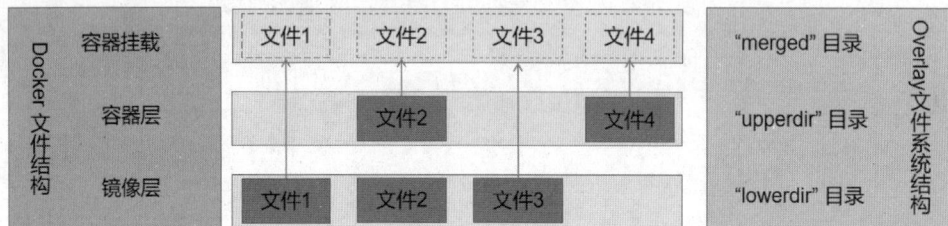

图 6-14　Overlay2 存储驱动示意图

当然图 6-14 中的 LowerDir 不一定只有一层,可能有很多层。采用 Overlay2 存储驱动容器读取和修改文件的过程如下:

(1) 读取文件。如果容器打开一个文件进行读取访问,并且该文件在容器层(UpperdDir)中不存在,则从镜像层(LowerDir)中读取该文件,这会产生非常少的性能开销。如果容器打开一个文件进行读取访问,并且该文件存在于容器中(UpperdDir),而不存在于镜像中(LowerDir),则直接从容器中读取。如果容器打开一个文件进行读取访问,并且该文件存在于镜像层和容器层,则读取容器层中的文件。容器层(UpperdDir)中的文件隐藏了镜像层(LowerDir)中的同名文件。

(2) 修改文件或目录。第一次写入文件:容器第一次写入现有文件时,该文件在容器中不存在(UpperdDir)。Overlay2 驱动程序执行 copy_up 操作,将文件从镜像层(LowerDir)复制到容器层(UpperdDir)。然后容器将更改写入容器层中文件的新副本。但是,OverlayFS 工作在文件级别而不是块级别。这意味着所有 OverlayFS 的 copy_up 操作都会复制整个文件,即使文件非常大并且只有一小部分被修改。这会对容器的写入性能产生显著影响。但是,copy_up 操作仅在第一次写入给定文件时发生,随后对同一文件的写入操作都是针对已复制到容器的文件副本进行的。

(3) 删除文件和目录。在容器中删除文件时,会在容器层(UpperdDir)中创建一个空白文件。镜像层(LowerDir)中的文件版本不会被删除(因为 LowerDir 是只读的)。当在容器中删除目录时,会在容器中创建一个不透明的目录(UpperdDir)。

6.3.3　任务实施

通过 Dockerfile 可以以自定义方式构建镜像。Dockerfile 文件中的每一行都为一条命令,然后通过"docker build"命令根据 Dockerfile 创建镜像。下面介绍一些 Dockerfile 的常见命令。

1. FROM 命令

命令作用:指定构建镜像的基础镜像,一般作为 Dockerfile 的第一条命令。

语法格式:FROM <镜像:tag >

命令范例:FROM alpine:3.16.2

2. LABEL 命令

命令作用：以键值对形式指定镜像元数据，如镜像作者、描述信息等。

语法格式：LABEL <键>=<值> <键>=<值> <键>=<值>…

命令范例：LABEL maintainer="admin@testproject.org"

　　　　　LABEL version="1.0"

3. RUN 命令

命令作用：在构建镜像的过程中执行相应的命令，经常用来调用 shell 命令。RUN 命令可以有多条，构建镜像时每执行一条 RUN 命令都会建立一层，所以应尽可能将多个命令合并为一条，如命令范例中的第二种写法。

语法格式：RUN < shell 命名>

　　　　　RUN ["可执行文件"，"参数 1"，"参数 2"]

命令范例：RUN yum install -y wget

　　　　　RUN wget -O redis. tar. gz "http://download. redis. io/releases/redis-5.0.3. tar. gz" \&& tar -xvf redis. tar. gz

　　　　　RUN ["/bin/bash"，"-c"，"echo hello world"]

4. COPY 命令

命令作用：将本地主机的源文件（为 Dockerfile 所在目录的相对路径）复制到镜像中。源文件支持通配符表示形式，如果源文件为目录，则只复制目录中的内容。如果容器内的目标路径不存在，则会自动创建。通过--chown 设置复制后文件的所有者和所属组。

语法格式：COPY [--chown=< user >:< group >] <源路径>… <目标路径>

　　　　　COPY [--chown=< user >:< group >] ["< src1 >",… "<目标路径>"]

命令范例：COPY test * /mydir/

　　　　　COPY tes?. txt /mydir/

5. ADD 命令

命令作用：ADD 命令和 COPY 命令的功能也类似，不同之处在于：如果源文件是 bzip2、gzip 等压缩格式，那么会自动解压缩，同时 ADD 命令支持通过 URL 将网络资源添加到镜像中。

语法格式：ADD [--chown=< user >:< group >] <源路径>… <目的路径>

　　　　　ADD [--chown=< user >:< group >] ["<源路径>",… "<目标路径>"]

命令范例：ADD testfile /mydir/

　　　　　ADD --chown=root:root /mydir/

下面使用以上几个命令编写第一个 Dockerfile 文件，制作一个 nginx 镜像。首先拉取一个 CentOS 基础镜像，然后创建需要复制到镜像中的文件：

```
#拉取 CentOS 7.9 镜像
[root@docker ~]# docker pull centos:centos7.9.2009
#创建工作目录
[root@docker ~]# mkdir Dockerfile
[root@docker ~]# cd Dockerfile/
#创建用于 COPY 命令的 index.html 文件和用于 ADD 命令的 addtest.tar.gz 压缩文件
[root@docker Dockerfile]# echo "Nginx build by dockerfile" >> index.html
```

```
[root@docker Dockerfile]# touch addtest1 addtest2
[root@docker Dockerfile]# mkdir addtest
[root@docker Dockerfile]# mv addtest1 addtest2 addtest
[root@docker Dockerfile]# tar - czvf addtest.tar.gz addtest
[root@docker Dockerfile]# ls
addtest   addtest.tar.gz   Dockerfile   index.html
```

编写 Dockerfile 文件,内容如下:

```
[root@docker Dockerfile]# vi Dockerfile
#Dockerfile 中以#号为首的行为注释行
#添加以下命令
FROM centos:centos7.9.2009
LABEL maintainer = "testuser < root@testuser.com >"
RUN yum - y install wget && rm - f /etc/yum.repos.d/ * \
    && wget - P /etc/yum.repos.d/ http://mirrors.aliyun.com/repo/Centos - 7.repo \
    && wget - P /etc/yum.repos.d/ http://mirrors.aliyun.com/repo/epel - 7.repo
RUN yum install - y nginx
COPY ["index.html","/usr/share/nginx/html"]
ADD addtest.tar.gz /root/
```

然后通过"docker build"命令构建镜像,该命令的格式为:

```
docker build [OPTIONS] PATH | URL | -
```

其中,OPTIONS 选项主要有如下几个。

(1) -f:指定要使用的 Dockerfile 路径,默认当前目录下的 Dockerfile 文件;

(2) --tag 或-t:镜像的名字及标签;

(3) --no-cache :创建镜像的过程不使用缓存。

```
#docker build 构建镜像,其中"."表示当前目录也即 Dockerfile 上下文,即在当前目录中找构建
#镜像需要用到的资源
[root@docker Dockerfile]# docker build - t mynginx:c7 .
Sending build context to Docker daemon   5.632kB
Successfully built 2747484fac17
Successfully tagged nginx:c7
#查看镜像已经创建
[root@docker Dockerfile]# docker images
REPOSITORY    TAG              IMAGE ID        CREATED          SIZE
mynginx       c7               f1be8ac4daf5    2 minutes ago    642MB
```

通过构建的镜像运行容器,查看 COPY 命令和 ADD 命令的效果:

```
[root@docker Dockerfile]# docker run - it mynginx:c7
[root@4613ede19b3a /]# cd /root
[root@4613ede19b3a ~]# ls
addtest   anaconda - ks.cfg
[root@4613ede19b3a ~]# cd /usr/share/nginx/html/
[root@4613ede19b3a html]# cat index.html
Nginx build by dockerfile
[root@4613ede19b3a html]#
```

从以上容器中执行命令的返回结果中可以看到 ADD 命令将压缩文件复制到容器中并解压缩，COPY 命令将 index.html 文件复制到镜像中。但如果应用"docker run-d"来通过该镜像运行容器，则会因为没有前台进程而退出。下面继续完善该 Dockerfile。

6. CMD 命令

命令作用：指定启动容器时默认执行的命令，即，如果"docker run"没有指定任何执行命令或者 Dockerfile 中没有 ENTRYPOINT 命令，则会执行 CMD 指定的命令。每个 Dockerfile 只能有一条 CMD 命令，如指定了多条，则只有最后一条被执行。如果用户启动容器时指定了运行的命令，如：

```
docker run - it alpine /bin/bash
```

则/bin/bash 会覆盖 CMD 指定的命令。

　　语法格式：CMD < shell 命令>

　　　　　　　CMD ["<可执行文件或命令>","<参数 1>","<参数 2>",...]

　　　　　　　CMD ["<参数 1>","<参数 2>",...]　 # 为 ENTRYPOINT 命令提供默认参数

　　命令范例：CMD ping www.baidu.com

　　　　　　　CMD ["nginx", "-g", "daemon off;"]

7. ENTRYPOINT 命令

命令作用：ENTRYPOINT 类似于 CMD 命令，但其不会被"docker run"的命令行参数指定的命令所覆盖，而且这些命令行参数会被当作参数送给 ENTRYPOINT 命令指定的程序。但是，如果运行"docker run"时使用了 --entrypoint 选项，那么将覆盖 ENTRYPOINT 命令指定的程序。如果 Dockerfile 中存在多个 ENTRYPOINT 命令，则仅最后一个生效。同时可以通过 CMD 命令的第三种格式向 ENTRYPOINT 命令传递参数。

　　语法格式：ENTRYPOINT < shell 命令>

　　　　　　　ENTRYPOINT ["<可执行文件或命令>", "<参数 1>","<参数 2>",...]

　　命令范例：ENTRYPOINT ["curl", "-s","https://www.baidu.com"]

　　在原 Dockerfile 的基础上通过 CMD 和 ENTRYPOINT 命令增加容器运行后执行的命令：

```
[root@docker Dockerfile]# vi Dockerfile
FROM centos:centos7.9.2009
LABEL maintainer = "testuser< root@testuser.com>"
RUN yum - y install wget && rm - f /etc/yum.repos.d/ * \
    && wget - P /etc/yum.repos.d/ http://mirrors.aliyun.com/repo/Centos - 7.repo \
    && wget - P /etc/yum.repos.d/ http://mirrors.aliyun.com/repo/epel - 7.repo
RUN yum install - y nginx
COPY ["index.html","/usr/share/nginx/html/"]
ADD addtest.tar.gz /root/
# 增加如下两行内容
ENTRYPOINT ["nginx"," - g"]
CMD ["daemon off;"]
```

删除原镜像后通过改写后的 Dockerfile 再次构建镜像并运行：

```
[root@docker Dockerfile]# docker rmi mynginx:c7
[root@docker Dockerfile]# docker build - t mynginx:c7 .
```

```
[root@docker Dockerfile]# docker run - d mynginx:c7
f79b633807ae31ff418598fb5aee97103ec8ea9419df119b8dcfb7b77be7559d
[root@docker Dockerfile]# docker ps
CONTAINER ID  IMAGE      COMMAND         CREATED      STATUS      PORTS      NAMES
f79b633807ae  mynginx:c7 "nginx - g 'daemon of…" 4 seconds ago Up 3 seconds   practical_benz
```

再次运行容器后可以看到容器在主机后台运行。因为在上面的 Dockerfile 中通过 CMD 命令向 ENTRYPOINT 命令传递了参数"daemon off;"。这两条命令的作用相当于运行容器后并在容器中执行命令"nginx -g "daemon off;""，让 Nginx 在容器的前台运行。

小提示：如果有多个 CMD 命令，那么只有最后一个生效；如果有多个 ENTRYPOINT 命令，那么只有最后一个生效；如果 CMD 和 ENTRYPOINT 共存，那么只有 ENTRYPOINT 有效，且最后的 CMD 会被当作 ENTRYPOINT 的参数。

8. ENV 命令

命令作用：设置环境变量，在定义了环境变量后的命令中，可以使用这个环境变量。该环境变量在"docker build"镜像构建阶段和"docker run"容器运行阶段都有效。

语法格式：ENV <键> <值>

ENV <键>=<值> <键>=<值>…

命令范例：ENV Version 5.0.3

ENV website=www.baidu.com

9. ARG 命令

命令作用：与 ENV 作用一致，只是作用域不一样。ARG 设置的环境变量仅对 Dockerfile 内有效，也就是说，只在"docker build"的过程中有效，构建好的镜像内不存在此环境变量。在构建命令"docker build"中可以用"--build-arg <参数名>=<值>"来覆盖。

语法格式：ARG <参数名>[=<默认值>]

命令范例：ARG tools

ARG tools=net-tools

在上面的 Dockerfile 中增加 ARG 和 ENV 命令，步骤如下：

```
[root@docker Dockerfile]# vi Dockerfile
ARG tag = centos7.9.2009                    # 通过 ARG 命令设置变量 tag
FROM centos: $ tag                          # 使用 ARG 命令定义的 tag 变量
LABEL maintainer = "testuser < root@testuser.com >"
ENV tools = net - tools                     # 通过 ENV 命令设置变量 tools
ARG dest                                    # 通过 ARG 命令设置未赋值变量 dest
RUN yum - y install wget && rm - f /etc/yum.repos.d/ * \
    && wget - P /etc/yum.repos.d/ http://mirrors.aliyun.com/repo/Centos - 7.repo \
    && wget - P /etc/yum.repos.d/ http://mirrors.aliyun.com/repo/epel - 7.repo
RUN yum install - y nginx
RUN yum install - y $ tools                 # 使用 ENV 命令定义的 tools 变量
COPY ["index.html","/usr/share/nginx/html/"]
ADD addtest.tar.gz $ dest                   # 使用 ARG 命令定义的 dest
ENTRYPOINT ["nginx"," - g"]
CMD ["daemon off;"]
```

然后删除镜像，重新根据 Dockerfile 构建镜像，步骤如下：

```
[root@docker Dockerfile]# docker rm f79b633807ae
[root@docker Dockerfile]# docker rmi mynginx:c7
[root@docker Dockerfile]# docker build -- build - arg = dest = /root - t mynginx:c7 .
[root@docker Dockerfile]# docker images
REPOSITORY     TAG          IMAGE ID        CREATED         SIZE
mynginx        c7           aa0028a72bcc    17 minutes ago  864MB
```

以上采用"docker build"命令构建镜像通过"--build-arg＝dest＝/root"来指定Dockerfile中未定义变量dest的值。通过新的镜像运行容器：

```
[root@docker Dockerfile]# docker run - d mynginx:c7
0ffee1241d0aef765b2244f6a4511894bce24e0aab5fad78aad1dd8f8eaad863
[root@docker Dockerfile]# docker exec - it 0ffee1241d /bin/bash
[root@0ffee1241d0a /]# cd /root/
#查看到当前目录中有addtest解压缩后的目录,说明dest变量生效
[root@0ffee1241d0a ~]# ls
addtest   anaconda - ks.cfg
#容器中有netstat命令,说明tools变量生效
[root@0ffee1241d0a ~]# netstat - ntpl
Active Internet connections (only servers)
Proto Recv - Q Send - Q Local Address        Foreign Address     State     PID/Program name
tcp        0         0 0.0.0.0:80            0.0.0.0:*           LISTEN    1/nginx: master pro
tcp6       0         0 :::80                 :::*                LISTEN    1/nginx: master pro
#输出dest变量为空,说明ARG命令定义的变量容器中不存在
[root@0ffee1241d0a ~]# echo $dest

#输出tools变量仍然有效,说明ENV命令定义的变量容器中有效
[root@0ffee1241d0a ~]# echo $tools
net - tools
```

10. VOLUME 命令

命令作用：定义匿名数据卷,在启动容器时忘记挂载数据卷,会自动挂载到匿名卷。一般会将宿主机上的目录/var/lib/docker/volumes/<id>/_data 挂载至 VOLUME 命令指定的容器目录。

语法格式：VOLUME ["<路径 1>", "<路径 2>"...]
　　　　　VOLUME <路径>

命令范例：VOLUME ["/data","/data2" ....]

11. EXPOSE 命令

命令作用：告诉 Docker 服务端容器暴露的端口号。EXPOSE 仅仅是声明容器打算使用什么端口,并不会自动在宿主机进行端口映射,因此在启动容器时需要通过-P 或-p 选项指定端口映射。

语法格式：EXPOSE <端口 1> [<端口 2>...]

命令范例：EXPOSE 80 443

小提示：并不是说只有指定 EXPOSE 端口号后才可以进行端口映射,该命令的作用仅仅是声明容器通过哪个端口号提供服务。

12. WORKDIR 命令

命令作用：为后续的 RUN、CMD、ENTRYPOINT 命令配置工作目录;当容器运行后,

作为进入容器内的默认目录。用 WORKDIR 指定的工作目录,在构建镜像的每一层中都存在(WORKDIR 指定的工作目录,必须是提前创建好的)。在构建镜像过程中执行的每一个 RUN 命令,都会构建新的镜像层,只有通过 WORKDIR 创建的目录才会一直存在。

语法格式:WORKDIR <工作目录路径>

命令范例:WORKDIR /root

13. USER 命令

命令作用:指定运行容器时的用户名或 UID,后续的 RUN 也会使用指定用户,当服务不需要管理员权限时,可以通过该命令指定运行用户,这个用户必须是事先建立好的,否则无法切换。

语法格式:USER < user >[:< group >]

USER < UID >[:< GID >]

命令范例:USER nginx:nginx

14. ONBUILD 命令

命令作用:用来设置当创建当前镜像的子镜像时,会自动触发执行的命令。也就是说,Dockerfile 中用 ONBUILD 指定的命令,在本次构建镜像的过程中不会执行(假设构建的镜像为 image:latest)。当有新的 Dockerfile 使用该镜像(FROM image:latest)进行镜像构建时,才会执行构建 image:latest 镜像的 Dockerfile 文件里 ONBUILD 指定的命令。

语法格式:ONBUILD <其他命令>

命令范例:ONBUILD RUN yum install -y nginx

使用以上命令继续完善构建 mynginx:c7 镜像的 Dockerfile 文件,修改后的 Dockerfile 文件内容如下:

```
[root@docker Dockerfile]# vi Dockerfile
ARG tag = centos7.9.2009
FROM centos: $ tag
LABEL maintainer = "testuser < root@testuser.com >"
ENV tools = net - tools
ARG dest
RUN yum - y install wget && rm - f /etc/yum.repos.d/ * \
    && wget - P /etc/yum.repos.d/ http://mirrors.aliyun.com/repo/Centos - 7.repo \
    && wget - P /etc/yum.repos.d/ http://mirrors.aliyun.com/repo/epel - 7.repo
RUN yum install - y nginx
RUN yum install - y $ tools
COPY ["index.html","/usr/share/nginx/html/"]
ADD addtest.tar.gz $ dest
ENTRYPOINT ["nginx"," - g"]
CMD ["daemon off;"]
VOLUME /usr/share/nginx/html
EXPOSE 80
WORKDIR /usr/share/nginx/html
```

重新根据修改后的 Dockerfile 构建镜像并运行。

```
[root@docker Dockerfile]# docker build -- build - arg = dest = /root - t mynginx:c7 .
[root@docker Dockerfile]# docker run - d - P mynginx:c7
```

```
[root@docker Dockerfile]# docker ps -- format "table{{.ID}}\t{{.Image}}\t{{.Status}}\t
{{.Ports}}"
CONTAINER ID   IMAGE         STATUS         PORTS
867661ec6c2b   mynginx:c7    Up 2 minutes   0.0.0.0:49158->80/tcp, :::49158->80/tcp
```

通过访问访问 Docker 主机的 49158 端口访问容器,如图 6-15 所示。

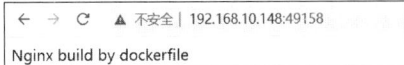

图 6-15 访问 mynginx:c7 镜像运行的容器

进入容器内部,可以发现已经进入了通过 WORKDIR 命令设置的目录中。同时,虽然我们没有通过-v 选项指定数据卷映射,但因为 Dockerfile 中有 VOLUME 命令,所以 Docker 会自动创建数据卷并挂载到 VOLUME 命令指定的容器路径。

```
[root@docker Dockerfile]# docker exec - it 86 /bin/bash
[root@867661ec6c2b html]# pwd
/usr/share/nginx/html
[root@docker volumes]# docker inspect 86
  "Mounts": [
          {
              "Type": "volume",
              "Name": "1275b63ec81a1a0a5c93264535d70bbaa5d3302accb43dccdad147659b588dce",
              "Source": "/var/lib/docker/volumes/1275b63ec81a1a0a5c93264535d70bbaa5d
              3302accb43dccdad147659b588dce/_data",
              "Destination": "/usr/share/nginx/html",
              "Driver": "local",
              "Mode": "",
              "RW": true,
              "Propagation": ""
          }
      ],
```

任务拓展 22

6.3.4 任务拓展

【任务内容】 Docker Overlay2 存储结构。

【任务目标】

◇ 掌握 Docker 存储分层结构的原理。

◇ 掌握 Overlay2 存储驱动原理。

【任务步骤】

理解 Docker 存储方式有利于理解 Docker 镜像和容器的分层结构,也有利于理解 Dockerfile 制作镜像的过程。

(1) 为了更加清晰地查看 Docker Overlay2 的存储方式,在 Docker 主机上只保留 nginx:latest 镜像和通过该镜像运行的容器,其余的删除:

```
[root@docker overlay2]# docker images
REPOSITORY   TAG      IMAGE ID       CREATED       SIZE
nginx        latest   2d389e545974   9 days ago    142MB
```

```
[root@docker overlay2]# docker ps - qa
498109119a00
```

（2）通过以下命令查看 nginx 镜像和该镜像运行的容器的存储路径：

```
# 查看镜像详细信息，找到 GraphDriver 属性中的如下内容
[root@docker ~]# docker image inspect nginx
"LowerDir": "
/var/lib/docker/overlay2/
934be05f9b6b2be1cf6f2fc0b7e48f5feaaa69d439f29dd2c0994a1eab74c1b8/diff:
/var/lib/docker/overlay2/
d0c067c417f740d1c1bb83a962d1c6242a729a6c1086993bbff431efcbc71256/diff:
/var/lib/docker/overlay2/
aeb00ba5ccabb2eee71731580686cd0bd4dc20feb987012458dc3511271a705b/diff:
/var/lib/docker/overlay2/
0a21f586bb69ee7f50d5108f4b969afe295fcb05ba52595d1b8974302de4bd3e/diff:
/var/lib/docker/overlay2/
3a621df640d9b6bd13fcf91b986228f3c72aad3c756c3dfc3b99001e3d9b84cd/diff",
"MergedDir": "
/var/lib/docker/overlay2/
df47c501c4e1e8c6da461988eec3d730b8fd58a250107cabe9251cebb21d05f4/merged",
 "UpperDir": "
 /var/lib/docker/overlay2/
df47c501c4e1e8c6da461988eec3d730b8fd58a250107cabe9251cebb21d05f4/diff",
"WorkDir": "
/var/lib/docker/overlay2/
df47c501c4e1e8c6da461988eec3d730b8fd58a250107cabe9251cebb21d05f4/work"
# 查看容器详细信息，找到 GraphDriver 属性中的如下内容
[root@docker ~]# docker inspect 498109119a00
"LowerDir": "
/var/lib/docker/overlay2/
4409c75c77ace1a4786840738ac33947af97dafd67f60fa6c5035c4bbf740fa4 - init/diff:
/var/lib/docker/overlay2/
df47c501c4e1e8c6da461988eec3d730b8fd58a250107cabe9251cebb21d05f4/diff:
/var/lib/docker/overlay2/
934be05f9b6b2be1cf6f2fc0b7e48f5feaaa69d439f29dd2c0994a1eab74c1b8/diff:
/var/lib/docker/overlay2/
d0c067c417f740d1c1bb83a962d1c6242a729a6c1086993bbff431efcbc71256/diff:
/var/lib/docker/overlay2/
aeb00ba5ccabb2eee71731580686cd0bd4dc20feb987012458dc3511271a705b/diff:
/var/lib/docker/overlay2/
0a21f586bb69ee7f50d5108f4b969afe295fcb05ba52595d1b8974302de4bd3e/diff:
/var/lib/docker/overlay2/
3a621df640d9b6bd13fcf91b986228f3c72aad3c756c3dfc3b99001e3d9b84cd/diff",
"MergedDir": "
/var/lib/docker/overlay2/
4409c75c77ace1a4786840738ac33947af97dafd67f60fa6c5035c4bbf740fa4/merged",
"UpperDir": "
/var/lib/docker/overlay2/
4409c75c77ace1a4786840738ac33947af97dafd67f60fa6c5035c4bbf740fa4/diff",
 "WorkDir":
 "/var/lib/docker/overlay2/
4409c75c77ace1a4786840738ac33947af97dafd67f60fa6c5035c4bbf740fa4/work"
```

通过以上命令可以看到 docker 镜像和容器的存储位置为/var/lib/docker/overlay2 目录。同时上方输出信息中显示的每个路径都是镜像或者容器的一层。从以上信息也可以清晰地看出容器的 LowerDir 层就是构成镜像的 6 层,容器的 UpperDir 为运行之后增加的一层,MergeDir 为 LowerDir 和 UpperDir 合并层,也就是我们进入容器后看到的文件系统。

(3) 再进行下面的操作来加深理解。首先进入容器中创建 file1.txt 文件后退出容器。进入容器的 UpperDir(以 4409 开头的目录中的 diff 子目录下)中,可以看到也增加了 file1.txt 文件,说明对容器的修改实际是修改了该目录。再进入 MergeDir(以 4409 开头的目录中的 merged 子目录下)中,发现也存在 file1.txt 文件,因为该目录是 LowerDir 和 UpperDir 的合并层,即为进入容器后看到的内容。

```
#进入容器中创建文件
[root@docker overlay2]# docker exec - it 4 /bin/bash
root@498109119a00:/# touch file1.txt
root@498109119a00:/# ls |grep file1.txt
file1.txt
root@498109119a00:/# exit
Exit
#进入容器的 UpperDir
[root@ docker overlay2]# cd 4409c75c77ace1a4786840738ac33947af97dafd67f60fa6c5035c4bbf740fa4/diff/
[root@docker diff]# ls
etc file1.txt root run var
#进入容器的 MergeDir
[root@docker overlay2]# cd ../merged/
[root@docker merged]# ls
bin boot dev docker-entrypoint.d docker-entrypoint.sh etc file1.txt home lib
lib64 media mnt opt proc root run sbin srv sys tmp usr var
```

(4) 查看容器文件系统的挂载信息。可以更加清楚地看到 Overlay 存储驱动挂载到了 MergeDir 目录中,而 MergeDir 目录为可读写的,同时包含 LowerDir 和 UpperDir。只是 LowerDir 各层显示的是软链接文件,这些软链接文件保存在/var/lib/docker/overlay2/l 目录中,实际指向的还是 LowerDir 的各层目录。

```
#查看 overlay2 存储驱动挂载信息
[root@docker ~]# mount |grep overlay
overlay on /var/lib/docker/overlay2/4409c75c77ace1a4786840738ac33947af97dafd67f60fa6c50
35c4bbf740fa4/merged type overlay (rw,relatime,seclabel,
lowerdir = /var/lib/docker/overlay2/l/I4KKXG24WTBZCUNCMGV3Q7GZDL:
/var/lib/docker/overlay2/l/S2LW4B2B3IUSMP3E6O3FGTOLOG:
/var/lib/docker/overlay2/l/NRDESD3IQFYXBN3DSMKIMDEZRY:
/var/lib/docker/overlay2/l/QE4A7KPM7OQYDBBU5YC5JF22T5:
/var/lib/docker/overlay2/l/WBX4GOIHICGHULEBXT2RQ6NTOS:
/var/lib/docker/overlay2/l/RU2BW5RIFPSDZN2HVZFYQUZUF4:
/var/lib/docker/overlay2/l/6UKQRXFV6JVKNEVRCHKXPETQTM,
upperdir = /var/lib/docker/overlay2/4409c75c77ace1a4786840738ac33947af97dafd67f60fa6c50
35c4bbf740fa4/diff,workdir = /var/lib/docker/overlay2/4409c75c77ace1a4786840738ac33947af
97dafd67f60fa6c5035c4bbf740fa4/work)
#查看各层目录的软链接文件
```

```
[root@docker ~]# ls -l /var/lib/docker/overlay2/l
总用量 0
lrwxrwxrwx. 1 root root 72 9 月   17 10:22 6UKQRXFV6JVKNEVRCHKXPETQTM
 -> ../3a621df640d9b6bd13fcf91b986228f3c72aad3c756c3dfc3b99001e3d9b84cd/diff
lrwxrwxrwx. 1 root root 77 9 月   20 21:49 I4KKXG24WTBZCUNCMGV3Q7GZDL
 -> ../4409c75c77ace1a4786840738ac33947af97dafd67f60fa6c5035c4bbf740fa4-init/diff
lrwxrwxrwx. 1 root root 72 9 月   17 10:22 NRDESD3IQFYXBN3DSMKIMDEZRY
 -> ../934be05f9b6b2be1cf6f2fc0b7e48f5feaaa69d439f29dd2c0994a1eab74c1b8/diff
lrwxrwxrwx. 1 root root 72 9 月   17 10:22 QE4A7KPM7OQYDBBU5YC5JF22T5
 -> ../d0c067c417f740d1c1bb83a962d1c6242a729a6c1086993bbff431efcbc71256/diff
lrwxrwxrwx. 1 root root 72 9 月   17 10:22 RU2BW5RIFPSDZN2HVZFYQUZUF4
 -> ../0a21f586bb69ee7f50d5108f4b969afe295fcb05ba52595d1b8974302de4bd3e/diff
lrwxrwxrwx. 1 root root 72 9 月   20 21:49 RVSRNBK3WZCC3YUCYAM3NFK6S7
 -> ../4409c75c77ace1a4786840738ac33947af97dafd67f60fa6c5035c4bbf740fa4/diff
lrwxrwxrwx. 1 root root 72 9 月   17 10:22 S2LW4B2B3IUSMP3E6O3FGTOLOG
 -> ../df47c501c4e1e8c6da461988eec3d730b8fd58a250107cabe9251cebb21d05f4/diff
lrwxrwxrwx. 1 root root 72 9 月   17 10:22 WBX4GOIHICGHULEBXT2RQ6NTOS
 -> ../aeb00ba5ccabb2eee71731580686cd0bd4dc20feb987012458dc3511271a705b/diff
```

任务 6.4　Docker 网络管理

6.4.1　任务目标

◇ 掌握 Docker 各种网络模式的工作原理。

◇ 掌握 Docker 容器的网络配置方法。

6.4.2　任务知识点

1. CNM

容器网络模型(Container Network Model,CNM)是 Docker 网络的设计标准,规定了 Docker 网络架构的基础组成要素:沙盒(sandbox)、终端(endpoint)和网络(network)。

沙盒是一个独立的网络栈,其中包括以太网接口、端口、路由表以及 DNS 配置等。通过沙盒使得每一个容器都有一个隔离的网络环境。

终端是虚拟网络接口。如同普通的网络接口一样,终端主要负责创建沙盒到网络的连接。

网络是 IEEE 802.1d 协议网桥的软件实现,即虚拟网桥。因此,网络就是能够相互通信的终端的集合,比如 Docker 默认的 docker0 网络。

2. Libnetwork

CNM 是容器网络设计规范,Libnetwork 是该规范标准的具体实现,采用 Go 语言编写,它跨平台(Linux 和 Windows),并且被 Docker 使用。早期 Docker 网络的部分代码都存在于 daemon 中,这使得 daemon 过于臃肿,所以 Docker 将网络代码从 daemon 中分离出来,并重构了 Libnetwork 的外部类库,现在 Docker 网络架构核心代码都在该类库中。

3. Docker 网络模式

掌握了 Xen 虚拟化技术和 KVM 虚拟化技术的网络原理之后,对于 Docker 的网络工作原理的理解应该比较容易,因为它们工作的方式基本一致,都是利用了 Linux 的桥接技术。

Docker 网络包括以下几种网络模式：

（1）Bridge 网络模式。

Bridge 网络模式为 Docker 默认的网络模式，此模式会为每一个容器分配设置 IP，并将容器连接到一个 docker0 的虚拟网桥，通过 docker0 网桥以及 Linux 的 iptables nat 表规则与宿主机及外部网络通信。

（2）Host 网络模式。

Docker 一般会为容器分配一个独立的 Network Namespace。但如果启动容器时使用 host 模式，那么这个容器将不会获得一个独立的 Network Namespace，而是和宿主机共用一个 Network Namespace。容器将不会虚拟出自己的网卡、配置自己的 IP 等，而是和宿主机共用 IP 和端口。

（3）Container 网络模式。

有点类似于 Host 网络模式，但并不是和宿主机共用同一个 Network Namespace，而是指定其和已经存在的某个容器共享一个 Network Namespace，此时这两个容器共同使用同一网卡、主机名、IP 地址，容器间通信可直接通过本地 loopback 环回接口通信。但这两个容器在其他的资源（如文件系统、进程列表等）上还是隔离的。

（4）None 网络模式。

容器有自己的网络命名空间，但不做任何配置，它与宿主机、与其他容器都不连通。

（5）自定义网络模式。Docker 除了默认的 docker0 虚拟网桥外，还可以自定义虚拟网桥，从而创建自定义网络。

4. Overlay 网络

Overlay 网络会在多个 Docker 守护进程所在的主机之间创建一个分布式的网络。这个网络会覆盖宿主机所在的网络，并允许容器连接它（包括集群其他主机中的容器）来安全通信。Docker 会处理 Docker 守护进程源容器和目标容器之间的数据报的路由。当初始化一个 Swarm 集群或把一个 Docker 宿主机加入一个已经存在的集群时，宿主机上会新建两个网络。一个是名为 Ingress 的 Overlay 网络，用来处理和集群服务相关的控制和数据传输。当创建一个集群服务而且没有把它连到用户定义的 Overlay 网络时，它默认会连到 Ingress 网络。另外一个是名为 docker_gwbridge 的 Bridge 网络，用来连接本地 Docker 主机守护进程和集群中的其他主机守护进程。

5. Swarm

Swarm 是 Docker 公司自己发布的一套用来管理 Docker 集群的平台，几乎全部用 Go 语言开发，可以在多台机器上对容器进行管理和编排。Docker Swarm 和 Docker Compose 一样，都是 Docker 官方容器编排项目，但不同的是，Docker Compose 是一个在单个服务器或主机上创建多个容器的工具，而 Docker Swarm 则可以在多个服务器或主机上创建容器集群服务。

6.4.3　任务实施

1. Bridge 网络工作原理

（1）这里删除掉所有的容器后，通过 alpine 镜像创建容器为例，该镜像为一个精简的 Linux 系统。

第 25 集
微课视频

```
# 安装 Linux 网桥管理工具
[root@docker ~]# yum install bridge - utils
# 强制删除所有容器
[root@docker ~]# docker rm - f $ (docker ps - qa)
# 查看 Docker 默认网络列表可知,默认提供 3 种网络
[root@docker ~]# docker network ls
NETWORK ID       NAME       DRIVER      SCOPE
907457f161a5     bridge     bridge      local
3de82a1e03f9     host       host        local
e6539cd7ba3f     none       null        local
# 查看宿主机网桥信息可知,安装 Docker 时默认会创建名称为 docker0 的虚拟网桥
[root@docker ~]# brctl show
bridge name       bridge id                     STP enabled     interfaces
docker0           8000.0242aef3fad4             no
# 查看宿主机网络信息可知虚拟网桥 IP 地址为 172.17.0.1/16
[root@docker ~]# ip a
…… 略 ……
3: docker0: < NO - CARRIER, BROADCAST, MULTICAST, UP > mtu 1500 qdisc noqueue state DOWN
group default
    link/ether 02:42:ae:f3:fa:d4 brd ff:ff:ff:ff:ff:ff
    inet 172.17.0.1/16 brd 172.17.255.255 scope global docker0
       valid_lft forever preferred_lft forever
    inet6 fe80::42:aeff:fef3:fad4/64 scope link
       valid_lft forever preferred_lft forever
# 查看 Docker 的默认 bridge 网络名称可知为 docker0
[root@docker ~]# docker network inspect bridge |grep bridge.name
         "com.docker.network.bridge.name": "docker0",
```

通过执行以上命令得到的返回结果,可以得出以下几个结论:

① Docker 安装完成后默认会提供三种类型的网络—Bridge、None 和 Host。

② Docker 安装后,Linux 内核中会创建名称为 docker0 的网桥,同时将 Docker 默认的 Bridge 网络映射到 docker0 网桥上。

③ 查看宿主机 IP 地址信息可知,docker0 网桥的 IP 地址为"172.17.0.1",说明 Docker 创建的默认 Bridge 类型网络地址为"172.17.0.0/16",docker0 作为该内部网络的网关。

(2) 运行 alpine 容器后查看网络变化:

```
[root@docker ~]# docker run - it -- name = myalpine alpine /bin/sh
# 容器内查看网络信息
/ # ip a
1: lo: < LOOPBACK, UP, LOWER_UP > mtu 65536 qdisc noqueue state UNKNOWN qlen 1000
    link/loopback 00:00:00:00:00:00 brd 00:00:00:00:00:00
    inet 127.0.0.1/8 scope host lo
       valid_lft forever preferred_lft forever
40: eth0@if41: < BROADCAST, MULTICAST, UP, LOWER_UP, M - DOWN > mtu 1500 qdisc noqueue state UP
    link/ether 02:42:ac:11:00:02 brd ff:ff:ff:ff:ff:ff
    inet 172.17.0.2/16 brd 172.17.255.255 scope global eth0
       valid_lft forever preferred_lft forever
# 宿主机中查看网络信息
[root@docker ~]# ip a
```

```
3: docker0: < BROADCAST, MULTICAST, UP, LOWER_UP > mtu 1500 qdisc noqueue state UP group default
    link/ether 02:42:ae:f3:fa:d4 brd ff:ff:ff:ff:ff:ff
    inet 172.17.0.1/16 brd 172.17.255.255 scope global docker0
        valid_lft forever preferred_lft forever
    inet6 fe80::42:aeff:fef3:fad4/64 scope link
        valid_lft forever preferred_lft forever
41: vetha07424d@ if40: < BROADCAST, MULTICAST, UP, LOWER_UP > mtu 1500 qdisc noqueue master
docker0 state UP group default
    link/ether 66:55:77:8f:60:4a brd ff:ff:ff:ff:ff:ff link − netnsid 0
    inet6 fe80::6455:77ff:fe8f:604a/64 scope link
        valid_lft forever preferred_lft forever
[root@docker ~]# brctl show
bridge name      bridge id              STP enabled        interfaces
docker0          8000.0242aef3fad4      no                 vetha07424d
```

运行容器并进入容器查看 IP 地址,可知当我们创建一个容器后如果没有指定网络,那么默认会连接到 Bridge 网络模式的 docker0 虚拟网桥上,并分配一个同网段的 IP 地址。结合宿主机查看 IP 地址信息,可以看到运行容器后会创建一对网卡:一个作为容器网卡,另一个连接到 docker0。在 Xen 虚拟化技术的任务 4.4 中也做过类似的实验。

(3)再运行一个容器来测试容器之间的连通性:

```
[root@docker ~]# docker run - d - P -- name = mynginx nginx
# 由于 nginx 镜像没有 ip 命令,通过 docker inspect 查看容器 IP 地址
[root@docker ~]# docker inspect - f '{{.NetworkSettings.IPAddress}}' mynginx
172.17.0.3
# 返回到 alpine 容器中测试可知两个容器可以连通
/ # ping 172.17.0.3
PING 172.17.0.3 (172.17.0.3): 56 data bytes
64 bytes from 172.17.0.3: seq = 0 ttl = 64 time = 0.076 ms
64 bytes from 172.17.0.3: seq = 1 ttl = 64 time = 0.071 ms
```

由以上命令的返回结果可知,连接到 Bridge 网络的容器之间可以相互连通。Bridge 网络的网络结构如图 6-16 所示。

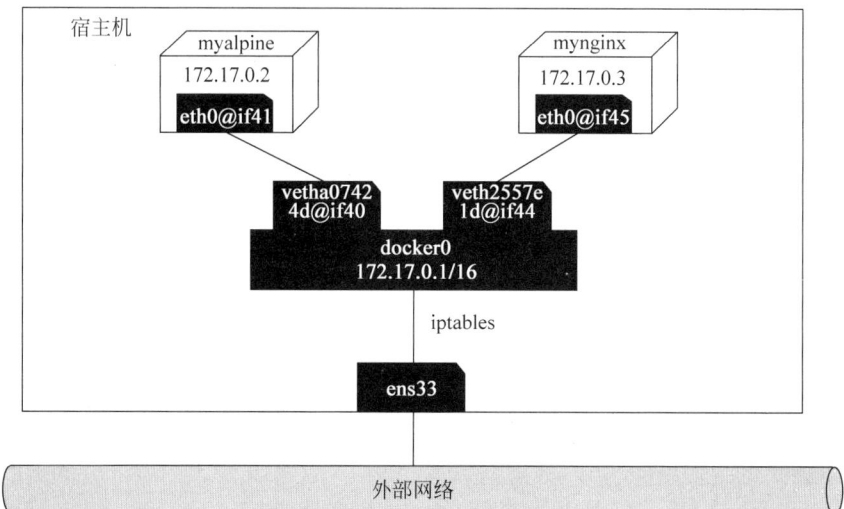

图 6-16　Bridge 网络结构图

2．Host 网络模式

采用 Host 网络模式的容器，将和宿主机共用相同的 Network Namespace。我们还是利用 alpine 和 nginx 镜像运行两个容器为例来说明 Host 网络模式：

```
＃采用 Host 网络模式运行 myalpine2 容器查看容器内网络发现和宿主机一模一样
[root@docker ~]# docker run - it -- name = myalpine2 -- net = host alpine /bin/sh
/ # ip a
1: lo: < LOOPBACK, UP, LOWER_UP > mtu 65536 qdisc noqueue state UNKNOWN qlen 1000
    link/loopback 00:00:00:00:00:00 brd 00:00:00:00:00:00
    inet 127.0.0.1/8 scope host lo
      valid_lft forever preferred_lft forever
    inet6 ::1/128 scope host
      valid_lft forever preferred_lft forever
2: ens33: < BROADCAST, MULTICAST, UP, LOWER_UP > mtu 1500 qdisc pfifo_fast state UP qlen 1000
    link/ether 00:0c:29:fa:8b:26 brd ff:ff:ff:ff:ff:ff
    inet 192.168.10.148/24 brd 192.168.10.255 scope global dynamic noprefixroute ens33
      valid_lft 1571sec preferred_lft 1571sec
    inet6 fe80::a549:b7f2:aaa6:84fc/64 scope link noprefixroute
      valid_lft forever preferred_lft forever
3: docker0: < BROADCAST, MULTICAST, UP, LOWER_UP > mtu 1500 qdisc noqueue state UP
    link/ether 02:42:ae:f3:fa:d4 brd ff:ff:ff:ff:ff:ff
    inet 172.17.0.1/16 brd 172.17.255.255 scope global docker0
      valid_lft forever preferred_lft forever
    inet6 fe80::42:aeff:fef3:fad4/64 scope link
      valid_lft forever preferred_lft forever
41: vetha07424d@ if40: < BROADCAST, MULTICAST, UP, LOWER_UP, M − DOWN > mtu 1500 qdisc noqueue
master docker0 state UP
    link/ether 66:55:77:8f:60:4a brd ff:ff:ff:ff:ff:ff
    inet6 fe80::6455:77ff:fe8f:604a/64 scope link
      valid_lft forever preferred_lft forever
45: veth2557e1d@ if44: < BROADCAST, MULTICAST, UP, LOWER_UP, M − DOWN > mtu 1500 qdisc noqueue
master docker0 state UP
    link/ether 42:6d:c9:53:89:84 brd ff:ff:ff:ff:ff:ff
    inet6 fe80::406d:c9ff:fe53:8984/64 scope link
      valid_lft forever preferred_lft forever
＃在运行 mynginx2 容器后查看宿主机端口号发现 80 端口开启,说明容器用的是宿主机端口
[root@docker ~]# docker run - d - P -- name = mynginx2 -- net = host nginx
1fbb063525f35213a38b13e8e523e3ff9cce9e8784a4aa0af8e0c9d77c1eb25d
[root@docker ~]# netstat - ntpl
Active Internet connections (only servers)
Proto Recv − Q Send − Q Local Address    Foreign Address    State      PID/Program name
tcp        0        0 0.0.0.0:49154      0.0.0.0:*          LISTEN     11619/docker − proxy
tcp        0        0 0.0.0.0:80         0.0.0.0:*          LISTEN     12120/nginx: master
tcp        0        0 0.0.0.0:22         0.0.0.0:*          LISTEN     1023/sshd
tcp        0        0 127.0.0.1:25       0.0.0.0:*          LISTEN     1280/master
tcp6       0        0 :::49154           :::*              LISTEN     11626/docker − proxy
tcp6       0        0 :::80              :::*              LISTEN     12120/nginx: master
tcp6       0        0 :::22              :::*              LISTEN     1023/sshd
tcp6       0        0 ::1:25             :::*              LISTEN     1280/master
```

由以上命令的返回结果可知,容器如果采用 Host 网络模式,那么将会和宿主机共用同一个网络。比如采用 Host 网络模式运行 Nginx 容器,将会在宿主机开启 80 端口,通过访

问该端口访问容器。

3. Container 网络模式

采用 Container 网络模式的容器,将和指定的容器具有相同的 Network Namespace(网络名称空间):

```
# 以 Conatiner 网络模式运行 myalpine3 容器,发现网络配置和指定的 myalpine 容器一致
[root@docker ~]# docker run - it -- name = myalpine3 -- network = container: myalpine
alpine  /bin/sh
/ # ip a
1: lo: < LOOPBACK,UP,LOWER_UP > mtu 65536 qdisc noqueue state UNKNOWN qlen 1000
    link/loopback 00:00:00:00:00:00 brd 00:00:00:00:00:00
    inet 127.0.0.1/8 scope host lo
       valid_lft forever preferred_lft forever
40: eth0@if41: < BROADCAST,MULTICAST,UP,LOWER_UP,M - DOWN > mtu 1500 qdisc noqueue state UP
    link/ether 02:42:ac:11:00:02 brd ff:ff:ff:ff:ff:ff
    inet 172.17.0.2/16 brd 172.17.255.255 scope global eth0
       valid_lft forever preferred_lft forever
# 查看 myalpine 进程号
[root@docker ~]# docker inspect - f '{{.State.Pid}}' myalpine
10084
# 查看 myalpine3 进程号
[root@docker ~]# docker inspect - f '{{.State.Pid}}' myalpine3
12415
# 查看两个容器进程的 Namespace,发现 Network Namespace 相同
[root@docker ~]# ls - l /proc/10084/ns
总用量 0
lrwxrwxrwx. 1 root root 0 10 月   3 16:31 ipc -> ipc:[4026532476]
lrwxrwxrwx. 1 root root 0 10 月   3 16:31 mnt -> mnt:[4026532474]
lrwxrwxrwx. 1 root root 0 10 月   2 22:09 net -> net:[4026532479]     # Network Namespace
lrwxrwxrwx. 1 root root 0 10 月   3 16:31 pid -> pid:[4026532477]
lrwxrwxrwx. 1 root root 0 10 月   3 21:28 user -> user:[4026531837]
lrwxrwxrwx. 1 root root 0 10 月   3 16:31 uts -> uts:[4026532475]
[root@docker ~]# ls - l /proc/12415/ns
总用量 0
lrwxrwxrwx. 1 root root 0 10 月   3 21:28 ipc -> ipc:[4026532416]
lrwxrwxrwx. 1 root root 0 10 月   3 21:28 mnt -> mnt:[4026532391]
lrwxrwxrwx. 1 root root 0 10 月   3 21:28 net -> net:[4026532479]     # Network Namespace
lrwxrwxrwx. 1 root root 0 10 月   3 21:28 pid -> pid:[4026532464]
lrwxrwxrwx. 1 root root 0 10 月   3 21:28 user -> user:[4026531837]
lrwxrwxrwx. 1 root root 0 10 月   3 21:28 uts -> uts:[4026532415]
```

由以上命令的返回结果可以看出,myalpine3 和 myalpine 容器具有相同的网络,也即相同的 Network Namespace。

4. None 网络模式

在 None 网络模式下,Docker 容器虽然有自己的 Network Namespace,但是并不为容器进行任何网络配置:

```
# 使用 None 网络模式运行 myalpine4 容器,发现容器内没有进行网络配置
[root@docker ~]# docker run - it -- name = myalpine4 -- network = none alpine
/ # ip a
```

```
1: lo: < LOOPBACK,UP,LOWER_UP > mtu 65536 qdisc noqueue state UNKNOWN qlen 1000
    link/loopback 00:00:00:00:00:00 brd 00:00:00:00:00:00
    inet 127.0.0.1/8 scope host lo
      valid_lft forever preferred_lft forever
```

由以上命令的返回结果可知,采用 None 网络模式相当于容器处于完全隔离的状态。

5. 自定义网络模式

Docker 自定义网络也是采用的 Linux 桥接技术,通过自定义网络可以创建自己的桥接网络。

```
# 创建自定义网络,网络地址为 172.20.0.0/16,网关为 172.20.0.1,网桥名称为 docker1,网络名称
为 mynet
[root@docker ~]# docker network create -- subnet = 172.20.0.0/16 -- gateway = 172.20.0.1
-- opt "com.docker.network.bridge.name" = "docker1" mynet
adfe223d34c7b45591ed8edd0394ac0beb3e93d27a08e705b57e4ef4362c8311
# 查看到 Docker 创建了名称为 mynet 的 bridge 网络
[root@docker ~]# docker network ls
NETWORK ID      NAME       DRIVER     SCOPE
faf9df46e803    bridge     bridge     local
3de82a1e03f9    host       host       local
adfe223d34c7    mynet      bridge     local
e6539cd7ba3f    none       null       local
# 查看到 Linux 创建了名称为 docker1 的网桥
[root@docker ~]# brctl show
bridge name     bridge id              STP enabled      interfaces
docker0         8000.0242aef3fad4      no
docker1         8000.0242e7c2e1d4      no
```

以上命令创建了一个名为 mynet 的自定义桥接网络。相对于 Docker 默认的 Bridge 网络,自定义网络可以在创建容器时指定 IP 地址:

```
[root@docker ~]# docker run - it -- name = myalpine5 -- net mynet -- ip 172.20.0.10
alpine /bin/sh
/ # ip a
1: lo: < LOOPBACK,UP,LOWER_UP > mtu 65536 qdisc noqueue state UNKNOWN qlen 1000
    link/loopback 00:00:00:00:00:00 brd 00:00:00:00:00:00
    inet 127.0.0.1/8 scope host lo
      valid_lft forever preferred_lft forever
48: eth0@if49: < BROADCAST,MULTICAST,UP,LOWER_UP,M - DOWN > mtu 1500 qdisc noqueue state UP
    link/ether 02:42:ac:14:00:0a brd ff:ff:ff:ff:ff:ff
    inet 172.20.0.10/16 brd 172.20.255.255 scope global eth0
      valid_lft forever preferred_lft forever
```

而且自定义网络自带主机地址解析,可以通过主机名访问其他采用自定义网络的容器。

```
[root@docker ~]# docker run - it -- name = myalpine6 -- net mynet -- ip 172.20.0.11
alpine /bin/sh
/ # ping myalpine5
PING myalpine5 (172.20.0.10): 56 data bytes
64 bytes from 172.20.0.10: seq = 0 ttl = 64 time = 0.055 ms
64 bytes from 172.20.0.10: seq = 1 ttl = 64 time = 0.076 ms
```

6.4.4　任务拓展

【任务内容】　Swarm 模式下多机覆盖 Overlay 网络构建。

【任务目标】

◇　掌握 Swarm 集群创建和加入方法；

◇　掌握 Overlay 网络的创建。

【任务步骤】

（1）通过 Overlay 网络可以实现多台主机容器之间的通信。首先再创建一台 Docker 主机，并修改两台 Docker 主机的名称，分别为 master 和 node1：

```
＃修改 192.168.10.148 主机名为 master
[root@docker ～]＃ hostnamectl set - hostname master
＃修改另一台 Docker 主机名称为 node1
[root@docker ～]＃ hostnamectl set - hostname node1
```

（2）在 master 节点创建 Swarm 集群并作为管理节点，将 node1 节点加入该集群中：

```
＃将 master 主机作为 Swarm 集群管理节点并创建 swarm 集群
[root@master ～]＃ docker swarm init - - advertise - addr = 192.168.10.148 - - listen - addr =
192.168.10.148:2377
Swarm initialized: current node (tp8uhn02rbxxhxwd2u2c6dp6r) is now a manager.
To add a worker to this swarm, run the following command:
    docker swarm join - - token SWMTKN - 1 - 2tbjm3hp4o8a11l6nm5r4lk2ymkd47tse6jhwoo4j29698
    drs4 - 24f7o4v8fe5djpfzl66yk8smh 192.168.10.148:2377
To add a manager to this swarm, run 'docker swarm join - token manager ' and follow the
instructions.
＃通过 master 节点创建 swarm 集群命令的返回信息提示，将 node1 加入集群中
[root@node1 ～]＃ docker swarm join - - token SWMTKN - 1 - 2tbjm3hp4o8a11l6nm5r4lk2ymkd47
tse6jhwoo4j29698drs4 - 24f7o4v8fe5djpfzl66yk8smh 192.168.10.148:2377
This node joined a swarm as a worker.
```

任务拓展 23

（3）在 master 节点创建 Overlay 网络：

```
＃通过 - d 或者 - - driver 选项指定 overlay 网络，名称为 over - net
[root@master ～]＃ docker network create - d overlay over - net
bs5npfqgaz7ytusmoi1bsumr3
[root@master ～]＃ docker network ls
NETWORK ID        NAME              DRIVER        SCOPE
faf9df46e803      bridge            bridge        local
1c76a443decf      docker_gwbridge   bridge        local
3de82a1e03f9      host              host          local
q9ebbakg5dbt      ingress           overlay       swarm
adfe223d34c7      mynet             bridge        local
e6539cd7ba3f      none              null          local
bs5npfqgaz7y      over - net        overlay       swarm
```

（4）在集群中创建服务并连接到 over-net 网络，并指定该服务创建两个副本（容器）：

```
#创建有两个容器的服务，两个容器分别运行于两台主机上。采用 sleep 命令来保持容器运行。
[root@master ~]# docker service create -- name overlay_test -- network over - net --
replicas 2 alpine sleep infinity
1ue88duhf657wyyml076tn5dc
overall progress: 2 out of 2 tasks
1/2: running   [ ===================================================> ]
2/2: running   [ ===================================================> ]
verify: Service converged
#查看 overlay_test 服务可以看到分别在两台主机上运行了容器
[root@master ~]# docker service ps overlay_test
ID              NAME             IMAGE          NODE       DESIRED STATE    CURRENT
STATE           ERROR            PORTS
bmp496aqjcc0 overlay_test.1 alpine:latest node1       Running          Running 46 seconds ago
9qcp7fkh61k9 overlay_test.2 alpine:latest master       Running          Running 54 seconds ago
```

（5）分别进入各主机的容器中测试连通性：

```
#查看 master 节点容器 ID 并进入查看 IP 地址
[root@master ~]# docker ps - q
a9792e7f0620
[root@master ~]# docker exec - it a9792e7f0620 /bin/sh
/ # ip a
62: eth0@if63: < BROADCAST,MULTICAST,UP,LOWER_UP,M - DOWN > mtu 1450 qdisc noqueue state UP
    link/ether 02:42:0a:00:01:04 brd ff:ff:ff:ff:ff:ff
    inet 10.0.1.4/24 brd 10.0.1.255 scope global eth0
        valid_lft forever preferred_lft forever
64: eth1@if65: < BROADCAST,MULTICAST,UP,LOWER_UP,M - DOWN > mtu 1500 qdisc noqueue state UP
    link/ether 02:42:ac:12:00:03 brd ff:ff:ff:ff:ff:ff
    inet 172.18.0.3/16 brd 172.18.255.255 scope global eth1
        valid_lft forever preferred_lft forever
#查看 node1 节点容器 ID 并进入查看 IP 地址
[root@node1 ~]# docker ps - q
3d793b0bca74
[root@docker ~]# docker exec - it 3d793b0bca74 /bin/sh
/ # ip a
14: eth0@if15: < BROADCAST,MULTICAST,UP,LOWER_UP,M - DOWN > mtu 1450 qdisc noqueue state UP
    link/ether 02:42:0a:00:01:03 brd ff:ff:ff:ff:ff:ff
    inet 10.0.1.3/24 brd 10.0.1.255 scope global eth0
        valid_lft forever preferred_lft forever
16: eth1@if17: < BROADCAST,MULTICAST,UP,LOWER_UP,M - DOWN > mtu 1500 qdisc noqueue state UP
    link/ether 02:42:ac:12:00:03 brd ff:ff:ff:ff:ff:ff
    inet 172.18.0.3/16 brd 172.18.255.255 scope global eth1
        valid_lft forever preferred_lft forever
#测试和 master 节点中容器的连通性
/ # ping 10.0.1.4
PING 10.0.1.4 (10.0.1.4): 56 data bytes
64 bytes from 10.0.1.4: seq = 0 ttl = 64 time = 0.435 ms
64 bytes from 10.0.1.4: seq = 1 ttl = 64 time = 0.287 ms
```

任务 6.5　综合实训 使用 Docker Compose 进行容器编排

6.5.1　任务目标

◇ 掌握 Docker Compose 进行容器编排的方法；
◇ 掌握 Docker Compose 配置文件的编写方法。

6.5.2　任务知识点

1. YAML 语言

YAML 是一种数据序列化语言，用于以人类可读的形式存储信息。它最初代表 Yet Another Markup Language（仍是一种标记语言），但后来更改为 YAML Ain't Markup Language（YAML 不是一种标记语言），以区别于真正的标记语言。它与 XML 和 JSON 文件类似，是一种特别适合用来写配置文件的语言，功能强大、语法简洁，比 JSON 更加易读。

YAML 语法基本规则如下：

（1）区分字母大小写。

（2）使用缩进表示层级关系，缩进时不允许使用 Tab 键，只允许使用空格键。

（3）缩进的空格数目不重要，只要相同层级的元素左对齐即可。

（4）"♯"表示注释，从它开始到行尾都被忽略。

YAML 支持以下几种数据类型：

（1）对象——键值对的集合，又称为映射（mapping）/哈希（hashes）/字典（dictionary）。

（2）数组——一组按次序排列的值，又称为序列（sequence）/列表（list）。

（3）标量（scalars）——单个的、不可再分的值。

第 26 集
微课视频

2. Docker Compose

Docker Compose 是一个用来定义和运行复杂应用的 Docker 工具。一个使用 Docker 容器的应用，通常由多个容器组成。Docker Compose 不需要使用 shell 脚本来启动容器。Docker Compose 通过 YML 语法格式的配置文件来管理多个 Docker 容器，在配置文件中，所有的容器通过 services 定义，然后使用 docker-compose 脚本启动、停止和重启应用、应用中的服务以及所有依赖服务的容器，非常适合组合使用多个容器进行开发的场景。

6.5.3　任务实施

1. YAML 语言的基本使用

（1）对象。对象键值对使用冒号结构表示（key: value），注意冒号后面要加一个空格。如下为一个多维对象示例：

```
key:
    child - key: value1
    child - key2: value2
```

若将以上对象转为字典形式，则可以表示为：{'key'：{'child-key'：'value1'，'child-key2'：'value2'}}。

（2）数组。以"-"开头的行表示数组的一个元素，示例如下：

```
- value1
- value2
- value3
```

上面表示一个数组有 3 个元素：value1、value2 和 value3，用列表形式表示为：['value1'，'value2'，'value3']。

YAML 同样支持多维数组，示例如下：

```
-
    - value1
    - value2
    - value3
-
    - value4
    - value5
    - value6
```

以上说明该数组有两个元素，而每个元素又为由 3 个元素构成的数组，用列表形式表示为：[['value1'，'value2'，'value3']，['value4'，'value5'，'value6']]。

（3）标量。标量类似于其他语言的基本数据类型，有整型、浮点型、字符串、布尔值、NULL、时间和日期类型。

（4）数组和对象可以构成复合结构，示例如下：

```
languages:
    - Ruby
    - Perl
    - Python
websites:
    Ruby: ruby - lang. org
    Python: python. org
    Perl: use. perl. org
```

如上表示有两个对象数据类型——languages 和 websites，其中，languages 值由一个数组数据类型构成，元素分别为 Ruby、Perl、Python；websites 值由 3 个对象数据类型构成，分别为 Ruby 值（ruby-lang. org）、Python 值（python. org）、Perl 值（use. perl. org）。转为字典形式表示为：{'languages'：['Ruby'，'Perl'，'Python']，'websites'：{'YAML'：'yaml. org'，'Ruby'：'ruby-lang. org'，'Python'：'python. org'，'Perl'：'use. perl. org'}}。

2. Docker Compose 的基本使用

以 Docker 官方文档提供的部署一个 Python Flask Web 应用为例，了解 Docker Compose 的使用方式。Docker Compose 的安装过程已经在任务 6.2 中完成，这里不再重复操作。

（1）首先创建一个 Compose 的工作目录，编写一个简易的 Flask Web 应用，该应用的功能是统计浏览应用的刷新次数：

```
#创建工作目录
[root@master ~]# mkdir composetest
[root@master ~]# cd composetest
#编写 Flask 应用
[root@master composetest]# vi app.py
#编写以下内容
import time
import redis
from flask import Flask
app = Flask(__name__)
cache = redis.Redis(host = 'redis', port = 6379)
def get_hit_count():
    retries = 5
    while True:
        try:
            return cache.incr('hits')
        except redis.exceptions.ConnectionError as exc:
            if retries == 0:
                raise exc
            retries -= 1
            time.sleep(0.5)
@app.route('/')
def hello():
    count = get_hit_count()
    return 'Hello World! I have been seen {} times.\n'.format(count)
```

（2）编写 Dockerfile 文件来构建 Flask Web 镜像。该镜像基于 python：3.7-alpine 基础镜像进行构建，安装 requirements.txt 文本中的 python 包：

```
#编写安装目录文档
[root@master composetest]# vi requirements.txt
flask
Redis
#编写构建 Flask Web 镜像的 Dockerfile
[root@master composetest]# vi Dockerfile
FROM python:3.7 - alpine                        #指明基础镜像
WORKDIR /code                                   #设置工作目录,后续镜像构建都在该目录下执行命令
ENV FLASK_APP = app.py                          #设置环境变量
ENV FLASK_RUN_HOST = 0.0.0.0
RUN apk add -- update -- no - cache gcc musl - dev linux - headers
                                                #安装 gcc、musl - dev、linux - headers
COPY requirements.txt requirements.txt          #复制安装目录文档到镜像中
RUN pip install - r requirements.txt            #根据安装目录安装 python 包
EXPOSE 5000                                      #声明暴露 Flask 端口
COPY . .                                         #复制当前目录中内容到镜像/code目录中
CMD ["flask", "run"]                             #运行容器后执行 flask run 命令
```

（3）编写 YAML 配置文件（yml 格式也可），Docker Compose 根据该文件运行管理容器：

```
[root@master composetest]# vi docker-compose.yml
version: "3.9"                    #指定 compose 文件版本
services:                         #指定编排的服务
  web:                            #指定服务名称
    build: .                      #指定构建镜像来运行容器
    ports:                        #指定运行容器后端口映射
      - "8000:5000"
    volumes:                      #指定 bind mount,将当前目录挂载到容器/code 路径
      - .:/code
    environment:                  #指定环境变量
      FLASK_DEBUG: True
  redis:
    image: "redis:alpine"         #指定运行容器的镜像
```

在上面的 YAML 文件中,version 指定 YAML 根据 Compose 哪个版本制定;services 指定要运行管理的服务(容器),本示例中有名称为 web 和 redis 的两个服务;build 指定在当前上下文中构建镜像;ports 指定运行容器后的端口映射,如同"docker run"命令通过"-p"选项的作用;volumes 指定数据卷映射;environment 指定运行容器后的环境变量;image 指定运行容器的镜像。通过该 YAML 文件,Docker Compose 便可以运行管理两个容器 web 和 redis,其中,web 是通过 Dockerfile 构建镜像后运行的容器,redis 是通过已经存在的 redis: alpine 镜像运行的容器。

小提示：Docker Compose YAML 文件的编写参见文档：https://docs.docker.com/compose/compose-file/。

（4）通过 docker-compose 命令批量运行容器。docker-compose 命令要在 YAML 配置文件所在目录运行,否则要通过-f 选项指定 YAML 文件的路径：

```
#运行服务前,需要开启路由转发功能,否则 python 无法下载安装所需依赖包
[root@master ~]# vi /etc/sysctl.conf
net.ipv4.ip_forward = 1
[root@master ~]# sysctl -p
net.ipv4.ip_forward = 1
[root@master composetest]# docker-compose up
[ + ] Building 22.3s (11/11) FINISHED
……其他信息略……
composetest-web-1     | 192.168.10.1 - - [05/Oct/2022 14:37:27] "GET / HTTP/1.1" 200 -
composetest-web-1     | 192.168.10.1 - - [05/Oct/2022 14:58:56] "GET / HTTP/1.1" 200 -
```

以上操作通过"docker-compose up"命令根据编写的 YAML 文件启动容器,通过"docker-compose ps"命令查看容器状态。

```
[root@master composetest]# docker-compose ps
NAME                      COMMAND                  SERVICE   STATUS    PORTS
composetest-redis-1       "docker-entrypoint.s…"   redis     running   6379/tcp
composetest-web-1         "flask run"              web       running   0.0.0.0:8000->5000/tcp, :::
8000->5000/tcp
```

（5）通过主机浏览器 8000 端口进行访问 Flask 5000 端口,通过刷新浏览器查看效果,

如图 6-17 所示。

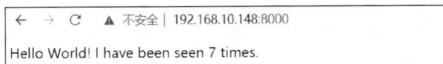

图 6-17 访问 Flask 服务

6.5.4 任务拓展

【任务内容】 Docker Compose 部署 WordPress。

【任务目标】

◇ 掌握 Docker Compose YAML 配置文件的编写方法。

◇ 掌握 Docker Compose 部署 WordPress 的步骤。

【任务步骤】

本任务通过 Docker Compose 编排 MySQL 数据库服务和 WordPress 网站内容管理系统项目。具体步骤如下。

(1) 编写 YAML 文件：

```
[root@node1 ~]# mkdir -p /root/wproject
[root@node1 ~]# cd /root/wproject/
[root@node1 wproject]# vi docker-compose.yaml
version: "3.9"
services:
  mysql:                                    #指定服务名称
    image: mysql:5.7                        #指定运行容器的镜像
    volumes:                               #指定数据卷
      - mysql_data:/var/lib/mysql
    restart: always                        #指定在容器退出时总是重启容器
    environment:
      MYSQL_ROOT_PASSWORD: mysql           #指定 MySQL root 用户密码
      MYSQL_DATABASE: wordpress            #指定 MySQL 数据库
      MYSQL_USER: wordpress                #指定访问 MySQL 用户为 wordpress
      MYSQL_PASSWORD: wordpress            #指定 WordPress 用户密码

  wordpress:
    depends_on:                            #WordPress 服务依赖 MySQL,所以指定 WordPress 在 MySQL 后启动
      - mysql
    image: wordpress:latest
    volumes:
      - wordpress_data:/var/www/html
    ports:
      - "8001:80"
    restart: always
    environment:
      WORDPRESS_DB_HOST: mysql:3306        #指定 WordPress 连接数据库端口号
      WordPress_DB_USER: wordpress         #指定 WordPress 访问数据库用户
      WORDPRESS_DB_PASSWORD: wordpress     #指定 WordPress 访问数据库密码
      WORDPRESS_DB_NAME: wordpress         #指定 WordPress 数据库
volumes:                                   #声明前面定义的数据卷
  mysql_data: {}
  wordpress_data: {}
```

任务拓展 24

（2）通过"docker-compose"命令启动容器，-d 选项用来使容器在后台运行：

```
[root@master wproject]# docker - compose up - d
[ + ] Running 5/5
 :: Network wproject_default                Created              0.1s
 :: Volume "wproject_db_data"               Created              0.0s
 :: Volume "wproject_wordpress_data"        Created              0.0s
 :: Container wproject - db - 1             Started              1.4s
 :: Container wproject - wordpress - 1      Started              2.4s
```

（3）通过浏览器访问宿主机的 8001 端口进行 WordPress 的安装，安装过程已经在任务 2.8 中介绍过，此处不再赘述。

6.6 案例教学——增强网络安全意识

6.6.1 教学目标

◇ 培养网络安全防范意识。
◇ 增强网络安全道德素养。
◇ 增强网络安全法律意识。

6.6.2 案例讲授

伴随着信息技术的飞速发展，基于互联网络、通信网络的新兴技术，如云计算、大数据等正在全面改变人们的生活，提高社会的生产效率，但与之伴随而来的还有网络安全问题。数字经济、互联网金融、人工智能、大数据、云计算等新技术、新应用快速发展，催生了一系列新业态、新模式，但相关法律制度还存在时间差、空白区。网络犯罪已成为危害我国国家政治安全、网络安全、社会安全、经济安全等的重要风险之一。

网络空间不仅是从事经济、社会活动的空间，也是和陆地、天空、海洋同等重要的人类活动领域。因此，网络安全是我国重点发展的领域之一，网络安全成为经济发展、社会发展的重要保证。网络安全不仅事关国家的安全，也关系到每个人的切身利益。《中华人民共和国网络安全法》已由中华人民共和国第十二届全国人民代表大会常务委员会第二十四次会议于 2016 年 11 月 7 日通过，自 2017 年 6 月 1 日起施行。

【案例一】

2021 年 4 月，Microsoft 报告了一起罕见的网络安全事件——有攻击者对 Microsoft Exchange 服务器进行持续的大规模漏洞利用，其中使用到了各种 0-Day 漏洞。高度复杂的攻击再加上此前未知的威胁，这样的攻击无疑是安全团队遇到的最有挑战性的情况之一。仅在几天后，Microsoft 就部署了其修补程序，同时，利用该漏洞的攻击行为仍在持续升级。Check Point 的研究报告了针对全球组织的数百次利用尝试，在 2021 年 3 月 10 日至 2021 年 3 月 11 日，1 天中利用尝试的数量每两到三小时就会翻一番。其中，土耳其是受攻击最多的国家，其次是美国和意大利。

【案例二】

2021 年 10 月 26 日，伊朗全国多地的加油站遭遇大规模网络故障，导致加油站停止服务,首都德黑兰和其他城市内的加油站外,等待加油的车辆排起长队。伊朗国家电视台表示,伊斯全国多地的加油站当天遭到网络攻击。

【案例三】

2022 年 1 月 8 日,有人在某国外论坛中发帖售卖国内某银行 1679 万笔数据,并放出部分数据样本,数据包括名字、性别、卡号、身份证号、手机号码、所在城市、联系地址、工作单位、邮编、工作电话、住宅电话、卡种、发卡行等。

【案例四】

2022 年,安全公司 Safety Detectives 发现,中国初创公司 Socialarks(笨鸟社交)泄露了 400GB 数据。造成此次数据泄露的原因是 ElasticSearch 数据库设置错误,泄露了总计 408GB,超过 3.18 亿条用户记录,涉及 11 651 162 个 Instagram 用户、66 117 839 个领英用户和 81 551 567 个 Facebook 用户。值得注意的是,Socialarks 在 2020 年 8 月也发生了类似的事件,泄露了 1.5 亿个用户的个人数据。

【案例五】

青岛农业大学读大三的小刘在网上看好了一款 29 元的手提包,和客服做过一番沟通后就购买并完成了支付。可是到当晚 9 时许,小刘突然接到陌生来电,"他声称是卖包店的客服,一直仔细询问我是否购买了小提包,还准确说出了购买时间和型号,我就信以为真了。"所谓的客服表示,小刘的支付宝账号被冻结了,所以钱并没有到店里的账户,建议小刘要么取消订单,要么解冻支付宝账号。小刘毫不犹豫地要求先解冻,"他先是问我要了 QQ 号,然后发过来一个网址,看起来非常正规,上面标有账号解冻的提示,我就按要求输入了绑定银行卡的账号、密码。"小刘说,她当时只想着能把包买回来,并没有顾忌太多。

凌晨 0 时许,小刘突然收到短信提醒,银行卡里被取走 3800 元。"那可是我今年所有的生活费,丢了可怎么办?"慌忙之下,小刘立即拨打了校园保卫处电话和报警电话。经过警方和青岛农业大学保卫处的共同努力,小刘的钱又回到了她的手上。

【案例六】

某学院学生张某在 2011 年 7 月参加军训期间,于 7 月 3 日在天涯论坛上发表了题为《大学军训期间死了三个了》的不实帖子,严重扰乱了学校的正常秩序,在社会上造成了不良影响。该生利用网络发布虚假信息、散布谣言的行为违反了计算机网络管理的相关规定,属于严重违纪。

事后,该生如实陈述违纪事实,积极配合调查,对所犯错误认识深刻,为严肃校规校纪,教育本人及广大学生,根据《大学学生违纪处分实施办法》第三十二条第一款之规定,学校决定,给予张某同学记过处分。

通过上述 5 个案例,可以发现网络安全问题不仅发生在国家层面,危害国家利益,同样在我们身边也时有发生,对人们的财产甚至生命造成损害。上述网络安全事件可以说无时无刻不在政府机构、企业组织和个人周围发生,特别像前几年我们耳熟能详的熊猫烧香病毒、灰鸽子病毒、勒索病毒等更是对社会和人们的生活造成了巨大破坏。同时如果个人的网络安全法律意识淡薄,也有可能在受到伤害的同时,会做出如同案例五的违法违纪事件,从而扰乱社会秩序,损害他人利益,导致自己悔恨一生。

互联网上存在着病毒、数据安全、网络欺诈等一系列的网络安全问题,我们应当通过学习,掌握网络安全的基本知识,及时排除网络安全隐患,并采取有效的安全措施来防止网络安全事故的发生。

（1）不访问不明链接，不下载和安装不明来源软件。

（2）避免网络陷阱，防止网络欺诈。不要轻易与网友见面。与网友要求见面时，最好有信任的同学或朋友亲人陪伴，尽可能不要一个人单独赴约。

（3）注意个人信息的保密，保护重要的账号和密码。

同时我们要端正上网态度，正确使用网络对学习的激励作用。要健全身心素质，恪守网络道德。在网络论坛发帖时一定要注意内容的合法性，不诽谤他人，不发表反党反政府的言论等，要注意文明用词。按照"五要五不"要求去做，即要善于网上学习，不浏览不良信息；要诚实友好交流，不欺侮欺诈他人；要增强自护意识，不随意约会网友；要维护网络安全，不破坏网络秩序；要有益于身心健康，不沉溺虚拟时空。

网络安全事关国家和个人的切身利益，意义重大，习近平总书记也多次对国家网络安全发表重要讲话。2019年9月，习近平对国家网络安全宣传周作出重要指示："国家网络安全工作要坚持网络安全为人民、网络安全靠人民，保障个人信息安全，维护公民在网络空间的合法权益。要坚持网络安全教育、技术、产业融合发展，形成人才培养、技术创新、产业发展的良性生态。要坚持促进发展和依法管理相统一，既大力培育人工智能、物联网、下一代通信网络等新技术、新应用，又积极利用法律法规和标准规范引导新技术应用。要坚持安全可控和开放创新并重，立足于开放环境维护网络安全，加强国际交流合作，提升广大人民群众在网络空间的获得感、幸福感、安全感。"

本章小结

本章介绍目前最流行的操作系统级虚拟化技术也即容器技术——Dcoker，主要介绍Docker三要素：容器、镜像、仓库的概念和作用及其相关命令。仓库用来存放镜像，可以有公有仓库和内部私有仓库；镜像为应用的只读模板，容器为镜像的具体实例，每个容器可以看成一个应用。同时介绍了Docker镜像的制作方法和Docker的存储和网络模型。最后通过容器化部署WordPress综合项目，了解Docker Compose的作用以及通过YAML文件进行单机批量容器部署。

本章习题

1. 什么是容器技术？和虚拟机技术有什么区别？
2. 动手安装Docker并进行镜像的拉取推送和容器的运行等操作。
3. 根据任务6.4进行容器网络管理。
4. 通过Docker Compose进行Harbor仓库搭建。
5. 通过Docker Compose进行WordPress部署。

第7章

Kubernetes容器云平台部署

任务 7.1　Kubernetes 介绍与安装

【项目情境】

利用容器技术部署安装应用确实很方便快捷,但是在实际生产中都需要在多主机集群环境中部署应用,而且还不止一个应用,每个应用又需要运行很多容器。这么多主机和容器怎样进行批量管理呢? 通过查找资料,小赵了解到目前 Google 开发的 Kubernetes 相对于其他容器编排技术具有压倒性优势,于是小赵决定学习 Kubernetes 的相关知识。

7.1.1　任务目标

◇ 掌握 Kubernetes 的概念和作用。

◇ 掌握 Kubernetes 常用组件的作用。

◇ 掌握 Kubernetes 的部署方法。

7.1.2　任务知识点

1. Kubernetes

Kubernetes 也简称为 K8s,这个缩写是因为 k 和 s 之间有 8 个字符的关系,Google 在 2014 年开源了 Kubernetes 项目。它用来实现容器集群的自动化部署、自动化扩容缩容、自动化维护等功能。

在生产环境中,需要管理运行着应用程序的容器,并确保服务不会下线。例如,如果一个容器发生故障,则需要启动另一个容器。如果此行为交由给系统处理,是不是会更容易一些? 这就是 Kubernetes 要来做的事情! Kubernetes 提供了一种弹性运行的分布式系统框架。Kubernetes 能够满足扩展、故障转移应用、提供部署模式等要求,提高了大规模容器集群管理的便捷性。

由于 Docker 并不符合 Kubernetes 的容器运行时接口标准(CRI),所以官方必须要维护一个名为 Docker shim 的中间件程序,才能够把 Docker 当作 Kubernetes 的容器使用。因此,官方建议用户使用基于 CRI 实现 Docker 在底层作为 Kubernetes 的容器运行时(Container runtime)CRI 的 containerd 或 CRI-O 作为取代 Docker 的容器运行时,并表示最早将于 K8s 的 1.23 版本中把 Docker shim 从 Kubelet 中移除。不过,Kubernetes 官方表示用户今后依然可以使用 Docker 来构建容器镜像,而 Docker 生成的镜像实际上也是一个 OCI(Open Container Initiative)标准镜像。无论使用什么工具来构建镜像,任何符合 OCI 标准的镜像在 Kubernetes 看来都是一样的。containerd 和 CRI-O 则可以提取这些镜像并运行它们。

Kubernetes 主要由以下几个核心组件组成。Master 组件负责管理 Kubernetes 集群。它们管理 Pod 的生命周期,Pod 是 Kubernetes 集群内部署的基本单元。Master 节点运行以下组件:

(1) kube-apiserver 为主要组件,为其他 Master 组件公开 API。

(2) etcd 是分布式密钥/值存储库,Kubernetes 使用它来持久化存储所有集群信息。

(3) kube-scheduler 可以监视新创建没有分配到 Node 的 Pod,为 Pod 选择一个 Node。

(4) kube-controller-manager 负责节点管理(检测节点是否出现故障)、pod 复制和端点创建。

(5) cloud-controller-manager 守护进程,充当 API 和不同云提供商工具(存储卷、负载均衡器等)之间的抽象层。

如图 7-1 所示,Node 节点是 Kubernetes 中的 worker 机器,受到 Master 节点的管理。节点可以是虚拟机(VM)或物理机——Kubernetes 在这两种类型的系统上都能良好运行。每个节点都包含运行 pod 的必要组件:

(1) kubelet 位于每个节点上的 Pod 监视器,确保它们正常运行;

(2) cAdvisor 收集在特定节点上运行的 Pod 的相关指标;

(3) kube-proxy 监视 API 服务器,实时获取 Pod 或服务的变化,以使网络保持最新;

(4) 容器运行时,负责管理容器镜像,并在该节点上运行容器。

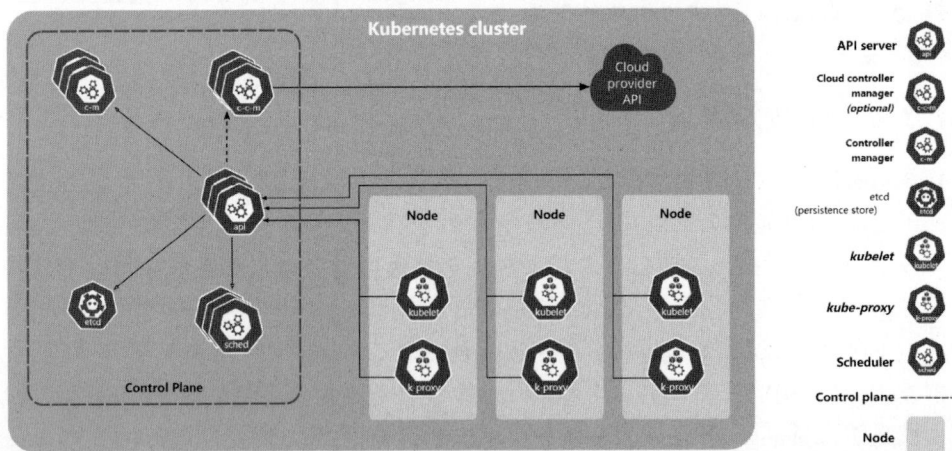

图 7-1 Kubernetes 集群组件

2．Pod

Pod 是 Kubernetes 最基本的调度单元。每个 Pod 中运行着一个或多个容器，并分配了唯一的 IP 地址，多个容器共享 IP 地址。集群内的任意两个 Pod 之间采用虚拟二层网络实现通信。每个 Pod 都有一个特殊的称为根容器的 Pause 容器。Pause 容器对应的镜像属于 Kubernetes 平台的一部分，除了 Pause 容器，每个 Pod 还包含一个或多个紧密相关的用户业务容器。

3．Node

Node 是 Kubernetes 集群的工作节点，可以是物理机也可以是虚拟机。Pod 有两种类型：普通的 Pod 以及静态的 Pod，后者不是存放在 Kubernetes 的 etcd 存储里，而是存放在某个具体的 Node 上的一个具体文件中，并且只在此 Node 上启动运行。而普通的 Pod 一旦被创建，就会被放入 etcd 中存储，随后会被 Kubernetes Master 调度到某个具体的 Node 上并进行绑定，随后该 Pod 被对应的 Node 上的 Kubelet 京城实例化成一组相关的 Docker 容器并启动。在默认情况下，当 Pod 中的某个容器停止时，Kubernetes 会自动检测到这个问题并且重新启动这个 Pod（重启 Pod 中的所有容器），如果 Pod 所在的 Node 宕机，则会将这个 Node 上的所有 Pod 重新调度到其他节点上。

7.1.3　任务实施

本节 Kubernetes 依然采用 Docker 容器技术，所以 Kubernetes 版本为 v1.18。通过 VMware Workstation 虚拟机安装 CentOS 7 组成 3 个节点的 Kubernetes 集群：一个 Master 节点和两个 Node 节点。各节点的规划如表 7-1 所示。

第 27 集
微课视频

表 7-1　**Kubernetes 集群各节点规划表**

IP 地址	节 点 主 机 名 称	节 点 作 用
192.168.10.155	k8s-master	Master 节点
192.168.10.156	k8s-node1	Node 节点
192.168.10.157	k8s-node2	Node 节点

1．各节点部署基本环境

（1）在 3 个节点上修改主机名称，配置"/etc/hosts"文件使得能够进行主机名解析。关闭防火墙和 SELinux，关闭 swap 提升性能：

```
＃分别在3个节点修改主机名称
[root@localhost ～]＃ hostnamectl set-hostname k8s-master
[root@localhost ～]＃ hostnamectl set-hostname k8s-node1
[root@localhost ～]＃ hostnamectl set-hostname k8s-node2
＃master修改hosts文件添加主机名解析
[root@k8s-master ～]＃ vi /etc/hosts
＃添加如下3行内容
192.168.10.155 k8s-master
192.168.10.156 k8s-node1
192.168.10.157 k8s-node2
＃将hosts文件发送给其他两个节点
[root@k8s-master ～]＃ scp /etc/hosts root@k8s-node1:/etc
The authenticity of host 'k8s-node1 (192.168.10.156)' can't be established.
```

```
ECDSA key fingerprint is SHA256:v1760Uz/J4BmQ0JzNNpXHgsP + OShMANhD/EiktJESVM.
ECDSA key fingerprint is MD5:0b:9c:6e:e8:f4:3c:99:ff:ef:26:03:2e:a1:16:cb:36.
Are you sure you want to continue connecting (yes/no)? yes
Warning: Permanently added 'k8s - node1,192.168.10.156' (ECDSA) to the list of known hosts.
root@k8s - node1's password:
hosts                                          100 %   234   427.3KB/s   00:00
[root@k8s - master ~]# scp /etc/hosts root @k8s - node2:/etc
The authenticity of host 'k8s - node2 (192.168.10.157)' can't be established.
ECDSA key fingerprint is SHA256:v1760Uz/J4BmQ0JzNNpXHgsP + OShMANhD/EiktJESVM.
ECDSA key fingerprint is MD5:0b:9c:6e:e8:f4:3c:99:ff:ef:26:03:2e:a1:16:cb:36.
Are you sure you want to continue connecting (yes/no)? yes
Warning: Permanently added 'k8s - node2,192.168.10.157' (ECDSA) to the list of known hosts.
root@k8s - node2's password:
hosts                                          100 %   234   406.8KB/s   00:00
♯测试主机名解析是否成功
[root@k8s - master ~]# ping k8s - node1
PING k8s - node1 (192.168.10.156) 56(84) bytes of data.
64 bytes from k8s - node1 (192.168.10.156): icmp_seq = 1 ttl = 64 time = 0.207 ms
64 bytes from k8s - node1 (192.168.10.156): icmp_seq = 2 ttl = 64 time = 0.207 ms
[root@k8s - master ~]# ping k8s - node2
PING k8s - node2 (192.168.10.157) 56(84) bytes of data.
64 bytes from k8s - node2 (192.168.10.157): icmp_seq = 1 ttl = 64 time = 0.196 ms
64 bytes from k8s - node2 (192.168.10.157): icmp_seq = 2 ttl = 64 time = 0.219 ms
[root@k8s - master ~]# ping k8s - master
PING k8s - master (192.168.10.155) 56(84) bytes of data.
64 bytes from k8s - master (192.168.10.155): icmp_seq = 1 ttl = 64 time = 0.024 ms
64 bytes from k8s - master (192.168.10.155): icmp_seq = 2 ttl = 64 time = 0.052 ms
♯3 个节点关闭防火墙、SELinux 和 swap,只以 Master 节点操作步骤为例介绍,其余节点操作方法相同
[root@k8s - master ~]# systemctl disable -- now firewalld
[root@ k8s - master ~]# sed - i 's/SELINUX = enforcing/SELINUX = disabled/g ' /etc/
selinux/config
[root@k8s - master ~]# setenforce 0
[root@k8s - master ~]# swapoff - a
[root@k8s - master ~]# sed - ri 's/. * swap. * /♯&/' /etc/fstab
```

(2) 所有节点升级内核,具体步骤可以参考任务 5.1:

```
[root@k8s - master ~]# uname - r
5.19.3 - 1.el7. elrepo. x86_64
```

(3) 所有节点配置时间同步。将 k8s-master 作为 NTP 服务器,k8s-node 同步 Master 节点时间:

```
♯3 个节点都通过 yum 安装 chrony
[root@k8s - master ~]# yum install - y chrony
[root@k8s - node1 ~]# yum install - y chrony
[root@k8s - node2 ~]# yum install - y chrony
♯各节点修改 chrony. conf 配置文件注释默认 NTP 服务器
[root@k8s - master ~]# sed - i 's/^server/♯&/' /etc/chrony. conf
[root@k8s - node1 ~]# sed - i 's/^server/♯&/' /etc/chrony. conf
[root@k8s - node2 ~]# sed - i 's/^server/♯&/' /etc/chrony. conf
```

```
# 配置 Master 节点为 NTP 服务器
[root@k8s-master ~]# vi /etc/chrony.conf
local stratum 10
server k8s-master iburst
allow all
[root@k8s-node1 ~]# vi /etc/chrony.conf
server k8s-master iburst
[root@k8s-node2 ~]# vi /etc/chrony.conf
server k8s-master iburst
# 各节点重启 chronyd 服务,master 开启时间同步
[root@k8s-master ~]# systemctl restart chronyd && systemctl enable chronyd
[root@k8s-master ~]# timedatectl set-ntp true
[root@k8s-node1 ~]# systemctl restart chronyd && systemctl enable chronyd
[root@k8s-node2 ~]# systemctl restart chronyd && systemctl enable chronyd
# 查看时间同步是否成功,各节点执行如下命令,如果成功则出现如下提示
[root@k8s-master ~]# chronyc sources
210 Number of sources = 1
MS Name/IP address          Stratum Poll Reach LastRx Last sample
===============================================================================
^* k8s-master                 10   6   377    17   -4073ns[ -14us] +/-   19us
```

（4）配置路由转发功能并开启 IPVS：

```
# 3 个节点通过如下方法开启路由转发,操作步骤相同,只以 Master 节点为例
[root@k8s-master ~]# vi /etc/sysctl.d/k8s.conf
net.ipv4.ip_forward = 1
net.bridge.bridge-nf-call-ip6tables = 1
net.bridge.bridge-nf-call-iptables = 1
[root@k8s-master ~]# modprobe br_netfilter
[root@k8s-master ~]# sysctl -p /etc/sysctl.d/k8s.conf
net.ipv4.ip_forward = 1
net.bridge.bridge-nf-call-ip6tables = 1
net.bridge.bridge-nf-call-iptables = 1
# 开启 IPVS
[root@k8s-master ~]# vi /etc/modules-load.d/ipvs.conf
ip_vs
ip_vs_rr
ip_vs_wrr
ip_vs_sh
nf_conntrack
[root@k8s-master ~]# systemctl enable --now systemd-modules-load.service
[root@k8s-master ~]# yum install ipset ipvsadm -y
```

（5）各节点安装 Docker,具体步骤参考任务 6.1,只是 Docker 版本选择了 19.03。安装完成后配置 Docker Cgroup Driver 为 systemd：

```
# 3 个节点执行以下操作,修改 Cgroup Driver 为 systemd,只以 Master 节点为例
[root@k8s-master ~]# systemctl start docker
[root@k8s-master ~]# systemctl enable docker
[root@k8s-master ~]# vi /etc/docker/daemon.json
{
```

```
    "registry - mirrors": ["https://veg951p3.mirror.aliyuncs.com"],
    "exec - opts": ["native.cgroupdriver = systemd"]
}
[root@k8s - master ~]# systemctl daemon - reload
[root@k8s - master ~]# systemctl restart docker
#查看 Docker 版本和 Cgroup Driver
[root@k8s - master ~]# docker info |grep "Server Version"
 Server Version: 19.03.9
[root@k8s - master ~]# docker info |grep "Cgroup Driver"
 Cgroup Driver: systemd
```

在 Docker 的 daemon.json 配置文件中,"registry-mirrors":["https://veg951p3.mirror.aliyuncs.com"]"的作用是通过阿里云作为拉取镜像加速器,以免无法访问国外的镜像仓库。

2. 安装 Kubernetes

(1) 配置 Kubernetes Yum 安装源:

```
#3 个节点配置 kubernetes 安装源并安装,步骤相同,这里只以 Master 节点为例介绍
[root@k8s - master ~]# vi /etc/yum.repos.d/kubernetes.repo
[kubernetes]
name = Kubernetes Repo
baseurl = https://mirrors.aliyun.com/kubernetes/yum/repos/kubernetes - el7 - x86_64/
gpgcheck = 1
gpgkey = https://mirrors.aliyun.com/kubernetes/yum/doc/rpm - package - key.gpg
enabled = 1
[root@k8s - master ~]# yum - y install kubeadm - 1.18.1 kubectl - 1.18.1 kubelet - 1.18.1
[root@k8s - master ~]# systemctl enable -- now kubelet
```

(2) 初始化 Kubernetes 集群。在 Master 节点上执行以下命令初始化 Kubernetes 集群:

```
[root@k8s - master ~]# kubeadm init -- kubernetes - version = 1.18.1 -- apiserver -
advertise - address = 192.168.10.155 -- image - repository registry.aliyuncs.com/google_
containers -- pod - network - cidr = 10.244.0.0/16
…
#提示接下来需要做的工作
To start using your cluster, you need to run the following as a regular user:
  mkdir - p $HOME/.kube
  sudo cp - i /etc/kubernetes/admin.conf $HOME/.kube/config
  sudo chown $(id - u):$(id - g) $HOME/.kube/config

You should now deploy a pod network to the cluster.
Run "kubectl apply - f [podnetwork].yaml" with one of the options listed at:
  https://kubernetes.io/docs/concepts/cluster - administration/addons/

Then you can join any number of worker nodes by running the following on each as root:
#加入集群的命令
kubeadm join 192.168.10.155:6443 -- token 32my7f.co7spxzmcqujwbnh \
    -- discovery - token - ca - cert - hash sha256:0bd5a144e38fc7c85ffbfdf874b941fabd55c3dc
    8fb22e30b29f1a66308222f0
```

以上命令指定 Kubenetes 版本和 apiserver 地址,同时指定下载所需要的镜像地址和 Pod 内部 CIDR 网络。在返回结果的下方会提示接下来需要做的工作和将 Node 节点加入集群的命令。

Kubectl 工具默认会在当前用户家目录下面的.kube 寻找 config 文件,配置 kubectl 工具:

```
[root@k8s-master ~]# mkdir -p $HOME/.kube
[root@k8s-master ~]# sudo cp -i /etc/kubernetes/admin.conf $HOME/.kube/config
[root@k8s-master ~]# sudo chown $(id -u):$(id -g) $HOME/.kube/config
```

(3) 配置 Kubernetes 网络,安装 flannel 网络插件。

```
# 根据提供的 kube-flannel.yaml 文件安装 flannel 网络
[root@k8s-master ~]# mkdir yaml
[root@k8s-master ~]# vi yaml/kube-flannel.yaml
# 复制、粘贴上述网页中的内容
# 通过 kubectl apply 部署 flannel 网络
[root@k8s-master ~]# kubectl apply -f kube-flannel.yaml
namespace/kube-flannel created
clusterrole.rbac.authorization.k8s.io/flannel created
clusterrolebinding.rbac.authorization.k8s.io/flannel created
serviceaccount/flannel created
configmap/kube-flannel-cfg created
daemonset.apps/kube-flannel-ds created
# 查看 pods
[root@k8s-master ~]# kubectl get pods -n kube-system
NAME                               READY   STATUS    RESTARTS   AGE
coredns-7ff77c879f-5gq2j           1/1     Running   0          28m
coredns-7ff77c879f-p7ww2           1/1     Running   0          28m
etcd-k8s-master                    1/1     Running   0          28m
kube-apiserver-k8s-master          1/1     Running   0          28m
kube-controller-manager-k8s-master 1/1     Running   0          28m
kube-proxy-241qk                   1/1     Running   0          28m
kube-scheduler-k8s-master          1/1     Running   0          28m
[root@k8s-master ~]# kubectl get nodes
NAME         STATUS   ROLES    AGE   VERSION
k8s-master   Ready    master   26m   v1.18.1
```

(4) 将 Node 节点加入集群。根据初始化集群步骤中提示的"kubeadm join"命令将两个 Node 节点加入集群,如果找不到加入集群命令也可以通过以下命令在 Master 节点重新生成加入集群的命令。

```
[root@k8s-master ~]# kubeadm token create --print-join-command
kubeadm join 192.168.10.155:6443 --token 7f5gik.ryp1aw581x4iwlja    --discovery-token-ca-
cert-hash sha256:0bd5a144e38fc7c85ffbfdf874b941fabd55c3dc8fb22e30b29f1a66308222f0
```

然后在 Node 节点执行上述命令加入集群:

```
[root@k8s-node1 ~]# kubeadm join 192.168.10.155:6443
--token 7f5gik.ryp1aw581x4iwlja
--discovery-token-ca-cert-hash sha256:0bd5a144e38fc7c85ffbfdf874b941fabd55c3dc8fb22e30b
29f1a66308222f0
```

加入后在 Master 节点上查看各节点的状态：

```
# 设置 node1 和 node2 节点 ROLES 为 worker
[root@k8s-master ~]# kubectl label node k8s-node1 node-role.kubernetes.io/worker=worker
[root@k8s-master ~]# kubectl label node k8s-node2 node-role.kubernetes.io/worker=worker
[root@k8s-master ~]# kubectl get nodes
NAME         STATUS   ROLES    AGE     VERSION
k8s-master   Ready    master   103m    v1.18.1
k8s-node1    Ready    worker   52m     v1.18.1
k8s-node2    Ready    worker   52m     v1.18.1
```

（5）在 Kubernetes 中部署一个 nginx 应用：

```
# 拉取 nginx 镜像，如果不拉取在部署时也会自动拉取
[root@k8s-master ~]# docker pull nginx
# 通过 nginx 镜像部署名称为 nginx-test
[root@k8s-master ~]# kubectl create deploy nginx-test --image=nginx
# 查看 pod 信息
[root@k8s-master ~]# kubectl get pods -o wide
NAME                          READY  STATUS   RESTARTS  AGE  IP          NODE        NOMINATED NODE  READINESS GATES
nginx-test-c675f77c4-qxfct    1/1    Running  0         11s  10.244.1.4  k8s-node1   <none>
<none>
# 暴露服务端口号
[root@k8s-master ~]# kubectl expose deploy nginx-test --port=80 --type=NodePort
service/nginx-test exposed
# 查看服务状态可以看到服务端口映射到 30585 端口
[root@k8s-master ~]# kubectl get svc
NAME         TYPE        CLUSTER-IP      EXTERNAL-IP  PORT(S)        AGE
kubernetes   ClusterIP   10.96.0.1       <none>       443/TCP        4h58m
nginx-test   NodePort    10.99.134.142   <none>       80:30585/TCP   14s
```

通过访问 3 个节点中任意一个节点的 30585 端口即可访问 nginx 服务，如图 7-2 所示。

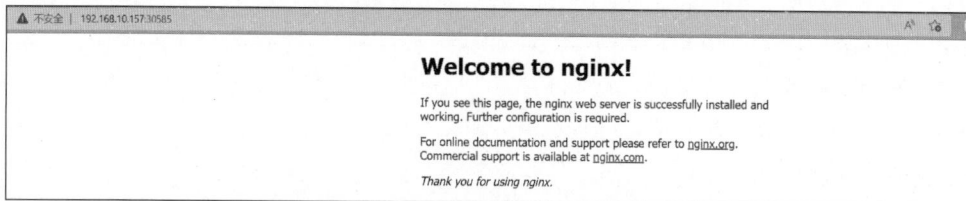

图 7-2　访问 Kubernetes 中的 nginx 服务

7.1.4　任务拓展

【任务内容】　在 Kubernetes 中部署 Dashboard。
【任务目标】
◇ 掌握 Kubernetes 中部署 Dashboard 的方法；

◇ 掌握 Kubernetes 部署应用的方法。

【任务步骤】

（1）准备部署 Dashboard 的 YAML 配置文件。

```
[root@k8s - master yaml]# vi recommended.yaml
#复制上述网页配置文件内容,同时找到以下三行内容并注释
# securityContext:
#   seccompProfile:
#     type: RuntimeDefault
```

（2）根据 YAML 配置文件部署 Dashboard：

```
#根据 YAML 配置文件部署 Dashboard
[root@k8s - master yaml]# kubectl apply - f recommended.yaml
#查看 Pod 和服务状态,Running 说明成功部署
[root@k8s - master yaml]#  kubectl get pod,svc - n kubernetes - dashboard
                         NAME                         READY   STATUS    RESTARTS   AGE
pod/dashboard - metrics - scraper - 55bc59dffc - 676s6  1/1    Running   0         79s
pod/kubernetes - dashboard - 5c6dff6c6f - xrf9p         1/1    Running   0         2m1s

                 NAME                    TYPE        CLUSTER - IP     EXTERNAL - IP   PORT(S)    AGE
service/dashboard - metrics - scraper   ClusterIP   10.106.75.41   < none >      8000/TCP   2m1s
service/kubernetes - dashboard         ClusterIP   10.99.84.156   < none >      443/TCP    2m1s
```

小提示：部署 Dashboard 后,查看 Pod 状态,结果中的"STATUS"字段一定要是 Running。如果是 Pending 状态,则可以重启 Dashboard 所在节点的 Kubelet 和 Docker 服务后重试,如下所示：

```
#查看 Dashboard 部署节点
[root@k8s - master yaml]# kubectl get pods -- namespace  kubernetes - dashboard  - o wide |awk
'{print $ 7}'
NODE
k8s - node2
k8s - node2
#在 k8s - node2 节点重启
[root@k8s - node2 ~]# systemctl restart kubelet
[root@k8s - node2 ~]# systemctl restart docker
```

（3）设置访问 Dashboard 方式为 NodePort。ClusterIP 是 Kubernetes 默认的服务类型,它仅提供集群内部其他应用程序可以访问的服务。这里改为以 NodePort 暴露端口号方式,通过此方法可以使集群外部访问服务：

```
[root@ k8s - master yaml]# kubectl patch svc kubernetes - dashboard - n kubernetes -
dashboard - p '{" spec":{" type":" NodePort"," ports":[{" port": 443," targetPort": 8443,
" nodePort":30001}]}}'
#再次查看 svc 状态可以看到服务 443 端口映射到了主机 30001 端口
[root@k8s - master ~]# kubectl get pod,svc - n kubernetes - dashboard
                         NAME                         READY   STATUS    RESTARTS   AGE
pod/dashboard - metrics - scraper - 55bc59dffc - 676s6  1/1    Running   0         20m
```

```
pod/kubernetes-dashboard-5c6dff6c6f-xrf9p        1/1    Running   0          21m

                 NAME                TYPE      CLUSTER-IP    EXTERNAL-IP  PORT(S)         AGE
service/dashboard-metrics-scraper  ClusterIP  10.106.75.41  <none>       8000/TCP        21m
service/kubernetes-dashboard       NodePort   10.99.84.156  <none>       443:30001/TCP  21m
```

（4）创建 Dashboard 用户：

```
[root@k8s-master yaml]# vi dashboard-adminuser.yaml
---
apiVersion: v1
kind: ServiceAccount
metadata:
  labels:
    k8s-app: kubernetes-dashboard
  name: dashboard-admin
  namespace: kubernetes-dashboard
---
apiVersion: rbac.authorization.k8s.io/v1
kind: ClusterRoleBinding
metadata:
  name: dashboard-admin-bind-cluster-role
  labels:
    k8s-app: kubernetes-dashboard
roleRef:
  apiGroup: rbac.authorization.k8s.io
  kind: ClusterRole
  name: cluster-admin
subjects:
- kind: ServiceAccount
  name: dashboard-admin
  namespace: kubernetes-dashboard
[root@k8s-master yaml]# kubectl apply -f dashboard-adminuser.yaml
serviceaccount/dashboard-admin created
clusterrolebinding.rbac.authorization.k8s.io/dashboard-admin-bind-cluster-
role created
```

（5）通过浏览器访问 Dashboard。访问方式为：https://k8s-master 节点 IP：30001（端口号可能不同），这里为 https://192.168.10.155：30001，如图 7-3 所示。

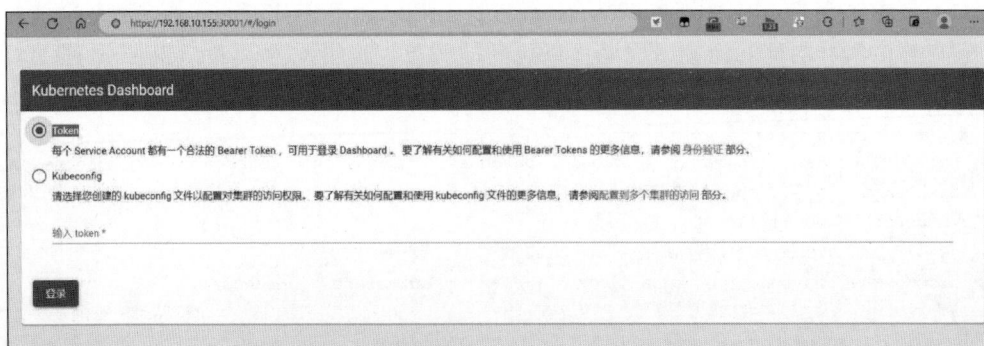

图 7-3 登录 Kubernetes Dashboard

选择 Token 方式登录，然后通过以下命令获取 dashboard-admin 用户 Token 进行访问：

```
[root@k8s-master yaml]# kubectl -n kubernetes-dashboard describe secret $(kubectl -n
kubernetes-dashboard get secret |grep dashboard-admin |awk '{print $1}')
Name:         dashboard-admin-token-kmzbj
Namespace:    kubernetes-dashboard
Labels:       <none>
Annotations:  kubernetes.io/service-account.name: dashboard-admin
              kubernetes.io/service-account.uid: bdfee990-c049-4383-8fe4-f57b6ca824f1

Type:  kubernetes.io/service-account-token

Data
====
ca.crt:     1025 bytes
namespace:  20 bytes
token:
eyJhbGciOiJSUzI1NiIsImtpZCI6IjM4eFVTSkFRZ2lnNWRMSUFGGcGRJNkJfcUV2b25id0p3NFI3MzdLTGd0cDgi
fQ.eyJpc3MiOiJrdWJlcm5ldGVzL3NlcnZpY2VhY2NvdW50Iiwia3ViZXJuZXRlcy5pby9zZXJ2aWNlYWNjb3VudC9u
YW1lc3BhY2UiOiJrdWJlcm5ldGVzLWRhc2hib2FyZCIsImt1YmVybmV0ZXMuaW8vc2VydmljZWFjY291bnQvc2Vj
cmV0Lm5hbWUiOiJkYXNoYm9hcmQtYWRtaW4tdG9rZW4ta216YmoiLCJrdWJlcm5ldGVzLmlvL3NlcnZpY2VhY2Nv
dW50L3NlcnZpY2UtYWNjb3VudC5uYW1lIjoiZGFzaGJvYXJkLWFkbWluIiwia3ViZXJuZXRlcy5pby9zZXJ2aWNl
YWNjb3VudC9zZXJ2aWNlLWFjY291bnQudWlkIjoiYmRmZWU5OTAtYzA0OS00MzgzLThmZTQtZjU3YjZjYTgyNGYx
Iiwic3ViIjoic3lzdGVtOnNlcnZpY2VhY2NvdW50Omt1YmVybmV0ZXMtZGFzaGJvYXJkOmRhc2hib2FyZC1hZG1p
biJ9.dU6lFaJcFokguf5L1KhgHe6NN8-QSCj2bjyBPHSuKlmgTJXa7DNNAMeSWTMq0ZCTmkgtQWAYNTqBn3s2Ss
nNLVfjvV4WLfnrV6JJMDpiNuhWci47gnWw_w8LC_a6ZScX1rE6g-uNMHgMmxwvBXx2bMcvLpXzbv-z9-
4XWmqP-MwUvE6Q45K_Rnwvstrioj0_-ENjpamSzKISXw8_Rs_y8KYoeXy907_xdIDfoYu_gY-
LWt2wMoCYQaolGnULIiPZkylKiBYlHYkJHqPTAdaIrcK1GSf2umExRkFNepoLaWP0c7vBiU5aN8IcmVLaFTf1HHDz
E49xC0DDfnhrC5A7Zw
```

将上方的 Token 内容复制到登录界面"输入 token"文本框中，然后单击"登录"按钮进行相应服务的查看和管理，如图 7-4 所示。

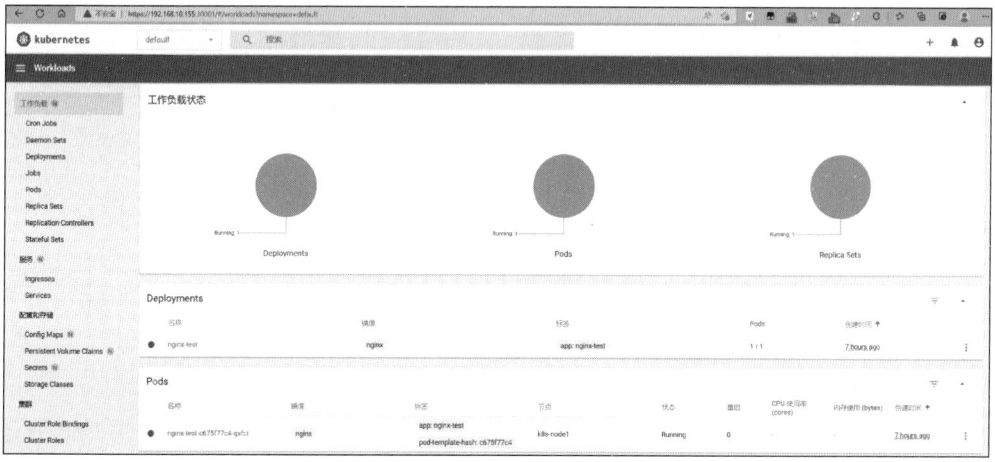

图 7-4　Kubernetes Dashboard 管理界面

任务 7.2　Kubernetes 运维

7.2.1　任务目标

◇ 掌握 kubectl 命令的基本使用方法。

◇ 掌握 Kubernetes 应用部署方法。

7.2.2　任务知识点

kubectl 是通过使用 Kubernetes API 与 Kubernetes 集群进行通信管理的命令行工具。它的配置文件是 $HOME/.kube 目录中名为 config 的文件。

kubectl 的基本语法为:

```
kubectl [command][TYPE][NAME][flags]
```

其中,command、TYPE、NAME 和 flags 分别如下:

(1) command 指定要对一个或多个资源执行的操作,例如,create、get、describe、delete。

(2) TYPE 指定资源类型。资源类型不区分字母大小写,可以指定单数、复数或缩写形式。例如,以下命令输出相同的结果:

```
kubectl get pod pod1
kubectl get pods pod1
kubectl get po pod1
```

(3) NAME 指定资源的名称,名称区分字母大小写。如果省略名称,则显示所有资源的详细信息,例如,kubectl get pods。在对多个资源执行操作时,可以按类型和名称指定每个资源,或指定一个或多个文件。下面给出按类型和名称指定资源的例子:

```
kubectl get pod example - pod1 example - pod2
kubectl get - f ./pod.yaml
```

(4) flags 指定可选的参数。例如,可以使用-s 或--server 参数指定 Kubernetes API 服务器的地址和端口。

kubectl 常用命令如下:

(1) kubectl annotate——更新资源的注解。

(2) kubectl api-versions——以"组/版本"的格式输出服务端支持的 API 版本。

(3) kubectl apply——通过文件名或控制台输入,对资源进行配置。

(4) kubectl attach——连接到一个正在运行的容器。

(5) kubectl autoscale——对 Replication Controller 或 ReplicaSet 等资源中 Pod 数量进行自动伸缩。

(6) kubectl cluster-info——输出集群信息。

(7) kubectl config——修改 kubectl 工具读取的配置文件。

（8）kubectl create——通过文件名或控制台输入，创建资源。

（9）kubectl delete——通过文件名、控制台输入、资源名或者标签选择器删除资源。

（10）kubectl describe——输出指定的一个或多个资源的详细信息。

（11）kubectl edit——编辑服务端的资源。

（12）kubectl exec——在容器内部执行命令。

（13）kubectl expose——将 ReplicationController、ReplicaSet、Service、Deployment 或 Pod 暴露为新的 Kubernetes Service。

（14）kubectl get——输出一个或多个资源。

（15）kubectl label——更新资源的 label。

（16）kubectl logs——输出 Pod 中一个容器的日志。

（17）kubectl namespace——（已停用）设置或查看当前使用的名称空间。

（18）kubectl patch——通过控制台输入更新资源中的字段。

（19）kubectl port-forward——将本地端口转发到 Pod。

（20）kubectl proxy——为 Kubernetes API Server 启动代理服务器。

（21）kubectl replace——通过文件名或控制台输入替换资源。

（22）kubectl rolling-update——对指定的 ReplicationController、ReplicaSet 或 Deployment 等资源执行滚动升级。

（23）kubectl run——在集群中使用指定镜像启动容器。

（24）kubectl scale——为 ReplicationController ReplicaSet 或 Deployment 等资源设置新的副本数。

（25）kubectl version——输出服务端和客户端的版本信息。

具体使用方法可以参考官方文档。

7.2.3　任务步骤

（1）Pod 动态扩容和缩放。在实际生产系统中，经常会遇到某个服务需要扩容的场景，也可能会遇到由于资源紧张或者工作负载降低而需要减少服务实例数量的场景。此时可以利用"kubectl scale deployment"命令来完成这些任务。以前面部署的 nginx-test 为例，现已定义的副本数为 1 个，可通过下面方法增加副本数量：

```
＃增加副本数到 5 个，然后查看副本在各节点的分布情况
[root@k8s-master ~]# kubectl scale deployment nginx-test --replicas=5
[root@k8s-master ~]# kubectl get pods -o wide
NAME                      READY  STATUS   RESTARTS AGE  IP           NODE       NOMINATED NODE  READINESS GATES
nginx-test-c675f77c4-lb5pr 1/1   Running  0        42s  10.244.2.21  k8s-node2  <none>          <none>
nginx-test-c675f77c4-n6ksn 1/1   Running  0        42s  10.244.2.20  k8s-node2  <none>          <none>
nginx-test-c675f77c4-qxfct 1/1   Running  0        8h   10.244.1.4   k8s-node1  <none>          <none>
nginx-test-c675f77c4-rqwm5 1/1   Running  0        42s  10.244.1.10  k8s-node1  <none>          <none>
nginx-test-c675f77c4-x2k6t 1/1   Running  0        42s  10.244.1.11  k8s-node1  <none>          <none>
```

可使用同样的方法减少副本数量，将--replicas 设置为比当前 Pod 副本数量更小的数字，系统将会"杀掉"一些运行中的 Pod，即可实现应用集群缩容：

```
[root@k8s-master ~]# kubectl scale deployment nginx-test --replicas=3
[root@k8s-master ~]# kubectl get pods
NAME                            READY    STATUS     RESTARTS    AGE
nginx-test-c675f77c4-lb5pr      1/1      Running    0           8m56s
nginx-test-c675f77c4-n6ksn      1/1      Running    0           8m56s
nginx-test-c675f77c4-qxfct      1/1      Running    0           8h
```

（2）node 的隔离与恢复。在某些情况下，需要停止调度任务到个别节点，这时可以通过"kubectl cordon"命令来实现 node 的隔离：

```
[root@k8s-master ~]# kubectl cordon k8s-node1
node/k8s-node1 cordoned
[root@k8s-master ~]# kubectl get nodes
NAME          STATUS                      ROLES     AGE    VERSION
k8s-master    Ready                       master    13h    v1.18.1
k8s-node1     Ready,SchedulingDisabled    worker    13h    v1.18.1
k8s-node2     Ready
```

可以看到，k8s-node1 节点状态为停止调度。通过下面的命令可使节点恢复工作：

```
[root@k8s-master ~]# kubectl uncordon k8s-node1
node/k8s-node1 uncordoned
[root@k8s-master ~]# kubectl get nodes
NAME          STATUS    ROLES     AGE    VERSION
k8s-master    Ready     master    13h    v1.18.1
k8s-node1     Ready     worker    13h    v1.18.1
k8s-node2     Ready     worker    13h    v1.18.1
```

（3）通过 YAML 文件部署应用：

```
[root@k8s-master yaml]# vi alpine-test.yaml
apiVersion: v1
kind: Pod
metadata:
  name: alpine-test
  namespace: default
spec:
  nodeName: k8s-node1
  containers:
  - name: alpine-test
    image: alpine
    imagePullPolicy: IfNotPresent
    command: ["/bin/sh","-c","while true; do echo hello world; sleep 1; done"]
```

以上 YAML 文件定义了一个 Pod，名称为 alpine-test，Pod 中通过 alpine 镜像运行名称为 alpine-test 的容器，同时在 k8s-node1 节点上调度：

```
#根据 YAML 文件部署应用
[root@k8s-master yaml]# kubectl apply -f alpine-test.yaml
pod/alpine-test created
```

```
[root@k8s - master yaml]# kubectl get pods
NAME                             READY   STATUS    RESTARTS   AGE
alpine - test                    1/1     Running   0          4s
nginx - test - c675f77c4 - lb5pr 1/1     Running   0          35m
nginx - test - c675f77c4 - n6ksn 1/1     Running   0          35m
nginx - test - c675f77c4 - qxfct 1/1     Running   0          9h
```

7.2.4　任务拓展

【任务内容】　利用 Kubernetes 部署 WordPress。

【任务目标】

◇ 掌握 Kubernetes deployment 的概念。

◇ 掌握 Kubernetes service 的概念。

◇ 掌握 Kubernetes 编写 YAML 文件部署应用的方法。

【任务步骤】

（1）编写 YAML 文件创建新的 Namespace：

```
[root@k8s - master yaml]# vi wordpress - ns.yaml
apiVersion: v1
kind: Namespace
metadata:
  name: wordpress - ns
[root@k8s - master yaml]# kubectl apply - f wordpress - ns.yaml
namespace/wordpress - ns created
```

任务拓展 26

（2）编写 MySQL 的 YAML 文件并部署：

```
[root@k8s - master yaml]# vi wordpress - db.yaml
apiVersion: v1
kind: Service
metadata:
  name: wordpress - db
  namespace: wordpress - ns
  labels:
    app: wordpress
spec:
  ports:
  - port: 3306
    targetPort: dbport
  selector:
    app: wordpress
    tier: mysql
---
apiVersion: apps/v1
kind: Deployment
metadata:
  name: wordpress - db
  namespace: wordpress - ns
```

```
      labels:
        app: wordpress
        tier: mysql
spec:
  selector:
    matchLabels:
      app: wordpress
      tier: mysql
  template:
    metadata:
      labels:
        app: wordpress
        tier: mysql
    spec:
      containers:
      - name: mysql
        image: mysql:5.7
        imagePullPolicy: IfNotPresent
        args:
        - --default_authentication_plugin = mysql_native_password
        - --character - set - server = utf8mb4
        - --collation - server = utf8mb4_unicode_ci
        ports:
        - containerPort: 3306
          name: dbport
        env:
        - name: MYSQL_ROOT_PASSWORD
          value: rootPassW0rd
        - name: MYSQL_DATABASE
          value: wordpress
        - name: MYSQL_USER
          value: wordpress
        - name: MYSQL_PASSWORD
          value: wordpress
[root@k8s - master yaml] # kubectl apply - f wordpress - db. yaml
```

（3）编写 WordPress YAML 配置文件并部署：

```
[root@k8s - master yaml] # vi wordpress.yaml
apiVersion: v1
kind: Service
metadata:
  name: wordpress
  namespace: wordpress - ns
  labels:
    app: wordpress
spec:
  selector:
    app: wordpress
    tier: frontend
  type: NodePort
  ports:
```

```
    - name: web
      port: 80
      targetPort: wdport
---
apiVersion: apps/v1
kind: Deployment
metadata:
  name: wordpress
  namespace: wordpress-ns
  labels:
    app: wordpress
    tier: frontend
spec:
  replicas: 3
  selector:
    matchLabels:
      app: wordpress
      tier: frontend
  template:
    metadata:
      labels:
        app: wordpress
        tier: frontend
    spec:
      containers:
      - name: wordpress
        image: wordpress:5.3.2-apache
        ports:
        - containerPort: 80
          name: wdport
        env:
        - name: WORDPRESS_DB_HOST
          value: wordpress-db:3306
        - name: WORDPRESS_DB_USER
          value: wordpress
        - name: WORDPRESS_DB_PASSWORD
          value: wordpress
[root@k8s-master yaml]# kubectl apply -f wordpress.yaml
```

（4）查看 Pod 状态和端口号：

```
[root@k8s-master yaml]# kubectl get pods -n wordpress-ns
NAME                            READY   STATUS    RESTARTS   VAGE
wordpress-65d8665cc5-9qtkf      1/1     Running   0          79s
wordpress-65d8665cc5-n2rcf      1/1     Running   0          79s
wordpress-65d8665cc5-rdk2k      1/1     Running   0          79s
wordpress-db-d7c484f7c-hs87m    1/1     Running   0          88s
[root@k8s-master yaml]# kubectl get svc -n wordpress-ns
NAME           TYPE        CLUSTER-IP       EXTERNAL-IP   PORT(S)        AGE
wordpress      NodePort    10.102.250.128   <none>        80:30398/TCP   99s
wordpress-db   ClusterIP   10.107.45.3      <none>        3306/TCP       108s
```

由以上命令的返回结果可知,WordPress 的 80 端口映射到了主机的 30398 端口,通过该端口访问 WordPress 进行登录和后续安装,如图 7-5 所示。

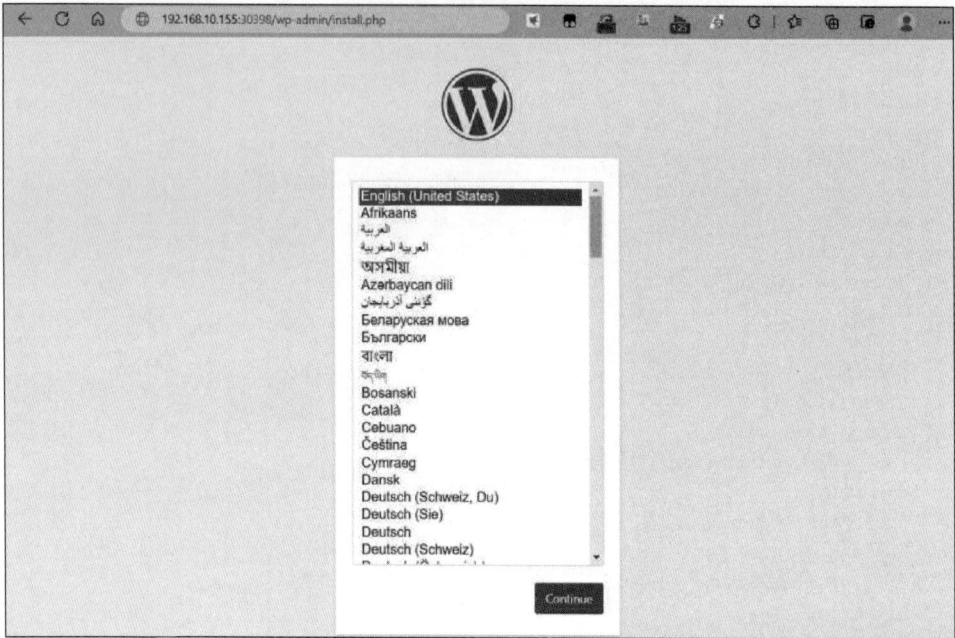

图 7-5　登录 WordPress 安装界面

7.3　案例教学——增强自律意识,抵御网络诱惑

7.3.1　教学目标

培养自律意识。

7.3.2　案例讲授

随着科技的高速发展,这个时代已然成为互联网时代。互联网的普及与高效应用对于大学生来说就像是一把双刃剑,既可以快速获取所需消息,繁杂的互联网游戏也可以让大学生沉迷其中。目前大学生沉迷于网络主要有两个方面:一个是网络游戏,另一个是短视频、直播等新媒体。而在大数据、算法的作用下,短视频平台根据用户的个人喜好,为每个用户定制个性化推送服务,实行精准推送,让用户持续看到自己想要的内容。用户对于所推送的内容甘之如饴,沉迷于短视频的世界无法自拔。当然,作为交易,用户付出了自己宝贵的时间和金钱。

【案例一】

四川省射洪县一 20 岁青年担心父母查自己的账,居然在父母的饭菜中投毒,致使其双亲中毒身亡。该青年因涉嫌故意杀人,已被公安机关刑事拘留。据悉,该青年大学毕业已两年,一直没有找到工作。

毒死自己双亲的青年叫胡安戈,当时 20 岁,家住射洪县金和园小区。2005 年大专毕业后,一直没有找到工作。2006 年 2 月,胡向父母提出,要到陕西省咸阳市做生意,需要 5 万元本钱。父母认为儿子应该自己出去闯一番事业,遂满足了他的要求。

然而,胡安戈并没有去做生意,只在咸阳待了短短几天,而且一直是躲在网吧里打游戏。为了购买用于网络游戏的各种装备,短短 5 个月时间,他把 5 万元花费殆尽。

2006 年 7 月,胡父胡明和母亲孔丽萍问胡安戈的生意做得怎么样,胡安戈骗他们说,生意不错,还赚了几千元。但夫妇俩见儿子一直待在射洪没有外出,遂对他的说法产生了怀疑,提出要到咸阳去查账。胡担心父母查出事情真相,竟萌发了杀死父母的恶念,后使用毒鼠强投毒两次实施犯罪。

【案例二】

2020 年,知名高校西南交通大学发布一则学生退学通报,6 名大一学生因为学习态度不端正,经常逃课导致学分修不满而被退学。其中,4 人沉迷玩游戏而被劝退,1 人因为对所学的工程专业兴趣度较低,难以适应学校的学习,1 人因为厌学而宅在宿舍看小说、看剧。网友纷纷感叹,游戏是精神鸦片,辛辛苦苦考上的好大学就因为沉迷游戏而没了。

大学时期本应是人一生中最绚丽多彩、激情澎湃的时期,也是准备步入社会、学会如何承担责任的关键时期,但有太多因沉迷于网络、沉迷于游戏而自毁前程的例子摆在我们眼前。所以作为大学生,应该不断增强自律意识、培养健康人格,坚决抵御网络游戏、网络直播等"精神鸦片"的诱惑。可以从以下几方面摆脱对网络的依赖:

(1)做好日常规划,控制上网时间。古语有云"一日之计在于晨",一份良好的日常规划就像是一把完美的钥匙,可以开启你一天的幸福生活。大学生可以做一份日常规划,提前计划好自己第二天要做的事情,大约需要花费多少时间,明白哪些事情重要,哪些事情不重要,就可以很好地完成第二天的日程安排。这样一来,就能很好地控制上网时间。

(2)展开实体兴趣,避免虚拟快乐。很多大学生沉迷于网络,都是因为能从网络中得到快乐。可离开了网络,很多东西也可以使人快乐起来。比如,喜欢歌舞的同学,可以参加学校里的社团;也可以约上你的好闺蜜一起看看电影;也可以拉上你的好兄弟做做户外运动;还可以学习写作、参加读书会、练习绘画等等。当我们在现实生活中获得快乐时,就能避免对虚拟快乐依赖了。

(3)坚定内心,远离诱惑源。《王者荣耀》《英雄联盟》《魔兽世界》等互联网游戏都是不少大学生的沉迷之地,既然我们明确知道了诱惑自己沉迷于网络的源头在哪里,就可以在内心坚定地与它们说不。卸载软件、上一把应用锁,这都是远离诱惑源的好方法。当你习惯于没有它们的生活时,你也就彻底戒掉了网瘾。

本章小结

本章主要介绍了 Kubernetes 的基本概念和组成,介绍了它的安装方法和基本运维方式,通过构建 WordPress 项目了解了 Kubernetes 中部署应用服务的基本方法。Kubernetes 相关知识内容比较多,本章只是简要介绍了它的基本操作。

本章习题

1. Kubernetes 的作用是什么？它都包含哪些组件？每个组件的功能是什么？
2. 创建 3 台虚拟机进行 Kubernetes 平台的搭建。
3. 通过编写 YAML 文件进行应用的部署。
4. 通过 kubectl 命令进行 Pod 的管理操作。

参 考 文 献

［1］ 任永杰,程舟.KVM 实战原理、进阶与性能调优［M］.北京：机械工业出版社,2022.

［2］ 陈亚威,蒋迪,等.虚拟化技术应用与实践［M］.北京：人民邮电出版社,2019.

［3］ POULTON N.深入浅出 Docker［M］.李瑞丰,刘康,译.北京：人民邮电出版社,2019.

［4］ CHISNALL D.Xen 虚拟化技术完全导读［M］.张炯,吕紫旭,等译.北京：北京航空航天大学出版社,2014.

［5］ 池瑞楠,姚骏屏,等.虚拟化技术与应用［M］.北京：高等教育出版社,2018.

［6］ 王中刚,薛志红,项帅求,等.服务器虚拟化技术与应用［M］.北京：人民邮电出版社,2018.

［7］ 王柏生,谢广军.深度探索 Linux 系统虚拟化原理与实现［M］.北京：机械工业出版社,2020.